水利工程造价人员培训教材

水利工程造价管理

主编　中国水利工程协会　北京海策工程咨询有限公司

中国水利水电出版社
www.waterpub.com.cn
·北京·

内 容 提 要

本书作为基础用书，将造价管理的一般知识和水利工程造价管理特点相结合，系统全面地介绍水利工程造价管理的理论和实践知识。本书共分为六章，分别为：工程造价管理概论、造价管理相关法律法规、工程项目管理、水利工程经济、工程项目投融资管理、建设项目全过程工程造价管理。

本书为水利工程造价人员培训教材，具有较强的实用性，对实际工作具有一定的参考价值，也可作为水利工程建设、设计、施工、监理和工程咨询等单位从事工程造价的专业人员用书。

图书在版编目（CIP）数据

水利工程造价管理 / 中国水利工程协会，北京海策工程咨询有限公司主编. -- 北京 ：中国水利水电出版社，2019.5
水利工程造价人员培训教材
ISBN 978-7-5170-7664-3

Ⅰ．①水… Ⅱ．①中… ②北… Ⅲ．①水利工程—造价管理—技术培训—教材 Ⅳ．①TV512

中国版本图书馆CIP数据核字(2019)第087749号

书 名	水利工程造价人员培训教材 **水利工程造价管理** SHUILI GONGCHENG ZAOJIA GUANLI	
作 者	主编 中国水利工程协会 北京海策工程咨询有限公司	
出版发行	中国水利水电出版社 （北京市海淀区玉渊潭南路1号D座　100038） 网址：www.waterpub.com.cn E-mail：sales@waterpub.com.cn 电话：(010) 68367658（营销中心）	
经 售	北京科水图书销售中心（零售） 电话：(010) 88383994、63202643、68545874 全国各地新华书店和相关出版物销售网点	
排 版	中国水利水电出版社微机排版中心	
印 刷	天津嘉恒印务有限公司	
规 格	184mm×260mm　16开本　22.75印张　539千字	
版 次	2019年5月第1版　2019年5月第1次印刷	
印 数	00001—13000册	
定 价	**85.00元**	

前言

为进一步提高水利工程造价专业人员的职业素质，配合一级、二级造价工程师（水利工程专业）资格考试工作，中国水利工程协会组织行业有关单位和专家编写了本套水利工程造价人员培训教材《水利工程造价管理》《水利工程计价》《水利工程施工技术与计量》《水利工程造价案例分析》《水利工程造价文件汇编》。

《水利工程造价管理》作为基础用书，将造价管理的一般知识和水利工程造价管理特点相结合，系统全面地介绍水利工程造价管理的理论和实践知识。本书共分为六章：第一章阐述了基本概念、国内外管理体制和国内造价咨询企业和人员的管理制度；第二章介绍了造价管理相关法律法规；第三章阐述了项目管理相关内容，包括项目建设程序、项目计划与控制、流水组织施工方法、工程网络计划技术、工程项目合同管理、工程项目信息管理、工程项目风险管理；第四章阐述了工程经济评价相关知识，主要包括财务评价、国民经济评价、敏感性分析和盈亏平衡分析等；第五章阐述了工程项目投融资相关知识，包括资本金制度、投融资方式及相关税收和保险相关政策；第六章阐述了工程全过程造价管理知识，包括决策阶段估算编制、招投标阶段标底和清单编制、设计阶段概算编制、施工阶段计量与支付、竣工决算和项目后评价。

本书由华北水利水电大学刘英杰负责统稿，中水淮河规划设计研究有限公司金林花主审。第一章由华北水利水电大学吕艺生编写，第二章由中水淮河规划设计研究有限公司姜小红编写，第三章由华北水利水电大学刘英杰、浙江省水利水电勘测设计研究院赵静编写，第四章由华北水利水电大学赵慧珍编写，第五章由华北水利水电大学曹永潇编写，第六章由华北水利水电大学魏道红、国网漯河供电公司刘杰编写。

本书编写过程中参考和引用了文献中的某些内容，谨向这些文献的作者表示衷心的感谢。由于编者水平有限，书中难免有一些缺点和不足、不妥之处，敬请广大读者不吝批评指正，以便再版改进。

编者

2019 年 3 月

目录

第一章

工程造价管理概论 ◀ ●

工程造价管理的基本概念

一、工程造价

（一）工程造价的概念

1. 工程造价的含义

工程造价即工程项目从确定建设意向直至竣工验收为止的整个建设期间所支付的全部费用，本质上属于价格范畴。从不同角度理解，工程造价有两种不同的含义。

（1）从投资者的角度定义，工程造价是指项目的建设成本，即项目的预期开支或实际开支的全部建设费用。水利工程造价包括项目建议书、可行性研究、初步设计、招标设计、施工图设计、工程实施直至竣工验收全过程的所需费用，由建筑工程费、安装工程费、设备购置费、工程建设独立费用、预备费和建设期融资利息组成。

（2）从市场交易的角度定义，工程造价是指建设项目的承发包价格，即发包方与承包方签订的合同价，包括生产成本、利润、税金，是指以工程、设备、技术等特定商品作为交易对象，通过招标投标（以下简称招投标）或其他交易方式，在各方反复测算的基础上，最终由市场形成的价格。

工程造价两种含义的区别主要在于需求主体和供给主体，双方在市场中追求的经济利益不同。从管理者性质来看，前者属于投资管理范畴，后者属于价格管理范畴；从管理目标来看，投资者关注的是较低的投资费用，承包方关注的是合理甚至较高的工程价格。

2. 工程造价分类

工程造价一般按以下形式分类。

（1）按建设项目阶段分类。建设项目需要按照国家基本建设程序进行策划决策和建设实施，按建设项目不同阶段分类可分为预期（或预算）造价和实际造价。

预期（或预算）造价是指正式施工之前，在项目建设的不同阶段，对工程造价的预计和核定，包括投资估算、设计概算、施工图预算、签约合同价等。

实际造价是指完成一项建设项目实际所花费的费用，即工程竣工决算费用。

各阶段对应的造价如图 1-1-1 所示。

1）投资估算是指在项目建议书及可行性研究阶段，通过编制估算文件预先测算的工程造价。投资估算是进行项目决策、筹集资金和合理控制造价的主要依据。

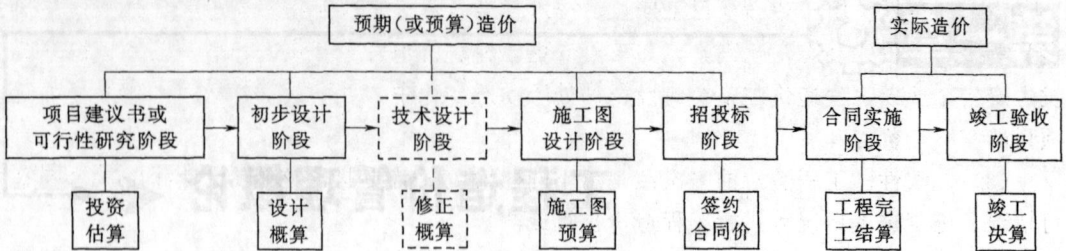

图 1-1-1　不同建设阶段对应的不同造价
（注：图中虚线部分表示不一定有该阶段）

2）设计概算是指初步设计阶段，根据设计要求预先测算的工程造价。设计概算的编制依据为概算定额。与投资估算相比，其精确程度较高，但受投资估算的总投资额控制。

3）修正概算是在技术设计阶段，根据技术设计阶段的修正和优化，在初步设计概算的基础上的修正和调整。对工程技术比较复杂的工程，需要有这个阶段，而对于工程技术比较简单的工程，不一定有该阶段。

4）施工图预算是指施工图设计阶段，根据施工图纸，预先测算的工程造价。施工图预算的主要编制依据是预算定额。施工图预算比初步设计概算或修正概算更为详细和精确，但要受初步设计概算或修正概算的控制。并非每一个工程项目都要编制施工图预算，目前有些工程项目在招标时需要确定招标控制价，以限制投标最高报价。另外，有时项目法人为了控制静态投资，在批复的初步设计概算的基础上，根据工程特点，结合工程实际，参照行业定额，编制建筑安装工程采购预算；根据建设管理体制、国家有关规定和工程建设实际，编制各种费用的项目预算。

5）签约合同价是指施工合同中所签订的合同的价格。签约合同价属于市场价格，它是发承包双方通过招投标等方式达成一致、共同认可的成交价格。合同签约价并不一定是最终结算的实际工程造价。合同计价方式不同（如单价合同、总价合同或成本加酬金合同），签约合同价所包括的内容也会有所不同。

6）工程完工结算是指在工程完工后，在签约合同价的基础上，按照合同约定的计量和计价方法，考虑合同调价范围和调价方法以及工程量增减等确定的最终合同价格。

7）竣工决算是指工程竣工决算阶段工程投入使用后，由建设单位组织编制，综合反映工程从开始筹建到项目竣工交付使用为止的全部建设费用。

（2）按专业不同分类。按专业不同分类可分为水利建筑工程（土方开挖、石方开挖、土石方填筑、疏浚和吹填、砌筑、喷锚支护、钻孔和灌浆、基础防渗和地基加固、混凝土、模板、钢筋加工等）和水利安装工程（机电设备安装、金属结构安装、安全监测设备采购及安装等）。

3．工程造价特点

由于建设产品本身及其施工生产的特殊性，其工程造价具有如下特点：

（1）大额性。建设项目不仅实物形体庞大，而且造价高昂，动辄造价百万元、千万元、数亿元、数十亿元，特大型工程项目造价可达百亿元、千亿元。工程造价的大额性决定了工程一旦失败，影响范围广，影响程度大。

（2）动态性。由于建设项目工期长、技术复杂、不确定性因素多等特点，因此存在很多影响工程造价的动态变化因素，如工程变更，材料价格发生变化，利率、汇率、税率等发生变化。所以工程造价在整个建设期都处于动态变化中，直至竣工决算后才能最终确定项目的实际造价。

（3）多次性。工程造价的多次性是指不同建设阶段需要根据该阶段设计深度、合同签订情况、施工进展情况等进行工程造价预算或测算。

（4）层次性。工程造价的层次性取决于工程的层次性，一个建设项目往往含有多个能够独立发挥设计效能的单项工程，一个单项工程往往又是由能够各自发挥专业效能的多个单位工程组成，与此相适应，工程造价有三个层次：建设项目总造价、单项工程造价和单位工程造价。如果专业分工更细，单位工程的组成部分——分部分项工程也可以成为交换对象，这样工程造价的层次就增加了分部工程和分项工程而成为五个层次。

（5）计价依据复杂。不同阶段、不同情况计价依据不同，工程造价多次性、动态性等特点也决定了计价依据的复杂性。

1）批复文件及设计文件。包括项目建议书、可行性研究报告、设计文件等，这些文件为工程量和设备数量、规格计算提供依据。

2）国家（或地方）有关主管部门发布的工程投资编制办法、造价定额。造价定额包括概算定额、预算定额等。造价定额是人工、材料、机械等消耗量的计算依据，国家（或地方）有关主管部门发布的编制办法是其他直接费、间接费和工程建设其他费用的计算依据。

3）造价信息或市场价格。造价信息或市场价格是材料价格、机械台班费、设备价格的计价依据。

4）政府的税、费。政府的税、费比例是计取税费比例的依据。

5）物价指数。物价指数是调整价差的计价依据。

4. 工程造价职能

工程造价除具有一般商品的价格职能（即价值表现、市场交易和调节）外，还具有以下特殊职能：

（1）预测职能。由于建设项目具有技术复杂、工期长、受外界因素影响比较大等特点，工程造价预算为投资者筹集资金和控制造价提供了决策依据，同时也为承包商投标报价和成本控制提供了决策依据。

（2）控制职能。工程造价预测是建设项目实施过程中实际工程造价控制的依据。工程造价预测逐层次分解，作为实际造价控制的依据。

（3）评价职能。工程造价是经济评价、项目后评价及承包商评价管理水平和经营效果的主要依据。

（4）调控职能。由于建设项目直接关系到经济增长、资源分配和资金流向，对国计民生会产生重大影响，所以政府要根据工程造价预测对建设项目建设规模、投资结构和投资方向进行调控。

（二）工程投资

工程投资是指某一经济主体为获取项目将来的收益而垫付资金或其他资源用于项目建

设的经济活动过程。所垫付资金或资源的价值量表示就是建设项目的投资额，通常也称为工程投资。所以，工程投资一般是指进行某项工程项目建设花费的全部费用。投资额又有计划投资额和实际投资额之分，会计上核算的是实际投资额。用实际投资额与计划投资额对比，可以考核计划投资额的完成情况。

按照不同方式分类，投资可以分为不同的类型。

1. 按照投资所包含的工作内容分类

根据《水利工程设计概估算编制规定》，水利工程投资可分为工程部分投资、建设征地移民补偿投资、环境保护工程投资和水土保持工程投资。

（1）工程部分投资。工程部分投资包括建筑工程、机电设备及安装工程、金属结构设备及安装工程、施工临时工程和独立费用。

建筑工程投资包括挡水工程、泄洪工程、引水工程、发电厂（泵站）工程、升压变电站工程、航运工程、鱼道工程、供水与调水工程、河湖整治与堤防工程、灌溉工程、永久交通工程、永久房屋建筑工程、永久供电工程和其他建筑工程等投资；机电设备及安装工程投资包括发电设备及安装工程、升压变电设备及安装工程、公用设备及安装工程投资等；金属结构设备及安装工程投资包括闸门、启闭机、拦污设备及安装工程等工程投资；临时工程投资包括导流工程、施工交通工程、施工供电工程、临时房屋建筑工程和其他临时工程等投资。独立费用包括建设管理费、工程建设监理费、联合试车运转费、生产准备费、科研勘测设计费、有关税费及预备费等投资。

（2）建设征地移民补偿投资。建设征地移民补偿投资包括农村部分、城（集）镇部分、工业企业、专业项目、防护工程、库底清理、其他费、预备费和有关税费等投资。

（3）环境保护工程投资。环境保护工程投资包括建筑工程费和植物工程费、仪器设备及安装费、非工程措施费和独立费用等投资。

（4）水土保持工程投资。水土保持工程投资包括工程措施费（拦渣工程、护坡工程、土地整治工程等）、施工临时工程费、植物措施费、独立费用、有关税费及预备费等。

2. 按照投资是否考虑资金时间价值分类

按照投资是否考虑资金时间价值分为静态投资和动态投资。静态投资是指不考虑物价上涨、建设期融资利息等影响因素的工程投资；动态投资除包括静态投资外，还包括建设期贷款利息、价差预备费等。动态投资更符合市场价格运行机制，使投资计划和控制更符合实际。

静态投资与动态投资密切相关，动态投资包含静态投资，静态投资是动态投资最主要的组成部分。

3. 按形成资产的性质分类

按其形成资产的性质可分为固定资产投资和流动资产投资。固定资产投资是指用于购置和建造固定资产的投资，包括建筑工程、机电设备及安装工程、金属结构设备及安装工程、施工临时工程、独立费用和建设期融资利息。流动资产投资即用于流动资产的投资，是指投资主体用以获得流动资产的投资，即项目在投产前预先垫付、在投产后生产经营过程中周转使用的资金。

实施固定资产投资的同时，必须具备与其相配套的流动资金。两者之间客观上应有一个相对稳定的比例关系。一般来看，生产力水平和管理水平越高，流动资金占用的投资率越小。

（三）工程造价与工程投资

工程造价也称工程净投资，是指在工程项目总投资中扣除回收金额、应核销投资和与本工程无直接关系的转出投资后的余额。

（1）回收金额，指保证工程建设而修建的临时工程，施工后已完成其使命，须进行拆除处理，并回收其余值。

（2）应核销的投资支出，指不应计入交付使用财产价值而应该核销其投资的各项支出，一般包括：生产职工培训费，施工机构转移费，职工子弟学校经费，劳保支出，不增加工程量的停、缓建维护费，拨付给其他单位的基建投资，移交给其他单位的未完工程，报废工程的损失等。

（3）与本工程无直接关系的工程投资，指在工程建设阶段列入本工程投资项目下，而在完工后又移交给其他国民经济部门或地方使用的固定资产价值，例如铁路专用线、永久桥梁码头等。

（四）工程计量与计价

工程计量是运用一定的划分方法和计算规则进行计算，并以物理计量单位或自然计量单位来表示分部工程、结构构件或项目总的实体数量的工作。工程计量的方法和原则要符合规范或合同约定。工程计量的成果是工程量，工程量是确定工程量清单、建筑工程直接费、编制施工组织设计、安排施工进度、编制材料供应计划、进行统计工作和实现经济核算的重要依据，是工程计价的基础。

工程计价是指按照规定的程序、方法和依据，对工程建设项目及其对象，即各种建筑物和构筑物建造费用的计算，也就是工程造价的计算。

二、工程造价管理

1. 工程造价管理的概念

工程造价管理是指综合运用管理学、经济学和工程技术等方面的知识与技能，对工程造价进行预测、计划、控制、核算、分析和评价等的过程。工程造价管理的主体地位不同，工程造价管理的含义有所区别。

（1）工程造价的宏观管理。工程造价的宏观管理是指政府部门根据社会经济发展需求，利用法律、经济和行政等手段规范市场主体价格行为、监控工程造价的系统活动。

（2）工程造价的微观管理。工程造价的微观管理是指参建主体根据工程计价依据预测、计划、控制、核算工程造价的系统活动。

2. 工程造价管理的特点

工程造价管理的特点主要表现在：

（1）时效性。由于工程造价的动态性，反映的是某一时期或阶段内的价格特性，即随时间的变化而不断地变化。

（2）规范性。工程造价管理程序要符合国家法律、法规和规范的相关约定；工程造价管理依据包括国家、行业颁布的工程造价编制规定、估算指标、概算定额、预算定额等。

（3）科学性。科学性即运用科学、技术原理及法律手段进行科学管理，计量、计价原则和方法技术要求符合合同相关约定。

3. 工程造价管理的内容

工程造价管理的内容包括工程计价和工程造价控制。

（1）工程计价。工程计价是指在建设项目各个阶段，依据国家、行业相关规定和合同相关约定，确定投资估算、设计概算、施工图预算、签约合同价、工程完工结算和竣工决算的过程。

（2）工程造价控制。工程造价控制是指在项目建设的各个阶段，根据确定的工程造价目标，制定相应的计划，在项目实施过程中跟踪检查，并进行统计分析，发现偏差及时纠正，把工程造价控制在相应阶段的预期（计划）内，如图1-1-2所示。

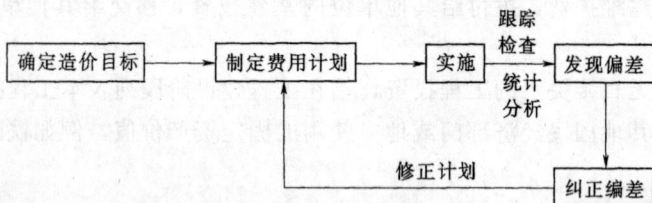

图1-1-2 工程造价控制过程

工程建设主体不同，目标和手段也不同。

1）政府部门主要依据国家法律、法规、标准和规范等，通过审批、监督、审查等手段，从宏观上控制造价。

2）建设单位（发包方或甲方）作为投资者，依据建设各阶段工程造价控制目标，对建设工程造价进行全过程、全方位控制，以达到较好的经济效益和社会效益。

3）设计单位依据审批文件和设计规范等，通过采取设计优化与设计方案选择等措施，在满足功能使用要求的前提下，尽量降低工程造价。

4）施工单位（承包方或乙方）依据合同约定，通过采取质量管理、进度管理、成本管理、安全管理等措施，降低工程成本，实现预期利润。

4. 工程造价管理原则

（1）合理设置工程造价目标。合理设置建设项目造价目标是造价控制的基础。缺少造价目标，该项目资金就无法控制，造价目标设置不合理，就形同虚设。

建设过程的每个阶段应根据工程设计深度及进展情况，分阶段设置工程造价目标。一般而言，下一阶段工程造价目标不宜超过上一阶段。各个阶段、各个层次、各个专业类型目标相互联系、相互制约、相互补充，共同组成建设工程造价的目标系统。

（2）以前期及设计阶段控制为重。工程造价管理贯穿于工程建设全过程，包括工程造价和工程交付使用后的日常开支（含经营费用、日常维护修理费用等）以及工程使用期后的报废拆除费用等。一直以来，我国往往将工程造价的控制重点放在施工阶段，对工程前期和设计阶段的造价控制重视不够。据统计，设计阶段对工程造价的影响度占75%以上，工程决策阶段对工程造价的影响度更是达到了70%～90%，因此前期及设计阶段造价控制对整个工程建设的投入及效益至关重要。

（3）主动控制与被动控制相结合。通常将造价控制理解为目标值和实际值的比较，当实际值偏离目标值时，分析其产生偏差的原因，并确定下一步对策。这样做只能发现偏离，不能预防偏离。为尽量减少目标值与实际值的偏离，在被动控制造价的同时，还必须立足于事先主动采取措施，实施主动控制，主动控制与被动控制相结合，才能保证造价目标的实现。

（4）技术与经济相结合。要有效控制造价，应从技术、经济等多方面采取措施。从技术上采取措施，包括重视设计方案选择、施工组织设计等，分析节约投资的可能性；从经济上采取措施包括全面的经济分析和经济评价、适用的概（预）算定额的采用、合理设置造价目标、严格控制造价过程等。

三、定额的概念

广义的定额是指规定的额度、标准。建设工程定额是指在正常的施工条件下，完成单位合格产品所必须消耗的劳动力、材料、机械设备及其资金的数量标准。这种量的规定，反映出完成建筑工程中的某项合格产品与各种生产消耗之间特定的数量关系。狭义的定额是指完成单位产品的消耗标准。定额是由定额水平决定的。

定额水平是规定完成单位合格产品所需消耗的资源数量的多少。定额水平是一定时期社会生产力水平的反映，它与操作人员的技术水平、机械化程度、新材料、新工艺、新技术的发展和应用有关，与企业的组织管理水平和全体技术人员的劳动积极性有关。

根据生产要素划分，定额分为劳动定额或人工定额、材料消耗定额、机械台班定额。

按照编制程序和用途划分，定额分为工序定额、施工定额、预算定额、概算定额、概算指标和投资估算指标。

按照编制单位和执行范围不同，定额分为全国统一定额、行业定额、地方定额、企业定额等。

根据专业性质不同划分，定额分为水利工程定额、房屋建筑工程和市政工程定额、公路工程定额、铁路工程定额等。

四、工程量清单

工程量清单是招标文件的重要组成部分，是表现招标工程的分类分项工程项目、措施项目、其他项目的名称和相应数量的明细清单，通常应由具有招标文件能力的招标人，或委托其他具有相应资质的中介机构进行编制。

⊶【 第二节 】

工 程 造 价 管 理 体 制

一、国外工程造价管理体制概况

工程造价管理模式在国际上并非统一。随着国际建筑业的发展，发达国家的建筑工程造价管理已在科学化、规范化、程序化的轨道上运行，已形成了许多国际惯例。发达国家如美、英、日本和德国等国家的工程造价管理模式较为完善。这里主要介绍有关国际组织、部分国家的管理特点及国际典型造价管理模式。

（一）国际造价工程联合会

国际造价工程联合会（International Cost Engineering Council，ICEC），是由美国造价工程师协会（American Association of Cost Engineers，AACE）、英国造价工程师协会（The Association of Cost Engineers，A Cost E）、荷兰造价工程师协会（Dutch Association of Cost Engineers，DACE）以及墨西哥财政和造价联合会（Mexican Society Financial and Cost Engineering，SMIEFC）于 1976 年在波士顿会议上发起成立的。目前，国际造价工程联合会拥有 40 个组织成员，拥有来自 120 多个国家的 30 万名造价工程师或项目经理。ICEC 共有四个区域性分会，第一区域包括南、北美洲；第二区域包括欧洲和中东；第三区域是非洲；第四区域覆盖整个亚太地区。其主要目标为：

（1）鼓励、促进和推进国际公共工程的造价管理、工程测量和项目管理。

（2）协调和资助国际造价管理、工程测量和项目管理大会。

（3）鼓励不存在正式协会或组织的国家的造价工程师、测量师和项目经理组成与 ICEC 及其成员兼容的目标群体。

（4）参加由政府或私人组织（国家或国际组织）资助的造价管理、工程测量和项目管理有关的国际事件。

（5）进一步研究造价管理、工程测量等世界范围或多国性质的项目管理问题。

（6）鼓励发展造价管理、工程测量和项目管理等专业认证。

它是一个旨在推进国际造价工程活动和发展的协调组织。

（二）美国的工程造价管理

美国工程造价管理市场化程度比较高。美国联邦政府没有主管建筑业的政府部门，也没有主管工程造价咨询业的政府部门，工程造价咨询业完全由行业协会管理。工程造价咨询业涉及多个行业协会，如美国土木工程师协会、总包商协会、建筑标准协会、工程咨询业协会、国际造价管理联合会等。

美国没有全国统一的计价依据和标准，但存在前后连贯统一的工程成本编码，包括工程项目结构编码（Work Breakdown Structure，WBS）和会计编码，这些编码是成本计划和进度计划管理的基础。美国建筑标准协会（Construction Standard Institute，CSI）发布过两套编码系统，分别为标准格式和部位单价格式，标准格式应用于项目建设期间的项目管理，部位单价格式应用于前期的项目分析。

美国工程造价管理通常有四算，包括毛估、估算、核定估算、详细设计估算。各阶段估算有不同的精度要求，分别为±25％、±15％、±10％、±5％。工程造价组成包括设计费、环境评估费、地质土质测试费、场地平整绿化费、税金、保险费、人工费、材料费和机械费等。

美国工程造价为发、承包双方商定的合同价，没有政府发布的定额、指标、费用指标标准等，其造价依据主要为工程造价信息。为了指导工程造价，政府或有关协会公布各种工程造价指南，如 MEANS 造价手册，手册中提供了造价信息，如设备价格、人工单价、机械单价和材料单价等。

（三）英国工程造价管理

英国工程造价管理有着悠久的历史，是在最初的工料计算（即工料测量）的基础上发展起来的，至今已有400多年的历史。至今，工程造价管理专业在英国及英联邦国家统称为工料测量专业，并设有皇家特许测量师学会（RICS）。

在英国，政府投资工程和私人投资工程分别采取不同的工程造价管理方法。在管理方式上，英国建设主管部门为英国环境交通区域部，重点管理政府投资项目，负责各个领域的建设管理。

政府投资工程项目是由政府有关部门负责管理，包括计划、采购、建设咨询、实施和维护，对从工程项目立项到竣工各个环节的工程造价控制都较为严格，遵循政府统一发布的价格指数，通过市场竞争，形成工程造价。英国建设主管部门的工作重点是制定有关政策和法律，以全面规范工程造价咨询行为。对于私人投资的项目，政府一般不进行干预，投资者委托中介组织进行投资估算。

英国无统一定额和计价标准，它有统一的工程量计算规则，即《建筑工程量计算规则》，它较详细地规定了工程项目划分、计量单位和工程量计算规则。工程量计算规则就成为参与工程建设的各方共同遵守的计量、计价的基本规则，投标报价原则上是工程量单价合同（即BQ方式）。

在英国，工程造价的控制贯穿于立项、设计、招标、签约和施工结算等全过程，在既定的投资范围内随阶段性工作的不断深化使工期、质量、造价的预期目标得以实现。

（四）日本造价管理

工程积算制度是日本工程造价管理所采用的主要模式。工程造价咨询行业由日本建设主管部门和日本建筑积算协会统一进行业务管理和行业指导。其中，政府建设主管部门负责制定发布工程造价政策、相关法律法规、管理办法等，对工程造价咨询业发展进行宏观调控。

日本建筑积算协会作为全国工程咨询的主要行业协会，其主要服务范围是：推进工程造价管理的研究；工程量计算标准的编制；建筑成本等相关信息的收集、整理与发布；专业人员的业务培训及个人执业资格准入制度的制定与具体执行等。

工程造价咨询公司在日本被称为工程积算所，主要有建筑积算师组成。日本的工程积算所一般对委托方提供以工程造价管理为核心的全方位、全过程的工程咨询服务，其主要业务范围包括：工程项目的可行性研究、投资估算、工程量计算、单价调查、工程造价细算、标底价编制与审核、招标代理、合同谈判、变更成本积算、工程造价后期控制与评估等。

（五）国外造价管理体制特点

分析发达国家和地区的工程造价管理，其特点主要体现在以下几个方面。

1. 政府的间接调控

发达国家一般按投资来源不同，将项目划分为政府投资项目和私人投资项目。政府对不同类别的项目实行不同力度和深度的管理，重点是控制政府投资工程。

如英国，对政府投资工程采取集中管理的办法，按政府的有关面积标准、造价指标，在核定的投资范围内进行方案设计、施工设计，实施目标控制，不得突破。如遇非正常因素，宁可在保证使用功能的前提下降低标准，也要将造价控制在额度范围内。美国对政府投资工程则采用两种方式：一是由政府设专门机构对工程进行直接管理。美国各地方政府都设有相应的管理机构,如纽约市政府的综合开发部、华盛顿政府的综合开发局等都是代表各级政府专门负责管理建设工程的机构。二是通过公开招标委托承包商进行管理。美国法律规定,所有的政府投资工程都要进行公开招标,特定情况(涉及国防、军事机密等)可邀请招标和议标。但对项目的审批权限、技术标准(规范)、价格、指数都有明确规定,确保项目资金不突破审批的金额。

发达国家对私人投资工程只进行政策引导和信息指导,而不干预其具体实施体现政府对造价的宏观管理和间接调控。如美国政府有一套完整的项目或产品目录,明确规定私人投资者的投资领域,并采取经济杠杆,通过价格、税收、利率、信息指导、城市规划等来引导和约束私人投资方向和区域分布。政府通过定期发布信息资料,使私人投资者了解市场状况,尽可能使投资项目符合经济发展的需要。

2. 有章可循的计价依据

费用标准、工程量计算规则、经验数据等都是发达国家和地区计算和控制工程造价的主要依据。如美国,联邦政府和地方政府没有统一的工程造价计价依据和标准,一般根据积累的工程造价资料,并参考各工程咨询公司有关造价的资料,对各自管辖的政府工程制订相应的计价标准,作为工程费用估算的依据。通过定期发布工程造价指南进行宏观调控与干预。有关工程造价的工程量计算规则、指标、费用标准等,一般是由各专业协会、大型工程咨询公司制订。

英国也没有类似我国的定额体系,工程量的测算方法和标准都是由专业学会或协会进行负责。因此,由英国皇家测量师学会组织制订的《建筑工程工程量计算规则》作为工程量计算规则,是参与工程建设各方共同遵守的计量、计价的基本规则,在英国及英联邦国家被广泛应用与借鉴。此外,英国土木工程学会还编制有适用于大型或复杂工程项目的《土木工程工程量计算规则》。英国政府投资工程从确定投资和控制工程项目规模及计价的需要出发,各部门均需制定经财政部门认可的各种建设标准和造价指数,这些标准和指数均作为各部门向国家申报投资、控制规划设计、确定工程项目规模和投资的基础,也是审批立项、确定规模和造价限额的依据。英国十分重视已完工程数据资料的积累和数据库建设。每个皇家测量师学会会员都有责任和义务将自己经办的已完工程数据资料,按照规定的格式认真填报,收入学会数据库,同时取得利用数据库资料的权利。计算机实行全国联网,所有会员资料共享,这不仅为测算各类工程的造价指数提供了基础,同时也为分析暂时没有设计图纸及资料的工程造价提供了参考。在英国,对工程造价的调整及价格指数的测定、发布等有一整套比较科学、严密的办法,政府部门要发布《工程调整规定》和《价格指数说明》等文件。

3. 多渠道的工程造价信息

发达国家和地区都十分重视对各方面造价信息的及时收集、筛选、整理以及加工工作。这是因为造价信息是建筑产品估价和结算的重要依据。从某种角度讲,及时、准确地捕捉建筑市场价格信息是业主和承包商保持竞争优势和取得盈利的关键因素之一。如在美国,建筑造价指数一般由一些咨询机构和新闻中介来编制,在多种造价信息来源中,工程新闻记录(Engineering News Record, ENR)造价指数是比较重要的一种。编制 ENR 造价指数的目的是为了准确地预测建筑价格,确定工程造价。它是一个加权总指数,由构件钢材、波特兰水泥、木材和普通劳动力 4 种个体指数组成。ENR 共编制两种造价指数，一是建筑造价指数，二是房屋造价指数。这两种指数在计算方法上基本相同，区别仅体现在计算总指数中的劳动力要素不同。ENR 指数资料来源于 20 个美国城市和 2 个加拿大城市，ENR 在这些城市中派有信息员，专门负责收集价格资料和信息。ENR 总部则将这些信息员收集到的价格信息和数据汇总，并在每个星期四计算并发布最近的造价指数。

4. 造价工程师的动态估价

在英国，业主对工程的估价一般要委托工料测量师来完成。工料测量师的估价大体上是按比较法和系数法进行，经过长期的估价实践，他们都拥有极为丰富的工程造价实例资料，甚至建立了工程造价数据库，对于标书中所列出的每一项目价格的确定都有自己的标准。在估价时，工料测量师将不同设计阶段提供的拟建工程项目资料与以往同类工程项目对比，结合当前建筑市场行情，确定项目单价。对于未能计算的项目（或没有对比对象的项目），则以其他建筑物的造价分析进行资料补充。承包商在投标时的估价一般要凭自己的经验来完成，往往把投标工程划分为各分部工程，根据本企业定额计算出所需人工、材料、机械等的耗用量，而人工单价主要根据各劳务分包商的报价，材料单价主要根据各材料供应商的报价加以比较确定，承包商根据建筑市场供求情况随行就市，自行确定管理费率，最后做出体现当时当地实际价格的工程报价。总之，工程任何一方的估价，都是以市场状况为重要依据，是完全意义的动态估价。

在美国，工程造价的估算主要由设计部门或专业估价公司来承担，造价工程师在具体编制工程造价估算时，除了考虑工程项目本身的特征因素（如项目拟采用的独特工艺和新技术、项目管理方式、现有场地条件以及资源获得的难易程度等）外，一般还对项目进行较为详细的风险分析，以确定适度的预备费。但确定工程预备费的比例并不固定，随项目风险程度的大小而确定不同的比例。造价工程师通过掌握不同的预备费率来调节造价估算的总体水平。

美国工程造价估算中的人工费由基本工资和附加工资两部分组成。其中，附加工资项目包括管理费、保险金、劳动保护金、退休金、税金等。材料费和机械使用费均以现行的市场行情或市场租赁价作为造价估算的基础，并在人工费、材料费和机械使用费总额的基础上按照一定的比例（一般为 10% 左右）再计提管理费和利润。

5. 通用的合同文本

合同在工程造价管理中有着重要的地位。建设工程合同制度都始于英国著名的 FIDIC（国际咨询工程师联合会）合同文件，也以英国的合同文件作为母本。英国有着一套完整的建设工程标准合同体系，包括联合合同委员会（Joint Contracts Tribunal，JCT）合同体系、咨询顾问建筑师协会（Association of Consultant Architects，ACA）合同体系、土木工程师学会（New Engineering Contract，NEC）合同体系、皇家政府合同体系。

6. 重视实施过程中的造价控制

国外对工程造价的管理是以市场为中心的动态控制。造价工程师能对造价计划执行中所出现的问题及时分析研究，及时采取纠正措施，这种强调项目实施过程中的造价管理的做法，体现了造价控制的动态性，并且重视造价管理所具有的随环境、工作的进行以及价格等变化而调整造价控制标准和控制方法的动态特征。

以美国为例，造价工程师十分重视工程项目具体实施过程中的控制和管理，对工程预算执行情况的检查和分析工作做得非常细致，对于建设工程的各分部分项工程都有详细的成本计划，美国的建筑承包商是以各分部分项工程的成本详细计划为依据来检查工程造价计划的执行情况。对于工程实施阶段实际成本与计划目标出现偏差的工程项目，首先按照一定标准筛选成本差异，然后进行重要成本差异分析，并填写成本差异分析报告表，由此反映出造成此项差异的原因、此项成本差异对项目其他成本项目的影响、拟采取的纠正措施以及实施这些措施的时间、负责人及所需条件等。对于采取措施的成本项目，每月还应跟踪检查采取措施后费用的变化情况。若采取的措施不能消除成本差异，则需重新进行此项成本差异的分析，再提出新的纠正措施，如果仍不奏效，造价控制项目经理则有必要重新审定项目的竣工结算。

美国一些大型工程公司十分重视工程变更的管理工作，建立了较为完善的工程变更管理制度，可随时根据各种变化情况提出变更，修改估算造价。美国工程造价的动态控制还体现在造价信息的反馈系统。各工程公司十分注意收集在造价管理各个阶段中的造价资料，并把向有关部门提出造价信息资料视为一种应尽的义务，不仅注意收集造价资料，也派出调查员实地调查。这种造价控制反馈系统使动态控制以事实为依据，保证了造价管理的科学性。

二、国内工程造价管理体制概况

我国造价管理的发展经历了三个重要阶段，分别是 1985 年以前实行政府定价，主要经历了概预算定额制度的建立发展及特殊时期被削弱破坏；1985—2003 年实行政府指导价，主要经历了工程造价管理工作的整顿及在市场经济下的初步发展；2003 年我国推出工程量清单计价制度，实行市场调节价。

(一) 我国工程造价管理的组织

工程造价管理的组织系统是指履行工程造价管理职能的有机群体。为实现工程造价管理目标而开展有效的组织活动，我国设置了多部门、多层次的工程造价管理机构，并规定了各自的管理权限和职责范围。

1. 政府行政管理

政府在工程造价管理中既是宏观管理主体，也是政府投资项目的微观管理主体。从宏观管理的角度，政府对工程造价管理有一个严密的组织系统，设置了多层管理机构，并规定了管理权限和职责范围。我国现行工程造价管理的政府组织机构如图 1-2-1 所示。

(1) 国务院建设主管部门造价管理机构。其主要职责是：

1) 组织制定工程造价管理有关法规、制度并组织贯彻实施。

2) 组织制定全国统一经济定额和制定、修订本部门经济定额。

3) 监督指导全国统一经济定额和本部门经济定额的实施。

4) 制定和负责全国工程造价咨询企业的资质标准及其资质管理工作。

5) 制定全国工程造价管理专业人员执业资格准入标准，并监督执行。

(2) 国务院其他部门的工程造价管理机构。包括水利、水电、电力、石油、石化、机械、冶金、铁路、煤炭、林业、有色、核工业、公路等行业和军队的造价管理机构。主要是修订、编制和解释相应行业的工程建设标准定额。

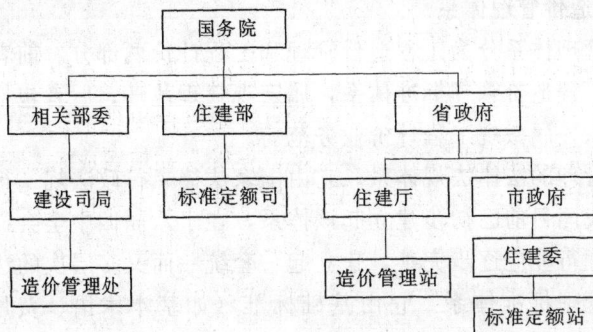

图 1-2-1　工程造价管理的政府组织机构

（3）省、自治区、直辖市工程造价管理部门。主要职责是修编、解释当地定额、收费标准和计价制度等。此外，还有审核政府投资工程的标底、结算，处理合同纠纷等职责。

2. 企事业单位管理系统

企事业单位的工程造价管理属于微观管理范畴。设计单位、工程造价咨询单位等按照建设单位或委托方意图，在可行性研究和规划设计阶段合理确定和有效控制建设工程造价，通过限额设计等手段实现设定的造价管理目标；在招标投标阶段编制招标文件、标底或招标控制价，参加评标、合同谈判等工作；在施工阶段通过工程计量与支付、工程变更与索赔管理等控制工程造价。设计单位、工程造价咨询单位通过工程造价管理业绩，赢得声誉，提高市场竞争力。

工程承包单位的造价管理是企业自身管理的重要内容。工程承包单位设有专门的职能机构制定本企业施工定额、参与企业投标决策，并通过市场调查研究，利用过去积累的经验，研究报价策略，提出报价；在施工过程中，进行工程造价的动态管理，注意各种调价因素的发生，及时进行工程价款结算，避免收益的流失，以促进企业盈利目标的实现。

3. 行业协会管理

中国建设工程造价管理协会是经建设部和民政部批准成立、代表我国建设工程造价管理的全国性行业协会，是亚太区测量师协会（PAQS）和国际造价工程联合会（ICEC）等相关国际组织的正式成员。

为了增强对各地工程造价咨询工作和造价工程师的行业管理，近年来，先后成立了各省（自治区、直辖市）所属的地方工程造价管理协会。全国性造价管理协会与地方造价管理协会是平等、协商、相互支持的关系，地方协会接受全国性协会的业务指导，共同促进全国工程造价行业管理水平的整体提升。

4. 工程造价咨询企业

工程造价咨询企业是指接受委托，对工程项目投资、工程造价的确定与控制提供专业咨询服务的企业，且应当依法取得工程造价咨询企业资质，并在其资质等级许可的范围内从事工程造价的咨询活动。我国工程造价咨询企业对造价管理的主要内容包括：①全过程造价咨询；②编制工程招标控制价、概算、预算；③工程完工结算造价编制、审核；④工程竣工财务决算审计；⑤工程招标代理；⑥工程投资策划等。

（二）我国工程造价管理体系

我国工程造价管理体系分为工程造价管理和工程计价两部分。前者包括工程造价管理的法律法规体系和工程造价管理标准体系，属宏观管理范畴；后者包括工程计价定额体系和工程计价信息体系，属微观工程计价业务范畴。

（1）工程造价管理的法律法规体系。它由国家法律、行政法规、行业规章、地方性法规和规章等构成，我国目前已初步建立起该体系，在十八届四中全会提出全面推进依法治国后，工程造价管理行业应逐步完善，建立起一套统一而又多层次的法律法规体系。

（2）工程造价管理标准体系。它由基础标准（如基本术语、费用构成）、管理规范（如工程造价管理、项目划分、工程量计算规则）、操作规程（如建设项目投资估算、设计概算、施工图预算、招标控制价、工程结算、工程竣工决算编审规程）、质量标准（如工程造价咨询质量和档案质量）和信息标准（工程造价指数发布、信息交换）构成，我国目前已出版国家标准16个，如《建设工程工程量清单计价规范》（GB 50500—2013）、《建设工程造价咨询规范》（GB/T 51095—2015）等。

（3）工程计价定额体系。它由全国统一计价定额（与工程量清单计价配套的建筑与装饰、市政、公路等全国统一计价定额）、各类专业计价定额（各行业编制和发布的建筑工程、安装工程、城市轨道交通工程和市政工程等定额）和各地方计价定额（各地区编制和发布的专业计价定额）构成。我国工程计价定额体系相对比较系统和完善，但在中国特色社会主义市场经济的背景下，应明确其不是政府主导，而是由市场竞争形成的。

（4）工程计价信息体系。它由建设项目造价指数（包括国家或地方的房屋建筑与装饰工程、市政工程等造价指数和各行业的各专业工程造价指数）、建设项目要素价格信息（包括人工费、材料费和施工机具使用费价格信息等）和建设项目综合指标信息（包括建设项目、单项工程、单位工程、分部分项工程等的工程造价指标）构成。

（三）我国工程造价管理发展方向

我国工程造价管理工程计价依据和方法不断改革，工程造价管理体系不断完善，工程造价咨询行业得到快速发展。根据国家"十三五"规划，目前我国造价管理的发展方向为：

（1）建立全国统一的工程计价规则。一是完善建设工程造价费用项目构成，适应建设项目造价控制和工程总承包需要。二是完善工程量清单格式、项目组成、费用构成、编制方法，统一全国工程量清单计价方法和计价规则。三是统一消耗量定额编制规则，工程造价综合指标指数和人工、材料价格信息发布标准，推动形成统一开放的建设市场。

（2）完善工程建设全过程计价依据体系。一是以服务工程建设全过程为目标，完善工程前期投资估算、设计概算以及使用维护定额等计价依据。二是建立适应工程总承包模式的计价规范，修订工程量清单计价规范和计算规范。三是编制满足城乡建设管理需要的综合性建设经济指标，为政府宏观调控和合理配置资源提供依据。

（3）按国务院有关要求完善规章制度。按照国务院职业资格制度改革精神，会同有关部门制定造价工程师职业资格制度，修订工程造价咨询企业、造价工程师注册管理办法，规范工程造价咨询企业和造价工程师执业行为，维护建设市场秩序。

（4）推进工程造价咨询信用体系建设。研究建立工程造价咨询企业信息公示制度，构建守信联合激励和失信联合惩戒协同机制。开展工程造价信息大数据监测，制定工程造价信息公共服务清单，对工程造价咨询市场进行监测分析、预测预警，为宏观决策、行业监管、防范风险提供依据。

（5）推动工程造价咨询企业走出去。以"一带一路"国家战略为契机，继续推动造价工程师资格国际互认和工程造价标准的双边合作，鼓励企业"走出去"开拓国际市场，培育一批具有国际化水平的工程造价咨询企业，打造中国工程造价咨询品牌。

◦⊂ 第三节 ⊃

造价咨询企业和造价人员管理

一、造价咨询企业管理

工程造价咨询企业，是指接受委托，对建设项目工程造价的确定与控制提供专业咨询服务的企业。为了加强对工程造价咨询企业的管理，提高工程造价咨询工作质量，维护建设市场秩序和社会公共利益，建设部 2006 年 3 月颁布了《工程造价咨询企业管理办法》（建设部 149 号令），并于 2015 年 5 月进行了修订，规定了造价咨询企业资质等级与标准、资质许可、工程造价咨询管理以及咨询企业法律责任等。

（一）造价咨询企业资质等级与标准

工程造价咨询企业资质等级分为甲级和乙级两类。

1. 甲级工程造价咨询企业资质标准

（1）已取得乙级工程造价咨询企业资质证书满 3 年。

（2）企业出资人中，注册造价工程师人数不低于出资人总人数的 60％，且其出资额不低于企业注册资本总额的 60％。

（3）技术负责人已取得造价工程师注册证书，并具有工程或工程经济类高级专业技术职称，且从事工程造价专业工作 15 年以上。

（4）专职从事工程造价专业工作的人员（以下简称专职专业人员）不少于 20 人，其中，具有工程或者工程经济类中级以上专业技术职称的人员不少于 16 人；取得造价工程师注册证书的人员不少于 10 人，其他人员具有从事工程造价专业工作的经历。

（5）企业与专职专业人员签订劳动合同，且专职专业人员符合国家规定的职业年龄（出资人除外）。

（6）专职专业人员人事档案关系由国家认可的人事代理机构代为管理。

（7）企业注册资本不少于人民币 100 万元。

（8）企业近 3 年工程造价咨询营业收入累计不低于人民币 500 万元。

（9）具有固定的办公场所，人均办公建筑面积不少于 10m²。

（10）技术档案管理制度、质量控制制度、财务管理制度齐全。

（11）企业为本单位专职专业人员办理的社会基本养老保险手续齐全。

（12）在申请核定资质等级之日前 3 年内无违规行为。

2. 乙级工程造价咨询企业资质标准

（1）企业出资人中，注册造价工程师人数不低于出资人总人数的 60%，且其出资额不低于注册资本总额的 60%。

（2）技术负责人已取得造价工程师注册证书，并具有工程或工程经济类高级专业技术职称，且从事工程造价专业工作 10 年以上。

（3）专职专业人员不少于 12 人，其中，具有工程或者工程经济类中级以上专业技术职称的人员不少于 8 人；取得造价工程师注册证书的人员不少于 6 人，其他人员具有从事工程造价专业工作的经历。

（4）企业与专职专业人员签订劳动合同，且专职专业人员符合国家规定的职业年龄（出资人除外）。

（5）专职专业人员人事档案关系由国家认可的人事代理机构代为管理。

（6）企业注册资本不少于人民币 50 万元。

（7）具有固定的办公场所，人均办公建筑面积不少于 $10m^2$。

（8）技术档案管理制度、质量控制制度、财务管理制度齐全。

（9）企业为本单位专职专业人员办理的社会基本养老保险手续齐全。

（10）暂定期内工程造价咨询营业收入累计不低于人民币 50 万元。

（11）申请核定资质等级之日前无违规行为。

3. 工程造价咨询企业成立分支机构的规定

工程造价咨询企业设立分支机构的，应当自领取分支机构营业执照之日起 30 日内，持下列材料到分支机构工商注册所在地省、自治区、直辖市人民政府建设主管部门备案：

（1）分支机构营业执照复印件。

（2）工程造价咨询企业资质证书复印件。

（3）拟在分支机构执业的不少于 3 名注册造价工程师的注册证书复印件。

（4）分支机构固定办公场所的租赁合同或产权证明。

（二）工程造价咨询资质许可、延续及变更

申请甲级工程造价咨询企业资质的，应当向申请人工商注册所在地省、自治区、直辖市人民政府建设主管部门或者国务院有关专业部门提出申请。省、自治区、直辖市人民政府建设主管部门、国务院有关专业部门应当自受理申请材料之日起 20 日内审查完毕，并将初审意见和全部申请材料报国务院建设主管部门备案；国务院建设主管部门应当自受理之日起 20 日内作出决定。

申请乙级工程造价咨询企业资质的，由省、自治区、直辖市人民政府建设主管部门审查决定。其中，申请有关专业乙级工程造价咨询企业资质的，由省、自治区、直辖市人民政府建设主管部门商同级有关专业部门审查决定。乙级工程造价咨询企业资质许可的实施程序由省、自治区、直辖市人民政府建设主管部门依法确定。省、自治区、直辖市人民政府建设主管部门应当自作出决定之日起 30 日内，将准予资质许可的决定报国务院建设主管部门备案。

申请工程造价咨询企业资质，应当提交下列材料并同时在网上申报：

（1）《工程造价咨询企业资质等级申请书》。

（2）专职专业人员（含技术负责人）的造价工程师注册证书、造价员资格证书、专业技术职称证书和身份证。

（3）专职专业人员（含技术负责人）的人事代理合同和企业为其交纳的本年度社会基本养老保险费用的凭证。

（4）企业章程、股东出资协议并附工商部门出具的股东出资情况证明。

（5）企业缴纳营业收入的完税发票或税务部门出具的缴纳工程造价咨询营业收入的完税证明；企业营业收入含其他业务收入的，还需出具工程造价咨询营业收入的财务审计报告。

（6）工程造价咨询企业资质证书。

（7）企业营业执照。

（8）固定办公场所的租赁合同或产权证明。

（9）有关企业技术档案管理、质量控制、财务管理等制度的文件。

（10）法律、法规规定的其他材料。

新申请工程造价咨询企业资质的，不需要提交前款第（5）项、第（6）项所列材料。新申请工程造价咨询企业资质的，其资质等级按照资质标准核定为乙级，设暂定期一年。暂定期届满需继续从事工程造价咨询活动的，应当在暂定期届满 30 日前，向资质许可机关申请换发资质证书。符合乙级资质条件的，由资质许可机关换发资质证书。

工程造价咨询企业资质有效期为 3 年。

资质有效期届满，需要继续从事工程造价咨询活动的，应当在资质有效期届满 30 日前向资质许可机关提出资质延续申请。资质许可机关应当根据申请作出是否准予延续的决定。准予延续的，资质有效期延续 3 年。

工程造价咨询企业的名称、住所、组织形式、法定代表人、技术负责人、注册资本等事项发生变更的，应当自变更确立之日起 30 日内，到资质许可机关办理资质证书变更手续。

工程造价咨询企业合并的，合并后存续或者新设立的工程造价咨询企业可以承继合并前各方中较高的资质等级，但应当符合相应的资质等级条件。工程造价咨询企业分立的，只能由分立后的一方承继原工程造价咨询企业资质，但应当符合原工程造价咨询企业资质等级条件。

（三）工程造价咨询企业业务范围相关规定

工程造价咨询企业依法从事工程造价咨询活动，不受行政区域限制。甲级工程造价咨询企业可以从事各类建设项目的工程造价咨询业务。乙级工程造价咨询企业可以从事工程造价 5000 万元人民币以下的各类建设项目的工程造价咨询业务。

工程造价咨询企业可以对建设项目的组织实施进行全过程或者若干阶段的管理和服务。其业务范围包括：

（1）建设项目建议书及可行性研究投资估算、项目经济评价报告的编制和审核。

（2）建设项目概预算的编制与审核，并配合设计方案比选、优化设计、限额设计等工作进行工程造价分析与控制。

（3）建设项目合同价款的确定（包括招标工程工程量清单和标底、投标报价的编制和审核）；合同价款的签订与调整（包括工程变更、工程洽商和索赔费用的计算）及工程款支付，工程结算及竣工结（决）算报告的编制与审核等。

（4）工程造价经济纠纷的鉴定和仲裁的咨询。

（5）提供工程造价信息服务等。

分支机构从事工程造价咨询业务，应当由设立该分支机构的工程造价咨询企业负责承接工程造价咨询业务、订立工程造价咨询合同、出具工程造价成果文件。

分支机构不得以自己的名义承接工程造价咨询业务、订立工程造价咨询合同、出具工程造价成果文件。

（四）工程造价咨询企业咨询行为有关规定

1. 遵守职业道德

工程造价咨询企业在实施咨询过程中要遵守职业道德，不得有下列行为：

（1）涂改、倒卖、出租、出借资质证书，或者以其他形式非法转让资质证书。

（2）超越资质等级业务范围承接工程造价咨询业务。

（3）同时接受招标人和投标人或两个以上投标人对同一工程项目的工程造价咨询业务。

（4）以给予回扣、恶意压低收费等方式进行不正当竞争。

（5）转包承接的工程造价咨询业务。

（6）法律、法规禁止的其他行为。

2. 资质撤销情形

有下列情形之一的，资质许可机关或者其上级机关，根据利害关系人的请求或者依据职权，可以撤销工程造价咨询企业资质：

（1）资质许可机关工作人员滥用职权、玩忽职守作出准予工程造价咨询企业资质许可决定的。

（2）超越法定职权作出准予工程造价咨询企业资质许可决定的。

（3）违反法定程序作出准予工程造价咨询企业资质许可决定的。

（4）对不具备行政许可条件的申请人作出准予工程造价咨询企业资质许可决定的。

（5）依法可以撤销工程造价咨询企业资质的其他情形。

工程造价咨询企业以欺骗、贿赂等不正当手段取得工程造价咨询企业资质的，应当予以撤销。

工程造价咨询企业取得工程造价咨询企业资质后，不再符合相应资质条件的，资质许可机关根据利害关系人的请求或者依据职权，可以责令其限期改正；逾期不改的，可以撤回其资质。

3. 资质依法注销情形

有下列情形之一的，资质许可机关应当依法注销工程造价咨询企业资质：

（1）工程造价咨询企业资质有效期满，未申请延续的。

（2）工程造价咨询企业资质被撤销、撤回的。

（3）工程造价咨询企业依法终止的。

（4）法律、法规规定的应当注销工程造价咨询企业资质的其他情形。

（五）法律责任

工程造价咨询企业应按照法律、法规、规章的相关规定实施咨询，违反了相关规定，要承担相应的法律责任。

（1）申请人隐瞒有关情况或者提供虚假材料申请工程造价咨询企业资质的，不予受理或者不予资质许可，并给予警告，申请人在1年内不得再次申请工程造价咨询企业资质。

（2）以欺骗、贿赂等不正当手段取得工程造价咨询企业资质的，由县级以上地方人民政府建设主管部门或者有关专业部门给予警告，并处以1万元以上3万元以下的罚款，申请人3年内不得再次申请工程造价咨询企业资质。

（3）未取得工程造价咨询企业资质从事工程造价咨询活动或者超越资质等级承接工程造价咨询业务的，出具的工程造价成果文件无效，由县级以上地方人民政府建设主管部门或者有关专业部门给予警告，责令限期改正，并处以1万元以上3万元以下的罚款。

（4）工程造价咨询企业不及时办理资质证书变更手续的，由资质许可机关责令限期办理；逾期不办理的，可处以1万元以下的罚款。

（5）有下列行为之一的，由县级以上地方人民政府建设主管部门或者有关专业部门给予警告，责令限期改正；逾期未改正的，可处以5000元以上2万元以下的罚款：

1）新设立分支机构不备案的。

2）跨省、自治区、直辖市承接业务不备案的。

（6）工程造价咨询企业有禁止行为中之一的，由县级以上地方人民政府建设主管部门或者有关专业部门给予警告，责令限期改正，并处以1万元以上3万元以下的罚款。

（7）资质许可机关有下列情形之一的，由其上级行政主管部门或者监察机关责令改正，对直接负责的主管人员和其他直接责任人员依法给予处分；构成犯罪的，依法追究刑事责任：

1）对不符合法定条件的申请人准予工程造价咨询企业资质许可或者超越职权作出准予工程造价咨询企业资质许可决定的。

2）对符合法定条件的申请人不予工程造价咨询企业资质许可或者不在法定期限内作出准予工程造价咨询企业资质许可决定的。

3）利用职务上的便利，收受他人财物或者其他利益的。

4）不履行监督管理职责，或者发现违法行为不予查处的。

二、造价人员管理

根据《国家职业资格目录》，为统一和规范造价工程师职业资格设置和管理，提高工程造价专业人员素质，提升建设工程造价管理水平，中华人民共和国住房和城乡建设部、交通运输部、水利部、人力资源和社会保障部于2018年7月20日颁布《造价工程师职业资格制度规定》（建人〔2018〕67号）对造价工程师职业资格考试、注册、执业进行了相关规定。

国家设置造价工程师准入类职业资格，纳入国家职业资格目录。工程造价咨询企业应配备造价工程师；工程建设活动中有关工程造价管理岗位按需要配备造价工程师。

造价工程师分为一级造价工程师和二级造价工程师。

（一）考试相关规定

1. 考试组织

（1）一级造价工程师职业资格考试全国统一大纲、统一命题、统一组织。二级造价工程师职业资格考试全国统一大纲，各省、自治区、直辖市自主命题并组织实施。

（2）一级造价工程师和二级造价工程师职业资格考试均设置基础科目和专业科目。住房和城乡建设部组织拟定一级造价工程师和二级造价工程师职业资格考试基础科目的考试大纲，组织一级造价工程师基础科目命审题工作。住房和城乡建设部、交通运输部、水利部按照职责分别负责拟定一级造价工程师和二级造价工程师职业资格考试专业科目的考试大纲，组织一级造价工程师专业科目命审题工作。

（3）人力资源和社会保障部负责审定一级造价工程师和二级造价工程师职业资格考试科目和考试大纲，负责一级造价工程师职业资格考试考务工作，并会同住房和城乡建设部、交通运输部、水利部对造价工程师职业资格考试工作进行指导、监督、检查。

各省、自治区、直辖市住房和城乡建设、交通运输、水行政主管部门会同人力资源和社会保障行政主管部门，按照全国统一的考试大纲和相关规定组织实施二级造价工程师职业资格考试。

（4）人力资源和社会保障部会同住房和城乡建设部、交通运输部、水利部确定一级造价工程师职业资格考试合格标准。

各省、自治区、直辖市人力资源和社会保障行政主管部门会同住房和城乡建设、交通运输、水行政主管部门确定二级造价工程师职业资格考试合格标准。

2. 考试条件

凡遵守中华人民共和国宪法、法律、法规，具有良好的业务素质和道德品行，具备下列条件之一者，可以申请参加一级造价工程师职业资格考试：

（1）具有工程造价专业大学专科（或高等职业教育）学历，从事工程造价业务工作满5年；具有土木建筑、水利、装备制造、交通运输、电子信息、财经商贸大类大学专科（或高等职业教育）学历，从事工程造价业务工作满6年。

（2）具有通过工程教育专业评估（认证）的工程管理、工程造价专业大学本科学历或学位，从事工程造价业务工作满4年；具有工学、管理学、经济学门类大学本科学历或学位，从事工程造价业务工作满5年。

（3）具有工学、管理学、经济学门类硕士学位或者第二学士学位，从事工程造价业务工作满3年。

（4）具有工学、管理学、经济学门类博士学位，从事工程造价业务工作满1年。

（5）具有其他专业相应学历或者学位的人员，从事工程造价业务工作年限相应增加1年。

凡遵守中华人民共和国宪法、法律、法规，具有良好的业务素质和道德品行，具备下列条件之一者，可以申请参加二级造价工程师职业资格考试：

（1）具有工程造价专业大学专科（或高等职业教育）学历，从事工程造价业务工作满2年；具有土木建筑、水利、装备制造、交通运输、电子信息、财经商贸大类大学专科（或高等职业教育）学历，从事工程造价业务工作满3年。

（2）具有工程管理、工程造价专业大学本科及以上学历或学位，从事工程造价业务工作满 1 年；具有工学、管理学、经济学门类大学本科及以上学历或学位，从事工程造价业务工作满 2 年。

（3）具有其他专业相应学历或学位的人员，从事工程造价业务工作年限相应增加 1 年。

具有以下条件之一的，参加一级造价工程师考试可免考基础科目：

（1）已取得公路工程造价人员资格证书（甲级）。

（2）已取得水运工程造价工程师资格证书。

（3）已取得水利工程造价工程师资格证书。

申请免考部分科目的人员在报名时应提供相应材料。

具有以下条件之一的，参加二级造价工程师考试可免考基础科目：

（1）已取得全国建设工程造价员资格证书。

（2）已取得公路工程造价人员资格证书（乙级）。

（3）具有经专业教育评估（认证）的工程管理、工程造价专业学士学位的大学本科毕业生。

申请免考部分科目的人员在报名时应提供相应材料。

3. 考试科目

一级造价工程师职业资格考试设建设工程造价管理、建设工程计价、建设工程技术与计量、建设工程造价案例分析 4 个科目。其中，建设工程造价管理和建设工程计价为基础科目，建设工程技术与计量和建设工程造价案例分析为专业科目。一级造价工程师职业资格考试成绩实行 4 年为一个周期的滚动管理办法，在连续的 4 个考试年度内通过全部考试科目，方可取得一级造价工程师职业资格证书。

二级造价工程师职业资格考试设建设工程造价管理基础知识、建设工程计量与计价实务 2 个科目。其中，建设工程造价管理基础知识为基础科目，建设工程计量与计价实务为专业科目。二级造价工程师职业资格考试成绩实行 2 年为一个周期的滚动管理办法，参加全部 2 个科目考试的人员必须在连续的 2 个考试年度内通过全部科目，方可取得二级造价工程师职业资格证书。

4. 专业科目

造价工程师职业资格考试专业科目分为土木建筑工程、交通运输工程、水利工程和安装工程 4 个专业类别，考生在报名时可根据实际工作需要选择其一。其中，土木建筑工程、安装工程专业由住房和城乡建设部负责；交通运输工程专业由交通运输部负责；水利工程专业由水利部负责。

（二）注册

国家对造价工程师职业资格实行执业注册管理制度。取得造价工程师职业资格证书且从事工程造价相关工作的人员，经注册方可以造价工程师名义执业。

住房和城乡建设部、交通运输部、水利部按照职责分工，制定相应注册造价工程师管理办法并监督执行。

住房和城乡建设部、交通运输部、水利部分别负责一级造价工程师注册及相关工作。

各省、自治区、直辖市住房和城乡建设、交通运输、水行政主管部门按专业类别分别负责二级造价工程师注册及相关工作。

经批准注册的申请人，由住房和城乡建设部、交通运输部、水利部核发《中华人民共和国一级造价工程师注册证》（或电子证书）；或由各省、自治区、直辖市住房和城乡建设、交通运输、水行政主管部门核发《中华人民共和国二级造价工程师注册证》（或电子证书）。

造价工程师执业时应持注册证书和执业印章。注册证书、执业印章样式以及注册证书编号规则由住房和城乡建设部会同交通运输部、水利部统一制定。执业印章由注册造价工程师按照统一规定自行制作。

住房和城乡建设部、交通运输部、水利部按照职责分工建立造价工程师注册管理信息平台，保持通用数据标准统一。住房和城乡建设部负责归集全国造价工程师注册信息，促进造价工程师注册、执业和信用信息互通共享。

住房和城乡建设部、交通运输部、水利部负责建立完善造价工程师的注册和退出机制，对以不正当手段取得注册证书等违法违规行为，依照注册管理的有关规定撤销其注册证书。

（三）执业

造价工程师在工作中，必须遵纪守法，恪守职业道德和从业规范，诚信执业，主动接受有关主管部门的监督检查，加强行业自律。

住房和城乡建设部、交通运输部、水利部共同建立健全造价工程师执业诚信体系，制定相关规章制度或从业标准规范，并指导监督信用评价工作。

造价工程师不得同时受聘于两个或两个以上单位执业，不得允许他人以本人名义执业，严禁"证书挂靠"。出租出借注册证书的，依据相关法律法规进行处罚；构成犯罪的，依法追究刑事责任。

一级造价工程师的执业范围包括建设项目全过程的工程造价管理与咨询等，具体工作内容包括：

（1）项目建议书、可行性研究投资估算与审核，项目评价造价分析。

（2）建设工程设计概算、施工预算编制和审核。

（3）建设工程招标投标文件工程量和造价的编制与审核。

（4）建设工程合同价款、结算价款、竣工决算价款的编制与管理。

（5）建设工程审计、仲裁、诉讼、保险中的造价鉴定，工程造价纠纷调解。

（6）建设工程计价依据、造价指标的编制与管理。

（7）与工程造价管理有关的其他事项。

二级造价工程师主要协助一级造价工程师开展相关工作，可独立开展以下具体工作：

（1）建设工程工料分析、计划、组织与成本管理，施工图预算、设计概算编制。

（2）建设工程量清单、最高投标限价、投标报价编制。

（3）建设工程合同价款、结算价款和竣工决算价款的编制。

造价工程师应在本人工程造价咨询成果文件上签章，并承担相应责任。工程造价咨询成果文件应由一级造价工程师审核并加盖执业印章。

对出具虚假工程造价咨询成果文件或者有重大工作过失的造价工程师，不再予以注册，造成损失的依法追究其责任。

取得造价工程师注册证书的人员，应当按照国家专业技术人员继续教育的有关规定接受继续教育，更新专业知识，提高业务水平。

第二章

造价管理相关法律法规

建设工程造价管理相关法律

一、《中华人民共和国建筑法》

《中华人民共和国建筑法》（以下简称《建筑法》）主要适用于各类房屋建筑及其附属设施的建造和与其配套的线路、管道、设备的安装活动，但其中关于施工许可、企业资质审查和工程发包、承包、禁止转包以及建筑工程监理、建筑工程安全生产和质量管理的规定，也适用于其他建设工程的建造和安装活动。

（一）建筑许可

建筑许可包括建筑工程施工许可和从业资格两个方面。

1. 建筑工程施工许可

（1）施工许可证的申领。除国务院建设行政主管部门确定的限额以下的小型工程外，建筑工程开工前，建设单位应当按照国家有关规定向工程所在地县级以上人民政府建设行政主管部门申请领取施工许可证。按照国务院规定的权限和程序批准开工报告的建筑工程，不再领取施工许可证。

申请领取施工许可证，应当具备如下条件：①已办理建筑工程用地批准手续；②在城市规划区内的建筑工程，已取得规划许可证；③需要拆迁的，其拆迁进度符合施工要求；④已经确定建筑施工单位；⑤有满足施工需要的施工图纸及技术资料；⑥有保证工程质量和安全的具体措施；⑦建设资金已经落实；⑧法律、行政法规规定的其他条件。

（2）施工许可证的有效期限。建设单位应当自领取施工许可证之日起3个月内开工。因故不能按期开工的，应当向发证机关申请延期；延期以两次为限，每次不超过3个月。既不开工又不申请延期或者超过延期时限的，施工许可证自行废止。

（3）中止施工和恢复施工。在建的建筑工程因故中止施工的，建设单位应当自中止施工之日起1个月内，向发证机关报告，并按照规定做好建设工程的维护管理工作。

建筑工程恢复施工时，应当向发证机关报告；中止施工满1年的工程恢复施工前，建设单位应当报发证机关核验施工许可证。

按照国务院有关规定批准开工报告的建筑工程，因故不能按期开工或者中止施工的，应当及时向批准机关报告情况。因故不能按期开工超过6个月的，应当重新办理开工报告的批准手续。

2. 从业资格

(1) 单位资质。从事建筑活动的施工企业、勘察、设计和监理单位，按照其拥有的注册资本、专业技术人员、技术装备、已完成的建筑工程业绩等资质条件，划分为不同的资质等级，经资质审查合格，取得相应等级的资质证书后，方可在其资质等级许可的范围内从事建筑活动。

(2) 专业技术人员资格。从事建筑活动的专业技术人员应当依法取得相应的执业资格证书，并在执业资格证书许可的范围内从事建筑活动。

(二) 建筑工程发包与承包

1. 建筑工程发包

(1) 发包方式。建筑工程依法实行招标发包，对不适用于招标发包的可以直接发包。建筑工程实行招标发包的，发包单位应当将建筑工程发包给依法中标的承包单位。建筑工程实行直接发包的，发包单位应当将建筑工程发包给具有相应资质条件的承包单位。

政府及其所属部门不得滥用行政权力，限定发包单位将招标发包的建筑工程发包给指定的承包单位。

(2) 禁止行为。提倡对建筑工程实行总承包，禁止将建筑工程肢解发包。建筑工程的发包单位可以将建筑工程的勘察、设计、施工、设备采购一并发包给一个工程总承包单位。但是，不得将应当由一个承包单位完成的建筑工程肢解成若干部分发包给几个承包单位。

按照合同约定，建筑材料、建筑构配件和设备由工程承包单位采购的，发包单位不得指定承包单位购入用于工程的建筑材料、建筑构配件和设备或者指定生产厂、供应商。

2. 建筑工程承包

(1) 承包资质。承包建筑工程的单位应当持有依法取得的资质证书，并在其资质等级许可的业务范围内承揽工程。

禁止建筑施工企业超越本企业资质等级许可的业务范围或者以任何形式用其他建筑施工企业的名义承揽工程。禁止建筑施工企业以任何方式允许其他单位或个人使用本企业的资质证书、营业执照以本企业的名义承揽工程。

(2) 联合承包。大型建筑工程或结构复杂的建筑工程，可以由两个以上的承包单位联合共同承包。共同承包的各方对承包合同的履行承担连带责任。两个以上不同资质等级的单位实行联合共同承包的，应当按照资质等级低的单位的业务许可范围承揽工程。

(3) 工程分包。建筑工程总承包单位可以将承包工程中的部分工程发包给具有相应资质条件的分包单位。但是，除总承包合同中已约定的分包外，必须经建设单位认可。施工总承包的，建筑工程主体结构的施工必须由总承包单位自行完成。

建筑工程总承包单位按照总承包合同的约定对建设单位负责；分包单位按照分包合同的约定对总承包单位负责。总承包单位和分包单位就分包工程对建设单位承担连带责任。

(4) 禁止行为。禁止承包单位将其承包的全部建筑工程转包给他人，或将其承包的全部建筑工程肢解以后以分包的名义分别转包给他人。禁止总承包单位将工程分包给不具备资质条件的单位。禁止分包单位将其承包的工程再分包。

(5) 建筑工程造价。建筑工程的发包单位与承包单位应当依法订立书面合同，明确双方的权利和义务。建筑工程造价应当按照国家有关规定,由发包单位与承包单位在合同中约定。

发包单位和承包单位应当全面履行合同约定的义务。不按照合同约定履行义务的,依法承担违约责任。发包单位应当按照合同约定,及时拨付工程款项。

(三)建筑工程监理

国家推行建筑工程监理制度。所谓建筑工程监理,是指具有相应资质条件的工程监理单位受建设单位委托,依照法律、行政法规及有关的技术标准、设计文件和建筑工程承包合同,对承包单位在施工质量、建设工期和建设资金使用等方面,代表建设单位实施的监督管理活动。

实行监理的建筑工程,建设单位与其委托的工程监理单位应当订立书面委托监理合同。实施建筑工程监理前,建设单位应当将委托的工程监理单位、监理的内容及监理权限,书面通知被监理的建筑施工企业。

工程监理单位应当根据建设单位的委托,客观、公正地执行监理任务。工程监理人员发现工程设计不符合建筑工程质量标准或者合同约定的质量要求的,应当报告建设单位要求设计单位改正;认为工程施工不符合工程设计要求、施工技术标准和合同约定的,有权要求建筑施工企业改正。

(四)建筑安全生产管理

建筑工程安全生产管理必须坚持安全第一、预防为主的方针,建立健全安全生产的责任制度和群防群治制度。

建筑工程设计应当符合按照国家规定制定的建筑安全规程和技术规范,保证工程的安全性能。建筑施工企业在编制施工组织设计时,应当根据建筑工程的特点制定相应的安全技术措施;对专业性较强的工程项目,应该编制专项安全施工组织设计,并采取安全技术措施。

建筑施工企业应在施工现场采取维护安全、防范危险、预防火灾等措施;有条件的,应当对施工现场实行封闭管理。施工现场对毗邻的建筑物、构筑物和特殊作业环境可能造成损害的,建筑施工企业应当采取措施加以保护。

施工现场安全由建筑施工企业负责。实行施工总承包的,由总承包单位负责。分包单位向总承包单位负责,服从总承包单位对施工现场的安全生产管理。建筑施工企业必须为从事危险作业的职工办理意外伤害保险,支付保险费。

涉及建筑主体和承重结构变动的装修工程,建设单位应当在施工前委托原设计单位或者具备相应资质条件的设计单位提出设计方案;没有设计方案的,不得施工。房屋拆除应当由具备保证安全条件的建筑施工单位承担,由建筑施工单位负责人对安全负责。

(五)建筑工程质量管理

建设单位不得以任何理由,要求建筑设计单位或建筑施工单位违反法律、行政法规和建筑工程质量、安全标准,降低工程质量,建筑设计单位和建筑施工单位应当拒绝建设单位的此类要求。

建筑工程的勘察、设计单位必须对其勘察、设计的质量负责。勘察、设计文件应当符合有关法律、行政法规的规定和建筑工程质量、安全标准,建筑工程勘察、设计技术规范以及合同的约定。设计文件选用的建筑材料、建筑构配件和设备，应当注明其规格、型号、性能等技术指标，其质量要求必须符合国家规定的标准。建筑设计单位对设计文件选用的建筑材料、建筑构配件和设备，不得指定生产厂、供应商。

建筑施工企业对工程的施工质量负责。建筑施工企业必须按照工程设计图纸和施工技术标准施工，不得偷工减料。工程设计的修改由原设计单位负责，建筑施工企业不得擅自修改工程设计。建筑施工企业必须按照工程设计要求、施工技术标准和合同的约定，对建筑材料、构配件和设备进行检验，不合格的不得使用。

建筑工程竣工经验收合格后，方可交付使用；未经验收或验收不合格的，不得交付使用。交付竣工验收的建筑工程，必须符合规定的建筑工程质量标准，有完整的工程技术经济资料和经签署的工程保修书，并具备国家规定的其他竣工条件。

建筑工程实行质量保修制度，保修期限应当按照保证建筑物合理寿命年限内正常使用，维护使用者合法权益的原则确定。

二、《中华人民共和国招标投标法》

《中华人民共和国招标投标法》（以下简称《招标投标法》）规定，在中华人民共和国境内进行下列工程建设项目（包括项目的勘察、设计、施工、监理以及与工程建设有关的重要设备、材料等的采购），必须进行招标：

（1）大型基础设施、公用事业等关系社会公共利益、公众安全的项目。

（2）全部或者部分使用国有资金或者国家融资的项目。

（3）使用国际组织或者外国政府贷款、援助资金的项目。

任何单位和个人不得将依法必须进行招标的项目化整为零或者以其他任何方式规避招标。依法必须进行招标的项目，其招标投标活动不受地区或者部门的限制。任何单位和个人不得违法限制或者排斥本地区、本系统以外的法人或者其他组织参加投标，不得以任何方式非法干涉招标投标活动。

（一）招标

1. 招标的条件和方式

（1）招标的条件。招标项目按照国家有关规定需要履行项目审批手续的，应当先履行审批手续，取得批准。招标人应当有进行招标项目的相应资金或资金来源已经落实，并应当在招标文件中如实载明。

招标人有权自行选择招标代理机构，委托其办理招标事宜。任何单位和个人不得以任何方式为招标人指定招标代理机构。招标人具有编制招标文件和组织评标能力的，可以自行办理招标事宜。任何单位和个人不得强制其委托招标代理机构办理招标事宜。

依法必须进行招标的项目，招标人自行办理招标事宜的，应当向有关行政监督部门备案。

（2）招标方式。招标分为公开招标和邀请招标两种方式。

招标公告或投标邀请书应当载明招标人的名称和地址、招标项目的性质、数量、实施地点和时间以及获取招标文件的办法等事项。招标人不得以不合理的条件限制或者排斥潜在的投标人，不得对潜在的投标人实行歧视待遇。

2. 招标文件

招标人应当根据招标项目的特点和需要编制招标文件。招标文件应当包括招标项目的技术要求、对投标人资格审查的标准、投标报价要求和评标标准等所有实质性要求和条件以及拟签订合同的主要条款。招标项目需要划分标段、确定工期的，招标人应当合理划分标段、确定工期，并在招标文件中载明。

招标文件不得要求或者标明特定的生产供应者以及含有倾向或者排斥潜在投标人的其他内容。招标人不得向他人透露已获取招标文件的潜在投标人的名称、数量及可能影响公平竞争的有关招投标的其他情况。

招标人对已发出的招标文件进行必要的澄清或者修改的，应当在招标文件要求提交投标文件截止时间至少 15 日前，以书面形式通知所有招标文件收受人。该澄清或者修改的内容为招标文件的组成部分。

3. 其他规定

招标人设有标底的，标底必须保密。招标人应当确定投标人编制投标文件所需要的合理时间。依法必须进行招标的项目，自招标文件开始发出之日起至投标人提交投标文件截止之日止，最短不得少于 20 日。

（二）投标

投标人应当具备承担招标项目的能力。国家有关规定对投标人资格条件或者招标文件对投标人资格条件有规定的，投标人应当具备规定的资格条件。

1. 投标文件

（1）投标文件的内容。投标人应当按照招标文件的要求编制投标文件。投标文件应当对招标文件提出的实质性要求和条件做出响应。

根据招标文件载明的项目实际情况，投标人如果准备在中标后将中标项目的部分非主体、非关键工程进行分包的，应当在投标文件中载明。在招标文件要求提交投标文件的截止时间前，投标人可以补充、修改或者撤回已提交的投标文件，并书面通知招标人。补充、修改的内容为投标文件的组成部分。

（2）投标文件的送达。投标人应当在招标文件要求提交投标文件的截止时间前，将投标文件送达投标地点。招标人收到投标文件后，应当签收保存，不得开启。投标人少于 3 个的，招标人应当依照《招标投标法》重新招标。

在招标文件要求提交投标文件的截止时间后送达的投标文件，招标人应当拒收。

2. 联合投标

两个以上法人或者其他组织可以组成一个联合体，以一个投标人的身份共同投标。联合体各方均应具备承担招标项目的相应能力。国家有关规定或者招标文件对投标人资格条件有规定的，联合体各方均应具备规定的相应资格条件。由同一专业的单位组成的联合体，按照资质等级较低的单位确定资质等级。

联合体各方应当签订共同投标协议，明确约定各方拟承担的工作和责任，并将共同投标协议连同投标文件一并提交给招标人。联合体中标的，联合体各方应当共同与招标人签订合同，就中标项目向招标人承担连带责任。

3. 其他规定

投标人不得相互串通投标报价，不得排挤其他投标人的公平竞争，损害招标人或其他投标人的合法权益。投标人不得与招标人串通投标，损害国家利益、社会公共利益或者他人的合法权益。投标人不得以低于成本的报价竞标，也不得以他人名义投标或者以其他方式弄虚作假，骗取中标。禁止投标人以向招标人或评标委员会成员行贿的手段谋取中标。

（三）开标、评标和中标

1. 开标

开标应当在招标人的主持下，在招标文件确定的提交投标文件截止时间的同一时间、招标文件中预先确定的地点公开进行，应邀请所有投标人参加开标。开标时，由投标人或者其推选的代表检查投标文件的密封情况，也可以由招标人委托的公证机构检查并公证。经确认无误后，由工作人员当众拆封，宣读投标人名称、投标价格和投标文件的其他主要内容。

开标过程应当记录，并存档备查。

2. 评标

评标由招标人依法组建的评标委员会负责。招标人应当采取必要的措施，保证评标在严格保密的情况下进行。评标委员会应当按照招标文件确定的评标标准和方法，对投标文件进行评审和比较。中标人的投标应当符合下列条件之一：

（1）能够最大限度地满足招标文件中规定的各项综合评价标准。

（2）能够满足招标文件的实质性要求，并且经评审的投标价格最低。但是，投标价格低于成本的除外。

评标委员会经评审，认为所有投标都不符合招标文件要求的，可以否决所有投标。

评标委员会完成评标后，应当向招标人提出书面评标报告，并推荐合格的中标候选人。招标人据此确定中标人。招标人也可以授权评标委员会直接确定中标人。在确定中标人前，招标人不得与投标人就投标价格、投标方案等实质性内容进行谈判。

3. 中标

中标人确定后，招标人应当向中标人发出中标通知书，并同时将中标结果通知所有未中标的投标人。

招标人和中标人应当自中标通知书发出之日起 30 日内，按照招标文件和中标人的投标文件订立书面合同。招标人和中标人不得再订立背离合同实质性内容的其他协议。

招标文件要求中标人提交履约保证金的，中标人应当提交。

三、《中华人民共和国政府采购法》

为了规范政府采购行为，提高政府采购资金的使用效益，维护国家利益和社会公共利益，保护政府采购当事人的合法权益，促进廉政建设，2002 年颁布了《中华人民共和国政府采购法》（以下简称《政府采购法》），并于 2014 年进行了修订。

（一）适用范围

政府采购，是指各级国家机关、事业单位和团体组织，使用财政性资金采购依法制定的集中采购目录以内的或者采购限额标准以上的货物、工程和服务的行为。

采购，是指以合同方式有偿取得货物、工程和服务的行为，包括购买、租赁、委托、雇用等。

货物，是指各种形态和种类的物品，包括原材料、燃料、设备、产品等。

工程，是指建设工程，包括建筑物和构筑物的新建、改建、扩建、装修、拆除、修缮等。

服务，是指除货物和工程以外的其他政府采购对象。

政府采购工程进行招标投标的，适用《招标投标法》。

（二）政府采购当事人

政府采购当事人是指在政府采购活动中享有权利和承担义务的各类主体，包括采购人、供应商和采购代理机构等。

采购人是指依法进行政府采购的国家机关、事业单位、团体组织。

集中采购机构为采购代理机构。设区的市、自治州以上人民政府根据本级政府采购项目组织集中采购的需要设立集中采购机构。

集中采购机构是非营利事业法人，根据采购人的委托办理采购事宜。

集中采购机构进行政府采购活动，应当符合采购价格低于市场平均价格、采购效率更高、采购质量优良和服务良好的要求。

采购人采购纳入集中采购目录的政府采购项目，必须委托集中采购机构代理采购；采购未纳入集中采购目录的政府采购项目，可以自行采购，也可以委托集中采购机构在委托的范围内代理采购。

两个以上的自然人、法人或者其他组织可以组成一个联合体，以一个供应商的身份共同参加政府采购。

以联合体形式进行政府采购的，参加联合体的供应商均应当具备一定的条件，并应当向采购人提交联合协议，载明联合体各方承担的工作和义务。联合体各方应当共同与采购人签订采购合同，就采购合同约定的事项对采购人承担连带责任。

（三）政府采购方式

政府采购采用以下方式：①公开招标；②邀请招标；③竞争性谈判；④单一来源采购；⑤询价；⑥国务院政府采购监督管理部门认定的其他采购方式。

公开招标应作为政府采购的主要采购方式。采购人不得将应当以公开招标方式采购的货物或者服务化整为零或者以其他任何方式规避公开招标采购。

符合下列情形之一的货物或者服务，可以依照《招标投标法》采用邀请招标方式采购：

（1）具有特殊性，只能从有限范围的供应商处采购的。

（2）采用公开招标方式的费用占政府采购项目总价值的比例过大的。

符合下列情形之一的货物或者服务，可以依照《招标投标法》采用竞争性谈判方式采购：

（1）招标后没有供应商投标或者没有合格标的或者重新招标未能成立的。

（2）技术复杂或者性质特殊，不能确定详细规格或者具体要求的。

（3）采用招标所需时间不能满足用户紧急需要的。

（4）不能事先计算出价格总额的。

符合下列情形之一的货物或者服务，可以依照《招标投标法》采用单一来源方式采购：

（1）只能从唯一供应商处采购的。

（2）发生了不可预见的紧急情况不能从其他供应商处采购的。

（3）必须保证原有采购项目一致性或者服务配套的要求，需要继续从原供应商处添购，且添购资金总额不超过原合同采购金额百分之十的。

（四）政府采购程序

在招标采购中，出现下列情形之一的，应予废标：

（1）符合专业条件的供应商或者对招标文件作实质响应的供应商不足三家的。

（2）出现影响采购公正的违法、违规行为的。

（3）投标人的报价均超过了采购预算，采购人不能支付的。

（4）因重大变故，采购任务取消的。

废标后，采购人应当将废标理由通知所有投标人。

采用竞争性谈判方式采购的，应当遵循下列程序：

（1）成立谈判小组。谈判小组由采购人的代表和有关专家共三人以上的单数组成，其中专家的人数不得少于成员总数的三分之二。

（2）制定谈判文件。谈判文件应当明确谈判程序、谈判内容、合同草案的条款以及评定成交的标准等事项。

（3）确定邀请参加谈判的供应商名单。谈判小组从符合相应资格条件的供应商名单中确定不少于三家的供应商参加谈判，并向其提供谈判文件。

（4）谈判。谈判小组所有成员集中与单一供应商分别进行谈判。在谈判中，谈判的任何一方不得透露与谈判有关的其他供应商的技术资料、价格和其他信息。谈判文件有实质性变动的，谈判小组应当以书面形式通知所有参加谈判的供应商。

（5）确定成交供应商。谈判结束后，谈判小组应当要求所有参加谈判的供应商在规定时间内进行最后报价，采购人从谈判小组提出的成交候选人中根据符合采购需求、质量和服务相等且报价最低的原则确定成交供应商，并将结果通知所有参加谈判的未成交的供应商。

采取单一来源方式采购的，采购人与供应商应当遵循本法规定的原则，在保证采购项目质量和双方商定合理价格的基础上进行采购。

采取询价方式采购的，应当遵循下列程序：

（1）成立询价小组。询价小组由采购人的代表和有关专家共三人以上的单数组成，其中专家的人数不得少于成员总数的三分之二。询价小组应当对采购项目的价格构成和评定成交的标准等事项作出规定。

（2）确定被询价的供应商名单。询价小组根据采购需求，从符合相应资格条件的供应商名单中确定不少于三家的供应商，并向其发出询价通知书让其报价。

（3）询价。询价小组要求被询价的供应商一次报出不得更改的价格。

（4）确定成交供应商。采购人根据符合采购需求、质量和服务相等且报价最低的原则确定成交供应商，并将结果通知所有被询价的未成交的供应商。

采购人、采购代理机构对政府采购项目每项采购活动的采购文件应当妥善保存，不得伪造、变造、隐匿或者销毁。采购文件的保存期限为自采购结束之日起至少保存 15 年。

采购文件包括采购活动记录、采购预算、招标文件、投标文件、评标标准、评估报告、定标文件、合同文本、验收证明、质疑答复、投诉处理决定及其他有关文件、资料。

采购活动记录至少应当包括下列内容：①采购项目类别、名称；②采购项目预算、资金构成和合同价格；③采购方式，采用公开招标以外的采购方式的，应当载明原因；④邀请和选择供应商的条件及原因；⑤评标标准及确定中标人的原因；⑥废标的原因；⑦采用招标以外采购方式的相应记载。

四、《中华人民共和国合同法》

《中华人民共和国合同法》（以下简称《合同法》）中的合同是指平等主体的自然人、法人、其他组织之间设立、变更、终止民事权利义务关系的协议。

《合同法》中所列的平等主体有三类，即自然人、法人和其他组织。

《合同法》由总则、分则和附则三部分组成。总则包括一般规定、合同的订立、合同的效力、合同的履行、合同的变更和转让、合同的权利义务终止、违约责任、其他规定。分则按照合同标的不同，将合同分为 15 类，即买卖合同，供用电、水、气、热力合同，赠与合同，借款合同，租赁合同，融资租赁合同，承揽合同，建设工程合同，运输合同，技术合同，保管合同，仓储合同，委托合同，行纪合同，居间合同。

（一）合同的订立

当事人订立合同，应当具有相应的民事权利能力和民事行为能力。订立合同，必须以依法订立为前提，使所订立的合同成为双方履行义务、享有权利、受法律约束和请求法律保护的契约文书。

当事人依法可以委托代理人订立合同。所谓委托代理人订立合同，是指当事人委托他人以自己的名义与第三人签订合同，并承担由此产生的法律后果的行为。

1. 合同的形式和内容

（1）合同的形式。当事人订立合同，有书面形式、口头形式和其他形式。法律、行政法规规定采用书面形式的，应当采用书面形式。当事人约定采用书面形式的，应当采用书面形式。建设工程合同应当采用书面形式。

（2）合同的内容。合同的内容是指当事人之间就设立、变更或者终止权利义务关系表示一致的意思。合同内容通常称为合同条款。

合同的内容由当事人约定，一般包括：当事人的名称或姓名和住所，标的，数量，质量，价款或者报酬，履行的期限、地点和方式，违约责任，解决争议的方法。

当事人可以参照各类合同的示范文本订立合同。

2. 合同订立的程序

当事人订立合同，应当采取要约、承诺方式。

（1）要约。

1）要约及其有效的条件。要约是希望和他人订立合同的意思表示。要约应当符合如下规定：①内容具体确定；②表明经受要约人承诺，要约人即受该意思表示约束。也就是说，要约必须是特定人的意思表示，必须是以缔结合同为目的，必须具备合同的主要条款。

有些合同在要约之前还会有要约邀请。所谓要约邀请，是希望他人向自己发出要约的意思表示。要约邀请并不是合同成立过程中的必经过程，它是当事人订立合同的预备行为，这种意思表示的内容往往不确定，不含有合同得以成立的主要内容和相对人同意后受其约束的表示，在法律上无需承担责任。寄送的价目表、拍卖公告、招标公告、招股说明书、商业广告等均属于要约邀请。

2）要约的生效。要约到达受要约人时生效。如采用数据电文形式订立合同，收件人指定特定系统接收数据电文的，该数据电文进入该特定系统的时间，视为到达时间；未指定特定系统的，该数据电文进入收件人的任何系统的首次时间，视为到达时间。

3）要约可以撤回和撤销。要约可以撤回，撤回要约的通知应当在要约到达受要约人之前或者与要约同时到达受要约人。

要约可以撤销。撤销要约的通知应当在受要约人发出承诺通知之前到达受要约人。但有下列情形之一的，要约不得撤销：①要约人确定了承诺期限或者以其他形式明示要约不可撤销；②受要约人有理由认为要约是不可撤销的，并已经为履行合同做了准备工作。

4）要约失效。有下列情形之一的，要约失效：①拒绝要约的通知到达要约人；②要约人依法撤销要约；③承诺期限届满，受要约人未作出承诺；④受要约人对要约的内容作出实质性变更。

（2）承诺。承诺是受要约人同意要约的意思表示。除根据交易习惯或者要约表明可以通过行为作出承诺的之外，承诺应当以通知的方式作出。

1）承诺的期限。承诺应当在要约确定的期限内到达要约人。要约没有确定承诺期限的，承诺应当依照下列规定到达：①除非当事人另有约定，以对话方式作出的要约，应当即时作出承诺；②以非对话方式作出的要约，承诺应当在合理期限内到达。

以信件或者电报作出的要约，承诺期限自信件载明的日期或者电报交发之日开始计算。信件未载明日期的，自投寄该信件的邮戳日期开始计算。以电话、传真等快递通信方式作出的要约，承诺期限自要约到达受要约人时开始计算。

2）承诺的生效。承诺通知到达要约人时生效。承诺不需要通知的，根据交易习惯或者要约的要求作出承诺的行为时生效。采用数据电文形式订立合同的，承诺到达的时间适用于要约到达受要约人时间的规定。

受要约人在承诺期限内发出承诺，按照通常情形能够及时到达要约人，但因其他原因承诺到达要约人时超过承诺期限的，除要约人及时通知受要约人因承诺超过期限不接受该承诺的以外，该承诺有效。

3）承诺的撤回。承诺可以撤回，撤回承诺的通知应当在承诺通知到达要约人之前或者承诺通知同时到达要约人。

4）逾期承诺。受要约人超过承诺期限发出承诺的，除要约人及时通知受要约人该承诺有效的以外，为新要约。

5）要约内容的变更。承诺的内容应当与要约的内容一致。有关合同标的、数量、质量、价款或者报酬、履行期限、履行地点和方式、违约责任和解决争议方法等的变更，是对要约内容的实质性变更。受要约人对要约的内容作出实质性变更的，为新要约。

承诺对要约的内容作出非实质性变更的，除要约人及时表示反对或者要约表明承诺不得对要约的内容作出任何变更的以外，该承诺有效，合同的内容以承诺的内容为准。

3. 合同的成立

承诺生效时合同成立。

（1）合同成立的时间。当事人采用合同书形式订立合同的，自双方当事人签字或者盖章时合同成立。当事人采用信件、数据电文等形式订立合同的，可以在合同成立之前要求签订确认书。签认确定书时合同成立。

（2）合同订立的地点。承诺生效的地点为合同成立的地点。采用数据电文形式订立合同的，收件人的主营业地为合同成立的地点；没有主营业地的，其经常居住地为合同成立的地点。当事人另有约定的，按照其约定。当事人采用合同书形式订立合同的，双方当事人签字或者盖章的地点为合同成立的地点。

（3）合同成立的其他情形。合同成立的情形还包括：

1）法律、行政法规规定或者当事人约定采用书面形式订立合同，当事人未采用书面形式但一方已经履行主要义务，对方接受的。

2）采用合同书形式订立合同，在签字或者盖章之前，当事人一方已经履行主要义务，对方接受的。

4. 格式条款

格式条款是当事人为了重复使用而预先拟定，并在订立合同时未与对方协商的条款。

（1）格式条款提供者的义务。采用格式条款订立合同，有利于提高当事人双方合同订立过程高效率、减少交易成本、避免合同订立过程中因当事人双方一事一议而可能造成的合同内容的不确定性。但由于格式条款的提供者往往在经济地位方面具有明显的优势，在行业中居于垄断地位，因而导致其拟定格式条款时，会更多地考虑自己的利益，而较少考虑另一方当事人的权利或者附加种种限制条件。为此，提供格式条款的一方应当遵循公平的原则确定当事人之间的权利义务关系，并采取合理的方式提请对方注意免除或者限制其责任的条款，按照对方的要求，对该条款予以说明。

（2）格式条款无效。提供格式条款一方免除自己责任、加重对方责任、排除对方主要权利的，该条款无效。此外，《合同法》规定的合同无效的情形，同样适用于格式合同条款。

（3）格式条款的解释。对格式条款的理解发生争议的，应当按照通常理解予以解释。对格式条款有两种以上解释的，应当作出不利于提供格式条款一方的解释。格式条款和非格式条款不一致的，应当采用非格式条款。

5. 缔约过失责任

缔约过失责任发生于合同不成立或者合同无效的缔约过程。其构成条件：一是当事人有过错，若无过错，则不承担责任；二是有损害后果的发生，若无损失，亦不承担责任；三是当事人的过错行为与造成的损失有因果关系。

当事人订立合同过程中有下列情形之一，给对方造成损失的，应当承担损害赔偿责任：

（1）假借订立合同，恶意进行磋商。

（2）故意隐瞒与订立合同有关的重要事实或者提供虚假情况。

（3）有其他违背诚实信用原则的行为。

当事人在订立合同的过程中知悉的商业秘密，无论合同是否成立，不得泄露或者不正当地使用。泄露或者不正当地使用该商业秘密给对方造成损失的，应当承担损害赔偿责任。

（二）合同的效力

1. 合同的生效

合同生效与合同成立是两个不同的概念。合同的成立，是指双方当事人依照有关法律对合同的内容进行协商并达成一致的意见。合同成立的判断依据是承诺是否生效。合同生效，是指合同产生的法律效力，具有法律约束力。在通常情况下，合同依法成立之时，就是合同生效之日，两者在时间上是同步的。但有些合同在成立后，并非立即产生法律效力，而是需要其他条件成就之后，才开始生效。

（1）合同生效时间。依法成立的合同，自成立时生效。依照法律、行政法规规定应当办理批准、登记等手续的，待手续完成时合同生效。

（2）附条件和附期限的合同。

1）附条件的合同。当事人对合同的效力可以约定附条件。附生效条件的合同，自条件成就时生效。附解除条件的合同，自条件成就时失效。当事人为自己的利益不正当地阻止条件成就的，视为条件已成就；不正当地促成条件成就的，视为条件不成就。

2）附期限的合同。当事人对合同的效力可以约定附期限。附生效期限的合同，自期限届至时生效。附终止期限的合同，自期限届满时失效。

2. 效力待定合同

效力待定合同是指合同已经成立，但合同效力能否产生尚不能确定的合同。效力待定合同主要是由于当事人缺乏缔约能力、财产处分能力或代理人的代理资格和代理权限存在缺陷所造成的。效力待定合同包括：限制民事行为能力人订立的合同和无权代理人代订的合同。

（1）限制民事行为能力人订立的合同。根据我国《民法通则》，限制民事行为能力人是指10周岁以上不满18周岁的未成年人，以及不能完全辨认自己行为的精神病人。限制民事行为能力人订立的合同，经法定代理人追认后，该合同有效，但纯获利益的合同或者与其年龄、智力、精神健康状况相适应而订立的合同，不必经法定代理人追认。

由此可见，限制民事行为能力人订立的合同并非一律无效，在以下几种情形下订立的合同是有效的：①经过其法定代理人追认的合同，即为有效合同；②纯获利益的合同，即限制民事行为能力人订立的接受奖励、赠与、报酬等只需获得利益而不需其承担任何义务的合同，不必经其法定代理人追认，即为有效合同；③与限制民事行为能力人的年龄、智力、精神健康状况相适应而订立的合同，不必经其法定代理人追认，即为有效合同。

与限制民事行为能力人订立合同的相对人可以催告法定代理人在1个月内予以追认。法定代理人未作表示的，视为拒绝追认。合同被追认之前，善意相对人有撤销的权利。撤销应当以通知的方式作出。

（2）无权代理人代订的合同。无权代理人订立的合同主要包括行为人没有代理权、超越代理权限范围或者代理权终止后仍以被代理人的名义订立的合同。

1）无权代理人代订的合同对被代理人不发生效力的情形。行为人没有代理权、超越代理权或者代理权终止后以被代理人的名义订立的合同，未经被代理人追认，对被代理人不发生效力，由行为人承担责任。

与无权代理人签订合同的相对人可以催告被代理人在1个月内予以追认。被代理人未作表示的，视为拒绝追认。合同被追认之前，善意相对人有撤销的权利。撤销应当以通知的方式作出。

无权代理人代订的合同是否对被代理人发生法律效力，取决于被代理人的态度。与无权代理人签订合同的相对人催告被代理人在1个月内予以追认时，被代理人未作表示或表示拒绝的，视为拒绝追认，该合同不生效。被代理人表示予以追认的，该合同对被代理人发生法律效力。在催告开始至被代理人追认之前，该合同对于被代理人的法律效力处于待定状态。

2）无权代理人代订的合同对被代理人具有法律效力的情形。行为人没有代理权、超越代理权或者代理权终止后以被代理人名义订立合同，相对人有理由相信行为人有代理权的，该代理行为有效。这是《合同法》针对表见代理情形所作出的规定。所谓表见代理，是善意相对人通过被代理人的行为足以相信无权代理人具有代理权的情形。

在通过表见代理订立合同的过程中，如果相对人无过错，即相对人不知道或者不应当知道（无义务知道）无权代理人没有代理权时，使相对人相信无权代理人具有代理权的理由是否正当、充分，就成为是否构成表见代理的关键。如果确实存在充分、正当的理由并足以使相对人相信有权代理人具有代理权，则无权代理人的代理行为有效，即无权代理人通过其表见代理行为与相对人订立的合同具有法律效力。

3）法人或者其他组织的法定代表人、负责人超越权限订立的合同的效力。法人或者其他组织的法定代表人、负责人超越权限订立的合同，除相对人知道或者应当知道其超越权限的以外，该代表行为有效。这是因为法人或者其他组织的法定代表人、负责人的身份应当被视为法人或者其他组织的全权代理人，他们完全有资格代表法人或者其他组织为民事行为而不需要获得法人或者其他组织的专门授权，其代理行为的法律后果由法人或者其他组织承担。但是，如果相对人知道或者应当知道法人或者其他组织的法定代表人、负责人在代表法人或者其他组织与自己订立合同时超越其代表（代理）权限，仍然订立合同的，该合同将不具有法律效力。

4）无处分权的人处分他人财产合同的效力。在现实经济活动中，通过合同处分财产（如赠与、转让、抵押、留置等）是常见的财产处分方式。当事人对财产享有处分权是通过合同处分财产的必要条件。无处分权的人处分他人财产的合同一般为无效合同。但是，无处分权的人处分他人财产，经权利人追认或者无处分权的人订立合同后取得处分权的，该合同有效。

3. 无效合同

无效合同是指其内容和形式违反了法律、行政法规的强制性规定，或者损害了国家利益、集体利益、第三人利益和社会公共利益，因而不为法律承认和保护、不具有法律效力的合同。无效合同自始没有法律约束力。在现实经济活动中，无效合同通常有两种情形，即整个合同无效（无效合同）和合同的部分条款无效。

（1）无效合同的情形。有下列情形之一的，合同无效：

1）一方以欺诈、胁迫的手段订立合同，损害国家利益。

2）恶意串通，损害国家、集体或第三人利益。

3）以合法形式掩盖非法目的。

4）损害社会公共利益。

5）违反法律、行政法规的强制性规定。

（2）合同部分条款无效的情形。合同中下列免责条款无效：

1）造成对方人身伤害的。

2）因故意或者重大过失造成对方财产损失的。

免责条款是当事人在合同中规定的某些情况下免除或者限制当事人所负未来合同责任的条款。在一般情况下，合同中的免责条款都是有效的。但是，如果免责条款所产生的后果具有社会危害性和侵权性，侵害了对方当事人的人身权利和财产权利，则该免责条款不具有法律效力。

4. 可变更或者可撤销的合同

可变更、可撤销合同是指欠缺一定的合同生效条件，但当事人一方可依照自己的意思使合同的内容得以变更或者使合同的效力归于消灭的合同。可变更、可撤销合同的效力取决于当事人的意思，属于相对无效的合同。当事人根据其意思，若主张合同有效，则合同有效；若主张合同无效，则合同无效；若主张合同变更，则合同可以变更。

（1）合同可以变更或者撤销的情形。当事人一方有权请求人民法院或者仲裁机构变更或者撤销的合同有：

1）因重大误解订立的。

2）在订立合同时显失公平。

一方以欺诈、胁迫的手段或者乘人之危，使对方在违背真实意思的情况下订立的合同，受损害方有权请求人民法院或者仲裁机构变更或者撤销。

当事人请求变更的，人民法院或者仲裁机构不得撤销。

（2）撤销权的消灭。撤销权是指受损害的一方当事人对可撤销的合同依法享有的、可请求人民法院或仲裁机构撤销该合同的权利。享有撤销权的一方当事人称为撤销权人。撤销权应由撤销权人行使，并应向人民法院或者仲裁机构主张该项权利。而撤销权的消灭是指撤销权人依照法律享有的撤销权由于一定法律事由的出现而归于消灭的情形。

有下列情形之一的，撤销权消灭：

1）具有撤销权的当事人自知道或者应当知道撤销事由之日起1年内没有行使撤销权。

2）具有撤销权的当事人知道撤销事由后明确表示或者以自己的行为放弃撤销权。

由此可见，在具有法律规定的可以撤销合同的情形时，当事人应当在规定的期限内行使其撤销权；否则，超过法律规定的期限时，撤销权归于消灭。此外，若当事人放弃撤销权，则撤销权也归于消灭。

（3）无效合同或者被撤销合同的法律后果。无效合同或者被撤销的合同自始没有法律约束力。合同部分无效、不影响其他部分效力的，其他部门仍然有效。合同无效、被撤销或者终止的，不影响合同中独立存在的有关解决争议方法的条款的效力。

合同无效或被撤销后，履行中的合同应当终止履行；尚未履行的，不得履行。对当事人依据无效合同或者被撤销的合同而取得的财产应当依法进行如下处理：

1）返还财产或者折价补偿。当事人依据无效合同或者被撤销的合同所取得的财产，应当予以返还；不能返还或者没有必要返还的，应当折价补偿。

2）赔偿损失。合同被确认无效或者被撤销后，有过错的一方应赔偿对方因此所受到的损失。双方都有过错的，应当各自承担相应的责任。

3）收归国家所有或者返还集体、第三人。当事人恶意串通，损害国家、集体或者第三人利益的，因此取得的财产收归国家所有或者返还集体、第三人。

（三）合同的履行

合同履行是指合同生效后，合同当事人为实现订立合同欲达到的预期目的而依照合同全面、适当地完成合同义务的行为。

1. 合同履行的原则

（1）全面履行原则。当事人应当按照合同约定全面履行自己的义务，即当事人应当严格按照合同约定的标的、数量、质量，由合同约定的履行义务的主体在合同约定的履行期限、履行地点，按照合同约定的价款或者报酬、履行方式，全面地完成合同所约定的属于自己的义务。

全面履行原则不允许合同的任何一方当事人不按合同约定履行义务，擅自对合同的内容进行变更，以保证合同当事人的合法权益。

（2）诚实信用原则。当事人应当遵循诚实信用原则，根据合同的性质、目的和交易习惯履行通知、协助、保密等义务。

诚实信用原则要求合同当事人在履行合同过程中维持合同双方的合同利益平衡，以诚实、真诚、善意的态度行使合同权利、履行合同义务，不对另一方当事人进行欺诈，不滥用权利。诚实信用原则还要求合同当事人在履行合同约定的主义务的同时，履行合同履行过程中的附随义务：

1）及时通知义务。有些情况需要及时通知对方的，当事人一方应及时通知对方。

2）提供必要条件和说明的义务。需要当事人提供必要的条件和说明的，当事人应当根据对方的需要提供必要的条件和说明。

3）协助义务。需要当事人一方予以协助的，当事人一方应尽可能地为对方提供所需要的协助。

4）保密义务。需要当事人保密的，当事人应当保守其在订立和履行合同过程中所知悉的对方当事人的商业秘密、技术秘密等。

2. 合同履行的一般规定

（1）合同有关内容没有约定或者约定不明确问题的处理。合同生效后，当事人就质量、价款或者报酬、履行地点等内容没有约定或者约定不明确的，可以协议补充；不能达成补充协议的，按照合同有关条款或者交易习惯确定。

依照以上基本原则和方法仍不能确定合同有关内容的，应当按照下列方法处理：

1）质量要求不明确问题的处理方法。质量要求不明确的，按照国家标准、行业标准履行；没有国家标准、行业标准的，按照通常标准或者符合合同目的的特定标准履行。

2）价款或者报酬不明确问题的处理方法。价款或者报酬不明确的，按照订立合同时履行地的市场价格履行；依法应当执行政府定价或者政府指导价的，在合同约定的交付期限内政府价格调整时，按照交付时的价格计价。逾期交付标的物的，遇价格上涨时，按照原价格执行；价格下降时，按照新价格执行。逾期提取标的物或者逾期付款的，遇价格上涨时，按照新价格执行；价格下降时，按照原价格执行。

3）履行地点不明确问题的处理方法。履行地点不明确，给付货币的，在接受货币一方所在地履行；交付不动产的，在不动产所在地履行；其他标的，在履行义务一方所在地履行。

4）履行期限不明确问题的处理方法。履行期限不明确的，债务人可以随时履行，债权人也可以随时要求履行，但应当给对方必要的准备时间。

5）履行方式不明确问题的处理方法。履行方式不明确的，按照有利于实现合同目的的方式履行。

6）履行费用的负担不明确问题的处理方法。履行费用的负担不明确的，由履行义务一方承担。

（2）合同履行中的第三人。在通常情况下，合同必须由当事人亲自履行。但根据法律的规定或合同的约定，或者在与合同性质不相抵触的情况下，合同可以由第三人履行，也可以由第三人代为履行。向第三人履行合同或者由第三人代为履行合同，不是合同义务的转移，当事人在合同中的法律地位不变。

1）向第三人履行合同。当事人约定由债务人向第三人履行债务的，债务人未向第三人履行债务或者履行债务不符合约定，应当向债权人承担违约责任。

2）由第三人代为履行合同。当事人约定由第三人向债权人履行债务的，第三人不履行债务或者履行债务不符合约定，债务人应当向债权人承担违约责任。

（3）合同履行过程中几种特殊情况的处理。

1）因债权人分立、合并或者变更住所致使债务人履行债务发生困难的情况。合同当事人一方发生分立、合并或者变更住所等情况时，有义务及时通知对方当事人，以免给合同的履行造成困难。债权人分立、合并或者变更住所没有通知债务人，致使履行债务发生困难的，债务人可以中止履行或者将标的物提存。所谓提存，是指由于债权人的原因致使债务人难以履行债务时，债务人可以将标的物交给有关机关保存，以此消灭合同的行为。

2）债务人提前履行债务的情况。债务人提前履行债务是指债务人在合同规定的履行期限届至之前即开始履行自己的合同义务的行为。债权人可以拒绝债务人提前履行债务，但提前履行不损害债权人利益的除外。债务人提前履行债务给债权人增加的费用，由债务人负担。

3）债务人部分履行债务的情况。债务人部分履行债务是指债务人没有按照合同约定履行合同规定的全部义务，而只是履行了自己的一部分合同义务的行为。债权人可以拒绝债务人部分履行债务，但部分履行不损害债权人利益的除外。债务人部分履行债务给债权人增加的费用，由债务人负担。

（4）合同生效后合同主体发生变化时的合同效力。合同生效后，当事人不得因姓名、名称的变更或者法定代表人、负责人、承办人的变动而不履行合同义务。因为当事人的姓名、名称只是作为合同主体的自然人、法人或者其他组织的符号，并非自然人、法人或者其他组织本身，其变更并未使原合同主体发生实质性变化，因而合同的效力也未发生变化。

（四）合同的变更和转让

1. 合同的变更

合同的变更有广义和狭义之分。广义的合同变更是指合同法律关系的主体和合同内容的变更。狭义的合同变更仅指合同内容的变更，不包括合同主体的变更。

合同主体的变更是指合同当事人的变动，即原来的合同当事人退出合同关系而由合同以外的第三人替代，第三人成为合同的新当事人。合同主体的变更实质上就是合同的转让。合同内容的变更是指合同成立以后、履行之前或者在合同履行开始之后尚未履行完毕之前，合同当事人对合同内容的修改或者补充。《合同法》所指的合同变更是指合同内容的变更。合同变更可分为协议变更和法定变更。

（1）协议变更。当事人协商一致，可以变更合同。法律、行政法规规定变更合同应当办理批准、登记等手续的，应当办理相应的批准、登记手续。

当事人对合同变更的内容约定不明确的，推定为未变更。

（2）法定变更。在合同成立后，当发生法律规定的可以变更合同的事由时，可根据一方当事人的请求对合同内容进行变更而不必征得对方当事人的同意。但这种变更合同的请求须向人民法院或者仲裁机构提出。

2. 合同的转让

合同转让是指合同一方当事人取得对方当事人同意后，将合同的权利义务全部或者部分转让给第三人的法律行为。合同的转让包括权利（债权）转让、义务（债务）转移和权利义务概括转让三种情形。法律、行政法规规定转让权利或者转移义务应当办理批准、登记等手续的，应办理相应的批准、登记手续。

（1）合同债权转让。债权人可以将合同的权利全部或者部分转让给第三人，但下列三种情形不得转让：①根据合同性质不得转让；②按照当事人约定不得转让；③依照法律规定不得转让。

债权人转让权利的，债权人应当通知债务人。未经通知，该转让对债务人不发生效力。除非经受让人同意，否则，债权人转让权利的通知不得撤销。

合同债权转让后，该债权由原债权人转移给受让人，受让人取代让与人（原债权人）成为新债权人，依附于主债权的从债权也一并移转给受让人，例如抵押权、留置权等，但专属于原债权人自身的从债权除外。

为保护债务人利益，不致使其因债权转让而蒙受损失，债务人接到债权转让通知后，债务人对让与人的抗辩，可以向受让人主张；债务人对让与人享有债权，并且债务人的债权先于转让的债权到期或者同时到期的，债务人可以向受让人主张抵消。

（2）合同债务转移。债务人将合同的义务全部或者部分转移给第三人的，应当经债权人同意。

债务人转移义务后，原债务人享有的对债权人的抗辩权也随债务转移而由新债务人享有，新债务人可以主张原债务人对债权人的抗辩。债务人转移业务的，新债务人应当承担与主债务有关的从债务，但该从债务专属于原债务人自身的除外。

（3）合同权利义务的概括转让。当事人一方经对方同意，可以将自己在合同中的权利和义务一并转让给第三人。权利和义务一并转让的，适用上述有关债权转让和债务转移的有关规定。

此外，当事人订立合同后合并的，由合并后的法人或者其他组织行使合同权利，履行合同义务。当事人订立合同后分立的，除债权人和债务人另有约定的以外，由分立的法人或者其他组织对合同的权利和义务享有连带债权，承担连带债务。

（五）合同的权利义务终止

1. 合同的权利义务终止的原因

合同的权利义务终止又称为合同的终止或者合同的消灭，是指因某种原因而引起的合同权利义务关系在客观上不复存在。

有下列情形之一的，合同的权利义务终止：①债务已经按照约定履行；②合同解除；③债务互相抵消；④债务人依法将标的物提存；⑤债权人免除债务；⑥债权债务同归于一人；⑦法律规定或者当事人约定终止的其他情形。

债权人免除债务人部分或者全部债务的，合同的权利义务部分或者全部终止；债权和债务同归于一人的，合同的权利义务终止，但涉及第三人利益的除外。

合同的权利义务中止，不影响合同中结算和清理条款的效力。合同的权利义务终止后，当事人应当遵循诚实信用原则，根据交易习惯履行通知、协助、保密等义务。

2. 合同解除

合同解除是指合同有效成立后，在尚未履行或者尚未履行完毕之前，因当事人一方或者双方的意思表示而使合同的权利义务关系（债权债务关系）自始消灭或者向将来消灭的一种民事行为。

合同解除后，尚未履行的，终止履行；已经履行的，根据履行情况和合同性质，当事人可以要求恢复原状、采取其他补救措施，并有权要求赔偿损失。

3. 标的物的提存

有下列情形之一，难以履行债务的，债务人可以将标的物提存：①债权人无正当理由拒绝受领；②债权人下落不明；③债权人死亡未确定继承人或者丧失民事行为能力未确定监护人；④法律规定的其他情形。

标的物不适于提存或者提存费用过高的，债务人可以依法拍卖或者变卖标的物，提存所得的价款。

债权人可以随时领取提存物，但债权人对债务人负有到期债务的，在债权人未履行债务或提供担保之前，提存部门根据债务人的要求应当拒绝其领取提存物。

债权人领取提存物的权利期限为 5 年，超过该期限，提存物扣除提存费用后归国家所有。

（六）违约责任

1. 违约责任及其特点

违约责任是指合同当事人不履行或者不适当履行合同义务所应承担的民事责任。当事人一方明确表示或者以自己的行为表明不履行合同义务的，对方可以在履行期限届满之前要求其承担违约责任。违约责任具有以下特点：

（1）以有效合同为前提。当侵权责任和缔约过失责任不同，违约责任必须以当事人双方事先存在的有效合同关系为前提。

（2）以合同当事人不履行或者不适当履行合同义务为要件。只有合同当事人不履行或者不适当履行合同义务时，才应承担违约责任。

（3）可由合同当事人在法定范围内约定。违约责任主要是一种赔偿责任，因此，可由合同当事人在法律规定的范围内自行约定。

（4）是一种民事赔偿责任。首先，它是由违约方向守约方承担的民事责任，无论是违约金还是赔偿金，均是平等主体之间的支付关系；其次，违约责任的确定，通常应以补偿守约方的损失为标准。

2. 违约责任的承担

（1）违约责任的承担方式。当事人一方不履行合同义务或者履行合同义务不符合约定的，应当承担继续履行、采取补救措施或者赔偿损失等违约责任。

1）继续履行。继续履行是指在合同当事人一方不履行合同义务或者履行合同义务不符合合同约定时，另一方合同当事人有权要求其在合同履行期限届满后继续按照原合同约定的主要条件履行合同义务的行为。继续履行是合同当事人一方违约时，其承担违约责任的首选方式。

a）违反金钱债务时的继续履行。当事人一方未支付价款或者报酬的，对方可以要求其支付价款或者报酬。

b）违反非金钱债务时的继续履行。当事人一方不履行非金钱债务或者履行非金钱债务不符合约定的，对方可以要求履行，但有下列情形之一的除外：①法律上或者事实上不能履行；②债务的标的不适于强制履行或者履行费用过高；③债权人在合理期限内未要求履行。

2）采取补救措施。如果合同标的物的质量不符合约定，应当按照当事人的约定承担违约责任。对违约责任没有约定或者约定不明确的，可以协议补充；不能达成补充协议的，按照合同有关条款或者交易习惯确定。依照上述办法仍不能确定的，受损害方根据标的的性质以及损失的大小，可以合理选择要求对方承担修理、更换、重作、退货、减少价款或者报酬等违约责任。

3）赔偿损失。当事人一方不履行合同义务或者履行合同义务不符合约定的，在履行义务或者采取补救措施后，对方还有其他损失的，应当赔偿损失。损失赔偿额应当相当于因违约所造成的损失，包括合同履行后可以获得的利益，但不得超过违反合同一方订立合同时预见到或者应当预见到的因违反合同可能造成的损失。

当事人一方违约后，对方应当采取适当措施防止损失的扩大；没有采取适当措施致使损失扩大的，不得就扩大的损失要求赔偿。当事人因防止损失扩大而支出的合理费用，由违约方承担。

经营者对消费者提供商品或者服务有欺诈行为的，依照《中华人民共和国消费者权益保护法》的规定承担损害赔偿责任。

4）违约金。当事人可以约定一方违约时应当根据违约情况向对方支付一定数额的违约金，也可以约定因违约产生的损失赔偿额的计算方法。约定的违约金低于造成的损失的，当事人可以请求人民法院或者仲裁机构予以增加；约定的违约金过分高于造成的损失的，当事人可以请求人民法院或者仲裁机构予以适当减少。

当事人就延迟履行约定违约金的，违约方支付违约金后，还应当履行债务。

5）定金。当事人可以依照《中华人民共和国担保法》约定一方向对方给付定金作为债权的担保。债务人履行债务后，定金应当抵作价款或者收回。给付定金的一方不履行约定的债务的，无权要求返还定金；收受定金的一方不履行约定的债务的，应当双倍返还定金。

当事人既约定违约金，又约定定金的，一方违约时，对方可以选择适用违约金或者定金条款。

（2）违约责任的承担主体。

1）合同当事人双方违约时违约责任的承担。当事人双方都违反合同的，应当各自承担相应的责任。

2）因第三人原因造成违约时违约责任的承担。当事人一方因第三人的原因造成违约的，应当向对方承担违约责任。当事人一方和第三人之间的纠纷，依照法律规定或者依照约定解决。

3）违约责任与侵权责任的选择。因当事人一方的违约行为，侵害对方人身、财产权益的，受损害方有权选择依照《合同法》要求其承担违约责任或者依照其他法律要求其承担侵权责任。

3. 不可抗力

不可抗力是指不能预见、不能避免并不能克服的客观情况。因不可抗力不能履行合同的，根据不可抗力的影响，部分或者全部免除责任，但法律另有规定的除外。当事人迟延履行后发生不可抗力的，不能免除责任。

当事人一方因不可抗力不能履行合同的，应当及时通知对方，以减轻给对方造成的损失，并应当在合理期限内提供证明。

（七）合同争议的解决

合同争议是指合同当事人之间对合同履行状况和合同违约责任承担等问题所产生的意见分歧。合同争议的解决方式有和解、调解、仲裁或者诉讼。

1. 合同争议的和解与调解

和解与调解是解决合同争议的常用有效方式。当事人可以通过和解或者调解解决合同争议。

（1）和解。和解是合同当事人之间发生争议后，在没有第三者介入的情况下，合同当事人双方在自愿、互谅的基础上，就已经发生的争议进行商谈并达成协议，自行解决争议的一种方式。和解方式简便易行，有利于加强合同当事人之间的协作，使合同能得到更好地履行。

（2）调解。调解是指合同当事人于争议发生后，在第三者的主持下，根据事实、法律和合同，经过第三者的说服与劝解，使发生争议的合同当事人双方互谅、互让，自愿达成协议，从而公平、合理地解决争议的一种方式。

与和解相同，调解也具有方法灵活、程序简便、节省时间和费用、不伤害发生争议的合同当事人双方的感情等特征，而且由于有第三者的介入，可以缓解发生争议的合同双方当事人之间的对立情绪，便于双方较为冷静、理智地考虑问题。同时，由于第三者常常能够站在较为公正的立场上，较为客观、全面地看待、分析争议的有关问题并提出解决方案，从而有利于争议的公正解决。

参与调解的第三者不同，调解的性质也就不同。调解有民间调解、仲裁机构调解和法庭调解三种。

2. 合同争议的仲裁

仲裁是指发生争议的合同当事人双方根据合同中约定的仲裁条款或者争议发生后由其达成的书面仲裁协议，将合同争议提交给仲裁机构并由仲裁机构按照仲裁法律规范的规定居中裁决，从而解决合同争议的法律制度。当事人不愿协商、调解或协商、调解不成的，可以根据合同中的仲裁条款或事后达成的书面仲裁协议，提交仲裁机构仲裁。涉外合同当事人可以根据仲裁协议向中国仲裁机构或者其他仲裁机构申请仲裁。

根据《中华人民共和国仲裁法》，对于合同争议的解决，实行"或裁或审制"。即发生争议的合同当事人双方只能在"仲裁"或者"诉讼"两种方式中选择一种方式解决其合同争议。

仲裁裁决具有法律约束力。合同当事人应当自觉执行裁决。不执行的，另一方当事人可以申请有管辖权的人民法院强制执行。裁决作出后，当事人就同一争议再申请仲裁或者向人民法院起诉的，仲裁机构或者人民法院不予受理。但当事人对仲裁协议的效力有异议的，可以请求仲裁机构作出决定或者请求人民法院作出裁定。

3. 合同争议的诉讼

诉讼是指合同当事人依法将合同争议提交人民法院受理，由人民法院依司法程序通过调查、做出判决、采取强制措施等来处理争议的法律制度。有下列情形之一的，合同当事人可以选择诉讼方式解决合同争议：

（1）合同争议的当事人不愿和解、调解的。

（2）经过和解、调解未能解决合同争议的。

（3）当事人没有订立仲裁协议或者仲裁协议无效的。

（4）仲裁裁决被人民法院依法裁定撤销或者不予执行的。

合同当事人双方可以在签订合同时约定选择诉讼方式解决合同争议，并依法选择有管辖权的人民法院，但不得违反《中华人民共和国民事诉讼法》关于级别管辖和专属管辖的规定。对于一般的合同争议，由被告住所地或者合同履行地人民法院管辖。建设工程合同的纠纷一般都适用不动产所在地的专属管辖，由工程所在地人民法院管辖。

五、《中华人民共和国价格法》

《中华人民共和国价格法》规定，国家实行并完善宏观经济调控下主要由市场形成价格的机制。价格的制定应当符合价值规律，大多数商品和服务价格实行市场调节价，极少数商品和服务价格实行政府指导价或政府定价。

1. 经营者的价格行为

经营者定价应当遵循公平、合法和诚实信用的原则，定价的基本依据是生产经营成本和市场供求情况。

（1）义务。经营者应当努力改进生产经营管理，降低生产经营成本，为消费者提供价格合理的商品和服务，并在市场竞争中获取合法利润。

（2）权利。经营者进行价格活动，享有下列权利：①自主制定属于市场调节的价格；②在政府指导价规定的幅度内制定价格；③制定属于政府指导价、政府定价产品范围内的新产品的试销价格，特定产品除外；④检举、控告侵犯其依法自主定价权利的行为。

（3）禁止行为。经营者不得有下列不正当价格行为：①相互串通，操纵市场价格，侵害其他经营者或消费者的合法权益；②除降价处理鲜活、季节性、积压的商品外，为排挤对手或独占市场，以低于成本的价格倾销，扰乱正常的生产经营秩序，损害国家利益或者其他经营者的合格权益；③捏造、散布涨价信息，哄抬价格，推动商品价格过高上涨；④利用虚假的或者使人误解的价格手段，诱骗消费者或者其他经营者与其进行交易；⑤对具有同等交易条件的其他经营者实行价格歧视；⑥采取抬高等级或者压低等级等手段收购、销售商品或者提供服务，变相提高或者压低价格；⑦违反法律、法规的规定牟取暴利等。

2. 政府的定价行为

（1）定价目录。政府指导价、政府定价的定价权限和具体适用范围，以中央和地方的定价目录为依据。中央定价目录由国务院价格主管部门制定、修订，报国务院批准后公布。地方定价目录由省、自治区、直辖市人民政府价格主管部门按照中央定价目录规定的定价权限和具体适用范围制度，经本级人民政府审核同意，报国务院价格主管部门审定后公布。省、自治区、直辖市人民政府以下各级地方人民政府不得制定定价目录。

（2）定价权限。国务院价格主管部门和其他有关部门，按照中央定价目录规定的定价权限和具体适用范围制定政府指导价、政府定价，其中重要的商品和服务价格的政府指导价、政府定价，应当按照规定经国务院批准。省、自治区、直辖市人民政府价格主管部门和其他有关部门，应当按照地方定价目录规定的定价权限和具体适用范围制定在本地区执行的政府指导价、政府定价。

市、县人民政府可以根据省、自治区、直辖市人民政府的授权，按照地方定价目录规定的定价权限和具体适用范围制定在本地区执行的政府指导价、政府定价。

（3）定价范围。政府在必要时可以对下列商品和服务价格实行政府指导价或政府定价：①与国民经济发展和人民生活关系重大的极少数商品价格；②资源稀缺的少数商品价格；③自然垄断经营的商品价格；④重要的公用事业价格；⑤重要的公益性服务价格。

（4）定价依据。制定政府指导价、政府定价，应当依据有关商品或者服务的社会平均成本和市场供求状况、国民经济与社会发展要求，依据社会承受能力，实行合理的购销差价、批零差价、地区差价和季节差价。制定政府指导价、政府定价，应当开展价格、成本调查，听取消费者、经营者和有关方面的意见。制定关系群众切身利益的公用事业价格、公益性服务价格、自然垄断经营的商品价格时，应当建立听证会制度，由政府价格主管部门主持，征求消费者、经营者和有关方面的意见。

3. 价格总水平调控

政府可以建立重要商品储备制度，设立价格调节基金，调控价格，稳定市场。当重要商品和服务价格显著上涨或者有可能显著上涨时，国务院和省、自治区、直辖市人民政府可以对部分价格采取限定差价率或者利润率、规定限价、实行提价申报制度和调价备案制度等干预措施。

当市场价格总水平出现剧烈波动等异常状态时，国务院可以在全国范围内或者部分区域内采取临时集中定价权限、部分或者全面冻结价格的紧急措施。

六、《中华人民共和国审计法》

根据《中华人民共和国审计法》第二十二条规定，审计机关对政府投资和以政府投资为主的建设项目的预算执行情况和决算，进行审计监督。

（一）审计程序

（1）审计机关根据审计项目计划确定的审计事项组成审计组，并应当在实施审计三日前，向被审计单位送达审计通知书；遇有特殊情况，经本级人民政府批准，审计机关可以直接持审计通知书实施审计。

被审计单位应当配合审计机关的工作，并提供必要的工作条件。

审计机关应当提高审计工作效率。

（2）审计人员通过审查会计凭证、会计账簿、财务会计报告，查阅与审计事项有关的文件、资料，检查现金、实物、有价证券，向有关单位和个人调查等方式进行审计，并取得证明材料。

审计人员向有关单位和个人进行调查时，应当出示审计人员的工作证件和审计通知书副本。

（3）审计组对审计事项实施审计后，应当向审计机关提出审计组的审计报告。审计组的审计报告报送审计机关前，应当征求被审计对象的意见。被审计对象应当自接到审计组的审计报告之日起十日内，将其书面意见送交审计组。审计组应当将被审计对象的书面意见一并报送审计机关。

（4）审计机关按照审计署规定的程序对审计组的审计报告进行审议，并对被审计对象对审计组的审计报告提出的意见一并研究后，提出审计机关的审计报告；对违反国家规定的财政收支、财务收支行为，依法应当给予处理、处罚的，在法定职权范围内作出审计决定或者向有关主管机关提出处理、处罚的意见。

审计机关应当将审计机关的审计报告和审计决定送达被审计单位和有关主管机关、单位。审计决定自送达之日起生效。

（5）上级审计机关认为下级审计机关作出的审计决定违反国家有关规定的，可以责成下级审计机关予以变更或者撤销，必要时也可以直接作出变更或者撤销的决定。

（二）法律责任

（1）被审计单位拒绝或者拖延提供与审计事项有关的资料的，或者提供的资料不真实、不完整的，或者拒绝、阻碍检查的，由审计机关责令改正，可以通报批评，给予警告；拒不改正的，依法追究责任。

（2）被审计单位转移、隐匿、篡改、毁弃会计凭证、会计账簿、财务会计报告以及其他与财政收支、财务收支有关的资料，或者转移、隐匿所持有的违反国家规定取得的资产，审计机关认为对直接负责的主管人员和其他直接责任人员依法应当给予处分的，应当提出给予处分的建议，被审计单位或者其上级机关、监察机关应当依法及时作出决定，并将结果书面通知审计机关；构成犯罪的，依法追究刑事责任。

（3）对本级各部门（含直属单位）和下级政府违反预算的行为或者其他违反国家规定的财政收支行为，审计机关、人民政府或者有关主管部门在法定职权范围内，依照法律、行政法规的规定，区别情况采取下列处理措施：

1）责令限期缴纳应当上缴的款项。

2）责令限期退还被侵占的国有资产。

3）责令限期退还违法所得。

4）责令按照国家统一的会计制度的有关规定进行处理。

5）其他处理措施。

（4）对被审计单位违反国家规定的财务收支行为，审计机关、人民政府或者有关主管部门在法定职权范围内，依照法律、行政法规的规定，区别情况采取前条规定的处理措施，并可以依法给予处罚。

（5）审计机关在法定职权范围内作出的审计决定，被审计单位应当执行。审计机关依法责令被审计单位上缴应当上缴的款项，被审计单位拒不执行的，审计机关应当通报有关主管部门，有关主管部门应当依照有关法律、行政法规的规定予以扣缴或者采取其他处理措施，并将结果书面通知审计机关。

（6）被审计单位对审计机关作出的有关财务收支的审计决定不服的，可以依法申请行政复议或者提起行政诉讼。被审计单位对审计机关作出的有关财政收支的审计决定不服的，可以提请审计机关的本级人民政府裁决，本级人民政府的裁决为最终决定。

（7）被审计单位的财政收支、财务收支违反国家规定，审计机关认为对直接负责的主管人员和其他直接责任人员依法应当给予处分的，应当提出给予处分的建议，被审计单位或者其上级机关、监察机关应当依法及时作出决定，并将结果书面通知审计机关。

（8）被审计单位的财政收支、财务收支违反法律、行政法规的规定，构成犯罪的，依法追究刑事责任。

（9）报复陷害审计人员的，依法给予处分；构成犯罪的，依法追究刑事责任。

（10）审计人员滥用职权、徇私舞弊、玩忽职守或者泄露所知悉的国家秘密、商业秘密的，依法给予处分；构成犯罪的，依法追究刑事责任。

七、《中华人民共和国土地管理法》

《中华人民共和国土地管理法》是一部规范我国土地所有权和使用权、土地利用、耕地保护、建设用地等行为的法律。

1. 土地的所有权和使用权

（1）土地所有权。我国实行土地的社会主义公有制，即全民所有制和劳动群众集体所有制。国家为了公共利益的需要，可以依法对土地实行征收或者征用并给予补偿。

（2）土地使用权。国有土地和农民集体所有的土地，可以依法确定给单位或者个人使用。使用土地的单位和个人，有保护、管理和合理利用土地的义务。

农民集体所有的土地，由县级人民政府登记造册，核发证书，确认所有权。农民集体所有的土地依法用于非农业建设的，由县级人民政府登记造册，核发证书，确认建设用地使用权。

单位和个人依法使用的国有土地，由县级以上人民政府登记造册，核发证书，确认使用权；其中，重要国家机关使用的国有土地的具体登记发证机关，由国务院确定。

依法改变土地权属和用途的，应当办理土地变更登记手续。

2. 土地利用总体规划

（1）土地分类。国家实行土地用途管制制度。通过编制土地利用总体规划，规定土地用途，将土地分为农用地、建设用地和未利用地。

1）农用地，是指直接用于农业生产的土地，包括耕地、林地、草地、农田水利用地、养殖水面等。

2）建设用地，是指建造建筑物、构筑物的土地，包括城乡住宅和公共设施用地、工矿用地、交通水利设施用地、旅游用地、军事设施用地等。

3）未利用地，是指农用地和建设用地以外的土地。

使用土地的单位和个人必须严格按照土地利用总体规划确定的用途使用土地。国家严格限制农用地转为建设用地，控制建设用地总量，对耕地实行特殊保护。

（2）土地利用规划。各级人民政府应当根据国民经济和社会发展规划、国土整治和资源环境保护的要求、土地供给能力以及各项建设对土地的需求，组织编制土地利用总体规划。

城市建设用地规模应当符合国家规定的标准，充分利用现有建设用地，不占或者少占农用地。各级人民政府应当加强土地利用计划管理，实行建设用地总量控制。

土地利用总体规划实行分级审批。经批准的土地利用总体规划的修改，须经原批准机关批准；未经批准，不得改变土地利用总体规划确定的土地用途。

3. 建设用地

（1）建设用地的批准。除兴办乡镇企业、村民建设住宅或乡（镇）村公共设施、公益事业建设经依法批准使用农民集体所有的土地外，任何单位和个人进行建设而需要使用土地的，必须依法申请使用国有土地，包括国家所有的土地和国家征收的原属于农民集体所有的土地。

涉及农用地转为建设用地的，应当办理农用地转用审批手续。

（2）征收土地的补偿。征收土地的，应当按照被征收土地的原用途给予补偿。征收耕地的补偿费用包括土地补偿费、安置补助费以及地上附着物和青苗的补偿费。

征收其他土地的土地补偿费和安置补助费标准，由省、自治区、直辖市参照征收耕地的土地补偿费和安置补助费的标准规定。被征收土地上的附着物和青苗的补偿标准，由省、自治区、直辖市规定。征收城市郊区的菜地，用地单位应当按照国家有关规定缴纳新菜地开放建设基金。

（3）建设用地的使用。经批准的建设项目需要使用国有建设用地的，建设单位应当持法律、行政法规规定的有关文件，向有批准权的县级以上人民政府土地行政主管部门提出建设用地申请，经土地行政主管部门审查，报本级人民政府批准。

建设单位使用国有土地，应当以出让等有偿使用方式取得；但是，下列建设用地经县级以上人民政府依法批准，可以划拨方式取得：①国家机关用地和军事用地；②城市基础设施用地和公益事业用地；③国家重点扶持的能源、交通、水利等基础设施用地；④法律、行政法规规定的其他用地。

以出让等有偿使用方式取得国有土地使用权的建设单位，按照国务院规定的标准和办法，缴纳土地使用权出让金等土地有偿使用费和其他费用后，方可使用土地。

建设单位使用国有土地的，应当按照土地使用权出让等有偿使用合同的约定或者土地使用权划拨批准文件的规定使用土地；确需改变该幅土地建设用途的，应当经有关人民政府土地行政主管部门同意，报原批准用地的人民政府批准。其中，在城市规划区内改变土地用途的，在报批前，应当先经有关城市规划行政主管部门同意。

（4）土地的临时使用。建设项目施工和地质勘查需要临时使用国有土地或者农民集体所有的土地的，由县级以上人民政府土地行政主管部门批准。其中，在城市规划区内的临时用地，在报批前，应当先经有关城市规划行政主管部门的同意。土地使用者应当根据土地权属，与有关土地行政主管部门或者农村集体经济组织、村民委员会签订临时使用土地合同，并按照合同的约定支付临时使用土地补偿费。

临时使用土地的使用者应当按照临时使用土地合同约定的用途使用土地，并不得修建永久性建筑物。临时使用土地限期一般不超过两年。

（5）国有土地使用权的收回。有下列情形之一的，有关政府土地行政主管部门报经原批准用地的人民政府或者有批准权的人民政府批准，可以收回国有土地使用权：①为公共利益需要使用土地的；②为实施城市规划进行旧城区改建，需要调整使用土地的；③土地出让等有偿使用合同约定的使用期限届满，土地使用者未申请续期或申请续期未获批准的；④因单位撤销、迁移等原因，停止使用原划拨的国有土地的；⑤公路、铁路、机场、矿场等经核准报废的。其中，属于①②等两种情绪而收回国有土地使用权的，对土地使用权人应当给予适当补偿。

八、《中华人民共和国保险法》

《中华人民共和国保险法》中所称保险，是指投保人根据合同约定，向保险人（保险公司）支付保险费，保险人对于合同约定的可能发生的事故因其发生所造成的财产损失承担赔偿保险金责任，或者当被保险人死亡、伤残、疾病或达到合同约定的年龄、期限时承担给付保险金责任的商业保险行为。

1. 保险合同的订立

当投保人提出保险要求，经保险人同意承保，并就合同的条款达成协议，保险合同即成立。保险人应当及时向投保人签发保险单或者其他保险凭证。保险单或者其他保险凭证应当载明当事人双方约定的合同内容。当事人也可以约定采用其他书面形式载明合同内容。

（1）保险合同的内容。保险合同应当包括下列事项：①保险人名称和住所；②投保人、被保险人的姓名或者名称、住所以及人身保险的受益人的姓名或者名称和住所；③保险标的；④保险责任和责任免除；⑤保险期间和保险责任开始时间；⑥保险金额；⑦保险费以及支付办法；⑧保险金赔偿或者给付办法；⑨违约责任和争议处理；⑩订立合同的年、月、日。

其中，保险金额是指保险人承担赔偿或者给付保险责任的最高限额。

（2）保险合同的订立。

1）投保人的告知义务。订立保险合同，保险人就保险标的或者被保险人的有关情况提出询问的，投保人应当如实告知。投保人故意或者因重大过失未履行如实告知义务，足以影响保险人决定是否同意承保或者提高保险费率的，保险人有权解除合同。

投保人故意不履行如实告知义务的，保险人对于合同解除前发生的保险事故，不承担赔偿或者给付保险金的责任，并不退还保险费。投保人因重大过失未履行如实告知义务，对保险事故的发生有严重影响的，保险人对于合同解除前发生的保险事故（保险合同约定的保险责任范围内的事故），不承担赔偿或者给付保险金的责任，但应当退还保险费。

2）保险人的说明义务。订立保险合同，采用保险人提供的格式条款的，保险人向投保人提供的投保单应当附格式条款，保险人应当向投保人说明合同的内容。

对保险合同中免除保险人责任的条款，保险人订立合同时应当在投保单、保险单或者其他保险凭证上作出足以引起投保人注意的提示，并对该条款的内容以书面或者口头形式向投保人作出明确说明；未作提示或者明确说明的，该条款不产生效力。

2. 诉讼时效

人寿保险以外的其他保险的被保险人或者受益人，向保险人请求赔偿或者给付保障金的诉讼时效期间为 2 年，自其知道或者应当知道保险事故发生之日起计算。

人寿保险的被保险人或者受益人向保险人请求给付保险金的诉讼时效期间为 5 年，自其知道或者应当知道保险事故发生之日起计算。

3. 财产保险合同

财产保险是以财产及其有关利益为保险标的的保险。建筑工程一切险和安装工程一切险均属财产保险。

（1）双方的权利和义务。被保险人应当遵守国家有关消防、安全、生产操作、劳动保护等方面的规定，维护保险标的的安全。保险人可以按照合同约定，对保险标的的安全状况进行检查，及时向投保人、被保险人提出消除不安全因素和隐患的书面建议。投保人、被保险人未按照约定履行其对保险标的的安全应尽责任的，保险人有权要求增加保险费或者解除合同。保险人为维护保险标的的安全，经被保险人同意，可以采取安全预防措施。

（2）保险费的增加或降低。在合同有效期内，保险标的的危险程度增加的，被保险人按照合同约定应当及时通知保险人，保险人可以按照合同约定增加保险费或者解除合同。保险人解除合同的，应当将已收取的保险费，按照合同约定扣除自保险责任开始之日起至合同解除之日止应收的部分后，退还投保人。被保险人未履行通知义务的，因保险标的的危险程度显著增加而发生的保险事故，保险人不承担赔偿保险金的责任。

有下列情形之一的，除合同另有约定外，保险人应当降低保险费，并按日计算退还相应的保险费：①据以确定保险费率的有关情况发生变化，保险标的的危险程度明显减少；②保险标的的保险价值明显减少。

保险责任开始前，投保人要求解除合同的，应当按照合同约定向保险人支付手续费，保险人应当退还保险费。保险责任开始后，投保人要求解除合同的，保险人应当将已收取的保险费，按照合同约定扣除自保险责任开始之日起至合同解除之日止应收的部分后，退还投保人。

（3）赔偿标准。投保人和保险人约定保险标的的保险价值并在合同中载明的，保险标的发生损失时，以约定的保险价值为赔偿计算标准。投保人和保险人未约定保险标的的保险价值的，保险标的发生损失时，以保险事故发生时保险标的的实际价值为赔偿计算标准。保险金额不得超过保险价值。超过保险价值的，超过部分无效，保险人应当退还相应的保险费。保险金额低于保险价值的，除合同另有约定外，保险人按照保险金额与保险价值的比例承担赔偿保险金的责任。

（4）保险事故发生后的处置。保险事故发生时，被保险人应当尽力采取必要的措施，防止或者减少损失。保险事故发生后，被保险人未防止或者减少保险标的的损失所支付的必要的、合理的费用，由保险人承担；保险人所承担的数额除保险标的损失赔偿金额以外另行计算，最高不超过保险金额的数额。

保险事故发生后，保险人已支付了全部保险金额，并且保险金额等于保险价值的，受损保险标的的全部权利归于保险人；保险金额低于保险价值的，保险人按照保险金额与保险价值的比例取得受损保险标的的部分权利。

保险人、被保险人为查明和确定保险事故的性质、原因和保险标的的损失程度所支付的必要的、合理的费用，由保险人承担。

4. 人身保险合同

人身保险是以人的寿命和身体为保险标的的保险。建设工程施工人员意外伤害保险即属于人身保险。

（1）双方的权利和义务。投保人应向保险人如实申报被保险人的年龄、身体状况。投保人申报的被保险人年龄不真实，并且其真实年龄不符合合同约定的年龄限制的，保险人可以解除合同，并按照合同约定退还保险单的现金价值。

（2）保险费的支付。投保人可以按照合同约定向保险人一次支付全部保险费或者分期支付保险费。合同约定分期支付保险费的，投保人支付首期保险费后，除合同另有约定外，投保人自保险人催告之日起超过 30 日未支付当期保险费，或者超过约定的期限 60 日未支付当期保险费的，合同效力中止，或者由保险人按照合同约定的条件减少保险金额。保险人对人身保险的保险费，不得用诉讼方式要求投保人支付。

合同效力中止的，经保险人与投保人协商并达成协议，在投保人补交保险费后，合同效力恢复。但是，自合同效力中止之日起满两年双方未达成协议的，保险人有权解除合同。解除合同时，应当按照合同约定退还保险单的现金价值。

（3）保险受益人。被保险人或者投保人可以指定一人或者数人为受益人。受益人为数人的，被保险人或者投保人可以确定受益顺序和受益份额；未确定受益份额的，受益人按照相等份额享有受益权。

被保险人或者投保人可以变更受益人并书面通知保险人。保险人收到变更受益人的书面通知后，应当在保险单或者其他保险凭证上批注或者附贴批单。投保人变更受益人时须经被保险人同意。

被保险人死亡后，有下列情况之一的，保险金作为被保险人的遗产，由保险人依照

《中华人民共和国继承法》的规定履行给付保险金的义务：①没有指定受益人，或者受益人指定不明无法确定的；②受益人先于被保险人死亡，没有其他受益人的；③受益人依法丧失受益权或者放弃受益权，没有其他受益人的。

（4）合同的解除。投保人解除合同的，保险人应当自收到解除合同通知之日起30日内，按照合同约定退还保险单的现金价值。

九、《中华人民共和国税收征收管理法》

1. 税务管理

（1）税务登记。《中华人民共和国税收征收管理法》规定，从事生产、经营的纳税人（包括企业，企业在外地设立的分支机构和从事生产、经营的场所，个体工商户和从事生产、经营的单位）自领取营业执照之日起30日内，应持有关证件，向税务机关申报办理税务登记。取得税务登记证件后，在银行或者其他金融机构开立基本存款账户和其他存款账户，并将其全部账号向税务机关报告。

从事生产、经营的纳税人的税务登记内容发生变化的，应自工商行政管理机关办理变更登记之日起30日内或者在向工商行政管理机关申请办理注销登记之前，持有关证件向税务机关申报办理变更或者注销税务登记。

（2）账簿管理。纳税人、扣缴义务人应按照有关法律、行政法规和国务院财政、税务主管部门的规定设置账簿，根据合法、有效凭证记账，进行核算。

从事生产、经营的纳税人、扣缴义务人必须按照国务院财政、税务主管部门规定的保管期限保管账簿、记账凭证、完税凭证及其他有关资料。

（3）纳税申报。纳税人必须依照法律、行政法规规定或者税务机关依照法律、行政法规的规定确定的申报期限、申报内容如实办理纳税申报，报送纳税申报表、财务会计报表以及税务机关根据实际需要要求纳税人报送的其他纳税资料。

纳税人、扣缴义务人不能按期办理纳税申报或者报送代扣代缴、代收代缴税款报告表的，经税务机关核准，可以延期申报。经核准延期办理申报、报送事项的，应当在纳税期内按照上期实际缴纳的税款或者税务机关核定的税额预缴税款，并在核准的延期内办理税款结算。

（4）税款征收。税务机关征收税款时，必须给纳税人开具完税凭证。扣缴义务人代扣、代收税款时，纳税人要求扣缴义务人开具代扣、代收税款凭证的，扣缴义务人应当开具。

纳税人、扣缴义务人应按照法律、行政法规确定的期限缴纳税款。纳税人因有特殊困难，不能按期缴纳税款的，经省、自治区、直辖市国家税务局、地方税务局批准，可以延期缴纳税款，但是最长不得超过3个月。纳税人未按照规定期限缴纳税款的，扣缴义务人未按照规定期限解缴税款的，税务机关除责令限期缴纳外，从滞纳税款之日起，按日加收滞纳税款万分之五的滞纳金。

2. 税率

税率是指应纳税额与计税基数之间的比例关系，是税法结构中的核心部分。我国现行税率有三种，即比例税率、累进税率和定额税率。

（1）比例税率。是指对同一征税对象，不论其数额大小，均按照同一比例计算应纳税额的税率。

（2）累进税率。是指按照征税对象数额的大小规定不同等级的税率，征税对象数额越大，税率越高。累进税率又分为全额累进税率和超额累进税率。全额累进税率是以征税对象的全额，适用相应等级的税率计征税款。超额累进税率是按征税对象数额超过低一等级的部分，适用高一等级税率计征税款，然后分别相加，得出应纳税款的总额。

（3）定额税率。是指按征税对象的一定计量单位直接规定的固定的税额，因而也称为固定税额。

3. 税收种类

根据税收征收对象不同，税收可分为流转税、所得税、财产税、行为税、资源税等五种。

（1）流转税。流转税是指以商品流转额和非商品（劳务）流转额为征税对象的税。

（2）所得税。所得税是以纳税人的收益额为征税对象的税。

（3）财产税。财产税是以财产的价值额或租金额为征税对象的各个税种的统称。

（4）行为税。行为税是以特定行为为征税对象的各个税种的统称。行为税主要包括固定资产投资方向调节税、城镇土地使用税、耕地占用税、印花税、屠宰税、筵席税等。

征收固定资产投资方向调节税的目的是为了贯彻国家产业政策、控制投资规模、引导投资方向、调整投资结构，该税种目前已停征。城镇土地使用税是国家按使用土地的等级和数量，对城镇范围内的土地使用者征收的一种税，其税率为定额税率。

（5）资源税。资源税是为了促进合理开发利用资源，调节资源级差收入而对资源产品征收的各个税种的统称。即对开发、使用我国资源的单位和个人，就各地的资源结构和开发、销售条件差别所形成的级差收入征收的一种税。

第二节

建设工程造价管理相关法规

一、《建设工程质量管理条例》

为了加强对建设工程质量的管理，保证建设工程质量，保护人民生命和财产安全，根据《建筑法》，2000 年 1 月 30 日国务院颁布了《建设工程质量管理条例》（国务院令第 279 号），并于 2017 年 10 月 7 日《国务院关于修改部分行政法规的决定》（国务院令第 687 号）中进行了修订。

（一）参建单位的质量责任和义务

1. 建设单位的质量责任和义务

（1）建设单位应当将工程发包给具有相应资质等级的单位。建设单位不得将建设工程肢解发包。

（2）建设单位应当依法对工程建设项目的勘察、设计、施工、监理以及与工程建设有关的重要设备、材料等的采购进行招标。

（3）建设单位必须向有关的勘察、设计、施工、工程监理等单位提供与建设工程有关的原始资料。原始资料必须真实、准确、齐全。

（4）建设工程发包单位不得迫使承包方以低于成本的价格竞标，不得任意压缩合理工期。建设单位不得明示或者暗示设计单位或者施工单位违反工程建设强制性标准，降低建设工程质量。

（5）施工图设计文件审查的具体办法，由国务院建设行政主管部门、国务院其他有关部门制定。施工图设计文件未经审查批准的，不得使用。

（6）实行监理的建设工程，建设单位应当委托具有相应资质等级的工程监理单位进行监理，也可以委托具有工程监理相应资质等级并与被监理工程的施工承包单位没有隶属关系或者其他利害关系的该工程的设计单位进行监理。

（7）建设单位在领取施工许可证或者开工报告前，应当按照国家有关规定办理工程质量监督手续。

（8）按照合同约定，由建设单位采购建筑材料、建筑构配件和设备的，建设单位应当保证建筑材料、建筑构配件和设备符合设计文件和合同要求。建设单位不得明示或者暗示施工单位使用不合格的建筑材料、建筑构配件和设备。

（9）建设单位收到建设工程竣工报告后，应当组织设计、施工、工程监理等有关单位进行竣工验收。建设工程经验收合格的，方可交付使用。

（10）建设单位应当严格按照国家有关档案管理的规定，及时收集、整理建设项目各环节的文件资料，建立、健全建设项目档案，并在建设工程竣工验收后，及时向建设行政主管部门或者其他有关部门移交建设项目档案。

2. 勘察、设计单位的质量责任和义务

（1）从事建设工程勘察、设计的单位应当依法取得相应等级的资质证书，并在其资质等级许可的范围内承揽工程。禁止勘察、设计单位超越其资质等级许可的范围或者以其他勘察、设计单位的名义承揽工程。禁止勘察、设计单位允许其他单位或者个人以本单位的名义承揽工程。勘察、设计单位不得转包或者违法分包所承揽的工程。

（2）勘察、设计单位必须按照工程建设强制性标准进行勘察、设计，并对其勘察、设计的质量负责。注册建筑师、注册结构工程师等注册执业人员应当在设计文件上签字，对设计文件负责。

（3）勘察单位提供的地质、测量、水文等勘察成果必须真实、准确。

（4）设计单位应当根据勘察成果文件进行建设工程设计。设计文件应当符合国家规定的设计深度要求，注明工程合理使用年限。

（5）设计单位在设计文件中选用的建筑材料、建筑构配件和设备，应当注明规格、型号、性能等技术指标，其质量要求必须符合国家规定的标准。除有特殊要求的建筑材料、专用设备、工艺生产线等外，设计单位不得指定生产厂、供应商。

（6）设计单位应当就审查合格的施工图设计文件向施工单位作出详细说明。设计单位应当参与建设工程质量事故分析，并对因设计造成的质量事故，提出相应的技术处理方案。

3. 监理单位质量责任

（1）工程监理单位应当依法取得相应等级的资质证书，并在其资质等级许可的范围内承担工程监理业务。禁止工程监理单位超越本单位资质等级许可的范围或者以其他工程监理单位的名义承担工程监理业务。禁止工程监理单位允许其他单位或者个人以本单位的名义承担工程监理业务。工程监理单位不得转让工程监理业务。

（2）工程监理单位与被监理工程的施工承包单位以及建筑材料、建筑构配件和设备供应单位有隶属关系或者其他利害关系的，不得承担该项建设工程的监理业务。

（3）工程监理单位应当依照法律、法规以及有关技术标准、设计文件和建设工程承包合同，代表建设单位对施工质量实施监理，并对施工质量承担监理责任。

（4）工程监理单位应当选派具备相应资格的总监理工程师和监理工程师进驻施工现场。未经监理工程师签字，建筑材料、建筑构配件和设备不得在工程上使用或者安装，施工单位不得进行下一道工序的施工。未经总监理工程师签字，建设单位不拨付工程款，不进行竣工验收。

（5）监理工程师应当按照工程监理规范的要求，采取旁站、巡视和平行检验等形式，对建设工程实施监理。

4. 施工单位质量责任及义务

（1）施工单位应当依法取得相应等级的资质证书，并在其资质等级许可的范围内承揽工程。禁止施工单位超越本单位资质等级许可的业务范围或者以其他施工单位的名义承揽工程。禁止施工单位允许其他单位或者个人以本单位的名义承揽工程。施工单位不得转包或者违法分包工程。

（2）施工单位对建设工程的施工质量负责。施工单位应当建立质量责任制，确定工程项目的项目经理、技术负责人和施工管理负责人。建设工程实行总承包的，总承包单位应当对全部建设工程质量负责；建设工程勘察、设计、施工、设备采购的一项或者多项实行总承包的，总承包单位应当对其承包的建设工程或者采购的设备的质量负责。

（3）总承包单位依法将建设工程分包给其他单位的，分包单位应当按照分包合同的约定对其分包工程的质量向总承包单位负责，总承包单位与分包单位对分包工程的质量承担连带责任。

（4）施工单位必须按照工程设计图纸和施工技术标准施工，不得擅自修改工程设计，不得偷工减料。施工单位在施工过程中发现设计文件和图纸有差错的，应当及时提出意见和建议。

（5）施工单位必须按照工程设计要求、施工技术标准和合同约定，对建筑材料、建筑构配件、设备和商品混凝土进行检验，检验应当有书面记录和专人签字；未经检验或者检验不合格的，不得使用。

（6）施工单位必须建立、健全施工质量的检验制度，严格工序管理，做好隐蔽工程的质量检查和记录。隐蔽工程在隐蔽前，施工单位应当通知建设单位和建设工程质量监督机构。

（7）施工人员对涉及结构安全的试块、试件以及有关材料，应当在建设单位或者工程监理单位监督下现场取样，并送具有相应资质等级的质量检测单位进行检测。

（8）施工单位对施工中出现质量问题的建设工程或者竣工验收不合格的建设工程，应当负责返修。

（9）施工单位应当建立、健全教育培训制度，加强对职工的教育培训；未经教育培训或者考核不合格的人员，不得上岗作业。

（二）工程质量保修

建设工程实行质量保修制度。建设工程承包单位在向建设单位提交工程竣工验收报告时，应当向建设单位出具质量保修书。质量保修书中应当明确建设工程的保修范围、保修期限和保修责任等。

在正常使用条件下，建设工程的最低保修期限为：

（1）基础设施工程、房屋建筑的地基基础工程和主体结构工程，为设计文件规定的该工程的合理使用年限。

（2）屋面防水工程、有防水要求的卫生间、房间和外墙面的防渗漏，为5年。

（3）供热与供冷系统，为2个采暖期、供冷期。

（4）电气管线、给排水管道、设备安装和装修工程，为2年。

其他项目的保修期限由发包方与承包方约定。

建设工程的保修期，自竣工验收合格之日起计算。

建设工程在保修范围和保修期限内发生质量问题的，施工单位应当履行保修义务，并对造成的损失承担赔偿责任。

建设工程在超过合理使用年限后需要继续使用的，产权所有人应当委托具有相应资质等级的勘察、设计单位鉴定，并根据鉴定结果采取加固、维修等措施，重新界定使用期。

二、《建设工程安全生产管理条例》

为了加强建设工程安全生产监督管理，保障人民群众生命和财产安全，根据《中华人民共和国建筑法》《中华人民共和国安全生产法》，国务院于2003年11月24日颁布了《建设工程安全生产管理条例》（国务院令第393号）。

（一）参建单位的安全责任

1. 建设单位安全责任

（1）建设单位应当向施工单位提供施工现场及毗邻区域内供水、排水、供电、供气、供热、通信、广播电视等地下管线资料，气象和水文观测资料，相邻建筑物和构筑物、地下工程的有关资料，并保证资料的真实、准确、完整。建设单位因建设工程需要，向有关部门或者单位查询前款规定的资料时，有关部门或者单位应当及时提供。

（2）建设单位不得对勘察、设计、施工、工程监理等单位提出不符合建设工程安全生产法律、法规和强制性标准规定的要求，不得压缩合同约定的工期。

（3）建设单位在编制工程概算时，应当确定建设工程安全作业环境及安全施工措施所需费用。

（4）建设单位不得明示或者暗示施工单位购买、租赁、使用不符合安全施工要求的安全防护用具、机械设备、施工机具及配件、消防设施和器材。

（5）建设单位在申请领取施工许可证时，应当提供建设工程有关安全施工措施的资料。依法批准开工报告的建设工程，建设单位应当自开工报告批准之日起15日内，将保证安全施工的措施报送建设工程所在地的县级以上地方人民政府建设行政主管部门或者其他有关部门备案。

（6）建设单位应当将拆除工程发包给具有相应资质等级的施工单位。

2. 勘察、设计、工程监理及其他有关单位的安全责任

（1）勘察单位应当按照法律、法规和工程建设强制性标准进行勘察，提供的勘察文件应当真实、准确，满足建设工程安全生产的需要。勘察单位在勘察作业时，应当严格执行操作规程，采取措施保证各类管线、设施和周边建筑物、构筑物的安全。

（2）设计单位应当按照法律、法规和工程建设强制性标准进行设计，防止因设计不合理导致生产安全事故的发生。

设计单位应当考虑施工安全操作和防护的需要，对涉及施工安全的重点部位和环节在设计文件中注明，并对防范生产安全事故提出指导意见。

采用新结构、新材料、新工艺的建设工程和特殊结构的建设工程，设计单位应当在设计中提出保障施工作业人员安全和预防生产安全事故的措施建议。

设计单位和注册建筑师等注册执业人员应当对其设计负责。

（3）工程监理单位应当审查施工组织设计中的安全技术措施或者专项施工方案是否符合工程建设强制性标准。

工程监理单位在实施监理过程中，发现存在安全事故隐患的，应当要求施工单位整改；情况严重的，应当要求施工单位暂时停止施工，并及时报告建设单位。施工单位拒不整改或者不停止施工的，工程监理单位应当及时向有关主管部门报告。

工程监理单位和监理工程师应当按照法律、法规和工程建设强制性标准实施监理，并对建设工程安全生产承担监理责任。

（4）为建设工程提供机械设备和配件的单位，应当按照安全施工的要求配备齐全有效的保险、限位等安全设施和装置。

（5）出租的机械设备和施工机具及配件，应当具有生产（制造）许可证、产品合格证。

出租单位应当对出租的机械设备和施工机具及配件的安全性能进行检测，在签订租赁协议时，应当出具检测合格证明。

禁止出租检测不合格的机械设备和施工机具及配件。

（6）在施工现场安装、拆卸施工起重机械和整体提升脚手架、模板等自升式架设设施，必须由具有相应资质的单位承担。

安装、拆卸施工起重机械和整体提升脚手架、模板等自升式架设设施，应当编制拆装方案、制定安全施工措施，并由专业技术人员现场监督。

施工起重机械和整体提升脚手架、模板等自升式架设设施安装完毕后，安装单位应当自检，出具自检合格证明，并向施工单位进行安全使用说明，办理验收手续并签字。

施工起重机械和整体提升脚手架、模板等自升式架设设施的使用达到国家规定的检验检测期限的，必须经具有专业资质的检验检测机构检测。经检测不合格的，不得继续使用。

检验检测机构对检测合格的施工起重机械和整体提升脚手架、模板等自升式架设设施，应当出具安全合格证明文件，并对检测结果负责。

3. 施工单位安全责任

（1）施工单位从事建设工程的新建、扩建、改建和拆除等活动，应当具备国家规定的注册资本、专业技术人员、技术装备和安全生产等条件，依法取得相应等级的资质证书，并在其资质等级许可的范围内承揽工程。

（2）施工单位主要负责人依法对本单位的安全生产工作全面负责。施工单位应当建立健全安全生产责任制度和安全生产教育培训制度，制定安全生产规章制度和操作规程，保证本单位安全生产条件所需资金的投入，对所承担的建设工程进行定期和专项安全检查，并做好安全检查记录。

施工单位的项目负责人应当由取得相应执业资格的人员担任，对建设工程项目的安全施工负责，落实安全生产责任制度、安全生产规章制度和操作规程，确保安全生产费用的有效使用，并根据工程的特点组织制定安全施工措施，消除安全事故隐患，及时、如实报告生产安全事故。

（3）施工单位对列入建设工程概算的安全作业环境及安全施工措施所需费用，应当用于施工安全防护用具及设施的采购和更新、安全施工措施的落实、安全生产条件的改善，不得挪作他用。

（4）施工单位应当设立安全生产管理机构，配备专职安全生产管理人员。

专职安全生产管理人员负责对安全生产进行现场监督检查。发现安全事故隐患，应当及时向项目负责人和安全生产管理机构报告；对违章指挥、违章操作的，应当立即制止。

专职安全生产管理人员的配备办法由国务院建设行政主管部门会同国务院其他有关部门制定。

（5）建设工程实行施工总承包的，由总承包单位对施工现场的安全生产负总责。总承包单位应当自行完成建设工程主体结构的施工。总承包单位依法将建设工程分包给其他单位的，分包合同中应当明确各自的安全生产方面的权利、义务。总承包单位和分包单位对分包工程的安全生产承担连带责任。

分包单位应当服从总承包单位的安全生产管理，分包单位不服从管理导致生产安全事故的，由分包单位承担主要责任。

（6）垂直运输机械作业人员、安装拆卸工、爆破作业人员、起重信号工、登高架设作业人员等特种作业人员，必须按照国家有关规定经过专门的安全作业培训，并取得特种作业操作资格证书后，方可上岗作业。

（7）施工单位应当在施工组织设计中编制安全技术措施和施工现场临时用电方案，对下列达到一定规模的危险性较大的分部分项工程编制专项施工方案，并附具安全验算结果，经施工单位技术负责人、总监理工程师签字后实施，由专职安全生产管理人员进行现场监督：①基坑支护与降水工程；②土方开挖工程；③模板工程；④起重吊装工程；⑤脚手架工程；⑥拆除、爆破工程；⑦国务院建设行政主管部门或者其他有关部门规定的其他危险性较大的工程。

对所列工程中涉及深基坑、地下暗挖工程、高大模板工程的专项施工方案，施工单位还应当组织专家进行论证、审查。

这里规定的达到一定规模的危险性较大工程的标准，由国务院建设行政主管部门会同国务院其他有关部门制定。

（8）建设工程施工前，施工单位负责项目管理的技术人员应当对有关安全施工的技术要求向施工作业班组、作业人员作出详细说明，并由双方签字确认。

（9）施工单位应当在施工现场入口处、施工起重机械、临时用电设施、脚手架、出入通道口、楼梯口、电梯井口、孔洞口、桥梁口、隧道口、基坑边沿、爆破物及有害危险气体和液体存放处等危险部位，设置明显的安全警示标志。安全警示标志必须符合国家标准。

施工单位应当根据不同施工阶段和周围环境及季节、气候的变化，在施工现场采取相应的安全施工措施。施工现场暂时停止施工的，施工单位应当做好现场防护，所需费用由责任方承担，或者按照合同约定执行。

（10）施工单位应当将施工现场的办公、生活区与作业区分开设置，并保持安全距离；办公、生活区的选址应当符合安全性要求。职工的膳食、饮水、休息场所等应当符合卫生标准。施工单位不得在尚未竣工的建筑物内设置员工集体宿舍。

施工现场临时搭建的建筑物应当符合安全使用要求。施工现场使用的装配式活动房屋应当具有产品合格证。

（11）施工单位对因建设工程施工可能造成损害的毗邻建筑物、构筑物和地下管线等，应当采取专项防护措施。

施工单位应当遵守有关环境保护法律、法规的规定，在施工现场采取措施，防止或者减少粉尘、废气、废水、固体废物、噪声、振动和施工照明对人和环境的危害和污染。

在城市市区内的建设工程，施工单位应当对施工现场实行封闭围挡。

（12）施工单位应当在施工现场建立消防安全责任制度，确定消防安全责任人，制定用火、用电、使用易燃易爆材料等各项消防安全管理制度和操作规程，设置消防通道、消防水源，配备消防设施和灭火器材，并在施工现场入口处设置明显标志。

（13）施工单位应当向作业人员提供安全防护用具和安全防护服装，并书面告知危险岗位的操作规程和违章操作的危害。

作业人员有权对施工现场的作业条件、作业程序和作业方式中存在的安全问题提出批评、检举和控告，有权拒绝违章指挥和强令冒险作业。

在施工中发生危及人身安全的紧急情况时，作业人员有权立即停止作业或者在采取必要的应急措施后撤离危险区域。

（14）作业人员应当遵守安全施工的强制性标准、规章制度和操作规程，正确使用安全防护用具、机械设备等。

（15）施工单位采购、租赁的安全防护用具、机械设备、施工机具及配件，应当具有生产（制造）许可证、产品合格证，并在进入施工现场前进行查验。

施工现场的安全防护用具、机械设备、施工机具及配件必须由专人管理，定期进行检查、维修和保养，建立相应的资料档案，并按照国家有关规定及时报废。

（16）施工单位在使用施工起重机械和整体提升脚手架、模板等自升式架设设施前，应当组织有关单位进行验收，也可以委托具有相应资质的检验检测机构进行验收；使用承租的机械设备和施工机具及配件的，由施工总承包单位、分包单位、出租单位和安装单位共同进行验收。验收合格的方可使用。

《特种设备安全监察条例》规定的施工起重机械，在验收前应当经有相应资质的检验检测机构监督检验合格。

施工单位应当自施工起重机械和整体提升脚手架、模板等自升式架设设施验收合格之日起 30 日内，向建设行政主管部门或者其他有关部门登记。登记标志应当置于或者附着于该设备的显著位置。

（17）施工单位的主要负责人、项目负责人、专职安全生产管理人员应当经建设行政主管部门或者其他有关部门考核合格后方可任职。

施工单位应当对管理人员和作业人员每年至少进行一次安全生产教育培训，其教育培训情况记入个人工作档案。安全生产教育培训考核不合格的人员，不得上岗。

（18）作业人员进入新的岗位或者新的施工现场前，应当接受安全生产教育培训。未经教育培训或者教育培训考核不合格的人员，不得上岗作业。

施工单位在采用新技术、新工艺、新设备、新材料时，应当对作业人员进行相应的安全生产教育培训。

（19）施工单位应当为施工现场从事危险作业的人员办理意外伤害保险。意外伤害保险费由施工单位支付。实行施工总承包的，由总承包单位支付意外伤害保险费。意外伤害保险期限自建设工程开工之日起至竣工验收合格止。

（二）生产安全事故的应急救援和调查处理

（1）县级以上地方人民政府建设行政主管部门应当根据本级人民政府的要求，制定本行政区域内建设工程特大生产安全事故应急救援预案。

（2）施工单位应当制定本单位生产安全事故应急救援预案，建立应急救援组织或者配备应急救援人员，配备必要的应急救援器材、设备，并定期组织演练。

（3）施工单位应当根据建设工程施工的特点、范围，对施工现场易发生重大事故的部位、环节进行监控，制定施工现场生产安全事故应急救援预案。实行施工总承包的，由总承包单位统一组织编制建设工程生产安全事故应急救援预案，工程总承包单位和分包单位按照应急救援预案，各自建立应急救援组织或者配备应急救援人员，配备救援器材、设备，并定期组织演练。

（4）施工单位发生生产安全事故，应当按照国家有关伤亡事故报告和调查处理的规定，及时、如实地向负责安全生产监督管理的部门、建设行政主管部门或者其他有关部门报告；特种设备发生事故的，还应当同时向特种设备安全监督管理部门报告。接到报告的部门应当按照国家有关规定，如实上报。

实行施工总承包的建设工程，由总承包单位负责上报事故。

（5）发生生产安全事故后，施工单位应当采取措施防止事故扩大，保护事故现场。需要移动现场物品时，应当做出标记和书面记录，妥善保管有关证物。

三、《中华人民共和国招标投标法实施条例》

为了规范招投标活动，2011 年 11 月 30 日，国务院颁布了《中华人民共和国招标投标法实施条例》（以下简称《招标投标法实施条例》）（国务院令第 613 号），并于 2017 年

3 月 1 日根据《国务院关于修改和废止部分行政法规的决定》（国务院令 687 号）第一次修订和 2018 年 3 月 19 日《国务院关于修改和废止部分行政法规的决定》（国务院令第 698 号令）第二次修订。

（一）招标

（1）招标审批、核准。按照国家有关规定需要履行项目审批、核准手续的依法必须进行招标的项目，其招标范围、招标方式、招标组织形式应当报项目审批、核准部门审批、核准。项目审批、核准部门应当及时将审批、核准确定的招标范围、招标方式、招标组织形式通报有关行政监督部门。

（2）可以邀请招标情形。国有资金占控股或者主导地位的依法必须进行招标的项目，应当公开招标；但有下列情形之一的，可以邀请招标：

1）技术复杂、有特殊要求或者受自然环境限制，只有少量潜在投标人可供选择。

2）采用公开招标方式的费用占项目合同金额的比例过大。

（3）可以不招标情形。除《招标投标法》规定的可以不进行招标的特殊情况外，有下列情形之一的，可以不进行招标：

1）需要采用不可替代的专利或者专有技术。

2）采购人依法能够自行建设、生产或者提供。

3）已通过招标方式选定的特许经营项目投资人依法能够自行建设、生产或者提供。

4）需要向原中标人采购工程、货物或者服务，否则将影响施工或者功能配套要求。

5）国家规定的其他特殊情形。

招标人为适用前款规定弄虚作假的，属于《招标投标法》规定的规避招标。

（4）资格审查和招标公告的编制和发布。招标人采用资格预审办法对潜在投标人进行资格审查的，应当发布资格预审公告、编制资格预审文件。

依法必须进行招标的项目的资格预审公告和招标公告，应当在国务院发展改革部门依法指定的媒介发布。在不同媒介发布的同一招标项目的资格预审公告或者招标公告的内容应当一致。指定媒介发布依法必须进行招标的项目的境内资格预审公告、招标公告，不得收取费用。

编制依法必须进行招标的项目的资格预审文件和招标文件，应当使用国务院发展改革部门会同有关行政监督部门制定的标准文本。

招标人应当按照资格预审公告、招标公告或者投标邀请书规定的时间、地点发售资格预审文件或者招标文件。资格预审文件或者招标文件的发售期不得少于 5 日。

招标人发售资格预审文件、招标文件收取的费用应当限于补偿印刷、邮寄的成本支出，不得以营利为目的。

（5）资格预审文件提交。招标人应当合理确定提交资格预审申请文件的时间。依法必须进行招标的项目提交资格预审申请文件的时间，自资格预审文件停止发售之日起不得少于 5 日。

（6）资格审查组织。资格预审应当按照资格预审文件载明的标准和方法进行。

国有资金占控股或者主导地位的依法必须进行招标的项目，招标人应当组建资格审查委员会审查资格预审申请文件。资格审查委员会及其成员应当遵守《招标投标法》和《招标投标法实施条例》中有关评标委员会及其成员的规定。

资格预审结束后，招标人应当及时向资格预审申请人发出资格预审结果通知书。未通过资格预审的申请人不具有投标资格。

通过资格预审的申请人少于3个的，应当重新招标。

招标人采用资格后审办法对投标人进行资格审查的，应当在开标后由评标委员会按照招标文件规定的标准和方法对投标人的资格进行审查。

招标人可以对已发出的资格预审文件或者招标文件进行必要的澄清或者修改。澄清或者修改的内容可能影响资格预审申请文件或者投标文件编制的，招标人应当在提交资格预审申请文件截止时间至少3日前，或者投标截止时间至少15日前，以书面形式通知所有获取资格预审文件或者招标文件的潜在投标人；不足3日或者15日的，招标人应当顺延提交资格预审申请文件或者投标文件的截止时间。

潜在投标人或者其他利害关系人对资格预审文件有异议的，应当在提交资格预审申请文件截止时间2日前提出；对招标文件有异议的，应当在投标截止时间10日前提出。招标人应当自收到异议之日起3日内作出答复；作出答复前，应当暂停招标投标活动。

（7）投标保证金及投标有效期。招标人应当在招标文件中载明投标有效期。投标有效期从提交投标文件的截止之日起算。

招标人在招标文件中要求投标人提交投标保证金的，投标保证金不得超过招标项目估算价的2%。投标保证金有效期应当与投标有效期一致。

依法必须进行招标的项目的境内投标单位，以现金或者支票形式提交的投标保证金应当从其基本账户转出。招标人不得挪用投标保证金。

（8）标底和投标限价。招标人可以自行决定是否编制标底。一个招标项目只能有一个标底。标底必须保密。

接受委托编制标底的中介机构不得参加受托编制标底项目的投标，也不得为该项目的投标人编制投标文件或者提供咨询。

招标人设有最高投标限价的，应当在招标文件中明确最高投标限价或者最高投标限价的计算方法。招标人不得规定最低投标限价。

（9）招标人不得以不合理的条件限制、排斥潜在投标人或者投标人。

招标人有下列行为之一的，属于以不合理条件限制、排斥潜在投标人或者投标人：

1）就同一招标项目向潜在投标人或者投标人提供有差别的项目信息。

2）设定的资格、技术、商务条件与招标项目的具体特点和实际需要不相适应或者与合同履行无关。

3）依法必须进行招标的项目以特定行政区域或者特定行业的业绩、奖项作为加分条件或者中标条件。

4）对潜在投标人或者投标人采取不同的资格审查或者评标标准。

5）限定或者指定特定的专利、商标、品牌、原产地或者供应商。

6）依法必须进行招标的项目非法限定潜在投标人或者投标人的所有制形式或者组织形式。

7）以其他不合理条件限制、排斥潜在投标人或者投标人。

（二）投标

（1）投保保证金的退还。投标人撤回已提交的投标文件，应当在投标截止时间前书面通知招标人。招标人已收取投标保证金的，应当自收到投标人书面撤回通知之日起 5 日内退还。

投标截止后投标人撤销投标文件的，招标人可以不退还投标保证金。

（2）未通过资格预审的申请人提交的投标文件，以及逾期送达或者不按照招标文件要求密封的投标文件，招标人应当拒收。

招标人应当如实记载投标文件的送达时间和密封情况，并存档备查。

（3）联合体投标。招标人应当在资格预审公告、招标公告或者投标邀请书中载明是否接受联合体投标。

招标人接受联合体投标并进行资格预审的，联合体应当在提交资格预审申请文件前组成。资格预审后联合体增减、更换成员的，其投标无效。

联合体各方在同一招标项目中以自己名义单独投标或者参加其他联合体投标的，相关投标均无效。

（4）投标人发生合并、分立、破产等重大变化的，应当及时书面告知招标人。投标人不再具备资格预审文件、招标文件规定的资格条件或者其投标影响招标公正性的，其投标无效。

（5）禁止投标人相互串通投标。

有下列情形之一的，属于投标人相互串通投标：

1）投标人之间协商投标报价等投标文件的实质性内容。

2）投标人之间约定中标人。

3）投标人之间约定部分投标人放弃投标或者中标。

4）属于同一集团、协会、商会等组织成员的投标人按照该组织要求协同投标。

5）投标人之间为谋取中标或者排斥特定投标人而采取的其他联合行动。

（6）有下列情形之一的，视为投标人相互串通投标：

1）不同投标人的投标文件由同一单位或者个人编制。

2）不同投标人委托同一单位或者个人办理投标事宜。

3）不同投标人的投标文件载明的项目管理成员为同一人。

4）不同投标人的投标文件异常一致或者投标报价呈规律性差异。

5）不同投标人的投标文件相互混装。

6）不同投标人的投标保证金从同一单位或者个人的账户转出。

（7）禁止招标人与投标人串通投标。有下列情形之一的，属于招标人与投标人串通投标：

1）招标人在开标前开启投标文件并将有关信息泄露给其他投标人。

2）招标人直接或者间接向投标人泄露标底、评标委员会成员等信息。

3）招标人明示或者暗示投标人压低或者抬高投标报价。

4）招标人授意投标人撤换、修改投标文件。

5）招标人明示或者暗示投标人为特定投标人中标提供方便。

6）招标人与投标人为谋求特定投标人中标而采取的其他串通行为。

（三）开标、评标、中标

（1）招标项目设有标底的，招标人应当在开标时公布。标底只能作为评标的参考，不得以投标报价是否接近标底作为中标条件，也不得以投标报价超过标底上下浮动范围作为否决投标的条件。

（2）有下列情形之一的，评标委员会应当否决其投标：

1）投标文件未经投标单位盖章和单位负责人签字。

2）投标联合体没有提交共同投标协议。

3）投标人不符合国家或者招标文件规定的资格条件。

4）同一投标人提交两个以上不同的投标文件或者投标报价，但招标文件要求提交备选投标的除外。

5）投标报价低于成本或者高于招标文件设定的最高投标限价。

6）投标文件没有对招标文件的实质性要求和条件作出响应。

7）投标人有串通投标、弄虚作假、行贿等违法行为。

（3）国有资金占控股或者主导地位的依法必须进行招标的项目，招标人应当确定排名第一的中标候选人为中标人。排名第一的中标候选人放弃中标、因不可抗力不能履行合同、不按照招标文件要求提交履约保证金，或者被查实存在影响中标结果的违法行为等情形，不符合中标条件的，招标人可以按照评标委员会提出的中标候选人名单排序依次确定其他中标候选人为中标人，也可以重新招标。

（4）招标人和中标人应当依照《招标投标法》和《招标投标实施条例》的规定签订书面合同，合同的标的、价款、质量、履行期限等主要条款应当与招标文件和中标人的投标文件的内容一致。招标人和中标人不得再行订立背离合同实质性内容的其他协议。

（5）招标人最迟应当在书面合同签订后 5 日内向中标人和未中标的投标人退还投标保证金及银行同期存款利息。

招标文件要求中标人提交履约保证金的，中标人应当按照招标文件的要求提交。履约保证金不得超过中标合同金额的 10％。

（6）中标人应当按照合同约定履行义务，完成中标项目。中标人不得向他人转让中标项目，也不得将中标项目肢解后分别向他人转让。

中标人按照合同约定或者经招标人同意，可以将中标项目的部分非主体、非关键性工作分包给他人完成。接受分包的人应当具备相应的资格条件，并不得再次分包。中标人应当就分包项目向招标人负责，接受分包的人就分包项目承担连带责任。

四、《中华人民共和国政府采购法实施条例》

2015 年 1 月 30 日国务院根据《政府采购法》颁布了《中华人民共和国政府采购法实施条例》（国务院令第 658 号）。

（一）政府采购当事人

（1）政府采购项目信息应当在省级以上人民政府财政部门指定的媒体上发布。采购项目预算金额达到国务院财政部门规定标准的，政府采购项目信息应当在国务院财政部门指定的媒体上发布。

（2）在政府采购活动中，采购人员及相关人员与供应商有下列利害关系之一的，应当回避：

1）参加采购活动前 3 年内与供应商存在劳动关系。

2）参加采购活动前 3 年内担任供应商的董事、监事。

3）参加采购活动前 3 年内是供应商的控股股东或者实际控制人。

4）与供应商的法定代表人或者负责人有夫妻、直系血亲、三代以内旁系血亲或者近姻亲关系。

5）与供应商有其他可能影响政府采购活动公平、公正进行的关系。

（3）供应商认为采购人员及相关人员与其他供应商有利害关系的，可以向采购人或者采购代理机构书面提出回避申请，并说明理由。采购人或者采购代理机构应当及时询问被申请回避人员，有利害关系的被申请回避人员应当回避。

（4）采购人或者采购代理机构有下列情形之一的，属于以不合理的条件对供应商实行差别待遇或者歧视待遇：

1）就同一采购项目向供应商提供有差别的项目信息。

2）设定的资格、技术、商务条件与采购项目的具体特点和实际需要不相适应或者与合同履行无关。

3）采购需求中的技术、服务等要求指向特定供应商、特定产品。

4）以特定行政区域或者特定行业的业绩、奖项作为加分条件或者中标、成交条件。

5）对供应商采取不同的资格审查或者评审标准。

6）限定或者指定特定的专利、商标、品牌或者供应商。

7）非法限定供应商的所有制形式、组织形式或者所在地。

8）以其他不合理条件限制或者排斥潜在供应商。

（二）政府采购方式

（1）列入集中采购目录的项目，适合实行批量集中采购的，应当实行批量集中采购，但紧急的小额零星货物项目和有特殊要求的服务、工程项目除外。

（2）在一个财政年度内，采购人将一个预算项目下的同一品目或者类别的货物、服务采用公开招标以外的方式多次采购，累计资金数额超过公开招标数额标准的，属于以化整为零方式规避公开招标，但项目预算调整或者经批准采用公开招标以外方式采购除外。

（三）政府采购程序

（1）采购人或者采购代理机构应当按照国务院财政部门制定的招标文件标准文本编制招标文件。

招标文件应当包括采购项目的商务条件、采购需求、投标人的资格条件、投标报价要求、评标方法、评标标准以及拟签订的合同文本等。

（2）招标文件要求投标人提交投标保证金的，投标保证金不得超过采购项目预算金额的 2%。投标保证金应当以支票、汇票、本票或者金融机构、担保机构出具的保函等非现金形式提交。投标人未按照招标文件要求提交投标保证金的，投标无效。

采购人或者采购代理机构应当自中标通知书发出之日起 5 个工作日内退还未中标供应商的投标保证金，自政府采购合同签订之日起 5 个工作日内退还中标供应商的投标保证金。

竞争性谈判或者询价采购中要求参加谈判或者询价的供应商提交保证金的，参照前两款的规定执行。

（3）政府采购招标评标方法分为最低评标价法和综合评分法。

最低评标价法，是指投标文件满足招标文件全部实质性要求且投标报价最低的供应商为中标候选人的评标方法。综合评分法，是指投标文件满足招标文件全部实质性要求且按照评审因素的量化指标评审得分最高的供应商为中标候选人的评标方法。

技术、服务等标准统一的货物和服务项目，应当采用最低评标价法。

采用综合评分法的，评审标准中的分值设置应当与评审因素的量化指标相对应。

谈判文件不能完整、明确列明采购需求，需要由供应商提供最终设计方案或者解决方案的，在谈判结束后，谈判小组应当按照少数服从多数的原则投票推荐 3 家以上供应商的设计方案或者解决方案，并要求其在规定时间内提交最后报价。

（4）询价通知书应当根据采购需求确定政府采购合同条款。在询价过程中，询价小组不得改变询价通知书所确定的政府采购合同条款。

（5）采购代理机构应当自评审结束之日起 2 个工作日内将评审报告送交采购人。采购人应当自收到评审报告之日起 5 个工作日内在评审报告推荐的中标或者成交候选人中按顺序确定中标或者成交供应商。

采购人或者采购代理机构应当自中标、成交供应商确定之日起 2 个工作日内，发出中标、成交通知书，并在省级以上人民政府财政部门指定的媒体上公告中标、成交结果，招标文件、竞争性谈判文件、询价通知书随中标、成交结果同时公告。

中标、成交结果公告内容应当包括采购人和采购代理机构的名称、地址、联系方式，项目名称和项目编号，中标或者成交供应商名称、地址和中标或者成交金额，主要中标或者成交标的名称、规格型号、数量、单价、服务要求以及评审专家名单。

（四）政府采购合同

（1）国务院财政部门应当会同国务院有关部门制定政府采购合同标准文本。

（2）采购文件要求中标或者成交供应商提交履约保证金的，供应商应当以支票、汇票、本票或者金融机构、担保机构出具的保函等非现金形式提交。履约保证金的数额不得超过政府采购合同金额的 10%。

（3）中标或者成交供应商拒绝与采购人签订合同的，采购人可以按照评审报告推荐的中标或者成交候选人名单排序，确定下一候选人为中标或者成交供应商，也可以重新开展政府采购活动。

（4）采购人应当自政府采购合同签订之日起 2 个工作日内，将政府采购合同在省级以上人民政府财政部门指定的媒体上公告，但政府采购合同中涉及国家秘密、商业秘密的内容除外。

（5）采购人应当按照政府采购合同规定，及时向中标或者成交供应商支付采购资金。政府采购项目资金支付程序，按照国家有关财政资金支付管理的规定执行。

建设工程造价管理相关规章制度

一、《必须招标的工程项目规定》

2018 年 6 月 1 日，国家发展和改革委员会（以下简称"国家发展改革委"）根据《招标投标法》出台了《必须招标的工程项目规定》（发改委第 16 号令）。

（一）必须招标的项目类型

（1）全部或者部分使用国有资金投资或者国家融资的项目包括：

1）使用预算资金 200 万元人民币以上，并且该资金占投资额 10% 以上的项目。

2）使用国有企业事业单位资金，并且该资金占控股或者主导地位的项目。

（2）使用国际组织或者外国政府贷款、援助资金的项目包括：

1）使用世界银行、亚洲开发银行等国际组织贷款、援助资金的项目。

2）使用外国政府及其机构贷款、援助资金的项目。

（3）不属于上述（1）、（2）规定情形的大型基础设施、公用事业等关系社会公共利益、公众安全的项目，必须招标的具体范围由国务院发展改革部门会同国务院有关部门按照确有必要、严格限定的原则制订，报国务院批准。

（二）必须招标的项目标准

在上述（一）中规定范围内的项目，其勘察、设计、施工、监理以及与工程建设有关的重要设备、材料等的采购达到下列标准之一的，必须招标：

（1）施工单项合同估算价在 400 万元人民币以上。

（2）重要设备、材料等货物的采购，单项合同估算价在 200 万元人民币以上。

（3）勘察、设计、监理等服务的采购，单项合同估算价在 100 万元人民币以上。

同一项目中可以合并进行的勘察、设计、施工、监理以及与工程建设有关的重要设备、材料等的采购，合同估算价合计达到前款规定标准的，必须招标。

二、《政府和社会资本合作项目政府采购管理办法》

2014 年 12 月 31 日，为了规范政府和社会资本合作项目政府采购（以下简称 PPP 项目采购）行为，维护国家利益、社会公共利益和政府采购当事人的合法权益，依据《政府采购法》和有关法律、行政法规、部门规章，财政部印发《政府和社会资本合作项目政府采购管理办法》（财库〔2014〕215 号）。

（一）采购方式

（1）PPP 项目采购方式包括公开招标、邀请招标、竞争性谈判、竞争性磋商和单一来源采购。项目实施机构应当根据 PPP 项目的采购需求特点，依法选择适当的采购方式。公开招标主要适用于采购需求中核心边界条件和技术经济参数明确、完整、符合国家法律法规及政府采购政策，且采购过程中不作更改的项目。

（2）PPP 项目采购应当实行资格预审。项目实施机构应当根据项目需要准备资格预审文件，发布资格预审公告，邀请社会资本和与其合作的金融机构参与资格预审，验证项目能否获得社会资本响应和实现充分竞争。

（3）资格预审公告应当在省级以上人民政府财政部门指定的政府采购信息发布媒体上发布。资格预审合格的社会资本在签订 PPP 项目合同前资格发生变化的，应当通知项目实施机构。

提交资格预审申请文件的时间自公告发布之日起不得少于 15 个工作日。

（4）项目实施机构、采购代理机构应当成立评审小组，负责 PPP 项目采购的资格预审和评审工作。评审小组由项目实施机构代表和评审专家共 5 人以上单数组成，其中评审专家人数不得少于评审小组成员总数的 2/3。评审专家可以由项目实施机构自行选定，但评审专家中至少应当包含 1 名财务专家和 1 名法律专家。项目实施机构代表不得以评审专家身份参加项目的评审。

（5）项目有 3 家以上社会资本通过资格预审的，项目实施机构可以继续开展采购文件准备工作；项目通过资格预审的社会资本不足 3 家的，项目实施机构应当在调整资格预审公告内容后重新组织资格预审；项目经重新资格预审后合格社会资本仍不够 3 家的，可以依法变更采购方式。

资格预审结果应当告知所有参与资格预审的社会资本，并将资格预审的评审报告提交财政部门（政府和社会资本合作中心）备案。

（6）项目采购文件应当包括采购邀请、竞争者须知（包括密封、签署、盖章要求等）、竞争者应当提供的资格、资信及业绩证明文件、采购方式、政府对项目实施机构的授权、实施方案的批复和项目相关审批文件、采购程序、响应文件编制要求、提交响应文件截止时间、开启时间及地点、保证金交纳数额和形式、评审方法、评审标准、政府采购政策要求、PPP 项目合同草案及其他法律文本、采购结果确认谈判中项目合同可变的细节，以及是否允许未参加资格预审的供应商参与竞争并进行资格后审等内容。项目采购文件中还应当明确项目合同必须报请本级人民政府审核同意，在获得同意前项目合同不得生效。

采用竞争性谈判或者竞争性磋商采购方式的，项目采购文件除上款规定的内容外，还应当明确评审小组根据与社会资本谈判情况可能实质性变动的内容，包括采购需求中的技术、服务要求以及项目合同草案条款。

（7）项目实施机构应当组织社会资本进行现场考察或者召开采购前答疑会，但不得单独或者分别组织只有一个社会资本参加的现场考察和答疑会。项目实施机构可以视项目的具体情况，组织对符合条件的社会资本的资格条件进行考察核实。

（二）项目采购评审

评审小组成员应当按照客观、公正、审慎的原则，根据资格预审公告和采购文件规定的程序、方法和标准进行资格预审和独立评审。已进行资格预审的，评审小组在评审阶段可以不再对社会资本进行资格审查。允许进行资格后审的，由评审小组在响应文件评审环节对社会资本进行资格审查。

评审小组成员应当在资格预审报告和评审报告上签字，对自己的评审意见承担法律责任。对资格预审报告或者评审报告有异议的，应当在报告上签署不同意见，并说明理由，否则视为同意资格预审报告和评审报告。

评审小组发现采购文件内容违反国家有关强制性规定的，应当停止评审并向项目实施机构说明情况。

（三）项目采购谈判

PPP 项目采购评审结束后，项目实施机构应当成立专门的采购结果确认谈判工作组，负责采购结果确认前的谈判和最终的采购结果确认工作。

采购结果确认谈判工作组成员及数量由项目实施机构确定，但应当至少包括财政预算管理部门、行业主管部门代表，以及财务、法律等方面的专家。涉及价格管理、环境保护的 PPP 项目，谈判工作组还应当包括价格管理、环境保护行政执法机关代表。评审小组成员可以作为采购结果确认谈判工作组成员参与采购结果确认谈判。

采购结果确认谈判工作组应当按照评审报告推荐的候选社会资本排名，依次与候选社会资本及与其合作的金融机构就项目合同中可变的细节问题进行项目合同签署前的确认谈判，率先达成一致的候选社会资本即为预中标、成交社会资本。

确认谈判不得涉及项目合同中不可谈判的核心条款，不得与排序在前但已终止谈判的社会资本进行重复谈判。

（四）项目采购公示及成交

项目实施机构应当在预中标、成交社会资本确定后 10 个工作日内，与预中标、成交社会资本签署确认谈判备忘录，并将预中标、成交结果和根据采购文件、响应文件及有关补遗文件和确认谈判备忘录拟定的项目合同文本在省级以上人民政府财政部门指定的政府采购信息发布媒体上进行公示，公示期不得少于 5 个工作日。项目合同文本应当将预中标、成交社会资本响应文件中的重要承诺和技术文件等作为附件。项目合同文本涉及国家秘密、商业秘密的内容可以不公示。

项目实施机构应当在公示期满无异议后 2 个工作日内，将中标、成交结果在省级以上人民政府财政部门指定的政府采购信息发布媒体上进行公告，同时发出中标、成交通知书。

中标、成交结果公告内容应当包括：项目实施机构和采购代理机构的名称、地址和联系方式；项目名称和项目编号；中标或者成交社会资本的名称、地址、法人代表；中标或者成交标的名称、主要中标或者成交条件（包括但不限于合作期限、服务要求、项目概算、回报机制）等；评审小组和采购结果确认谈判工作组成员名单。

（五）项目合同签订

项目实施机构应当在中标、成交通知书发出后 30 日内，与中标、成交社会资本签订经本级人民政府审核同意的 PPP 项目合同。

需要为 PPP 项目设立专门项目公司的，待项目公司成立后，由项目公司与项目实施机构重新签署 PPP 项目合同，或者签署关于继承 PPP 项目合同的补充合同。

项目实施机构应当在 PPP 项目合同签订之日起 2 个工作日内，将 PPP 项目合同在省级以上人民政府财政部门指定的政府采购信息发布媒体上公告，但 PPP 项目合同中涉及国家秘密、商业秘密的内容除外。

项目实施机构应当在采购文件中要求社会资本交纳参加采购活动的保证金和履约保证金。社会资本应当以支票、汇票、本票或者金融机构、担保机构出具的保函等非现金形式交纳保证金。参加采购活动的保证金数额不得超过项目预算金额的 2%。履约保证金的数额不得超过 PPP 项目初始投资总额或者资产评估值的 10%，无固定资产投资或者投资额不大的服务型 PPP 项目，履约保证金的数额不得超过平均 6 个月服务收入额。

三、《中央基本建设投资项目预算编制暂行办法》

根据《中央基本建设投资项目预算编制暂行办法》，中央基本建设投资项目预算是指各部门或单位（以下统称"主管部门"）根据财政部下达的基本建设支出预算指标（控制数），将基本建设支出按经济性质划分具体用途编制的细化预算。中央基本建设投资项目预算是部门预算的重要组成部分，各主管部门在编制年度预算时应将中央基本建设投资项目预算一并编入部门预算。

（一）预算编制程序

主管部门应按照财政部关于编报部门预算的统一部署和要求，编制、审查、报送本部门或本单位当年的基本建设投资项目预算。

（1）财政部根据编报部门预算的时间要求，与有关部门协商确定各部门当年基本建设投资项目的预算控制数，及时下达给主管部门。

（2）主管部门收到财政部下达的基本建设项目投资预算控制数后，应及时将预算控制数下达项目建设单位。

（3）项目建设单位应在主管部门下达的预算控制数内，以批准的项目概算和签订的施工、采购合同等为具体依据，编制中央基本建设投资项目预算表及说明，并按有关规定上报主管部门。

（4）编制基本建设投资项目预算时，对于出包工程的直接支出要按照中标价和签订的施工合同分项编制（自行施工的工程直接支出严格按照工程建设各种取费和定额标准分项编制）；对于其他各种购置要按照采购合同价分项编制；对于各种费用性支出要按照规定的收费标准以及财务制度允许列支的内容编制。

（5）对尚未进行招投标、未签订有关合同的新建项目，在预算控制数内，按经批准的项目概算的有关内容和当年项目进度需要，编制投资项目预算。项目进行施工、采购招投标并签订有关合同、协议后，跨年度项目可在编制下一年度预算时按照有关合同、协议的内容，并结合上年预算安排的情况，调整和编制投资项目细化预算；当年完工的项目预算不再调整，项目建设过程中按有关合同、协议执行，按有关财务会计制度进行管理和核算。

（6）主管部门负责本部门或单位的基本建设投资项目预算的汇总编报工作。要按照部门预算编制的要求，统一布置本部门基本建设投资项目预算的编制工作；对所属各项目建设单位上报的基本建设投资项目预算表及说明认真审查汇总后，编入部门预算并及时报送财政部。

（7）财政部对主管部门报送的基本建设投资项目预算进行审核，并确定政府采购项目，在批复部门预算时一并批复基本建设投资项目预算。

（8）主管部门应及时向财政部报送项目可行性研究报告、项目概算及批复文件等项目相关资料。如审查预算时需要，应按财政部的要求及时提供以下项目资料：①项目征地拆迁等相关合同或协议；②项目勘察、设计、监理等相关合同资料；③工程招投标承包合同、设备、材料采购及房屋购置合同等资料；④工程项目建设形象进度情况说明；⑤财政部要求提供的其他资料。

（二）预算执行和调整

（1）财政部根据审核批复的基本建设投资项目预算和项目用款计划，按照有关规定拨付项目基本建设资金。实行国库集中支付的项目资金按财政部有关规定执行。

（2）年度预算执行中，建设项目如发生重大设计变更或其他不可预见因素，确需增加投资的，按原申报程序审批后，项目建设单位重新编制基本建设投资项目预算表及说明，由主管部门上报财政部，财政部审核批复调整预算。

（3）年度预算执行中，财政部经审核调减项目当年投资预算的，财政部及时通知主管部门。主管部门应在 5 个工作日内将财政部通知的预算调减数下达给项目建设单位。项目建设单位根据预算调减数，在 10 个工作日内编制调整后的基本建设投资项目预算表及说明，由主管部门上报财政部，财政部于 10 个工作日内予以审核批复。

（4）项目建设单位应按照财政部审核批复的基本建设投资项目预算调整文件，在 10 个工作日内调整本单位原上报的季度分月用款计划，由主管部门上报财政部核批。

（5）基本建设投资项目纳入国库集中支付范围的，其资金拨付按照财政部有关国库集中支付的管理办法执行。

（6）基本建设项目投资纳入政府采购范围的，按照财政部有关规定执行。

（7）对跨年度的项目，主管部门应在财政年度末向财政部提交投资项目进度报告。投资项目进度报告一般应包括以下内容：①项目简述；②项目的总体进展情况；③项目资金的筹措和使用情况；④项目的组织管理情况；⑤项目执行中出现的问题及处理意见的建议；⑥根据实际情况对项目进度的调整情况。

第三章

工程项目管理 ◄ ●

工程项目管理概述

一、工程项目

（一）工程项目概念

项目管理知识体系（Project Management Body of Knowledge，PMBOK）对项目的定义：项目是为创造独特的产品、服务或成果而进行的临时性工作。可交付成果可以是有形的，也可以是无形的，如软件开发项目、水利工程项目、房屋建筑项目、工业技术改造、咨询项目等。项目的临时性是指项目具有明确的起点和终点。

工程项目是一种典型项目的一个重要分支。我们通常所说的"工程"，可以有两种含义：第一种含义是指将自然资源最佳地转化为结构、机械、产品、系统和过程以造福人类的活动；第二种含义是上述活动的成果，例如长江大桥、青藏铁路、神舟飞船等。工程项目作为一种典型的项目类型，除了具有项目的一般特点，还具有以下特点：

（1）工程项目的对象是特定的、具体的。虽然任何项目都有一定的目的和对象，但是工程项目的对象更加具体明确，就是一个工程技术系统，比如：具有一定生产能力的工厂，具有一定发电能力的电站，具有一定库容的水利枢纽，具有一定长度和等级的公路，具有一定功能的卫星等。

工程项目的对象具有一定的功能要求、有实物工程量等，这是工程项目的基本特性，是工程项目区别于其他项目的标志，整个工程项目的实施和管理都是围绕着这个特定的对象而展开的。

（2）工程项目具有较强的产业依附性和技术集合性。工程项目所处的产业不同，具有不同的特点，比如建设产业的工程项目和机械制造产业的工程项目具有明显不同的特点：建设工程项目的产品都是不动产，而机械制造产业的产品有时是可以移动的；建设工程项目的实施是工程施工，而机械制造项目的实施是制造过程；建设工程项目的实施过程受自然条件约束和影响较大，而机械制造项目的实施受自然条件约束和影响相对较小等。所以，工程项目具有较强的产业依附性。

同时，工程项目具有较强的技术集合性，每个工程的寿命周期过程，包括项目的产生、设计、实施或生产、验收等环节，均需要大量的技术支持，也就是说工程项目是一个技术集合体，所以工程项目具有较强的技术集合性。

（3）工程项目具有明确的性能和技术标准要求。工程项目具有明确具体的对象，该对象是一个技术系统。工程项目完成该对象的目的就是要实现一定的功能要求，比如具有一定的产品生产能力或生产一定的产品，具有一定的发电容量或年发电量等。也就是说，工程项目具有明确的性能要求。同时，工程项目实施过程是十分复杂的，每项工作都需要达到一定的技术标准要求，这样才能保证最终的技术系统能够达到设定的性能。所以说，工程项目具有明确的性能和技术标准要求。

（4）工程项目的规模大、寿命周期较长。工程项目实施的工程量一般较大，投资额也比较大，甚至达到上千亿元。同时，要完成如此大的工程量，完成如此大的投资额，需要大量的时间，而且工程建设完成后，能够运行较长时间，发挥工程预定的功能。所以说，工程项目的规模大、寿命周期较长。

（5）工程项目的参与主体较多。工程项目的工程量较大，实施过程也比较复杂，所以需要大量的参与方参加，并且密切联系和配合，才能完成，比如一个水库项目，需要投资方、勘测方、可研方、设计方、科研方、施工方、分包方、监理方，甚至包括贷款银行、保险机构、设备生产方、材料生产方、运输方等。所以，工程项目的参与主体较多。

（二）工程项目组成及分类

1. 工程项目组成

不同类型的工程，项目划分方式不同，项目组成也有区别。房屋建筑及市政工程项目可分为单项工程、单位（子单位）工程、分部（子分部）工程和分项工程。根据《水利水电工程质量检验和评定规定》（SL 176—2007），水利工程项目分为单位工程、分部工程和单元工程。单位工程是指具有独立发挥作用或独立施工条件的建筑物；分部工程为在一个建筑物内能组合发挥一种功能的建筑物安装工程，是组成单位工程的部分；单元工程为在分部工程中由几个工序（或工种）施工完成的最小综合体，是日常质量考核的基本单位。

2. 工程项目分类

为了适应科学管理的需要，可以从不同角度对工程项目进行分类。

（1）按建设性质划分。工程项目可分为新建项目、扩建项目、改建项目、迁建项目和恢复项目。一个工程项目只能有一种性质，在工程项目按总体设计全部建成之前，其建设性质始终不变。

（2）按投资作用划分。工程项目可分为生产性项目和非生产性项目。

生产性项目是指直接用于物质资料生产或直接为物质资料生产服务的工程项目。主要包括工业建设项目、农业建设项目、基础设施建设项目、商业建设项目等。

非生产性项目是指用于满足人民物质和文化、福利需要的建设和非物质资料生产部门的建设项目。主要包括办公建筑、居住建筑、公共建筑及其他非生产项目。

（3）按项目规模划分。为适应分级管理的需要，基本建设项目可分为大型、中型、小型三类，不同行业划分依据不同。水利工程项目大、中、小型工程的划分主要依据水库库容、防洪对象重要性、治涝面积、灌溉面积、供水对象重要性、发电装机容量等。

（4）按投资效益和市场需求划分。工程项目可划分为竞争性项目、基础性项目和公益性项目。

1）竞争性项目。是指投资回报率比较高、竞争性比较强的工程项目。如商务办公楼、酒店、度假村、高档公寓等工程项目。其投资主体一般为企业，由企业自主决策、自担投资风险。

2）基础性项目。是指具有自然垄断性、建设周期长、投资额大而收益低的基础设施和需要政府重点扶持的一部分基础工业项目，以及直接增强国力的符合经济规模的支柱产业项目。如交通、能源、水利、城市公用设施等。政府应集中必要的财力、物力通过经济实体投资建设这些工程项目；同时还应广泛吸收企业参与投资，有时还可吸收外商直接投资。

3）公益性项目。是指为社会发展服务、难以产生直接经济回报的工程项目。包括科技、文教、卫生、体育和环保等设施，公、检、法等政权机关以及政府机关、社会团体办公设施、国防建设等。公益性项目的投资主要由政府用财政资金安排。

（5）按投资来源划分。工程项目可划分为政府投资项目和非政府投资项目。

1）政府投资项目。政府投资项目在国外也称为公共工程，是指为了适应和推动国民经济或区域经济的发展，满足社会的文化、生活需要，以及出于政治、国防等因素的考虑，由政府通过财政投资、发行国债或地方财政债券、利用外国政府赠款以及国家财政担保的国内外金融组织的贷款等方式独资或合资兴建的工程项目。

按照其盈利性不同，政府投资项目又可分为经营性政府投资项目和非经营性政府投资项目。经营性政府投资项目是指具有盈利性质的政府投资项目，政府投资的水利、电力、铁路等项目基本都属于经营性项目。经营性政府投资项目应实行项目法人责任制，由项目法人对项目的策划、资金筹措、建设实施、生产经营、债务偿还和资产的保值增值，实行全过程负责，使项目的建设与建成后的运营实现一条龙管理。

非经营性政府投资项目一般是指非盈利性的、主要追求社会效益最大化的公益性项目。学校、医院以及各行政、司法机关的办公楼等项目都属于非经营性政府投资项目。

2）非政府投资项目。非政府投资项目是指企业、集体单位、外商和私人投资兴建的工程项目。这类项目一般均实行项目法人责任制，使项目的建设与建成后的运营实现一条龙管理。

二、工程项目建设程序

建设程序是指由行政性法规、规章所规定的，进行基本建设所必须遵循的阶段及其先后顺序。它反映了项目建设所固有的客观规律和经济规律，体现了现行建设管理体制的特点，是建设项目科学决策和顺利进行的重要保证。

世界各国和国际组织在建设程序上可能存在某些差异，但是按照工程项目发展的内在规律，投资建设一个工程项目都要经过投资决策和建设实施两个发展时期。这两个发展时期又可分为若干阶段，各阶段之间存在着严格的先后次序，可以进行合理的交叉，但不能任意改变顺序。

（一）项目投资决策管理制度

根据《国务院关于投资体制改革的决定》（国发〔2004〕20号），政府投资项目实行审批制；对于企业不使用政府投资建设的项目，一律不再实行审批制，区别不同情况实行核准制和备案制。

（1）政府投资项目。对于采用直接投资和资本金注入方式的政府投资项目，政府需要从投资决策的角度审批项目建议书和可行性研究报告，除特殊情况外，不再审批开工报告，同时还要严格审批其初步设计和概算；对于采用投资补助、转贷和贷款贴息方式的政府投资项目，则只审批资金申请报告。

政府投资项目一般都要经过符合资质要求的咨询中介机构的评估论证，特别重大的项目还应实行专家评议制度。国家将逐步实行政府投资项目公示制度，以广泛听取各方面的意见和建议。

（2）非政府投资项目。对于企业不使用政府资金投资建设的项目，政府不再进行投资决策性质的审批，区别不同情况实行核准制或备案制。

1）核准制。企业投资建设《政府核准的投资项目目录》中的项目时，仅需向政府提交项目申请报告，不再经过批准项目建议书、可行性研究报告和开工报告的程序。

2）备案制。对于《政府核准的投资项目目录》以外的企业投资项目，实行备案制。除国家另有规定外，由企业按照属地原则向地方政府投资主管部门备案。

对于实施核准制或登记备案制的项目，虽然政府不再审批项目建议书和可行性研究报告，但这并不意味着企业不需要编制可行性研究报告。为了保证企业投资决策，投资企业也应编制可行性研究报告。

为扩大大型企业集团的投资决策权，对于基本建立现代企业制度的特大型企业集团，投资建设《政府核准的投资项目目录》中的项目时，可以按项目单独申报核准，可编制中长期发展建设规划，规划经国务院或国务院投资主管部门批准后，规划中属于《政府核准的投资项目目录》中的项目不再另行申报核准，只需办理备案手续。企业集团要及时向国务院有关部门报告规划执行和项目建设情况。

（二）审批制项目基本建设程序

根据《关于投资体制改革的决定》（国发〔2004〕20号），《中央预算内直接投资项目管理办法》（发改委〔2014〕7号令），《中共中央国务院关于深化投融资体制改革的意见》（中发〔2016〕18号）等的规定，政府投资项目的建设程序可以分为以下几个阶段。

1. 项目建议书

项目建议书应根据国民经济和社会发展长远规划、流域综合规划、区域综合规划、专业规划，按照国家产业政策和国家有关投资建设方针进行编制，是对拟进行建设项目的初步说明。

项目建议书编制一般由政府委托有相应资格的设计单位承担；并按国家现行规定权限向主管部门申报审批。项目建议书被批准后，由政府向社会公布，若有投资建设意向，应及时组建项目法人筹备机构，开展下一建设程序工作。

2. 可行性研究报告

可行性研究应对项目进行方案比较，在技术上是否可行和经济上是否合理进行科学的分析和论证。经过批准的可行性研究报告，是项目决策和进行初步设计的依据。可行性研究报告由项目法人（或筹备机构）组织编制。

可行性研究报告按国家现行规定的审批权限报批。申报项目可行性研究报告，必须同时提出项目法人组建方案及运行机制、资金筹措方案、资金结构及回收资金的办法。

可行性研究报告经批准后，不得随意修改和变更，在主要内容上有重要变动，应经原批准机关复审同意。项目可行性研究报告经报告批准后，应正式成立项目法人，并按项目法人责任制实行项目管理。

3. 施工准备

项目可行性研究报告和环境影响评价报告已经批准，年度水利投资计划下达后，项目法人即可开展施工准备工作，其主要内容包括：①施工现场的征地、拆迁；②完成施工用水、电、通信、路和场地平整等工程；③必需的生产、生活临时建筑工程；④实施经批准的应急工程、试验工程等专项工程；⑤组织招标设计、咨询、设备和物资采购等服务；⑥组织相关监理招标，组织主体工程招标准备工作。

4. 初步设计

（1）初步设计是根据批准的可行性研究报告和必要而准确的设计资料，对设计对象进行通盘研究，阐明拟建工程在技术上的可行性和经济上的合理性，规定项目的各项基本技术参数，编制项目的总概算。初步设计任务应择优选择有项目相应资格的设计单位承担，依照有关初步设计编制规定进行编制。

（2）初步设计报告应按照《水利水电工程初步设计报告编制规程》（SL 619—2013）编制。

（3）初步设计文件报批前，一般须由项目法人委托有相应资格的工程咨询机构或组织行业各方面（包括管理、设计、施工、咨询等方面）的专家，对初步设计中的重大问题进行咨询论证。设计单位根据咨询论证意见，对初步设计文件进行补充、修改、优化。初步设计由项目法人组织审查后，按国家现行规定权限向主管部门申报审批。

（4）设计单位必须严格保证设计质量，承担初步设计的合同责任。初步设计文件经批准后，主要内容不得随意修改、变更，并作为项目建设实施的技术文件基础。如有重要修改、变更，须经原审批机关复审同意。

5. 建设实施

（1）建设实施阶段是指主体工程的建设实施，项目法人按照批准的建设文件，组织工程建设，保证项目建设目标的实现。

（2）水利工程具备《水利工程建设项目管理规定（试行）》（水利部水建〔1995〕128号，2014年8月19日水利部令第46号《水利部关于废止和修改部分规章的决定》修改）规定的开工条件后，主体工程方可开工建设。项目法人或者建设单位应当自工程开工之日起15个工作日内，将开工情况的书面报告报项目主管单位和上一级主管单位备案。

（3）项目法人要充分发挥建设管理的主导作用，为施工创造良好的建设条件。项目法人要充分授权工程监理，使之能独立负责项目的建设工期、质量、投资的控制和现场施工的组织协调。

6. 生产准备

生产准备是项目投产前所要进行的一项重要工作，是建设阶段转入生产经营的必要条件。项目法人应按照建管结合和项目法人责任制的要求，适时做好有关生产准备工作。

生产准备应根据不同类型的工程要求确定，一般应包括如下主要内容：

（1）生产组织准备。建立生产经营的管理机构及相应管理制度。

（2）招收和培训人员。按照生产运营的要求，配备生产管理人员，并通过多种形式的培训，提高人员素质，使之能满足运营要求。生产管理人员要尽早介入工程的施工建设，参加设备的安装调试，熟悉情况，掌握好生产技术和工艺流程，为顺利衔接基本建设和生产经营阶段做好准备。

（3）生产技术准备。主要包括技术资料的汇总、运行技术方案的制定、岗位操作规程制定和新技术准备。

（4）生产的物资准备。主要是落实投产运营所需要的原材料、协作产品、工器具、备品备件和其他协作配合条件的准备。

（5）正常的生活福利设施准备。

7. 竣工验收

（1）竣工验收是工程完成建设目标的标志，是全面考核基本建设成果、检验设计和工程质量的重要步骤。竣工验收合格的项目即从基本建设转入生产或使用。

（2）当建设项目的建设内容全部完成，并经过单位工程验收（包括工程档案资料的验收），符合设计要求并按《水利基本建设项目（工程）档案资料管理暂行规定》（水利部水办〔1997〕275号）的要求完成了档案资料的整理工作；完成竣工报告、竣工决算等必需文件的编制后，项目法人按《水利工程建设项目管理规定（试行）》（水利部水建〔1995〕128号，2014年8月19日水利部令第46号《水利部关于废止和修改部分规章的决定》修改）的规定，向验收主管部门提出申请，根据国家和部颁验收规程组织验收。

（3）竣工决算编制完成后，须由审计机关组织竣工审计，其审计报告作为竣工验收的基本资料。

（4）工程规模较大、技术较复杂的建设项目可先进行初步验收。不合格的工程不予验收；有遗留问题的项目，对遗留问题必须有具体处理意见，且有限期处理的明确要求并落实责任人。

8. 后评价

（1）建设项目竣工投产后，一般经过1~2年生产运营后，要进行一次系统的项目后评价，主要内容包括：过程评价——对项目的立项、设计施工、建设管理、竣工投产、生产运营等全过程进行评价；经济效益评价——对项目投资、国民经济效益、财务效益、技术进步和规模效益等进行评价；影响评价——对项目投产后对环境、水土保持、移民安置、社会各方面的影响进行评价；目标和可持续性评价——对项目目标实现程度、内外部条件对项目可持续性发展的影响进行评价。

（2）项目后评价一般按三个层次组织实施，即项目法人的自我评价、项目行业的评价、计划部门（或主要投资方）的评价。

（3）建设项目后评价工作必须遵循客观、公正、科学的原则，做到分析合理、评价公正。通过建设项目的后评价以达到肯定成绩、总结经验、研究问题、吸取教训、提出建议、改进工作，不断提高项目决策水平和投资效果的目的。

（三）核准制项目建设程序

对于企业不使用政府投资建设的项目，一律不再实行审批制，区别不同情况实行核准制和备案制。其中，政府仅对重大项目和限制类项目从维护社会公共利益角度进行核准，其他项目无论规模大小，均改为备案制。核准项目范围按照国务院颁发的《政府核准的投资项目目录（2016 年本）》（简称《核准目录》）确定。

企业投资建设实行核准制的项目，仅需向政府提交项目申请报告，不再经过批准项目建议书、可行性研究报告和开工报告的程序。

1. 编制项目申请书

项目申请书由企业自主组织编制，任何单位和个人不得强制企业委托中介服务机构编制项目申请书。

核准机关应当制定并公布项目申请书示范文本，明确项目申请书编制要求。项目申请书应当包括下列内容：

（1）企业基本情况。

（2）项目情况，包括项目名称、建设地点、建设规模、建设内容等。

（3）项目利用资源情况分析以及对生态环境的影响分析。

（4）项目对经济和社会的影响分析。

企业应当对项目申请书内容的真实性负责。

法律、行政法规规定办理相关手续作为项目核准前置条件的，企业应当提交已经办理相关手续的证明文件。

2. 报送项目申请书

由国务院有关部门核准的项目，企业可以通过项目所在地省、自治区、直辖市和计划单列市人民政府有关部门（以下称地方人民政府有关部门）转送项目申请书，地方人民政府有关部门应当自收到项目申请书之日起 5 个工作日内转送核准机关。

由国务院核准的项目，企业通过地方人民政府有关部门转送项目申请书的，地方人民政府有关部门应当在前款规定的期限内将项目申请书转送国务院投资主管部门，由国务院投资主管部门审核后报国务院核准。

3. 项目受理与核准

核准机关应当从下列方面对项目进行审查：

（1）是否危害经济安全、社会安全、生态安全等国家安全。

（2）是否符合相关发展建设规划、技术标准和产业政策。

（3）是否合理开发并有效利用资源。

（4）是否对重大公共利益产生不利影响。

项目涉及有关部门或者项目所在地地方人民政府职责的，核准机关应当书面征求其意见，被征求意见单位应当及时书面回复。

核准机关委托中介服务机构对项目进行评估的，应当明确评估重点；除项目情况复杂的，评估时限不得超过 30 个工作日。评估费用由核准机关承担。

核准机关应当自受理申请之日起 20 个工作日内，作出是否予以核准的决定；项目情况复杂或者需要征求有关单位意见的，经本机关主要负责人批准，可以延长核准期限，但延长的期限不得超过 40 个工作日。核准机关委托中介服务机构对项目进行评估的，评估时间不计入核准期限。

核准机关对项目予以核准的，应当向企业出具核准文件；不予核准的，应当书面通知企业并说明理由。由国务院核准的项目，由国务院投资主管部门根据国务院的决定向企业出具核准文件或者不予核准的书面通知。

项目自核准机关作出予以核准决定或者同意变更决定之日起 2 年内未开工建设，需要延期开工建设的，企业应当在 2 年期限届满的 30 个工作日前，向核准机关申请延期开工建设。核准机关应当自受理申请之日起 20 个工作日内，作出是否同意延期开工建设的决定。开工建设只能延期一次，期限最长不得超过 1 年。

（四）备案制项目建设程序

对于《核准目录》以外的企业投资项目，实行备案制，除国家另有规定外，由企业按照属地原则向地方政府投资主管部门备案。

实行备案管理的项目，企业应当在开工建设前通过在线平台将下列信息告知备案机关：①企业基本情况；②项目名称、建设地点、建设规模、建设内容；③项目总投资额；④项目符合产业政策的声明。

企业应当对备案项目信息的真实性负责。

备案机关收到本条第一款规定的全部信息即为备案；企业告知的信息不齐全的，备案机关应当指导企业补正。

已备案项目信息发生较大变更的，企业应当及时告知备案机关。

备案机关发现已备案项目属于产业政策禁止投资建设或者实行核准管理的，应当及时告知企业予以纠正或者依法办理核准手续，并通知有关部门。

（五）政府和社会资本合作（PPP）项目基本建设程序

政府和社会资本合作（PPP）项目，是指政府为增强公共产品和服务供给能力，提高供给效率，与社会资本建立的利益共享、风险共担及长期合作关系的建设和运营模式的项目。这类项目建设程序一般应纳入审批制项目程序，在此基础上，根据财政部 2014 年 11 月 29 日颁发的《政府和社会资本合作模式操作指南》，按照 PPP 项目管理程序，完善建设程序。

1. 项目识别、评估

财政部门（政府和社会资本合作中心）会同行业主管部门，对潜在政府和社会资本合作项目进行评估筛选，确定备选项目。财政部门（政府和社会资本合作中心）应根据筛选结果制定项目年度和中期开发计划。

对于列入年度开发计划的项目，项目发起方应按财政部门（政府和社会资本合作中心）的要求提交相关资料。新建、改建项目应提交可行性研究报告、项目产出说明和初步实施方案；存量项目应提交存量公共资产的历史资料、项目产出说明和初步实施方案。

财政部门（政府和社会资本合作中心）会同行业主管部门，从定性和定量两方面开展物有所值评价工作。定量评价工作由各地根据实际情况开展。

定性评价重点关注项目采用政府和社会资本合作模式与采用政府传统采购模式相比能否增加供给、优化风险分配、提高运营效率、促进创新和公平竞争等。

定量评价主要通过对政府和社会资本合作项目全生命周期内政府支出成本现值与公共部门比较值进行比较，计算项目的物有所值量值，判断政府和社会资本合作模式是否降低项目全生命周期成本。

为确保财政中长期可持续性，财政部门应根据项目全生命周期内的财政支出、政府债务等因素，对部分政府付费或政府补贴的项目，开展财政承受能力论证，每年政府付费或政府补贴等财政支出不得超出当年财政收入的一定比例。

通过物有所值评价和财政承受能力论证的项目，可进行项目准备。

2. 项目准备

项目实施机构应组织编制项目实施方案，依次对以下内容进行介绍：①项目概况；②风险分配基本框架；③项目运作方式；④交易结构；⑤合同体系；⑥监管架构；⑦采购方式选择。

财政部门（政府和社会资本合作中心）应对项目实施方案进行物有所值和财政承受能力验证，通过验证的，由项目实施机构报政府审核；未通过验证的，可在实施方案调整后重新验证；经重新验证仍不能通过的，不再采用政府和社会资本合作模式。

（六）投资补助和贴息项目建设程序

根据国家发展改革委发布的《中央预算内投资补助和贴息项目管理办法》（2016年45号令），投资补助，是指国家发展改革委对符合条件的地方政府投资项目和企业投资项目给予的投资资金补助。贴息，是指国家发展改革委对符合条件，使用了中长期贷款的投资项目给予的贷款利息补贴。投资补助和贴息资金均为无偿投入。这类项目的建设程序如下。

1. 申报和审核

申请投资补助或者贴息资金的项目，应当列入三年滚动投资计划，并通过投资项目在线审批监管平台（以下简称"在线平台"）完成审批、核准或备案程序（地方政府投资项目应完成项目可行性研究报告或者初步设计审批），并提交资金申请报告。

资金申请报告应当包括以下内容：

（1）项目单位的基本情况。

（2）项目的基本情况，包括在线平台生成的项目代码、建设内容、总投资及资金来源、建设条件落实情况等。

（3）项目列入三年滚动投资计划，并通过在线平台完成审批（核准、备案）情况。

（4）申请投资补助或者贴息资金的主要理由和政策依据。

（5）工作方案或管理办法要求提供的其他内容。项目单位应对所提交的资金申请报告内容的真实性负责。

资金申请报告由需要申请投资补助或者贴息资金的项目单位提出，按程序报送项目汇总申报单位。项目汇总申报单位应当对资金申请报告提出审核意见，并汇总报送国家发展改革委。资金申请报告可以单独报送，或者与年度投资计划申请合并报送。

2. 批复和下达

国家发展改革委受理资金申请报告后，视具体情况对相关事项进行审查，确有必要时可以委托相关单位进行评审。

项目单位被列入联合惩戒合作备忘录黑名单的，国家发展改革委不予受理其资金申请报告。

对于同意安排投资补助或者贴息资金的项目，国家发展改革委应当批复其资金申请报告。资金申请报告可以单独批复，或者在下达投资计划时合并批复。

(七) 国外贷款项目建设程序

根据 2005 年 2 月 28 日国家发展改革委颁布的《国际金融组织和外国政府贷款投资项目管理暂行办法》，国际金融组织和外国政府贷款（简称国外贷款）项目是指借用世界银行、亚洲开发银行、国际农业发展基金会等国际金融组织贷款和外国政府贷款及与贷款混合使用的赠款、联合融资等投资项目。

1. 国外贷款备选项目规划

国外贷款备选项目规划是项目对外开展工作的依据。借用国外贷款的项目必须纳入国外贷款备选项目规划。

未纳入国外贷款备选项目规划的项目，国务院各有关部门、地方各级政府和项目用款单位不得向国际金融组织或外国政府等国外贷款机构正式提出贷款申请。

国务院发展改革部门按照国民经济和社会发展规划、产业政策、外债管理及国外贷款使用原则和要求，编制国外贷款备选项目规划，并据此制定、下达年度项目签约计划。

世界银行、亚洲开发银行贷款和日本政府日元贷款备选项目规划由国务院发展改革部门提出，商国务院财政部门后报国务院批准。

国务院行业主管部门、省级发展改革部门、计划单列企业集团和中央管理企业向国务院发展改革部门申报纳入国外贷款规划的备选项目。

国务院行业主管部门申报的项目，由地方政府安排配套资金、承担贷款偿还责任或提供贷款担保的，应当同时出具省级发展改革部门及有关部门意见。

纳入国外贷款备选项目规划的项目，应当区别不同情况履行审批、核准或备案手续。

2. 编制项目资金申请报告

项目纳入国外贷款备选项目规划并完成审批、核准或备案手续后，项目用款单位须向所在地省级发展改革部门提出项目资金申请报告。

项目资金申请报告由省级发展改革部门初审后，报国务院发展改革部门审批。

国务院行业主管部门、计划单列企业集团和中央管理企业的项目资金申请报告，直接报国务院发展改革部门审批。

由国务院及国务院发展改革部门审批的项目可行性研究报告，可行性研究报告中应当包括项目资金申请报告内容，不再单独审批项目资金申请报告。

项目资金申请报告应当具备以下内容：

(1) 项目概况，包括项目建设规模及内容、总投资、资本金、国外贷款及其他资金、项目业主、项目执行机构、项目建设期。

(2) 国外贷款来源及条件，包括国外贷款机构或贷款国别、还款期、宽限期、利率、承诺费等。

(3) 项目对外工作进展情况。

(4) 贷款使用范围，包括贷款用于土建、设备、材料、咨询和培训等的资金安排。

(5) 设备和材料采购清单及采购方式，包括主要设备和材料规格、数量、单价。

(6) 经济分析和财务评价结论。

(7) 贷款偿还及担保责任、还款资金来源及还款计划。

项目资金申请报告应当附以下文件：

（1）项目批准文件（项目可行性研究报告批准文件、项目申请报告核准文件或项目备案文件）。

（2）国际金融组织和日本国际协力银行贷款项目，提供国外贷款机构对项目的评估报告。

（3）国务院行业主管部门提出项目资金申请报告时，如项目需地方政府安排配套资金、承担贷款偿还责任或提供贷款担保的，出具省级发展改革部门及有关部门意见。

（4）申请使用限制性采购的国外贷款项目，出具对国外贷款条件、国内外采购比例、设备价格等比选结果报告。

3. 项目资金申请报告审批

国务院发展改革部门审批项目资金申请报告的条件是：

（1）符合国家利用国外贷款的政策及使用规定。

（2）符合国外贷款备选项目规划。

（3）项目已按规定履行审批、核准或备案手续。

（4）国外贷款偿还和担保责任明确，还款资金来源及还款计划落实。

（5）国外贷款机构对项目贷款已初步承诺。

项目资金申请报告批准后，项目建设内容、贷款金额及用途等发生变化的，须按规定的程序将调整方案报国务院发展改革部门批准。

国务院及国务院发展改革部门对项目可行性研究报告或资金申请报告的批准文件，是对外谈判、签约和对内办理转贷生效、外债登记、招标采购和免税手续的依据。

未经国务院及国务院发展改革部门审批可行性研究报告或资金申请报告的项目，有关部门和单位不得对外签署贷款协定、协议和合同，外汇管理、税务、海关等部门及银行不予办理相关手续。

项目资金申请报告自批准之日起两年内，项目未签订国外贷款转贷协议的，该批准文件自动失效。

（八）外商投资项目建设程序

根据 2014 年 5 月 17 日颁发的《外商投资项目核准和备案管理办法》（国家发改委 12 号令），外商投资项目是指中外合资、中外合作、外商独资、外商投资合伙、外商并购境内企业、外商投资企业增资及再投资项目等。

外商投资项目管理分为核准和备案两种方式。外商投资项目核准权限、范围按照国务院发布的《核准目录》执行。

外商投资涉及国家安全的，应当按照国家有关规定进行安全审查。

1. 项目核准

拟申请核准的外商投资项目应按国家有关要求编制项目申请报告。项目申请报告应包括以下内容：

（1）项目及投资方情况。

（2）资源利用和生态环境影响分析。

（3）经济和社会影响分析。

外国投资者并购境内企业项目申请报告应包括并购方情况、并购安排、融资方案和被并购方情况、被并购后经营方式、范围和股权结构、所得收入的使用安排等。

项目申请报告应附以下文件：

（1）中外投资各方的企业注册证明材料及经审计的最新企业财务报表（包括资产负债表、利润表和现金流量表）、开户银行出具的资金信用证明。

（2）投资意向书，增资、并购项目的公司董事会决议。

（3）城乡规划行政主管部门出具的选址意见书（仅指以划拨方式提供国有土地使用权的项目）。

（4）国土资源行政主管部门出具的用地预审意见（不涉及新增用地，在已批准的建设用地范围内进行改扩建的项目，可以不进行用地预审）。

（5）环境保护行政主管部门出具的环境影响评价审批文件。

（6）节能审查机关出具的节能审查意见。

（7）以国有资产出资的，需由有关主管部门出具的确认文件。

（8）根据有关法律法规的规定应当提交的其他文件。

按核准权限属于国家发展和改革委员会核准的项目，由项目所在地省级发展改革部门提出初审意见后，向国家发展和改革委员会报送项目申请报告；计划单列企业集团和中央管理企业可直接向国家发展和改革委员会报送项目申请报告，并附项目所在地省级发展改革部门的意见。

项目申报材料不齐全或者不符合有关要求的，项目核准机关应当在收到申报材料后5个工作日内一次告知项目申报单位补正。

对于可能会对公共利益造成重大影响的项目，项目核准机关在进行核准时应采取适当方式征求公众意见。对于特别重大的项目，可以实行专家评议制度。

项目核准机关自受理项目核准申请之日起20个工作日内，完成对项目申请报告的核准。如20个工作日内不能做出核准决定的，由本部门负责人批准延长10个工作日，并将延长期限的理由告知项目申报单位。

对外商投资项目的核准条件是：

（1）符合国家有关法律法规和《外商投资产业指导目录》《中西部地区外商投资优势产业目录》的规定。

（2）符合发展规划、产业政策及准入标准。

（3）合理开发并有效利用了资源。

（4）不影响国家安全和生态安全。

（5）对公众利益不产生重大不利影响。

（6）符合国家资本项目管理、外债管理的有关规定。

对予以核准的项目，项目核准机关出具书面核准文件，并抄送同级行业管理、城乡规划、国土资源、环境保护、节能审查等相关部门；对不予核准的项目，应书面说明理由，并告知项目申报单位享有依法申请行政复议或者提起行政诉讼的权利。

2. 项目备案

拟申请备案的外商投资项目需由项目申报单位提交项目和投资方基本情况等信息，并附中外投资各方的企业注册证明材料、投资意向书及增资、并购项目的公司董事会决议等其他相关材料。

外商投资项目备案需符合国家有关法律法规、发展规划、产业政策及准入标准，符合《外商投资产业指导目录》《中西部地区外商投资优势产业目录》。

对不予备案的外商投资项目，地方投资主管部门应在 7 个工作日内出具书面意见并说明理由。

三、工程项目管理概述

（一）工程项目管理的概念

目前，国内外对工程管理有多种不同的解释和界定，其中，美国工程管理协会（ASEM）的解释为：工程管理是对具有技术成分的活动进行计划、组织、资源分配以及指导和控制的科学和艺术。美国电气电子工程师协会（IEEE）工程管理学会对工程管理的解释为：工程管理是关于各种技术及其相互关系的战略和战术决策的制定及实施的学科。

（二）工程项目管理的特点

工程项目管理的特点主要包括以下几个方面。

1. 工程项目管理具有严格的程序和过程要求

工程项目的实施具有其自身的科学规律，国家有关部门也根据工程项目实施的客观规律，用法律规章的形式规定了工程项目实施的程序和过程要求。

2. 工程项目管理具有严格的资金限制和时间限制

由于工程项目的投资额较大，对工程投资方，有时甚至是区域经济或国家经济都有较大影响，所以工程项目管理对工程投资额的确定以及项目资金的使用都有严格规定。

同时，由于工程项目实施的工期长，受自然等外界因素的影响较大，所以，工程项目管理具有严格的时间限制，否则，工程按期完工的可能性会降低。

3. 工程项目管理具有特殊的组织和法规条件

由于社会化大生产和专业化分工，工程项目都有大量的参与方。要保证项目有秩序、按计划实施，必须建立严密的项目组织。而项目组织又不同于一般的企业或机构的组织，它是一次性组织，随项目的产生而产生，随项目的结束而消亡。

同时，不同于一般项目的实施，工程项目实施要受到大量的相关法律、法规、规章的约束。比如合同法、税法、环境保护法等的约束，国务院以及行业行政管理部门就工程的实施程序、招投标、质量管理、工程监理、工程设计、工程施工、工程验收等，颁布了大量的法规、规章。

4. 工程项目管理具有复杂性和系统性

工程项目管理的复杂性和系统性是由工程项目的特点决定的，随着工程行业的发展，工程项目呈现如下特征：投资额巨大，规模大，涉及面广；技术更加复杂，需要大量的技术创新；参与方多，组织复杂；项目质量要求高，工程进度紧迫。所以工程项目管理具有复杂性，需要针对复杂性，基于系统观念，进行系统分析、系统管理和复杂性管理，才能使工程项目管理取得良好的效果。

同时，我们还应注意到，不同类型、不同行业、不同层次的工程项目，分别有其独特的管理特点。

（三）工程项目管理的基本目标、基本职能和主要内容

1. 工程项目管理的基本目标

进行工程项目管理，就是为了在限定的时间内，在有限资源（如资金、劳动力、设备材料等）的约束下，在保证工程质量的基础上，以尽快的速度、尽可能低的投资（或成本、费用）完成项目任务，提交工程产品或服务。所以工程项目管理有三个基本的目标：专业目标（工程功能、工程质量、生产能力等），工期目标，投资（费用、成本）目标，把这几个目标组成一个三维空间，共同构成项目管理的目标体系，如图3-1-1所示。

工程项目管理的三大目标通常由项目建议书、技术设计文件、合同文件具体确定，工程项目管理就是针对工程项目对象，围绕三大目标的实现来进行的。所以应该注意工程项目管理三大目标的关系和特征。

（1）三个目标共同构成工程项目管理的目标系统，它们互相联系、相互影响，其两两关系可以投影到三个坐标面，得到如图3-1-2所示的图形。由图可知，某一个方面的变化必然引起另外两个方面的变化，所以工程项目管理应追求三者之间的优化和均衡。

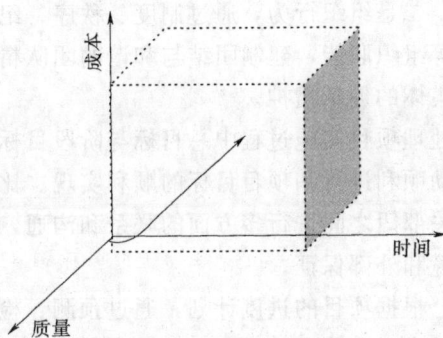

图3-1-1　工程项目目标　　　　　图3-1-2　工程项目目标关系空间图

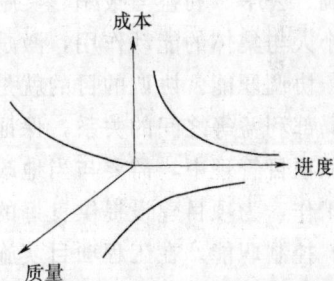

（2）这三个目标在项目的策划、设计、计划过程中经历由总体到具体、由简单到详细的过程。并且在项目的实施过程中，又把三个目标进行分解成详细的目标系统，落实到具体的各个子项目（或活动、任务、工作）上，形成一个具体的目标控制体系，才能保证工程项目管理总体目标的实现。

（3）工程项目管理必须保证三个目标结构关系的均衡性和合理性，不能片面强调某个方面，而忽视其他方面。我们知道，质量目标是项目业主对工程的原材料、工程、施工工艺等提出的质量要求，是用低限控制的目标；时间目标是业主对完成工程的进度要求，是用高限控制的目标；成本目标是业主对完成工程所需的资金，是用高限控制的目标。这三个目标不是完全的正相关关系，比如当进度较快时，质量会降低，但成本会增加。三者的均衡性和合理性不仅体现在总目标上，也表现在项目各个工作上，构成工程项目管理内在关系的基本逻辑。

所以工程项目管理的过程，就是在一系列约束条件的制约下，在各种因素的影响下，在工程成本额的控制之下，按照工程的质量要求和时间要求完成工程施工；或者是说，在保证工程质量和进度的前提下，不突破工程计划成本额，完成工程。也就是说，要对三个目标进行权衡，并全面地进行有效控制，如图3-1-3中的阴影部分所示。

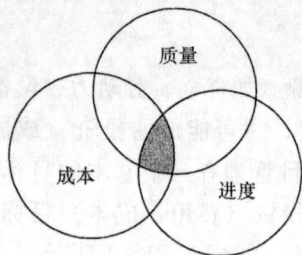

图 3-1-3 工程项目
目标控制图

2. 工程项目管理的基本职能

管理的职能是指管理者在管理过程中所从事的工作，有关管理职能的划分目前还不够统一。根据工程项目管理的职能，工程项目管理可以概括为：在工程项目生命周期内所进行的计划、组织、协调、控制等管理活动，其目的是在一定的约束条件下最优地实现工程项目的预定目标。

（1）计划职能。计划是管理职能中最基本的一个职能，也是管理各职能中的首要职能。项目的计划管理，就是把项目目标、全过程和全部活动纳入计划轨道，用一个动态的计划系统来协调控制整个项目的进程，随时发现问题、解决问题，使工程项目协调有序地达到预期的目标。

（2）组织职能。组织是项目计划和目标得以实现的基本保证。管理的组织职能包括两个方面：一是组织结构，即根据项目的管理目标和内容，通过项目各有关部门的分工与协作、权力与责任，建立项目实施的组织结构；二是组织行为，通过制度、秩序、纪律、指挥、协调、公平、利益与报酬、奖励与惩罚等组织职能，建制团结与和谐的团队精神，充分发挥个人与集体的能动作用，激励个人与集体的创新精神。

（3）协调职能。协调的目的就是要正确处理项目实施过程中总目标与阶段目标、全局利益与局部利益等之间的关系，保证项目活动顺利进行和项目目标的顺利实现。比如，在水利工程项目管理中，需要与当地政府各有关部门之间进行多方面的联系和沟通，做好外部协调工作，为项目建设提供良好的建设环境和外部保证。

（4）控制职能。在工程项目实施过程中，根据项目的进度计划，通过预测、检查、对比分析和反馈调整，对项目实行有效的控制，是工程项目管理的重要职能。项目控制的方式是在项目计划实施过程中，通过事前预测、事中监督检查和事后反馈对比，把项目实际情况与计划对比，若实际与计划之间出现偏差，则应分析其产生的原因，及时采取措施纠正偏差，力争使实际执行情况与计划目标值之间的差距减小到最低程度，确保项目目标的顺利实现。

3. 工程项目管理的主要内容

工程项目管理的目标是通过项目管理工作来实现的。为了实现工程项目目标，必须对项目进行全过程、多方面的管理。工程项目管理的主要内容，从不同的角度，有不同的描述：

按照一般管理工作的过程，工程项目管理可分为预测、决策、计划、实施、控制、反馈等工作。

按照系统工程方法，工程项目管理可分为确定系统目标、进行系统分析制定系统方案、实施系统方案、跟踪检查和系统动态控制等工作。

按照工程项目的实施过程，工程项目管理可分为：项目目标设计阶段的管理，包括项目建议书、可行性研究、项目评估以及初步设计工作；项目实施阶段的管理，包括进行工程施工准备、工程实施、试运行和竣工验收；项目后评价阶段的管理包括计划工作、组织工作、信息管理、控制工作等。

按照工程项目管理工作的任务划分，通常包括以下几个方面的工作：

（1）工程项目的整体管理。

（2）工程项目的范围管理，包括工程范围的确定、范围变更等。

（3）工程项目的工期管理，包括确定工期计划、资源支持计划、工期的动态控制和调整等。

（4）工程项目的成本管理，包括确定成本计划、支付计划、成本动态控制、工程结算及审核等。

（5）工程项目的质量管理，包括质量计划、质量控制等。

（6）工程项目的安全管理，包括安全计划、安全控制等。

（7）工程项目的环保管理，包括环保计划、环境检测和保护等。

（8）工程项目的组织和人力资源管理，包括确定项目管理机构，确定组织职责及工作流程，人员的甄别、选拔、聘用、激励等。

（9）工程项目的沟通管理，包括沟通计划、沟通实施、冲突管理等。

（10）工程项目的合同管理，包括招投标管理、合同签订、变更管理、索赔管理等。

（11）工程项目的信息资料管理，包括信息资料管理计划、信息沟通、资料管理等。

（12）工程项目的风险管理，包括风险识别、风险计划和风险控制等。

（13）工程项目的移民管理，包括移民计划、移民实施和监测评估等。

（四）工程项目管理相关制度

工程建设领域实行项目法人责任制、工程监理制、工程招标投标制和合同管理制，是我国工程建设管理体制深化改革的重大举措。这四项制度密切联系，共同构成了我国工程建设管理的基本制度，同时也为我国工程项目管理提供了法律保障。

1. 项目法人责任制

项目法人责任制是指国有大中型项目在建设阶段就按现代企业制度组建项目法人，由项目法人对项目策划、资金筹措、建设实施、生产经营、债务偿还和资产的保值增值实行全过程负责。项目法人责任制的核心内容是明确由项目法人承担投资风险，项目法人要对工程项目的建设及建成后的生产经营实行一条龙管理和全面负责。

新上项目在项目建议书被批准后，应由项目的投资方派代表组成项目法人筹备组，具体负责项目法人的筹建工作。有关单位在申报项目可行性研究报告时，须同时提出项目法人的组建方案；否则，其项目可行性研究报告将不予审批。在项目可行性研究报告被批准后，应正式成立项目法人。按有关规定确保资本金按时到位，并及时办理公司设立登记。项目公司可以是有限责任公司（包括国有独资公司），也可以是股份有限公司。

2. 工程监理制

工程监理是指具有相应资质的工程监理单位受建设单位的委托，依照法律法规和工程建设标准、勘察设计文件及合同，在施工阶段对建设工程质量、进度、造价进行控制，对合同、信息进行管理，对工程建设相关方的关系进行协调，并履行建设工程安全生产管理法定职责的服务活动。

我国从1988年开始试行建设工程监理制度，经过试点和稳步发展两个阶段后，从1996年开始进入全面推行阶段。

（1）工程监理的范围。根据《建设工程监理的范围和规模标准规定》（建设部令第 86 号），下列建设工程必须实行监理：①国家重点建设工程；②大中型公用事业工程；③成片开发建设的住宅小区工程；④利用外国政府或者国际组织贷款、援助资金的工程；⑤国家规定必须实行监理的其他工程。

（2）工程监理中造价控制的工作内容。造价控制是工程监理的主要任务之一。工程监理中造价控制的主要工作内容包括：

1）根据工程特点、施工合同、工程设计文件及经过批准的施工组织设计对工程进行风险分析，制定工程造价目标控制方案，提出防范性对策。

2）编制施工阶段资金使用计划，并按规定的程序和方法进行工程计量，签发工程款支付证书。

3）审查施工单位提交的工程变更申请，力求减少变更费用。

4）及时掌握国家调价动态，合理调整合同价款。

5）及时收集、整理工程施工和监理有关资料，协调处理费用索赔事件。

6）及时统计实际完成工程量，进行实际投资与计划投资的动态比较，并定期向建设单位报告工程投资动态情况。

7）审核施工单位提交的竣工结算，签发竣工结算款支付证书。

此外，工程监理单位还可受建设单位委托，在工程勘察、设计、发承包、保修等阶段为建设单位提供工程造价控制的相关服务。

3. 工程招标投标制

工程招标投标通常是指由工程、货物或服务采购方（招标方）通过发布招标公告或投标邀请向承包商、供应商提供招标采购信息，提出所需采购项目的性质及数量、质量、技术要求，交货期、竣工期或提供服务的时间，以及对承包商、供应商的资格要求等招标采购条件，由有意提供采购所需工程、货物或服务的承包商、供应商作为投标方，通过书面提出报价及其他响应招标要求的条件参与投标竞争，最终经招标方审查比较，择优选定中标者，并与其签订合同的过程。

《招标投标法》及《招标投标法实施条例》对招标、投标、开标、评标、中标等环节进行了明确规定。

4. 合同管理制

工程建设是一个极为复杂的社会生产过程，由于现代社会化大生产和专业化分工，许多单位会参与工程建设之中，而各类合同则是维系各参与单位之间关系的纽带。

自 1999 年 10 月 1 日起施行的《合同法》（国家主席令第 15 号），并于 2012 年修订，明确了合同订立、效力、履行、变更与转让、终止、违约责任等有关内容以及包括建设工程合同、委托合同在内的 15 类合同，为合同管理制的实施提供了重要的法律依据。

在工程项目合同体系中，建设单位和施工单位是两个最主要的节点。

（1）建设单位的主要合同关系。为实现工程项目总目标，建设单位可通过签订合同将工程项目有关活动委托给相应的专业承包单位或专业服务机构。相应的合同有工程承包（总承包、施工承包）合同、工程勘察合同、工程设计合同、设备和材料采购合同、工程咨询（可行性研究、技术咨询、造价咨询）合同、工程监理合同、工程项目管理服务合同、工程保险合同、贷款合同等。

（2）施工单位的主要合同关系。施工单位作为工程承包合同的履行者，也可通过签订合同将工程承包合同中所确定的工程设计、施工、设备材料采购等部分任务委托给其他相关单位来完成，相应的合同有工程分包合同、设备和材料采购合同、运输合同、加工承揽合同、租赁合同、劳务分包合同、保险合同等。

第二节

工程项目的组织

一、工程项目管理模式

工程项目具有投资大、建设周期长、参与单位多、社会影响大等特点，所以水利工程项目实施的组织方式和管理模式都比较复杂。水利工程项目管理模式是通过研究项目的承分包模式确定项目合同结构，合同结构决定了项目的管理模式。在现行的水利工程项目管理体制下，市场主体的不同关系构成项目不同的管理模式，对工程管理的方式和内容产生不同的影响，决定了参与各方的工作内容和任务。

水利工程项目管理模式一般有平行发包模式、设计/施工总承包模式、项目总承包模式等。

（一）平行承发包模式

平行承发包模式，也叫分标发包，是业主将工程项目经分解后，分别委托多个承建单位分别进行建造的方式。采用平行承发包模式，业主将直接面对多个施工单位、多个材料设备供应单位和多个设计单位，而这些单位之间的关系是平行的，各自直接对业主负责。

1. 合同结构

平行承发包模式是业主将工程分解后分别进行发包，分别与各单位签订工程合同，其合同结构如图3-2-1所示。如将工程设计、施工、材料供应、设备采购等分解为几项，则业主就将签订几个合同，工程任务切块分解越多，业主的合同数量也就越多。

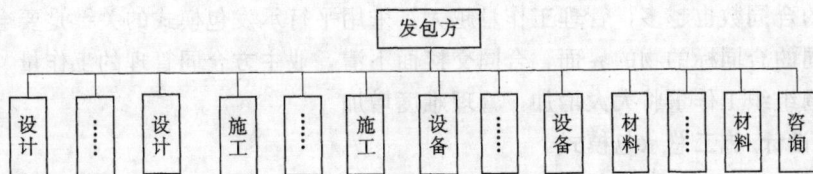

图3-2-1 平行承发包模式

2. 特点及适用情况

该种管理模式有几个比较突出的优点：工程有关参与方都非常熟悉该模式的运行。该模式已经采用了很多年，其运行过程和有关的合同条款等均已比较完善，各方之间的关系比较清晰，大家比较熟悉，减少了管理的不确定性和风险；业主通过利用市场竞争获得较低的报价，经济上比较合算；有利于充分调动社会资源为工程建设服务。

但是，该模式的缺点也很明确：设计和施工的割裂，一方面设计的可施工性不能得到检验和保证，另一方面不利于施工图设计过程和施工过程的有效融合；各方根据自己的合同义务和责任独立开展工作，不利于建设良好的互动机制和组建高效团队；对项目组织管理不利，对进度协调不利。因为发包方要和多个设计单位或多个施工单位签订合同，为控制项目总目标，协调工作量大，难度大。尤其是工程实施过程中出现不可预见的条件变化时，协调的难度就更大。

一般对于一些大型工程建设项目，即投资大，工期比较长，各部分质量标准、专业技术工艺要求不同，又有工期提前的要求，多采用此种分标发包模式，以利于投资、进度、质量的合理安排和控制。当设计单位、施工单位规模小，且专业性很强，或者发包方愿意分散风险时，也多采用这种模式。

目前，我国的水利工程项目建设采用此管理模式的最多。

3．对业主方项目管理的影响

（1）采用平行承发包模式，合同乙方的数量多，业主对合同各方的协调与组织工作量大，管理比较困难。业主需管理协调设计与设计、施工与施工、设计与施工等各方相互之间出现的矛盾和问题。因此，业主需建立一个强有力的项目管理班子，对工程实施管理，协调各参与单位之间的关系。

（2）对投资控制有有利的一面。因业主是直接与各专业承建方签约，层层分包的情况少，业主一般可以得到较有竞争力的报价，合同价相对较低。不利的一面是，整个工程的总的合同价款必须在所有合同全部签订以后才能得知，总合同价不易在短期内确定，在某种程度上会影响投资控制的实施，总投资事先控制不住。

（3）采用平行承发包可以提前开始各发包工程的施工，经过合理地切块分解，设计与施工可以搭接进行，从而缩短整个项目的工期，有利于实现进度控制的目标。

（4）有利于工程的质量控制。由于工程分别发包给各承建单位，合同间的相互制约使各发包的工程内容的质量要求可得到保证，各承包单位能形成相互检查与监督的他人控制的约束力。如当前一工序工程质量有缺陷的话，则后一工程的承建单位不会同意在不合格的工程上继续进行施工。

（5）合同管理的工作量大，工程招标的组织管理工作量大，且平行切块的发包数越多，业主的合同数也越多，管理工作量越大。采用平行承发包模式的关键是要合理确定每一发包合同的合同标的物的界面，合同交接面不清，业主方合同管理的工作量、对各承建单位的协调组织工作量将大大增加，管理难度增加。

（二）设计/施工总承包模式

设计/施工总承包的承发包模式是业主将工程的设计任务委托一家设计单位，将工程的施工任务委托一家施工单位进行承建的方式。这一设计单位就成为设计总承包单位，施工单位就成为施工总承包单位。采用设计/施工总承包模式，业主直接面对的是两个承建单位，即一个设计总承包单位和一个施工总承包单位。设计总承包单位与施工总承包单位之间的关系是平行的，他们各自对业主负责。

1．合同结构

采用设计/施工总承包模式，业主仅与设计总承包单位签订设计总承包合同，与施工总承包单位签订施工总承包合同，合同结构如图3-2-2所示。总承包单位与业主签订总承包合同后，可以将其总承包任务的一部分再分包给其他承包单位，形成工程总承包与分包的关系。总承包单位与分包单位分别签订工程分包合同，分包单位对总承包单位负责，业主与分包单位没有直接的承发包关系。但是我国的法规规定，总承包单位只能将非主体、非关键性工作分包给有相应资质的单位，且分包单位不能再分包。所有的分包必须获得业主的认可。

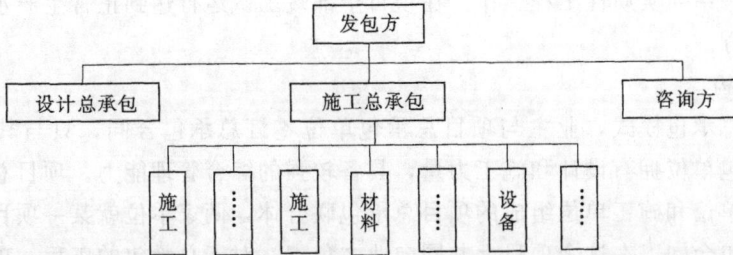

图 3-2-2　设计/施工总承包模式

2. 特点及适用情况

这种模式对项目组织管理有利，发包方只需和一个设计总包单位和一个施工总包单位签订合同，因此，相对平行承发包模式而言，其协调工作量小，合同管理简单，对投资控制有利。

但是，采用这种管理模式，总承包方的风险较大，尤其是对于大型水利工程项目，总承包方的风险会影响项目目标的实现，进而加大项目业主的风险；另外，由于工程是一次发包的，不利于工程尽快开工、分阶段实施、加快施工进度。

该管理模式对于中小型水利工程比较适用，对于不是很复杂、规模不是非常大的大型工程也可采用。

3. 对业主方项目管理的影响

（1）业主方对承建单位的协调管理工作量较小。从合同关系上，业主只需处理设计总承包和施工总承包之间出现的矛盾和问题，总承包单位协调与管理分包单位的工作。总承包单位向业主负责，分包单位的责任将被业主看作是总承包单位的责任。由此，设计/施工总承包模式有利于项目的组织管理，可以充分发挥总承包单位的专业协调能力，减少业主方的协调工作量，使其能专注于项目的总体控制与管理。

（2）设计/施工总承包模式的总承包合同价格可以较早地确定，宜于对投资进行控制。但由于总承包单位需对分包单位实施管理，并需承担包括分包单位在内的工程总承包风险，因此，总承包合同价款相对平行承发包要高，业主方的工程款支出会大一些。

（3）在工程质量控制方面，总承包单位能以自己的专业能力和经验对分包单位的质量进行管理，可以得知工程问题出在何处，监督分包工程的质量，对质量控制有利。但如果总承包单位出于切身利益或不负责任，则有可能对质量问题进行隐瞒，对业主方的质量控制造成不利影响。

（4）采用该模式，一般需在工程设计全部完成以后进行工程的施工招标，设计与施工不能搭接进行。另外，总承包单位须对工程总进度负责，须协调各分包工程的进度，因而有利于总体进度的协调控制。

（三）项目总承包模式

工程项目总承包亦称建设全过程承包，也常称为"交钥匙承包""一揽子承包"，是业主将工程的设计和施工任务一起委托一个承建单位实施的方式。这一承建单位就称项目总承包单位，由其进行从工程设计、材料设备定购、工程施工、设备安装调试、试运行，直到交付使用等一系列实质性工程工作。在项目全部竣工试运行达到正常生产水平后，再把项目移交发包方。

1. 合同结构

采用项目总承包模式，业主与项目总承包单位签订总承包合同，只与其发生合同关系。项目总承包单位拥有设计和施工力量，具备较强的综合管理能力。项目总承包单位也可以是由设计单位和施工单位组成的项目总承包联合体，两家单位就某一项目联合与业主签订项目总承包合同，在这个项目上共同向业主负责。对于总承包的工程，项目总承包单位可以将部分工程任务分包给分包单位完成，总承包单位负责对分包单位的协调和管理，业主与分包单位不存在直接的承发包关系。项目总承包模式的合同结构如图 3-2-3 所示。

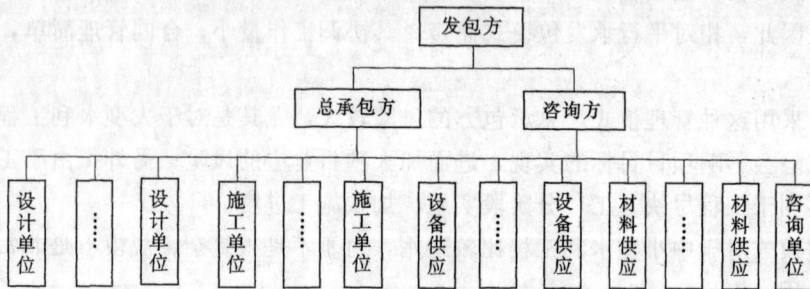

图 3-2-3　项目总承包模式的合同结构

2. 特点及适应情况

采用总承包模式，由于工作量最大、工作范围最广，因而合同内容也最复杂，但对项目组织、投资控制、合同管理都非常简单；而且这种模式责任明确、合同关系简单明了，易于形成统一的项目管理保证系统，便于按现代化大生产方式组织项目建设，是近年来现代化大生产方式进入建设领域，项目管理不断发展的产物；另外，由于设计、施工等工作由一个总承包单位负责，便于协调，如施工和设计的协调，设计的可施工型检查等，也有利于形成相互协作的团队；对于范围变化和无法预见的条件变化引起的变更，也更容易进行。

但是，这种模式对发包方总承包单位来说，承担的风险很大，一旦总承包失败，就可能导致总承包单位破产，发包方也将造成巨大的损失。而且，项目业主不能利用各个合同主体之间的相互对比和检查来保证项目无缺陷和漏洞，因为这成了总承包方内部的事情。

在这种管理模式中，业主参与项目管理的工作较少。一方面，业主的管理工作量较小，大量的工作由总承包方完成，由其负责；另一方面，业主不能保证持续参与项目中，并了解项目进展，决策的及时性和合理性会受到影响。

3. 对业主方项目管理的影响

（1）项目总承包模式对业主而言，只需签订一份项目总承包合同，合同结构简单。由于业主只有一个主合同，相应的协调组织工作量较小，项目总承包单位内部以及设计、施工、供货单位等方面的关系由总承包单位进行协调与管理，相当于业主将对项目总体的协调工作转移给了项目总承包单位。

（2）对项目总投资的控制有利，总承包合同一经签订，项目总费用也就确定。但项目总承包的合同总价会因总承包单位的总承包管理费以及项目总承包的风险费而较高。

（3）项目总工期明确，项目总承包单位对总进度负责，并需协调控制各分包单位的分进度。实行项目总承包，一般能做到设计阶段与施工阶段的相互搭接，对进度目标控制有利。

（4）项目总承包的时间范围一般是从初步设计开始至项目交付使用，项目总承包合同的签订在设计之前。因此，项目总承包需按功能招标，招标发包工作及合同谈判与合同管理的难度就比较大。

（5）对工程实体质量的控制，由项目总承包单位实施，并可以对各分包单位进行质量的专业化管理。但业主对项目的质量标准、功能和使用要求的控制比较困难，主要是在招标时项目的功能与标准等质量要求难以明确、全面、具体地进行描述，因而质量控制的难度大。所以，采用项目总承包模式，质量控制的关键是做好设计准备阶段的项目管理工作。

（四）其他管理模式

1. 工程项目总承包管理模式

工程项目总承包管理亦称"工程托管"，是指项目总承包管理单位在与业主签订项目总承包合同后，将工程设计与施工任务全部分包给分包单位，自己不直接进行设计和施工，而是对项目总体实施项目管理，对各分包单位进行协调、组织与控制。项目总承包管理单位一般没有自己的设计队伍和施工队伍，但具有较高水平和能力的管理人员和技术人员，具备一定的施工机械和一定的经济力量。工程项目总承包管理的合同结构如图 3-2-4 所示。

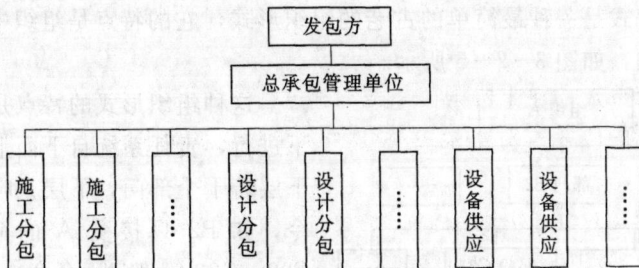

图 3-2-4　工程项目总承包管理的合同结构

2. 施工联合体承包模式

施工联合体是由多个承建单位为承包某项工程而成立的一种联合机构，它是以施工联合体的名义与业主签订一份工程承包合同，共同对业主负责。因此，施工联合体的承包方式是由多个承建单位联合共同承包一个工程的方式。多个承建单位只是针对某一个工程而联合，各单位仍是各自独立的企业，这一工程完成以后，联合体就不复存在。

施工联合体统一与业主签约，联合体成员单位以投入联合体的资金、机械设备以及人员等对承包工程共同承担义务，并按各自投入的比例与风险分享收益。采用施工联合体的工程承包方式，联合体成员单位在资金、技术、管理等方面可以集中各自的优势，各取所长，使联合体有能力承包大型工程，同时也可增强抗风险的能力。在合同关系上是以业主为一方，施工联合体为另一方的施工总承包关系，对业主而言的组织、管理与协调都比较简单。在工程进展过程中，若联合体中某一成员单位破产，则其他成员仍须负责对工程的实施，业主不会因此而造成损失。

（五）水利工程项目管理模式的选择

水利工程项目管理模式由项目业主选择确定，每种模式都有优缺点，项目业主必须谨慎地权衡自己的选择，以确保针对特定的工程做出正确的选择。影响管理模式的因素有很多，包括项目规模、项目类型（如枢纽项目、灌溉项目、引水项目、除险加固项目、堤防项目、河道治理项目等）、工期、工作内容和性质、项目环境、工程质量成本和时间的重要性、业主的管理习惯等。

比如，对于变更风险小、工作范围定义明确、技术不太复杂、有过类似经验的项目，可以采用平行发包管理模式，通过竞争获得好的合同价格，对业主控制成本有利。对于技术较复杂的项目，一般采用总承包管理模式比较合适，便于设计和施工的协调和检验。

但是，需要指出的是，有的水利工程项目，其管理模式要受相关的法律、规章和政策的约束和影响。此时，应按照有关的规定确定项目管理模式。

二、工程项目组织结构形式

水利工程项目主体的组织结构一般包括直线型组织结构、职能型组织结构、直线—职能型组织结构、矩阵组织结构等。项目管理组织结构实质上是决定了项目管理组织实施项目获取所需资源的可能方法与相应的权力，不同的项目组织结构对项目的实施会产生不同的影响。

1. 直线型组织结构

直线型组织模式是一种最简单的古老的组织形式，它的特点是组织中各种职位是按垂直系统直线排列的，如图 3-2-5 所示。

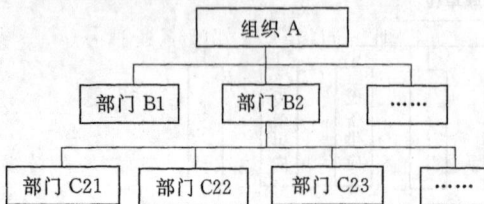

图 3-2-5 直线型组织结构示意图

这种组织形式的特点是命令系统自上而下进行，责任系统自下而上承担。上层管理下层若干个部门，下层只唯一地接受上层指令，如 B2 只接受 A 的命令，并对 C21、C22、C23 等部门下命令，C21 只接受 B2 的命令，而不接受 A 的命令，因为 A 是 C22 的间接上级，B2 才是 C22 的直接上级。每个部门只有一个唯一的上级，下级绝对服从直接上级，所以在有的按直线型组织结构建立系统的组织中，工作部门内的部门负责人只设正职而不设副职，以保证命令的唯一性和分清职责。

这种组织形式的主要优点是机构简单、权力集中、命令统一、职责分明、决策迅速、隶属关系明确，纪律易于维持。项目管理组织采用该组织结构，目标控制分工明确，能够发挥机构的项目管理作用。

直线型组织结构的缺点是工作部门负责人的责任重大，往往要求其是通晓各种业务和多种知识和技能的全能式的人物；组织内横向联系及相互协作少；缺乏合理分工，专业化程度低。显然，在技术和管理较复杂的项目中，这种组织形式不太合适。

2.职能型组织结构

职能型组织结构是社会生产力的发展、技术的进步和专业化分工的结果。职能型组织结构，是组织设立专业职能人员和相应的部门，将相应的专业管理职责和权力赋予职能部门，分别从职能角度对基层监理组进行业务管理，各职能部门在专业职能范围内拥有直接指挥下级工作部门的权力，如图3-2-6所示。

在图示的职能型组织结构中，工作部门A可以指挥命令B平面的直接下属工作部门，如B1、B2等，也可对C平面的间接下属工作部门发布指令，如C11、C21、C22等。B平面的所有工作部门也可对C平面的工作部门进行指挥和命令，如除了C21、C22、C23等外，也可对C11、C12、C31等

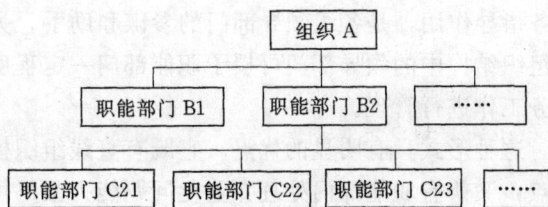

图3-2-6 职能型组织结构示意图

下命令。也就是说，在职能组织结构中，一个工作部门可以在自己的专业职能的范围以内对下级的各个平面的工作部门都有指挥命令权，而不管其是否是直接下级还是间接下级。而作为下级工作部门，根据属于本部门的专业范围要分别接受不同的多个上级职能部门的领导。

这种组织形式的优点是由于按职能实行专业分工管理，工作部门对管理的专门业务范围负责，能体现专业化分工特点，人才资源分配方便，有利于人员发挥专业特长，专业化程度高，处理专门性问题水平高，能促进技术水平的提高，促进实现职能目标，能适应生产技术发展与间接管理复杂化的特点。

缺点是命令源不唯一，导致下级工作部门要接受多头领导。如果多维指令产生且这些指令又是相互矛盾的，即出现多个矛盾的命令的话，则将使得下级部门无所适从，容易造成管理混乱，出现问题以后，导致责任、后果不清，问题将人人有份，又人人无责，产生推诿扯皮的结果，不利于责任制的建立。此外，在一个系统中若出现不同领导平面的不同指令，接受指令的部门往往是以谁大听谁的为原则，形成家长制的组织形态。部门之间缺少横向协调，对外界环境的变化反映也比较缓慢。

此种形式适用于工程项目在地理位置上相对集中的、技术较复杂的工程项目。

3.直线—职能型组织结构

直线—职能型组织结构是吸收了直线型组织结构和职能型组织结构的优点而构成的一种组织形式，如图3-2-7所示。

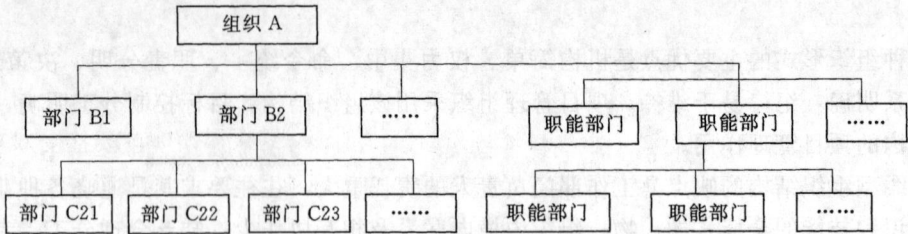

图 3-2-7 直线—职能型组织结构示意图

这种组织结构模式是综合了直线型组织结构与职能型组织结构的特点，借鉴了两者各自的优点，从命令源上保证了唯一性，可防止出现组织中的矛盾指令。另外，在保持线性指挥的前提下，在各级领导部门下设置相应的职能部门，分别从事各项专门业务工作。职能部门拟定计划、制作行动方案，提供解决问题的方法，为领导部门的决策服务，并由领导部门决策后批准下达。职能部门对下级部门没有直接进行指挥或发布命令的权力，只起业务指导作用，是各级领导部门的参谋和助手。为充分发挥职能部门的作用，直线—职能型组织结构中的领导部门可授予职能部门一定程度的协调权和控制权，对下属部门的专业业务工作进行管理。

这种形式具有明显的优点。它既有直线组织模式权力集中、权责分明、决策效率高等优点，又兼有职能部门处理专业化问题能力强的优点。当然，这一模式的主要缺点是需投入的监理人员数量大。实际上，在直线—职能型监理组织模式中，职能部门是直线机构的参谋机构，故这种模式也称为直线—参谋模式或直线—顾问模式。

4. 矩阵组织结构

矩阵组织结构是从专门从事某项工作小组（不同背景、不同技能、不同知识、分别选自不同部门的人员为某个特定任务而工作）形式发展而来的一种组织结构。在一个系统中既有纵向管理部门，又有横向管理部门，纵横交叉，形成矩阵，所以借用数学术语，称其为矩阵结构，如图 3-2-8 所示。

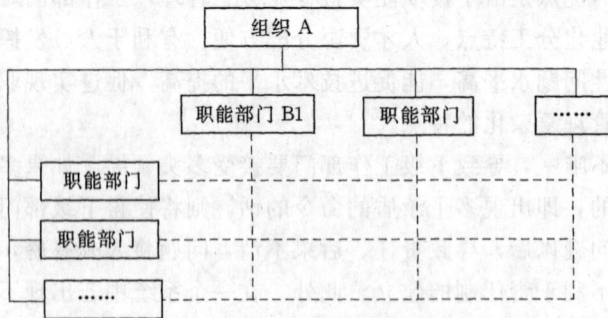

图 3-2-8 矩阵组织结构示意图

在矩阵组织结构中，一维（如纵向）可以按管理职能设立工作部门，实行专业化分工，对管理业务负责；另一维（如横向）则可按规划目标（产品、工程项目）进行划分，建立对规划目标总体负责的工作部门。在这样的组织系统中，存在垂直的权力线与水平的权力线。在矩阵的某一节点上，执行人员既要接受纵向职能部门发出的指令，又要听从横向管理部门作出的工作安排，接受双重领导。

矩阵组织结构的主要特点是按两大类型设置工作部门，它比较适合项目管理的组织。例如，一个公司承包了一个工程项目的施工任务，从原有组织中的各相关职能部门调取有关专业人员，组成项目管理组织，由项目经理负责。参加该项目的人员，就要接受双重领导。项目经理负责工程施工，他有权调动各种力量，为实现项目目标而集中精力工作。负责某工程部位的部门是临时的，如导流工程项目部，完成任务以后就撤销，并不打乱原来设立的职能部门及其隶属关系，具有较大的机动性和适应性。这种结构形式加强了各职能部门的横向联系，便于沟通信息，组织内部有两个层次的协调，为完成一项特定工作，首先由项目经理与职能经理进行接触协调，当协调无法解决时，矛盾或问题才提交高层领导。

这种形式的优点是加强了各职能部门的横向联系，具有较大的机动性和适应性；把上下左右集权与分权实行最优的结合，有利于解决复杂难题，有利于监理人员业务能力的培养；实现了任务之间人力资源的弹性共享；也为职能和生产技能的改进提供了机会。

这种形式的缺点是命令源不唯一，是非线性的，两条指挥线，命令源有两个，是二维的，存在交叉点。纵横向协调工作量大，处理不当会造成扯皮现象，指挥混乱，产生矛盾。同时，它对人员的要求较高，需要组织中各个部门工作人员的理解。工作耗时，需要经常性的会议和冲突解决。

为克服矩阵组织结构中权力纵横交叉这一缺点，必须严格区分纵向管理部门与横向管理部门各自所负责的任务、责任和权力，并应根据组织具体条件和外围环境，确定纵向、横向哪一个为主命令方向，解决好项目建设过程中各环节及有关部门的关系，确保工程项目总目标最优地实现。这样，管理职责、任务分工明确，矩阵组织结构可以有效地发挥组织功能的作用。

根据矩阵组织结构的特点，它适合技术复杂、项目工作内容复杂、管理复杂的工程项目。

◀┫ 第三节 ┣▬▬▬▬▬▬▬▬▬▬▬▬▬▬▬▬▬▬▬▬

工程项目计划与控制

一、工程项目计划体系

在项目建设周期的每个阶段和每一重要环节，都需要相应的计划做指导，从而形成了系统的项目计划体系。项目进度计划可做如下分类。

1. 按计划的编制角度和作用分类

按照当前我国建设领域实行的项目法人责任制、招标投标制、建设监理制等"三项制度"，项目进度计划分为两类：一类是项目发包人组织编制的总体控制性进度计划，另一类是设计、施工、设备采购等单位编制的实施性进度计划（为叙述方便，下文以承包人编制的实施性施工进度计划为例）。这两种计划在项目实施中的作用有很大差别。

（1）发包人的总体控制性进度计划。发包人的总体控制性进度计划是发包人对项目的建设在时间上和空间上进行全局安排、统一协调的计划。尽管这一计划不直接用于具体实施，但是，它对项目建设起到十分重要的总体控制作用，是进行项目筹资、"三通一平"与征地拆迁与移民安置、项目招标、项目建设施工总体安排、生产准备、验收投产等工作的重要依据。

发包人的总体控制性进度计划主要包括工程项目建设总进度计划和工程项目年度进度计划。其内容详见第五章。

（2）承包人的实施性进度计划。尽管工程项目的建设工期、每个合同的合同工期和里程碑进度目标是由发包人从项目建设的总体角度确定的，但是，从科学性和必要性角度，项目的实施性进度计划应由承包人依据招标文件约定的合同工期、里程碑进度目标与其他要求，以及承包人的投标承诺、自身条件、技术与管理水平等编制。

2. 按项目阶段分类

按照计划涉及的项目建设周期的不同阶段，可分为下列几类：

（1）项目前期工作计划。项目前期工作计划是指编制项目建议书、项目可行性研究报告和进行初步设计的工作计划。

（2）勘测设计计划。勘测设计计划是指地形测量、地质勘察、设计等及其必要的试验等的工作计划。

施工图纸详尽、复杂、量大，其设计、提供、核查、修改等涉及设计、发包人、监理人、承包人等多个单位和不同的合同关系；一旦供图延误，对施工进度的影响往往是很大的。因此，承包人在向监理人提交施工进度计划的同时，应依据合同技术条款约定的施工图纸提供期限编制并提交相应的施工图用图计划。监理人在审核进度计划的基础上，应建议发包人与设计单位协商确定供图计划。这一供图计划应作为设计单位编制施工图设计工作计划、安排施工图设计工作的重要依据。

（3）施工准备工作计划。施工准备工作是为工程正式开工提供基本条件而进行的一系列工作。为了避免因准备工作不到位而造成开工条件不完备影响正常开工或造成工期延误，应事先编制施工准备工作计划，如"三通一平"计划、征地拆迁与移民安置计划、招标计划等。

（4）施工进度计划。施工进度计划是项目计划体系中的核心计划，这一计划系统地对项目建设施工过程做出具体安排。如前所述，项目施工进度计划分为发包人的总体控制性进度计划和承包人的实施性施工进度计划。

（5）工程验收计划。工程验收计划包括分部工程验收计划、单位工程验收计划、阶段验收计划、合同项目验收计划、竣工验收计划等，按计划及时组织工程验收，既能保证施工按计划衔接有序地进行，又能保证工程及时投产动用。

3. 按计划的内容分类

按计划的内容可分为以下几类：

（1）工程项目总进度计划。

（2）单位工程进度计划。

（3）年度、季度、月施工进度计划。

（4）年度投资计划。

（5）材料、物资供应计划。

（6）设备供应计划。

（7）劳动力需求计划。

（8）施工机械设备使用计划。

（9）物资供应与储备计划。

（10）施工现场内、外的运输计划。

4. **按计划的形成与完善过程分类**

按计划的形成与完善过程，可分为以下几类：

（1）概念性进度计划。概念性计划通常称为自上而下的计划，其任务是初步确定任务的主要工作内容、时间目标要求，初步估计工作所需时间、资源。在项目计划中，概念性计划的制订规定了项目的战略导向和战略重点。

（2）详细进度计划。详细计划通常称为由下而上的计划。详细计划的任务是制定详细的工作分解结构图，该图需要详细到为实现项目目标必须做到的每一项具体工作。然后由下而上再汇总估计，成为详细计划。

（3）滚动进度计划。滚动计划意味着用滚动的方法逐步完善计划。随着项目的推进，分阶段地重估原有计划的合理性，对计划进行主动调整。

二、水利水电工程项目施工组织设计

水利水电工程施工组织设计是水利水电工程设计文件的重要组成部分，是编制工程投资概（估）算的主要依据和编制招、投标文件的主要参考，是工程建设和施工管理的指导性文件。投标时和中标后施工单位编制的施工组织设计则是施工的指导性文件。

施工组织设计的编制依据：①工程建设有关法律法规及政策；②工程建设条件和技术经济指标；③工程设计文件；④工程施工合同文件；⑤工程现场条件，工程地质与水文地质、气象等条件；⑥与工程有关的资源供应条件；⑦施工单位的生产能力、机具设备状况及技术水平等。

施工组织设计的主要内容包括：总则、引用标准、施工导流、主体工程施工、施工交通运输、施工工厂设施、施工总布置、施工总进度等。

1. **施工导流**

（1）施工导流标准。

（2）施工导流方式。施工导流可划分为分期围堰导流方式和一次拦断河床围堰导流方式，与之配合的包括明渠导流、隧洞导流、涵管导流，以及施工过程中的坝体底孔导流、缺口导流和不同泄水建筑物的组合导流。施工导流方式应经过全面比较后拟定。

（3）围堰形式选择。围堰形式从材料上分为混凝土围堰、浆砌石围堰和土石围堰，根据工程项目特点选择合适的围堰形式。

（4）导流泄水建筑物布置。导流建筑形式有明渠导流、隧洞导流、坝底孔导流、涵管导流等。

（5）河道截流。应充分分析水力学参数、施工条件和截流难度、抛投物数量和性质，进行技术经济比较，并根据下列条件选择截流方式：

1）截流落差不超过 3.5m 时，宜选择单戗立堵截流。如龙口水流能量相对较大，流速较高，应制备重大抛投物料。

2）截流流量大且落差大于 3.5m 时，宜选择双戗或多戗立堵截流。

3）只有在条件特殊时，经充分论证后方可选用建造浮桥及栈桥平堵截流、定向爆破、建闸等截流方式。

（6）施工期蓄水、通航和排冰。施工期水库蓄水日期应和导流泄水建筑物封堵统一考虑。并分析下列条件：

1）与蓄水有关工程项目的施工进度及导流工程封堵计划。

2）库区征地、移民和清库、环境保护的要求。

3）水文资料、水库库容曲线和水库蓄水历时曲线。

4）要求防洪标准、泄洪与度汛措施及坝体稳定情况。

5）通航、灌溉等下游供水要求。

6）有条件时，应考虑利用围堰挡水受益的可能性。

施工期临时通航方案应结合施工导流方案一并设计，并经过技术经济比较确定。经研究确认施工期间须断航时，应妥善解决断航后的客运、货运问题。

流冰河道上的施工导流，当流冰量较多、冰块尺寸较大，导致泄水建筑物不能安全排泄时，应采取破冰或拦蓄措施。必要时，可通过水工模型试验确定破冰的冰块尺寸。

2. 主体工程施工

主体工程施工方法应能经济合理地实现水利水电工程的总体设计方案，保证工程质量与施工安全。对下列重要工程施工方案宜作重点研究：

（1）控制进度的工程。

（2）所占投资比重较大的工程。

（3）影响施工安全或施工质量的工程。

（4）施工难度较大或采用施工新技术的工程。

施工方案选择应遵守下列原则：

（1）确保工程质量和施工安全。

（2）有利于缩短工期、减少辅助工程量及施工附加工作量，降低施工成本。

（3）有利于先后作业之间、土建工程与机电安装之间、各道工序之间协调均衡，减少干扰。

（4）技术先进、可靠，所选用的施工新技术宜通过生产性试验或鉴定。

（5）施工强度和施工设备、材料、劳动力等资源需求均衡。

（6）有利于水土保持、环境保护和劳动者身体健康。

施工设备选择及劳动力组合宜遵守下列原则：

（1）适应工程所在地的施工条件，符合设计要求，生产能力满足施工强度要求。

（2）设备性能机动、灵活、高效、能耗低、运行安全可靠，符合环境保护要求。

（3）应按各单项工程工作面、施工强度、施工方法进行设备配套选择；有利于人员和设备的调动，减少资源浪费。

（4）设备通用性强，能在工程项目中持续使用。

（5）设备购置及运行费用较低，易于获得零配件，便于维修、保养、管理和调度。

（6）新型施工设备宜成套应用于工程，单一施工设备应用时，应与现有施工设备生产率相适应。

（7）在设备选择配套的基础上，施工作业人员应按工作面、工作班制、施工方法，以混合工种，结合国内平均先进水平，进行劳动力优化组合设计。

3. 施工交通运输

施工交通运输可划分为对外交通和场内交通两部分。设计中应结合施工总布置及施工总进度要求，经比较选择对外交通运输方案，合理解决超限运输，进行场内交通规划。确定对外交通和场内交通的范围应符合下列规定：

（1）对外交通方案确保施工工地与国家或地方公路、铁路车站、水运港口之间的交通联系，具备完成施工期间外来物资运输任务的能力。

（2）场内交通方案确保施工工地内部各工区、当地材料产地、堆渣场、各生产区、各生活区之间的交通联系，主要道路与对外交通衔接。

4. 施工工厂设施

施工工厂设施应确保：制备施工所需的建筑材料，供应水、电和压缩空气，建立工地内外通信联系，维修和保养施工设备，加工制作少量的非标准件和金属结构。施工工厂设施包括砂石加工系统，混凝土生产系统，混凝土预冷、预热系统，压缩空气、供水、供电和通信系统，以及机械修配厂、加工厂等。

5. 施工总布置

施工总布置应综合分析水工枢纽布置、主体建筑物规模、型式、特点、施工条件和工程所在地区社会、自然条件等因素，处理好环境保护和水土保持与施工场地布局的关系，合理确定并统筹规划为工程施工服务的各种临时设施。施工总布置可按下列分区：①主体工程施工区；②施工工厂设施区；③当地建材开采区；④仓库、站、场、厂、码头等储运系统。⑤机电、金属结构和大型施工机械设备安装场地；⑥工程弃料堆放区；⑦施工管理及生活营区。

6. 施工总进度

工程建设全过程可划分为工程筹建期、工程准备期、主体工程施工期和工程完建期四个施工时段。编制施工总进度时，工程施工总工期应为后三项工期之和。工程建设相邻两个阶段的工作可交叉进行。

（1）工程筹建期：工程正式开工前应完成对外交通、施工供电和通信系统、征地、移民以及招标、评标、签约等工作所需的时间。

（2）工程准备期：准备工程开工起至关键线路上的主体工程开工或河道截流闭气前的工期，一般包括"四通一平"、导流工程、临时房屋和施工工厂设施建设等。

（3）主体工程施工期：自关键线路上的主体工程开工或一期截流闭气后开始，至第一台机组发电或工程开始发挥效益为止的工期。

（4）工程完建期：自水电站第一台发电机组投入运行或工程开始受益起，至工程竣工的工期。

三、工程项目目标控制

（一）目标控制的类型

由于控制方式和方法的不同，目标控制可分为多种类型。例如，按照事物发展过程，控制可分为事前控制、事中控制、事后控制；按照是否形成闭合回路，控制可分为开环控制和闭环控制；按照纠正措施或控制信息的来源，控制可分为前馈控制和反馈控制。归纳起来，控制可分为两大类，即主动控制和被动控制。

1. 主动控制

主动控制就是预先分析目标偏离的可能性，并拟订和采取各项预防性措施，以使计划目标得以实现。主动控制是一种面对未来的控制，它可以解决传统控制过程中存在的时滞影响，尽最大可能改变偏差已经成为事实的被动局面，从而使控制更为有效。

主动控制是一种前馈控制。当控制者根据已掌握的可靠信息预测出系统将要偏离计划的目标时，就制定纠正措施并向系统输入，以便使系统的运行不发生偏离。主动控制又是一种事前控制，它必须在事情发生之前采取控制措施。

实施主动控制，可以采取以下措施：

（1）详细调查并分析研究外部环境条件，以确定影响目标实现和计划实施的各种有利和不利因素，并将这些因素考虑到计划和其他管理职能之中。

（2）识别风险，努力将各种影响目标实现和计划实施的潜在因素揭示出来，为风险分析和管理提供依据，并在计划实施过程中做好风险管理工作。

（3）用科学的方法制订计划。做好计划可行性分析，消除那些造成资源不可行、技术不可行、经济不可行和财务不可行的各种错误和缺陷，保障工程的实施能够有足够的时间、空间、人力、物力和财力，并在此基础上力求使计划得到优化。事实上，计划制订得越明确、完善，就越能设计出有效的控制系统，也就越能使控制产生更好的效果。

（4）高质量地做好组织工作，使组织与目标和计划高度一致，把目标控制的任务与管理职能落实到适当的机构和人员，做到职权与职责明确，使全体成员能够通力协作，为共同实现目标而努力。

（5）制订必要的备用方案，以应对可能出现的影响目标或计划实现的情况。一旦发生这些情况，因有应急措施作保障，从而可以减少偏离量，或避免发生偏离。

（6）计划应有适当的松弛度，即"计划应留有余地"。这样，可以避免那些经常发生但又不可避免的干扰因素对计划产生影响，减少"例外"情况产生的数量，从而使管理人员处于主动地位。

（7）沟通信息流通渠道，加强信息收集、整理和研究工作，为预测工程未来发展状况提供全面、及时、可靠的信息。

2. 被动控制

被动控制是指当系统按计划运行时，管理人员对计划的实施进行跟踪，将系统输出的信息进行加工、整理，再传递给控制部门，使控制人员从中发现问题，找出偏差，寻求并确定解决问题和纠正偏差的方案，然后再回送给计划实施系统付诸实施，使得计划目标一旦出现偏离就能得以纠正。被动控制是一种反馈控制。对项目管理人员而言，被动控制仍然是一种积极的控制，也是一种十分重要的控制方式，而且是经常采用的控制方式。

被动控制可以采取以下措施：

（1）应用现代化管理方法和手段跟踪、测试、检查工程实施过程，发现异常情况，及时采取纠偏措施。

（2）明确项目管理组织中过程控制人员的职责，发现情况及时采取措施进行处理。

（3）建立有效的信息反馈系统，及时反馈偏离计划目标值的情况，以便及时采取措施予以纠正。

对项目管理人员而言，主动控制与被动控制都是实现项目目标所必须采用的控制方式。有效地控制是将主动控制与被动控制紧密地结合起来，力求加大主动控制在控制过程中的比例，同时进行定期、连续的被动控制。只有如此，才能完成项目目标控制的根本任务。

（二）工程项目目标控制的内容

1. 工程项目质量控制

工程项目质量控制是指在力求实现工程项目总目标的过程中，为满足项目总体质量要求所开展的有关监督管理活动。工程项目的质量目标是指对工程项目实体、功能和使用价值，以及参与工程建设的有关各方工作质量的要求或需求的标准和水平，也就是对项目符合有关法律、法规、规范、标准程度和满足建设单位要求程度做出的明确规定。

影响工程项目质量的因素有很多，通常可以概括为人、机械、材料、方法和环境五个方面。工程项目的质量控制，应当是一个全面、全过程的控制过程，项目管理人员应当采取有效措施对人、机械、材料、方法和环境等因素进行控制，以保障工程质量。

2. 工程项目进度控制

工程项目进度控制是指在实现工程项目总目标的过程中，为使工程建设的实际进度符合项目进度计划的要求，使项目按计划要求的时间动用而开展的有关监督管理活动。工程项目进度控制的总目标就是项目最终动用的计划时间，也就是工业项目负荷联动试车成功、民用项目交付使用的计划时间。工程项目进度控制是对工程项目从策划与决策开始，经设计与施工，直至竣工验收交付使用为止全过程的控制。

影响工程项目进度目标的因素有很多，包括：管理人员、劳务人员素质和能力低下，数量不足；材料和设备不能按时、按质、按量供应；建设资金缺乏，不能按时到位；施工技术水平低，不能熟练掌握和运用新技术、新材料、新工艺；组织协调困难，各承包商不能协作同步工作；未能提供合格的施工现场；异常的工程地质、水文、气候、社会、政治环境等。要实现有效的进度控制，必须对上述影响进度的因素实施控制，采取措施减少或避免其对工程进度的影响。

3. 工程项目造价控制

工程项目造价控制是指在整个项目的实施阶段开展管理活动，力求使项目在满足质量和进度要求的前提下，实现项目实际投资不超过计划投资。

工程项目造价控制不是单一目标的控制，而应当与工程项目质量控制和进度控制同时进行。项目管理人员在对工程造价目标进行确定或论证时，应当综合考虑整个目标系统的协调和统一，不仅要使造价目标满足建设单位的需求，还要使质量目标和进度目标也能满足建设单位的要求。这就需要在确定项目目标系统时，认真分析业主对项目的整体需求，反复协调工程进度、质量和造价三大目标之间的关系，力求实现三大目标的最佳匹配。

此外，项目管理人员在控制工程项目造价时，应立足于建设工程全寿命期经济效益，不能只局限于项目的一次性投资。

（三）工程项目目标控制的措施

为了取得目标控制的理想成果，应当从多方面采取措施。工程项目目标控制的措施通常可以概括为组织措施、技术措施、经济措施和合同措施四个方面。

1. 组织措施

控制是由人来执行的，监督按计划要求投入劳动力、机具、设备、材料，巡视、检查工程运行情况，对工程信息的收集、加工、整理、反馈，发现和预测目标偏差，采取纠正行动等都需要事先委任执行人员，授予相应职权，确定职责，制定工作考核标准，并力求使之一体化运行。除此之外，如何充实控制机构，挑选与其工作相称的人员；对工作进行考评，以便评估工作、改进工作、挖掘潜在工作能力、加强相互沟通；在控制过程中激励人们以调动和发挥他们实现目标的积极性、创造性；培训人员等，都是在控制过程中需要考虑采取的措施。只有采取适当的组织措施，保证目标控制的组织工作明确、完善，才能使目标控制取得良好效果。

2. 技术措施

控制在很大程度上要通过技术来解决问题。实施有效控制，如果不对多个可能的主要技术方案进行技术可行性分析，不对各种技术数据进行审核、比较，不事先确定设计方案的评选原则，不通过科学试验确定新材料、新工艺、新设备、新结构的适用性，不对各投标文件中的主要技术方案做必要的论证，不对施工组织设计进行审查，不想方设法地在整个项目实施阶段寻求节约投资、保障工期和质量的技术措施，目标控制就毫无效果可言。使计划能够输出期望的目标需要依靠掌握特定技术的人，需要采取一系列有效的技术措施实现项目目标的有效控制。

3. 经济措施

一个工程项目的建成动用，归根结底是一项投资的实现。从项目的提出到项目的实现，始终伴随着资金的筹集和使用工作。无论是对工程造价实施控制，还是对工程质量、进度实施控制，都离不开经济措施。为了理想地实现工程项目，项目管理人员要收集、加工、整理工程经济信息和数据，要对各种实现目标的计划进行资源、经济、财务等方面的可行性分析，要对经常出现的各种设计变更和其他工程变更方案进行技术经济分析，以力求减少对计划目标实现的影响，要对工程概、预算进行审核，要编制资金使用计划，要对工程付款进行审查等。如果项目管理人员在目标控制时忽视了经济措施，不但使工程造价目标难以实现，而且会影响到工程质量和进度目标的实现。

4. 合同措施

工程项目建设需要设计单位、施工单位和材料设备供应单位分别承担设计、施工和材料设备供应。没有这些工程建设行为，项目就无法建成动用。在市场经济条件下，这些承包商是分别根据其与建设单位签订的设计合同、施工合同和供销合同来参与工程项目建设的，他们与建设单位构成了工程承发包关系。承包设计的单位根据合同要求，要保障工程项目设计的安全可靠性，提高项目的适用性和经济性，并保证设计工期的要求。承包施工的单位要根据合同要求，在规定的工期、造价范围内保证完成规定的工程量并使其达到规定的施工质量要求。承包材料和设备供应的单位应当根据合同要求，保证按质、按量、按时供应材料和设备。为了对这些建设工程合同进行科学管理，以实现对工程项目目标的有效控制，建设单位还可委托专业化、社会化的项目管理单位及监理单位，在其授权范围内由项目管理单位及监理单位依据其与建设单位签订的委托合同及相关的工程建设合同行使管理及监理职责，对工程建设合同的履行实施监督管理。由此可见，确定对目标控制有利的承发包模式和合同结构，拟订合同条款，参加合同谈判，处理合同执行过程中的问题，以及做好防止和处理索赔的工作等，是项目管理人员进行目标控制的重要手段。

（四）工程项目目标控制的主要方法

控制的方法因控制目标的不同而不同。工程项目目标的常用控制方法有以下几种。

1. 网络计划法

网络计划技术是一种用于工程进度控制的有效方法，在工程项目目标控制中采用这种方法也有助于工程成本的控制和资源的优化配置。

应用网络计划技术时，可按下列程序对工程进度目标实施控制：

（1）根据工程项目具体要求编制网络计划图，并按有关目标要求进行网络计划的优化。

（2）定期进行网络计划执行情况的检查，主要分析实际进度与计划进度的差异。

（3）分析产生进度差异的原因以及工作进度偏差对总工期及后续工作的影响程度。

（4）根据工程项目总工期及后续工作的限制条件，采取进度调整措施，调整原进度计划。

（5）执行调整后的网络计划，并在执行过程中定期进行实际进度的检查与分析。如此循环，直至工程项目进度目标实现为止。

2. S形曲线

施工进度曲线图一般用横轴代表工期，纵轴代表工程完成数量或施工量的累计，将有关数据表示在坐标纸上，就可确定出工程施工进度曲线。把计划进度曲线与实际施工进度曲线相比较，则可掌握工程进度情况并利用它来控制施工进度。工程施工进度曲线的切线斜率即为施工进度速度。

通常实际工作环节复杂，各项工作客观上不可能以均衡的施工强度施工，曲线形式如图 3-3-1 所示。

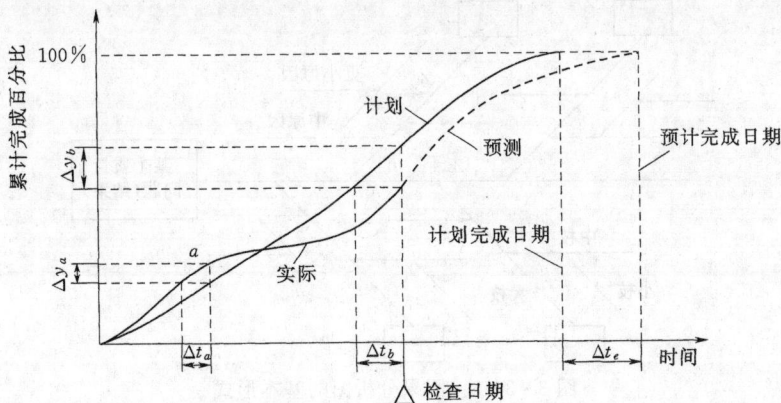

图 3-3-1 S形曲线

3. 排列图法

排列图又称帕累托图或主次因素分析图，是利用排列图寻找影响质量主次因素的一种有效方法，用于寻找主要质量问题或影响质量的主要原因以便抓住提高质量的关键，取得好的效果。

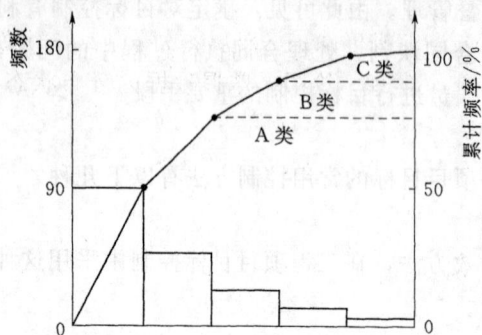

图 3-3-2 排列图

排列图是由两个纵坐标、一个横坐标、几个直方形和一条曲线所组成，如图3-3-2所示。左侧的纵坐标表示频数，右侧纵坐标表示累计频率，横坐标表示影响质量的各个因素或项目，按影响程度大小从左至右排列，直方形的高度表示某个因素的影响大小，实际应用中，通常按累计频率划分为 $0\sim80\%$、$80\%\sim90\%$、$90\%\sim100\%$ 三部分，与其对应的影响因素分别为A、B、C三类。A类为主要因素，B类为次要因素，C类为一般因素。

观察直方形，大致可看出各项目的影响程度。排列图中的每个直方形都表示一个质量问题或影响因素，影响程度与各直方形的高度成正比。

4. 因果分析图法

因果分析图因其形状又常被称为树枝图或鱼刺图，也称特性要因图。特性是施工中出现的质量问题；要因是对质量问题有影响的因素或原因；因果分析图是用于逐步深入地研究和讨论质量问题，寻找影响因素，以便从重要因素着手解决，有针对性地制定相应的对策加以改进。

因果分析图法是利用因果分析图来整理分析某个质量问题（结果）与其产生原因之间关系的有效工具。因果分析图的基本形式如图3-3-3所示。从图3-3-3可见，因果分析图由质量特性（即质量结果或某个质量问题）、要因（产生质量问题的主要原因）、枝干（指一系列箭线表示不同层次的原因）、主干（指较粗的直接指向质量结果的水平箭线）等所组成。

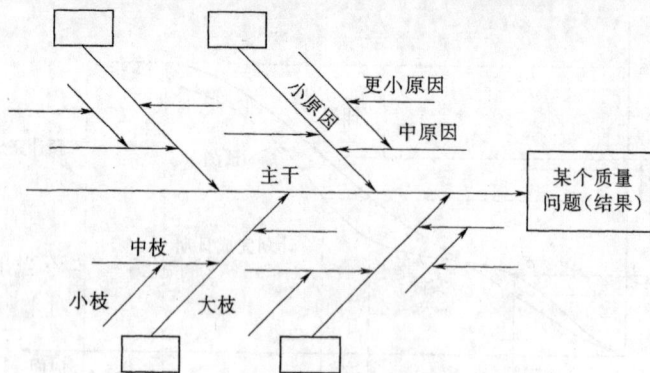

图 3-3-3 因果分析图的基本形式

要求绘制者熟悉专业施工方法，调查、了解施工现场实际条件和操作的具体情况。以各种形式，广泛收集现场工人、班组长、质量检查员、工程技术人员的意见，相互启发、相互补充，使因果分析更符合实际。绘制因果分析图不是目的，而要根据图中所反映的主要原因，制定改进的措施和对策，限期解决问题，保证产品质量不断提高。具体实施时，一般应编制一个对策计划表。

5. 直方图法

直方图法即频数分布直方图法，频数是在试验中随机事件重复出现的次数，或一组数据中某个数据重复出现的次数。通过对数据的加工、整理、绘图，掌握数据的分布状态，判断加工能力、加工质量，估计产品的不合格品率。

直方图法是将收集到的质量数据进行分组整理，绘制成频数分布直方图，用以描述质量分布状态的一种分析方法，所以又称质量分布图法。

通过对直方图的观察与分析，了解产品质量的波动情况，掌握质量特性的分布规律，以便对质量状况进行分析判断。

观察直方图的形状，判断质量分布状态。作完直方图后，首先要认真观察直方图的整体形状，看其是否属于正常型直方图。正常型直方图是中间高、两侧低、左右接近对称的图形。出现非正常型直方图时，表明生产过程或收集数据作图有问题。这就要求进一步分析判断，找出原因，从而采取措施加以纠正。凡属非正常型直方图，其图形分布有各种不同缺陷，归纳起来有五种类型，如图 3-3-4 所示。

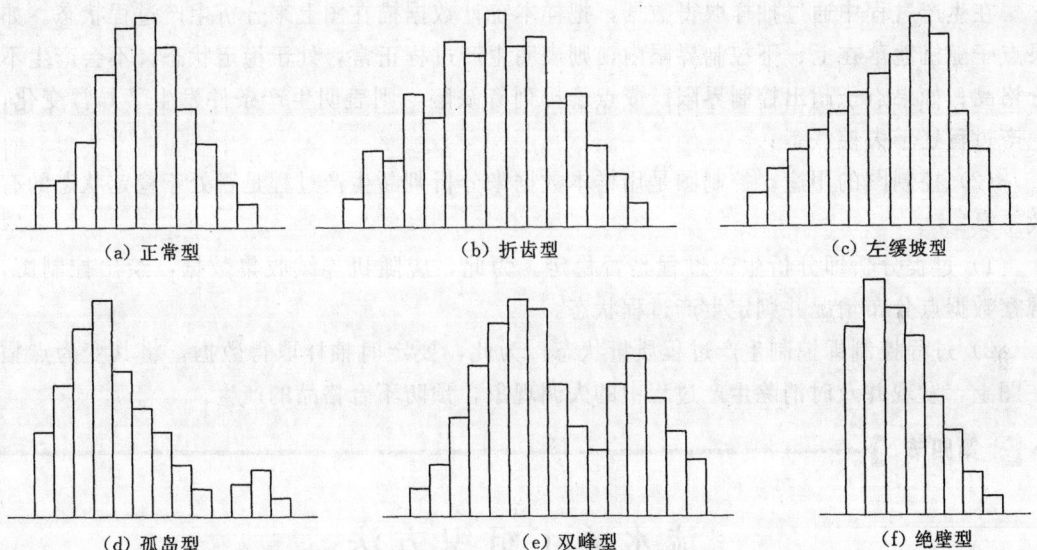

| (a) 正常型 | (b) 折齿型 | (c) 左缓坡型 |
| (d) 孤岛型 | (e) 双峰型 | (f) 绝壁型 |

图 3-3-4 常见的直方图

（1）折齿型 [图 3-3-4 (b)]，是由于分组不当或者组距确定不当出现的直方图。

（2）左（或右）缓坡型 [图 3-3-4 (c)]，主要是由于操作中对上限（或下限）控制太严造成的。

（3）孤岛型 [图 3-3-4 (d)]，是原材料发生变化，或临时他人顶班作业造成的。

（4）双峰型 [图 3-3-4 (e)]，是由于用两种不同方法或两台设备或两组工人进行生产，然后把两方面数据混在一起整理产生的。

（5）绝壁型 [图 3-3-4 (f)]，是由于数据收集不正常，可能有意识地去掉下限附近的数据，或是在检测过程中存在某种人为因素所造成的。

6. 控制图法

控制图又称管理图。它是在直角坐标系内画有控制界限，描述生产过程中产品质量波动状态的图形。利用控制图区分质量波动原因，判明生产过程是否处于稳定状态，提醒人们采取措施，使质量始终处于控制状态。

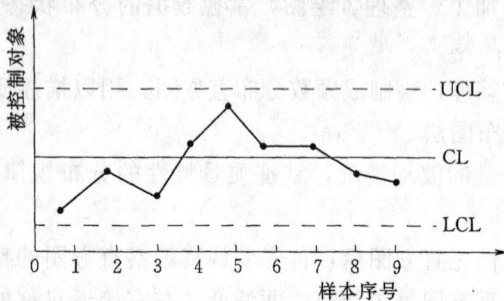

图 3 - 3 - 5　控制图的基本形式

（1）控制图的基本形式。控制图的基本形式如图 3 - 3 - 5 所示。横坐标为样本（子样）序号或抽样时间，纵坐标为被控制对象，即被控制的质量特性值。控制图上一般有三条线：在上面的一条虚线称为上控制界限，用符号 UCL 表示；在下面的一条虚线称为下控制界限，用符号 LCL 表示；中间的一条实线称为中心线，用符号 CL 表示。中心线标志着质量特性值分布的中心位置，上下控制界限标志着质量特性值允许波动范围。

在生产过程中通过抽样取得数据，把样本统计数据描在图上来分析生产过程状态。如果点子随机地落在上、下控制界限内，则表明生产过程正常，处于稳定状态，不会产生不合格品；如果点子超出控制界限，或点子排列有缺陷，则表明生产条件发生了异常变化，生产过程处于失控状态。

（2）控制图的用途。控制图是用样本数据来分析判断生产过程是否处于稳定状态的有效工具。

1）过程分析即分析生产过程是否稳定。为此，应随机连续收集数据，绘出控制图，观察数据点分布情况并判定生产过程状态。

2）过程控制即控制生产过程质量状态。为此，要定时抽样取得数据，将其变为点描在图上，发现并及时消除生产过程中的失调现象，预防不合格品的产生。

第四节

流 水 施 工 组 织 方 法

一、流水施工的特点和参数

流水施工方式是将拟建工程项目中的每一个施工对象分解为若干个施工过程，并按照施工过程成立相应的专业工作队，各专业队按照施工顺序依次完成各个施工对象的施工过程，同时保证施工在时间和空间上连续、均衡和有节奏地进行，使相邻两专业队能最大限度地搭接作业。

（一）流水施工的特点

（1）施工工期较短，可以尽早发挥投资效益。由于流水施工的节奏性、连续性，可以加快各专业队的施工进度，减少时间间隔。特别是相邻专业队在开工时间上可以最大限度地进行搭接，充分地利用工作面，做到尽可能早地开始工作，从而达到缩短工期的目的，使工程尽快交付使用或投产，尽早获得经济效益和社会效益。

（2）实现专业化生产，可以提高施工技术水平和劳动生产率。由于流水施工方式建立了合理的劳动组织，使各工作队实现了专业化生产，工人连续作业，操作熟练，便于不断改进操作方法和施工机具，可以不断地提高施工技术水平和劳动生产率。

（3）连续施工，可以充分发挥施工机械和劳动力的生产效率。由于流水施工组织合理，工人连续作业，没有窝工现象，机械闲置时间少，增加了有效劳动时间，从而使施工机械和劳动力的生产效率得以充分发挥。

（4）提高工程质量，可以增加建设工程的使用寿命，节约使用过程中的维修费用。由于流水施工实现了专业化生产，工人技术水平高；而且各专业队之间紧密地搭接作业，互相监督，可以使工程质量得到提高，因而可以延长建设工程的使用寿命，同时可以减少建设工程使用过程中的维修费用。

（5）降低工程成本，可以提高承包单位的经济效益。由于流水施工资源消耗均衡，便于组织资源供应，使得资源储存合理、利用充分，可以减少各种不必要的损失，节约材料费；由于流水施工生产效率高，可以节约人工费和机械使用费；由于流水施工降低了施工高峰人数，使材料、设备得到合理供应，可以减少临时设施工程费；由于流水施工工期较短，可以减少企业管理费。工程成本的降低，可以提高承包单位的经济效益。

（二）流水施工的表达方式

流水施工的表达方式除网络图外，主要有横道图和垂直图两种。

1. 流水施工的横道图表示法

某基础工程流水施工的横道图表示法如图 3-4-1 所示。图中的横坐标表示流水施工的持续时间；纵坐标表示施工过程的名称或编号。n 条带有编号的水平线段表示 n 个施工过程或专业工作队的施工进度安排，其编号①②……表示不同的施工段。

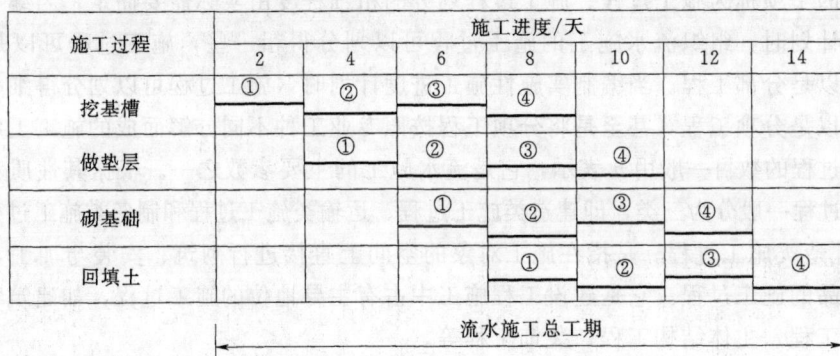

施工过程	施工进度/天						
	2	4	6	8	10	12	14
挖基槽	①	②	③	④			
做垫层		①	②	③	④		
砌基础			①	②	③	④	
回填土				①	②	③	④

流水施工总工期

图 3-4-1 流水施工横道图表示法

横道图表示法的优点是：绘图简单，施工过程及其先后顺序表达清楚，时间和空间状况形象直观、使用方便，因而被广泛用来表达施工进度计划。

2. 流水施工的垂直图表示法

某基础工程流水施工的垂直图表示法如图 3-4-2 所示。图中的横坐标表示流水施工的持续时间；纵坐标表示流水施工所处的空间位置，即施工段的编号。n 条斜向线段表示 n 个施工过程或专业工作队的施工进度。

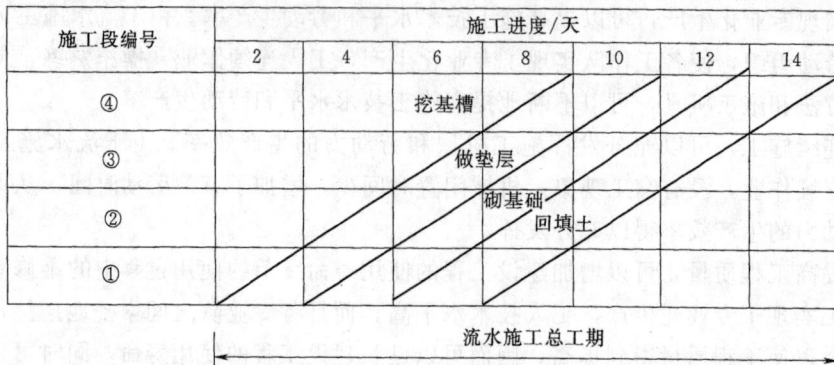

图 3-4-2 流水施工垂直图表示法

垂直图表示法的优点是：施工过程及其先后顺序表达清楚，时间和空间状况形象直观，斜向进度线的斜率可以直观地表示出各施工过程的进展速度。但编制实际工程进度计划不如横道图方便。

（三）流水施工参数

流水施工参数是指组织流水施工时，用来描述工艺流程、空间布置和时间安排等方面的状态参数，包括工艺参数、空间参数和时间参数。

1. 工艺参数

工艺参数主要是指在组织流水施工时，用以表达流水施工在施工工艺方面进展状态的参数，通常包括施工过程和流水强度两个参数。

（1）施工过程。组织建设工程流水施工时，根据施工组织及计划安排需要而将计划任务划分成的子项称为施工过程。施工过程划分的粗细程度由实际需要而定，当编制控制性施工进度计划时，组织流水施工的施工过程可以划分得粗一些，施工过程可以是单位工程，也可以是分部工程。当编制实施性施工进度计划时，施工过程可以划分得细一些，施工过程可以是分项工程，甚至是将分项工程按照专业工种不同分解而成的施工工序。

施工过程的数目一般用 n 表示，它是流水施工的主要参数之一。根据其性质和特点不同，施工过程一般分为三类，即建造类施工过程、运输类施工过程和制备类施工过程。

1）建造类施工过程。是指在施工对象的空间上直接进行砌筑、安装与加工，最终形成建筑产品的施工过程。它是建设工程施工中占有主导地位的施工过程，如建筑物或构筑物的地下工程、主体结构工程、装饰工程等。

2）运输类施工过程。是指将建筑材料、各类构配件、成品、制品和设备等运到工地仓库或施工现场使用地点的施工过程。

3）制备类施工过程。是指为了提高建筑产品生产的工厂化、机械化程度和生产能力而形成的施工过程。如砂浆、混凝土、各类制品、门窗等的制备过程和混凝土构件的预制过程。

由于建造类施工过程占有施工对象的空间，直接影响工期的长短，因此，必须列入施工进度计划，并在其中大多作为主导施工过程或关键工作。运输类与制备类施工过程一般不占有施工对象的工作面，不影响工期，故不需要列入流水施工进度计划之中。只有当其占有施工对象的工作面，影响工期时，才列入施工进度计划之中。

（2）流水强度。流水强度是指流水施工的某施工过程（队）在单位时间内所完成的工程量，也称为流水能力或生产能力。例如，浇筑混凝土施工过程的流水强度是指每工作班浇筑的混凝土立方数。流水强度可用式（3-4-1）求得

$$V = \sum_{i=1}^{X} R_i \cdot S_i \qquad\qquad (3-4-1)$$

式中　V——某施过程（队）的流水强度；

　　　R_i——投入该施工过程的第 i 种资源量（施工机械台数或工人数）；

　　　S_i——投入该施工过程的第 i 种资源的产量定额；

　　　X——投入该过程的资源种类数。

2. 空间参数

空间参数是指在组织流水施工时，用以表达流水施工在空间布置上开展状态的参数。通常包括工作面和施工段。

（1）工作面。工作面是指供某专业工种的工人或某种施工机械进行施工的活动空间。工作面的大小，表明能安排施工人数或机械台数的多少。每个作业的工人或每台施工机械所需工作面的大小，取决于单位时间内其完成的工程量和安全施工的要求。工作面确定的合理与否，直接影响专业工作队的生产效率。因此，必须合理确定工作面。

（2）施工段。将施工对象在平面或空间上划分成若干个劳动量大致相等的施工段落，称为施工段或流水段。施工段的数目一般用 m 表示，它是流水施工的主要参数之一。

1）划分施工段的目的。划分施工段的目的就是为了组织流水施工。由于建设工程体形庞大，可以将其划分成若干个施工段，从而为组织流水施工提供足够的空间。在组织流水施工时，专业工作队完成一个施工段上的任务后，遵循施工组织顺序又到另一个施工段上作业，产生连续流动施工的效果。在一般情况下，一个施工段在同一时间内，只安排一个专业工作队施工，各专业工作队遵循施工工艺顺序依次投入作业，同一时间内在不同的施工段上平行施工，使流水施工均衡地进行。组织流水施工时，可以划分足够数量的施工段，充分利用工作面，避免窝工，尽可能缩短工期。

2）划分施工段的原则。由于施工段内的施工任务由专业工作队依次完成，因而在两个施工段之间容易形成一个施工缝。同时，由于施工段数量的多少，将直接影响流水施工的效果。为使施工段划分得合理，一般应遵循下列原则：

a）同一专业工作队在各个施工段上的劳动量应大致相等，相差幅度不宜超过10%～15%。

b）每个施工段内要有足够的工作面，以保证相应数量的工人、主导施工机械的生产效率，满足合理劳动组织的要求。

c）施工段的界限应尽可能与结构界限（如沉降缝、伸缩缝等）相吻合，或设在对建筑结构整体性影响小的部位，以保证建筑结构的整体性。

d）施工段的数目要满足合理组织流水施工的要求。施工段数目过多，会降低施工速度，延长工期；施工段过少，不利于充分利用工作面，可能造成窝工。

e）对于多层建筑物、构筑物或需要分层施工的工程，应既分施工段，又分施工层，各专业工作队依次完成第一施工层中各施工段任务后，再转入第二施工层的施工段上作业，依此类推，以确保相应专业队在施工段与施工层之间组织连续、均衡、有节奏地流水施工。

3. 时间参数

时间参数是指在组织流水施工时，用以表达流水施工在时间安排上所处状态的参数，主要包括流水节拍、流水步距和流水施工工期等。

（1）流水节拍。流水节拍是指在组织流水施工时，某个专业工作队在一个施工段上的施工时间。第 j 个专业工作队在第 i 个施工段的流水节拍一般用 $t_{j,i}$ 来表示（$j=1$，2，$\cdots$，n；$i=1$，2，$\cdots$，m）。

流水节拍是流水施工的主要参数之一，它表明流水施工的速度和节奏性。流水节拍小，其流水速度快，节奏感强；反之则相反。流水节拍决定着单位时间的资源供应量，同时，流水节拍也是区别流水施工组织方式的特征参数。

同一施工过程的流水节拍，主要由所采用的施工方法、施工机械以及在工作面允许的前提下投入施工的工人数、机械台数和采用的工作班次等因素确定。有时，为了均衡施工和减少转移施工段时消耗的工时，可以适当调整流水节拍，其数值最好为半个班的整数倍。

流水节拍可分别按下列方法确定：

1）定额计算法。如果已有定额标准，可按式（3-4-2）确定流水节拍：

$$t_{j,i} = \frac{Q_{j,i}}{S_j \cdot R_j \cdot N_j} \tag{3-4-2}$$

式中　S_j——第 j 个专业工作队的计划产量定额；

　　　R_j——第 j 个专业工作队所投入的人工数或机械台数；

　　　N_j——第 j 个专业工作队的工作班次；

　　　$Q_{j,i}$——第 j 个专业工作队在第 i 个施工段要完成的工程量或工作量。

2）经验估算法。对于采用新结构、新工艺、新方法和新材料等没有定额可循的工程项目，可以根据以往的施工经验估算流水节拍。

（2）流水步距。流水步距是指组织流水施工时，相邻两个施工过程（或专业工作队）相继开始施工的最小间隔时间。流水步距一般用 $K_{j,j+1}$ 来表示，其中 j（$j=1$，2，$\cdots$，$n-1$）为专业工作队或施工过程的编号。它是流水施工的主要参数之一。

流水步距的数目取决于参加流水的施工过程数。如果施工过程数为 n 个，则流水步距的总数为 $n-1$ 个。

流水步距的大小取决于相邻两个施工过程（或专业工作队）在各个施工段上的流水节拍及流水施工的组织方式。

确定流水步距，一般应满足以下基本要求：

1）各施工过程按各自流水速度施工，始终保持工艺先后顺序。

2）各施工过程的专业工作队投入施工后尽可能保持连续作业。

3）相邻两个施工过程（或专业工作队）在满足连续施工的条件下，能最大限度地实现合理搭接。

（3）流水施工工期。流水施工工期是指从第一个专业工作队投入流水施工开始，到最后一个专业工作队完成流水施工为止的整个持续时间。由于一项建设工程往往包含有许多流水组，故流水施工工期一般均不是整个工程的总工期。

二、流水施工的基本组织方式

在流水施工中，由于流水节拍的规律不同，决定了流水步距、流水施工工期的计算方法等也不同，甚至影响到各个施工过程的专业工作队数目。按照流水节拍的特征，可将流水施工分为两大类，即有节奏流水施工和非节奏流水施工。

（一）有节奏流水施工

有节奏流水施工是指在组织流水施工时，每一个施工过程在各个施工段上的流水节拍都各自相等的流水施工，它分为等节奏流水施工和异节奏流水施工。

1. 等节奏流水施工

等节奏流水施工是指在有节奏流水施工中，各施工过程的流水节拍都相等的流水施工，也称为固定节拍流水施工或全等节拍流水施工。

（1）固定节拍流水施工的特点。固定节拍流水施工是一种最理想的流水施工方式，其特点如下：

1）所有施工过程在各个施工段上的流水节拍均相等。

2）相邻施工过程的流水步距相等，且等于流水节拍。

3）专业工作队数等于施工过程数，即每一个施工过程成立一个专业工作队，由该队完成相应施工过程所有施工段上的任务。

4）各个专业工作队在各施工段上能够连续作业，施工段之间没有空闲时间。

（2）固定节拍流水施工工期。

1）有间歇时间的固定节拍流水施工。

所谓间歇时间，是指相邻两个施工过程之间由于工艺或组织安排需要而增加的额外等待时间，包括工艺间歇时间 $G_{j,j+1}$ 和组织间歇时间 $Z_{j,j+1}$。

对于有间歇时间的固定节拍流水施工，其流水施工工期 T 可按式（3-4-3）计算。

$$T=(m+n-1)t+\sum G+\sum Z \qquad (3-4-3)$$

式中符号意义同前。

【例3-4-1】 施工过程数 $n=4$，施工段数 $m=4$，流水节拍 $t=2$，流水步距 $K=t=2$，所有组织间歇 $Z=0$，除Ⅱ和Ⅲ之间 $G_{Ⅱ,Ⅲ}=1$，其余的为 0。这样的一个工程要组织固定节拍流水施工，其流水施工总工期是多少？

按式：
$$T=(m+n-1)t+\sum G+\sum Z$$
$$=(4+4-1)\times 2+1$$
$$=15（天）$$

2）有提前插入时间的固定节拍流水施工。

所谓提前插入时间，是指相邻两个专业工作队在同一施工段上共同作业的时间。在工作面允许和资源有保证的前提下，专业工作队提前插入施工，可以缩短流水施工工期。对于有提前插入时间 $C_{j,j+1}$ 的固定节拍流水施工，其流水施工工期 T 可按公式计算：

$$T=(n-1)t+\sum G+\sum Z-\sum C+m\cdot t$$

$$=(m+n-1)t+\sum G+\sum Z-\sum C \qquad (3-4-4)$$

式中符号意义同前。

2. 异节奏流水施工

异节奏流水施工是指在有节奏流水施工中，各施工过程的流水节拍各自相等而不同施工过程之间的流水节拍不尽相等的流水施工。在组织异节奏流水施工时，可以采用异步距和等步距两种方式。

（1）异步距异节奏流水施工。异步距异节奏流水施工是指在组织异节奏流水施工时，每个施工过程成立一个专业工作队，由其完成各施工段任务的流水施工。异步距异节奏流水施工的特点如下：

1）同一施工过程在各个施工段上的流水节拍均相等，不同施工过程之间的流水节拍不尽相等。

2）相邻施工过程之间的流水步距不尽相等。

3）专业工作队数等于施工过程数。

4）各个专业工作队在施工段上能够连续作业，施工段之间可能存在空闲时间。

（2）等步距异节奏流水施工。等步距异节奏流水施工是指在组织异节奏流水施工时，按每个施工过程流水节拍之间的比例关系，成立相应数量的专业工作队而进行的流水施工，也称为成倍节拍流水施工。

成倍节拍流水施工的特点如下：

1）同一施工过程在其各个施工段上的流水节拍均相等；不同施工过程的流水节拍不等，但其值为倍数关系。

2）相邻施工过程的流水步距相等，且等于流水节拍的最大公约数（K）。

3）专业工作队数大于施工过程数，即有的施工过程只成立一个专业工作队，而对于流水节拍大的施工过程，可按其倍数增加相应专业工作队数目。

4）各个专业工作队在施工段上能够连续作业，施工段之间没有空闲时间。成倍节拍流水施工工期可按式（3-4-4）计算：

$$T=(m+n'-1)K+\sum G+\sum Z-\sum C$$

式中 n'——专业工作队数目；

其余符号意义同前。

【例3-4-2】 已知某工程可以划分为4个施工过程、6个施工段，各过程的流水节拍分别为 $t_A=2$ 天，$t_B=6$ 天，$t_C=4$ 天，$t_D=2$ 天，如图3-4-3所示，试组织成倍节拍流水，并绘制成进度计划和计算计划工期。

解：

（1）计算流水节拍最大公约数 $K=2$。

（2）各过程施工班组数 $b_i=\dfrac{t_i}{K}$，施工班组数之和 $n'=\sum b_i=7$。

$$T=(6+7-1)\times 2=24(天)$$

（二）非节奏流水施工

非节奏流水施工是指在组织流水施工时，全部或部分施工过程在各个施工段上的流水

施工过程	施工班组	施工进度/天 1 2 3 4 5 6 7 8 9 10 11 12 13 14 15 16 17 18 19 20 21 22 23 24
A	A_1	①(1) ②(3) ③(5) ④(7) ⑤(9) ⑥(11)
B	B_1	①(5) ④(11)
B	B_2	②(7) ⑤(13)
B	B_3	③(9) ⑥(15)
C	C_1	①(11) ③(15) ⑤(18)
C	C_2	②(13) ④(16) ⑥(21)
D	D_1	①(13) ②(15) ③(17) ④(19) ⑤(21) ⑥(23)

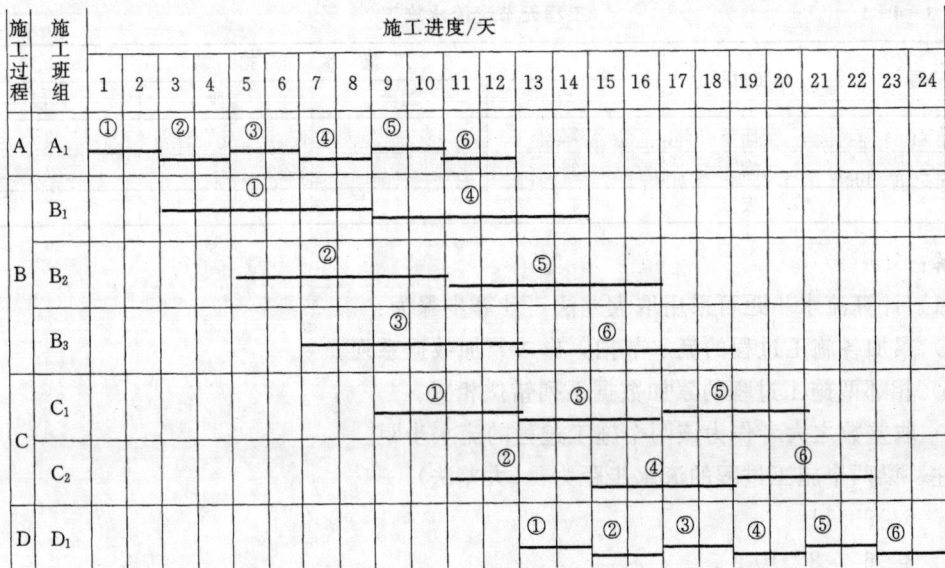

图 3-4-3 施工进度图

节拍不相等的流水施工。这种施工是流水施工中最常见的一种。

1. 非节奏流水施工的特点

(1) 各施工过程在各施工段的流水节拍不全相等。

(2) 相邻施工过程的流水步距不尽相等。

(3) 专业工作队数等于施工过程数。

(4) 各专业工作队能够在施工段上连续作业，但有的施工段之间可能有空闲时间。

2. 流水步距的确定

在非节奏流水施工中，通常采用累加数列错位相减取大差法计算流水步距。由于这种方法是由潘特考夫斯基（译音）首先提出的，故又称为潘特考夫斯基法。这种方法简捷、准确，便于掌握。

累加数列错位相减取大差法的基本步骤如下：

(1) 对每一个施工过程在各施工段上的流水节拍依次累加，求得各施工过程流水节拍的累加数列。

(2) 将相邻施工过程流水节拍累加数列中的后者错后一位，相减后求得一个差数列。

(3) 在差数列中取最大值，即为这两个相邻施工过程的流水步距。

3. 计算工期确定

$$T = \sum K + \sum t_n + \sum Z + \sum G - \sum C \qquad (3-4-5)$$

式中　$\sum K$——各施工过程（或专业施工队）之间流水步距之和；

　　　$\sum t_n$——最后一个施工过程（或专业施工队）在各施工段流水节拍之和。

【例3-4-3】　某工程由主楼和塔楼组成，现浇钢筋混凝土柱，预制梁板，框架-剪力墙结构。工程拟分成四段进行流水施工，梁与板之间有1天的间歇时间。拟组织无节奏流水施工，具体见表3-4-1。

序号	施工过程	流 水 节 拍			
		一段	二段	三段	四段
1	柱	2	4	3	2
2	梁	3	3	2	2
3	板	4	2	3	2

表 3-4-1　　　　　　　　　工程无节奏流水施工

解:

(1) 计算流水步距可采用取大差法,计算步骤为:

a) 累加各施工过程的流水节拍,形成累加数据系列。

b) 相邻两施工过程的累加数据系列错位相减。

c) 取差数之大者作为该两个施工过程的流水步距。

柱、梁两个施工过程的流水步距为:(大差法)

$$\begin{array}{ccccc} 2 & 6 & 9 & 11 & \\ & 3 & 6 & 8 & 10 \\ \hline 2 & 3 & 3 & 3 & -10 \end{array}$$

故取 3 天。

梁、板两个施工过程的流水步距为:

$$\begin{array}{ccccc} 3 & 6 & 8 & 10 & \\ & 4 & 6 & 9 & 11 \\ \hline 3 & 2 & 2 & 1 & -11 \end{array}$$

故取 3 天。

(2) 计算工期。因最后一个施工过程为板施工,因此:

$$\sum t_n = 4+2+3+2 = 11(天)$$

$$\sum K = 3+3 = 6(天)$$

$$T = 11+6+1 = 18(天)$$

①施工工程	施工进度/天																	
	1	2	3	4	5	6	7	8	9	10	11	12	13	14	15	16	17	18
柱 A	①		②				③		④									
梁 B	K_{ah}		①			②		③			④							
板 C			K_{hc}			①			②			③		④				
				Z														

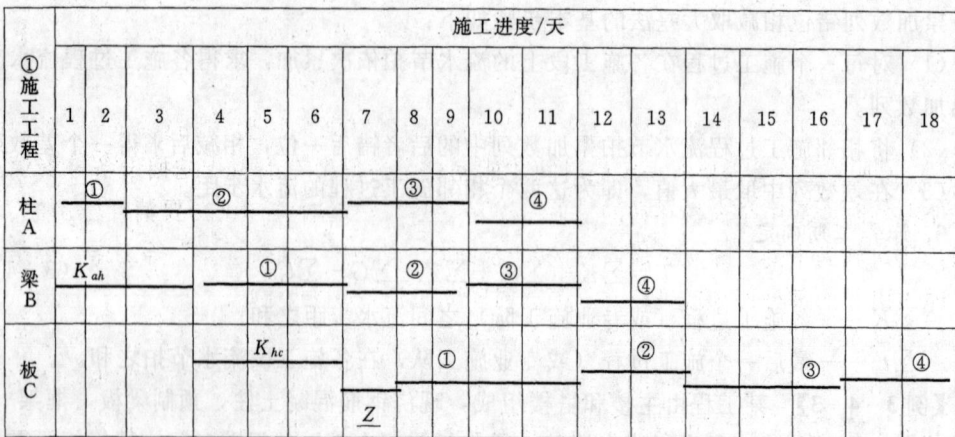

图 3-4-4　施工进度图

工程网络计划技术

一、工程网络计划分类及表达方式

网络图是网络计划技术的基础。网络图是由箭线和节点组成的、用来表示工作流程的有向的、有序网状图形。按照网络图表示方法，分为双代号网络图和单代号网络图两种。

（一）双代号网络图

双代号网络图是以箭线及其两端的节点编号表示工作的网络图，工作的名称（或字母代号）标在箭线的上方，完成该工作所需的持续时间标在箭线的下方，如图 3-5-1（a）所示。表 3-5-1 所示的混凝土基础工程的进度计划网络图如图 3-5-1（b）所示。

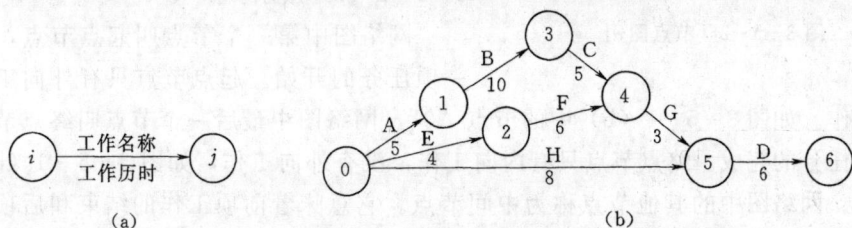

图 3-5-1　双代号网络图

表 3-5-1　　　　　　　　　　混凝土基础工程工作项目表

工作项目	放线	开挖基础	模板安装	获得钢筋	钢筋加工	架立钢筋	混凝土制备	混凝土浇筑
字母代号	A	B	C	E	F	G	H	D
工作持续时间/天	5	10	5	4	6	3	8	6

下面以图 3-5-1（b）为例说明网络图的几个基本概念。

1. 工作

工作是计划任务按需要粗细程度划分而成的、消耗时间或同时也消耗资源的一个子项目或子任务。在双代号网络图中，每一箭线应表示一项工作。箭线一般画成直线，也可画成折线或曲线，但是不得中断。在无时间坐标的网络图中，直线的长度可以是任意的，与工作持续时间无关。

在实际生活中，有两类工作。一类是既需要消耗时间又需要消耗资源的工作。例如"开挖"这项工作，既需要有一定的时间才能完成，还需要有人力、挖掘设备等资源。这类工作在实际生活中是大量存在的。另一类是只需要消耗时间而不需要消耗资源的工作。例如，建筑施工中的"抹灰干燥""混凝土浇筑后的养护""油漆干燥"等工作，都是由于技术原因引起的某种停歇或等待，只消耗时间而不消耗人力或物力。

在本章第二节中将看到，在双代号网络图中，除了上述两类工作外，还有另一类工作，只表示前后相邻工作之间的逻辑关系，既不占用时间，也不消耗资源的虚拟工作，我们称这类工作为虚工作，用节点和虚箭线表示。虚工作在实际生活中并不存在，但在双代号网络图中却是必不可少的。

2. 节点

节点网络图中箭线端部的圆圈或其他形状的封闭图形。在双代号网络图中，它表示工作之间的逻辑关系。箭线的箭尾节点表示该工作的开始，箭线的箭头节点表示该工作的结束。一项工作也可以用其前、后两个节点号来表示，如 B 工作可以表示为 1—3 工作。关于节点编号的规则将在本章第二节介绍。

节点只是一个"瞬间"，它既不消耗时间，也不消耗资源。

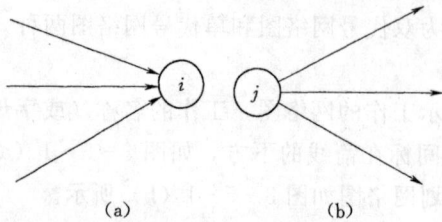

(a)   (b)

图 3-5-2 节点图例

在网络图中，对一个节点来说，可能有许多箭线指向该节点，这些箭线就称为"内向工作"（或内向箭线），如图 3-5-2 (a) 所示；同样也可能有许多箭线由同一节点出发，这些箭线就称为"外向工作"（或外向箭线），如图 3-5-2 (b) 所示。

网络图中第一个节点叫起点节点，它表示一项任务的开始。起点节点只有外向工作，没有内向工作。如图 3-5-1 (b) 中的节点"0"。网络图中最后一个节点叫终点节点，它表示一项任务的完成。终点节点只有内向工作，没有外向工作，如图 3-5-1 (b) 中的节点"6"。网络图中的其他节点称为中间节点。它意味着前项工作的结束和后项工作的开始。

双代号网络图中节点的重要特性在于它的瞬时性。它只表示工作开始或结束的瞬间，本身不占用时间。一个节点的实现时刻，就是以该节点为结束的所有工作结束的时刻，也是以该节点为开始节点的所有工作可以开始的时刻。节点的这个特性，使节点具有控制工程进度的作用。人们常把网络中重要的节点，作为"路标"或称"管理点"，进行重点监督，严格控制。

3. 路线

路线又称为线路。网络图中从起点节点开始，沿箭头方向顺序通过一系列箭线与节点，最后到达终点节点的通路。

路线上各工作的延续时间之和，称为该路线的长度。自始至终全部由关键工作组成的线路或线路上总的工作持续时间最长的线路，称为关键路线。关键路线可能仅有一条，也可能不止一条。关键路线上的工作称为关键工作，它们完成的快慢直接影响整个工程的工期。短于关键路线的任何路线都称为非关键路线。在非关键路线中，仅比关键路线短的路线叫次关键路线。

例如，在图 3-5-1 (b) 中，共有 3 条路线，其中最长的路线即关键路线，它是⓪—①—③—④—⑤—⑥。

其长度为 29 天。次关键路线的长度为 19 天，其组成为：⓪—②—④—⑤—⑥。

关键路线又称紧急线或主要矛盾线。在网络图中，关键路线常用双线或粗线或彩色线表示，以突出其重要性。

4. 网络逻辑

所谓网络的逻辑关系，是指工作之间相互制约或依赖的关系。包括工艺关系和组织关系。工艺关系是指生产工艺上客观存在的先后顺序。例如,先做基础,后做主体,这些顺序是不能随意改变的。组织关系是指不违反工艺关系的前提下,认为安排的工作的先后顺序,例如,建筑群中各个建筑物的开工顺序的先后,这些顺序可以根据具体情况,按安全、经济、高效的原则统筹安排。无论工艺关系还是组织关系,在网络中均表现为工作进行的先后顺序。

一个工程包括很多工作,工作间的逻辑关系非常复杂,为了用简单、准确的方法把这种逻辑关系表达出来,便于网络图的绘制,引入了紧前工作和紧后工作。现仍以图3-5-1(b)中工作C为例介绍这两个概念。

(1)紧前工作。紧排在本工作之前的工作,称该工作的紧前工作。就工作C(立模)而言,只有工作B(开挖)结束后工作C才能开始,且工作B、工作C之间没有其他工作,则工作B称为工作C的紧前工作。

紧前工作区别于间接前工作。虽然工作A(放线)结束后工作C才能开始,但中间要经过工作B,所以工作A不是工作C的紧前工作,它是工作C的间接前工作。

(2)紧后工作。紧后工作与紧前工作这一概念是相对应的,紧排在本工作之后的工作,称该工作的紧后工作。上述工作B是工作C的紧前工作,也可以说工作C是工作B的紧后工作;工作A是工作C的间接前工作,也可以说工作C是工作A的间接后工作。

从图3-5-1中可以看到,一项工作的紧前工作或紧后工作可能不止一项,如工作G的紧前工作有工作C、工作F。只要将每项工作的紧前工作(或紧后工作)全部给出,整个工程的工作间的逻辑关系就明确了。现将表3-5-1所示的混凝土基础工程的工作间的逻辑关系用表3-5-2表示如下。实际工作中,只用"紧前"或"紧后"一种关系也就可以了。

(二)单代号网络图

单代号网络图是以节点及其编号表示工作,以箭线表示工作之间逻辑关系的网络图。单代号网络图中工作的表示方法如图3-5-3所示。表3-5-1所示的混凝土基础工程的进度计划单代号网络图表示如图3-5-4所示。

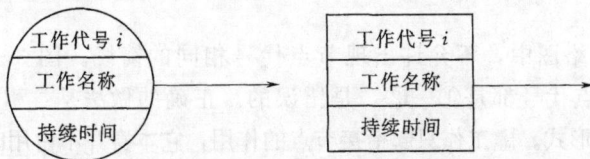

图3-5-3 单代号网络图工作图例

表3-5-2　　　　　　　　　混凝土基础工程工作间逻辑关系

工作项目	代号	紧前工作	紧后工作	工作项目	代号	紧前工作	紧后工作
基础放线	A	—	B	获得钢筋	E	—	F
开挖基础	B	A	C	钢筋加工	F	E	G
模板安装	C	B	G	钢筋架立	G	C、F	D
混凝土浇筑	D	C、H	—	混凝土制备	H	—	D

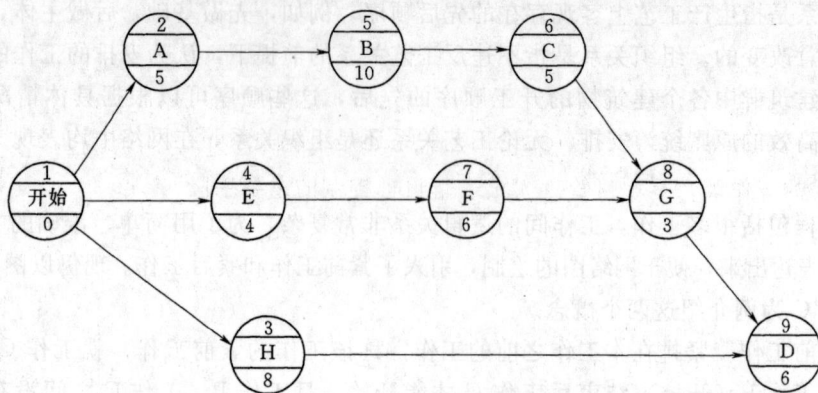

图 3-5-4 单代号网络图

在单代号图中，节点仍须编号。一个节点表示一项工作，只用一个数码，因此叫"单代号"。

二、网络图绘制

（一）绘制双代号网络图的基本准则

绘制双代号网络图时，必须遵守以下准则。

（1）双代号网络图的节点编号应遵循的两条规则。

1）一条箭线箭头节点的编号应大于箭尾节点的编号。图 3-5-5（b）是正确的，图 3-5-5（a）是错误的。

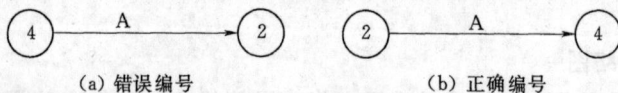

（a）错误编号　　　　　　（b）正确编号

图 3-5-5 节点编号图例（一）

2）双代号网络图的节点应用圆圈表示，并在圆圈内编号。节点标号从小到大，可不连续，但严禁重复。

（2）在双代号网络图中，不允许出现节点代号相同的箭线。图 3-5-6（a）所示的 A、B 两项工作的节点代号都是①—②，是错误的。正确的做法是：引入虚工作，绘成图 3-5-6（b）所示的形式。虚工作只起衔接节点的作用，它本身并不占用时间和消耗资源。

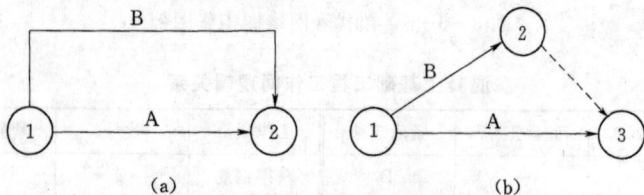

图 3-5-6 节点编号图例（二）

（3）在双代号网络图中，只允许有一个起点节点，也只允许有一个终点节点。图 3-5-7（a）中出现了两个没有内向箭线的起点节点①、⑤，也出现了两个没有外向箭线的终点节点③、⑨，这是错误的，正确的画法如图3-5-7（b）所示。

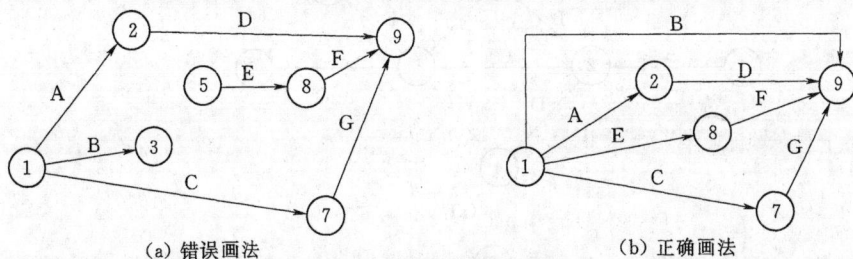

（a）错误画法 （b）正确画法

图3-5-7 节点画法图例

（4）双代号网络图中，严禁出现循环回路。

图3-5-8所示的网络图中出现了②→④→③→②循环回路是错误的，这种错误是工作逻辑关系错误。

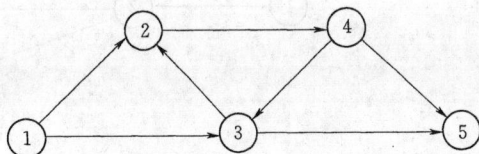

图3-5-8 循环回路

（5）在双代号网络图中，严禁出现没有箭头节点或没有箭尾节点的箭线。一条箭线必须有一个开始节点和一个结束节点，不允许从一条箭线的中间引出另一条箭线。图3-5-9（a）的画法是错误的，正确的画法如图3-5-9（b）所示。

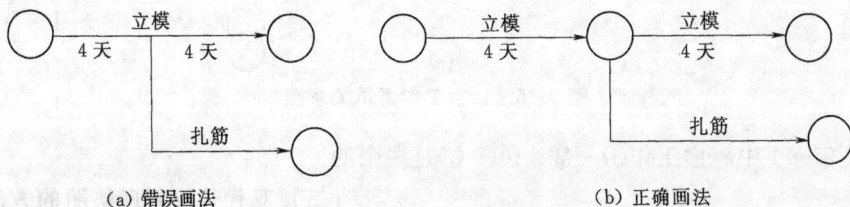

（a）错误画法 （b）正确画法

图3-5-9 箭线画法图例

（6）在双代号网络图中，在节点之间严禁出现带双向箭头或无箭头的连线。

（7）双代号网络图必须正确表达已定的逻辑关系，同时尽量没有多余的虚工作。

绘制成的网络图所反映的工作之间的逻辑关系，应与工作明细表中所给出的逻辑关系相同。表3-5-3给出了某工程各项工作的逻辑关系。图3-5-10（a）及图3-5-10（b）所示的网络图的表达都是错误的。图3-5-12（a）使工作D多了一项紧后工作E，图3-5-10（b）使工作D少了一项紧后工作F。正确的网络图如图3-5-10（c）所示。

表3-5-3 某工程各项工作的逻辑关系

工序	紧前工作	工序	紧前工作	工序	紧前工作
A	—	C	A	E	B、C
B	A	D	A	F	B、C、D

(a)

(b)

(c)

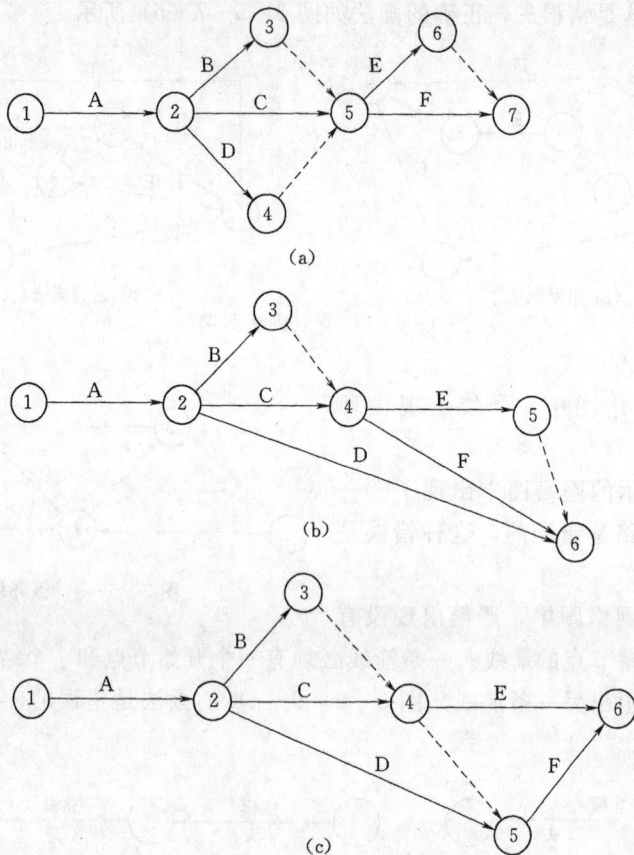

图 3-5-10 工作逻辑关系图

图 3-5-11 中，虚工作①—③、⑥—⑦是多余的。

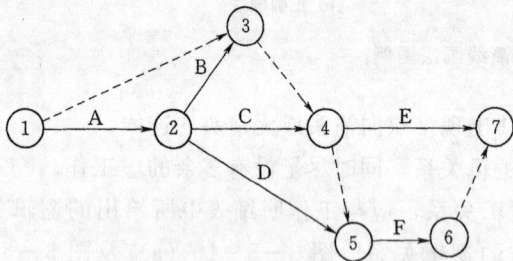

图 3-5-11 多余虚工作图例

（二）双代号绘制网络图的方法

一个好的网络图，应该既正确又简单。正确是指它符合绘制网络图的基本准则，简单是指网络图中的虚工作简化到了最少。虚工作数少不仅使图画简化、明了，阅读方便，而且减少了网络计算的时间，并便于网络计划的分析与调整。因此，如何根据给出的工作逻辑关系绘制出既正确反映工作逻辑关系，又简化、明了的网络图，是网络计划技术的重点之一。

下面给出一种绘制双代号网络图的方法，其主要步骤如下。

1. 构画网络草图

构画网络草图的任务就是根据给定的工作间逻辑关系，将各项工作依次正确地连接起来。

其方法有顺推法和逆推法两种。下面只介绍顺推法，即从起点节点开始，首先确定由起点节点直接连出的工作。这样把工作依次由前到后按网络逻辑连接起来，就构成了网络草图。在这一连接过程中，为避免在工作逻辑关系复杂时，网络草图中出现网络逻辑错误，可遵循下列要点：

（1）当某项工作只存在一项紧前工作时，该工作可以直接从它的紧前工作的结束节点连出。

（2）当某项工作存在不止一项紧前工作时，可从它的紧前工作的结束节点分别画虚工作汇交到一个新节点，然后，从这一新节点把该项工作连出。

（3）在标画某项工作时，若该工作的紧前工作还没有全部出现在草图中，则该项工作可暂不画出。

应当指出，遵循上述要点，可以首先保证画出的网络草图的逻辑草图的逻辑关系是正确的。但网络草图中一般存在多余的虚工作，可通过第二步将多余虚工作简化掉。

下面以表 3-5-4 中给出的工作逻辑关系为例，对上述方法加以说明。具体方法如下：

（1）在表 3-5-4 给出的工作逻辑关系表中，查出无紧前工作的工作（即紧前工作一栏中画"—"的对应的工作），在工作一栏内用圆圈（○）把这些工作圈起来，以说明准备标画这些工作。

表 3-5-4 工作逻辑关系

工作	紧前工作
Ⓐ	—
B	A
C	A
D	B
E	B、C
F	D、E

表 3-5-4 (a)

工作	紧前工作
Ⓐ	—
Ⓑ	A√
Ⓒ	A√
D	B
E	B、C
F	D、E

表 3-5-4 (b)

工作	紧前工作
Ⓐ	—
Ⓑ	A√
Ⓒ	A√
Ⓓ	B√
Ⓔ	B√、C√、
F	D、E

表 3-5-4 (c)

工作	紧前工作	工作	紧前工作
Ⓐ	—	Ⓓ	B√
Ⓑ	A√	Ⓔ	B√、C√
Ⓒ	A√	Ⓕ	D√、E√

表 3-5-4 (d)

工作	紧前工作	工作	紧前工作
Ⓐ	—	Ⓓ	B√
Ⓔ	A√	Ⓔ	B√、C√
Ⓕ	A√	Ⓕ	D√、E√

在表 3-5-4 中，没有紧前工作的只有工作 A，用圆圈标记在表 3-5-4 中。

（2）从起点节点画出工作 A（若没有紧前工作的工作有多项，也都同样可从起点节点画出），如图 3-5-12 (a) 所示。

每标画完一项工作，用斜线"/"在工作字母代号一栏中相应字母划去，并在紧前工作一栏将所有该工作用"√"标记。然后，用圆圈（○）圈画出所有紧前工作都已标画好（打了"√"）的工作，以说明准备标画这些工作。结果见表 3-5-4 (a)。

（3）从表 3-5-4 (a) 可知，准备标画的工作 B、工作 C 都只有一项紧前工作 A，所

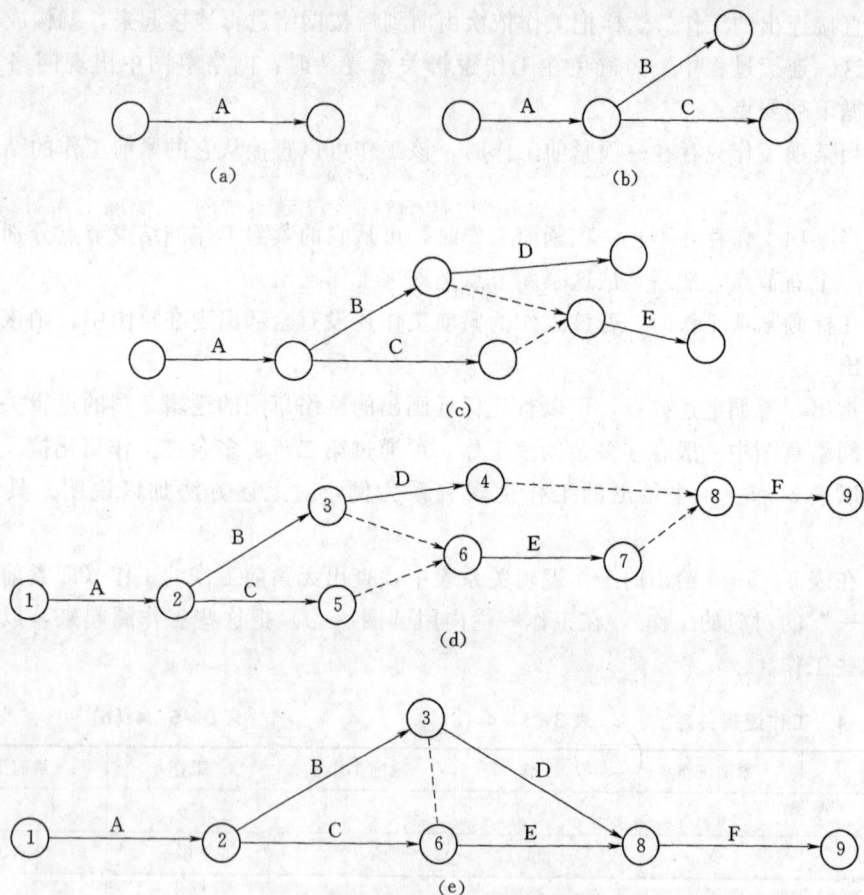

图 3-5-12 网络绘制过程示意图

以，可以从工作 A 的结束节点直接连出，如图 3-5-12（b）所示。

与（2）中类似，将标画好的工作 B、工作 C 用斜线"/"在工作字母代号一栏中将相应字母划去，并在紧前工作一栏将所有 B、C 用"√"标记。然后，用圆圈（○）圈画出所有紧前工作都已标画好（打了"√"）的工作，以说明准备标画这些工作。结果见表3-5-4（b）。

（4）从表3-5-4（b）中可知：工作 D 只有一项是紧前工作 B，故可直接从它的紧前工作 B 的结束节点连出；工作 E 有两项紧前工作 B、工作 C，可分别从 B、C 两项工作的结束节点，画虚工作汇交一个新节点，然后从这一新节点，将工作 E 连出。结果如图 3-5-12（c）所示。

与（2）中类似，将标画好的工作 D、工作 E 用斜线"/"在工作字母代号一栏中将相应字母划去，并在紧前工作一栏中将工作 D、工作 E 用斜线"/"标记。然后，用圆圈（○）圈画出所有紧前工作都已标画好（打了"√"）的工作 F，以说明准备标画该工作，结果见表3-5-4（c）。

（5）按与（4）中类似的方法将工作 F 标画出，如图 3-5-12（d）即为初步网络草图。为下文叙述方便，对网络草图先作了节点编号（一般情况下，这项工作可以在下述第三步进行）。

（6）对照表3-5-4给出的工作逻辑关系，初步检查网络草图有无错误，若有错误应及时改正。经检查图3-5-12（d）没有错误。

2. 去掉多余虚工作，并调整箭线位置，尽量减少箭线交叉

在网络草图的基础上，去掉多余，可以使网络图更简单、明了。这项工作可遵循如下要领进行：

（1）网络图简化的结果，应遵守绘制网络图的基本准则。

（2）当一个节点只有一项虚工作画出（或入），除此之外，没有其他任何工作画出（或入）时，在满足（1）的要求前提下，可将该项虚工作简化掉。

在图3-5-12（d）中，节点"5"只有一项虚工作⑤—⑥画出，除此之外，没有其他工作画出，因此，虚工作⑤—⑥可以简化掉。类似地，虚工作④—⑧、⑦—⑧都可以简化掉。节点"3"除了虚工作③—⑥画出外，还有工作D画出，因此，虚工作②—⑥不能简化掉。图3-5-12（d）简化后的结果如图3-5-12（e）所示。

3. 检查、编号

根据表3-5-4给出的工作逻辑关系，检查网络图。若无错误，以网络图进行编号（如果前面未做节点编号工作的话），如图3-5-13所示。

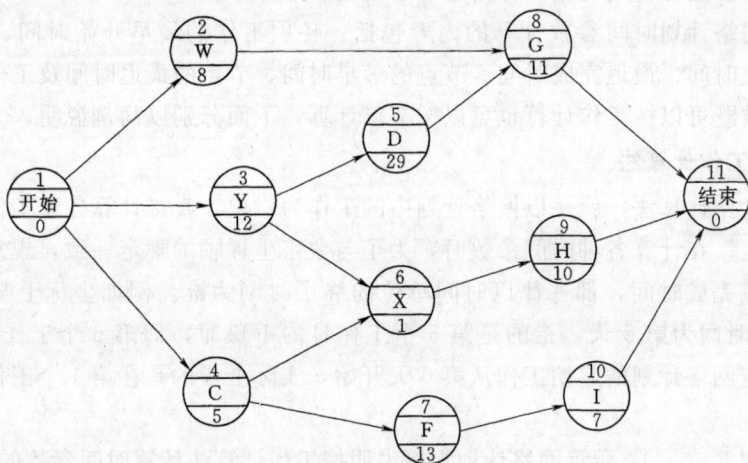

图3-5-13　带虚拟起点节点和终点节点的网络图

上述介绍的网络图绘制过程是一个按规则进行的程序化过程，只有"判断"型思维，不需要"综合分析"型思维，因此，在熟悉规则的基础上，绘制代号网络图十分简单。但是，有时简化多余虚工作的任务量很大，熟悉下述图例，对这项工作有所帮助。

（三）单代号网络图的绘制

下面简要地说明单代号网络图的绘制。

1. 单代号网络图各种逻辑关系的表示方法

单代号网络图，各工作之间的逻辑关系，与双代号网络图相同，仍然是根据工程中工艺上和组织上的客观顺序来确定的，逻辑关系的表示方法也比较简单，本文对此不作详述。

2. 单代号网络图的绘制

绘制单代号网络图也必须遵循一定的逻辑规则，当违背了这些规则时，就可能出现逻辑混乱，无法判别工作之间的关系或无法进行参数计算，这些基本规则也和双代号的要求基本相同，即

（1）单代号网络图必须正确表述已定的逻辑关系。

（2）单代号网络图中，严禁出现循环回路。

（3）单代号网络图中，严禁出现双向箭线或无箭头的连线。

（4）单代号网络图中，严禁出现没有箭尾节点的箭线和没有箭头节点的箭线。

（5）单代号网络图只应有一个起点节点和一个终点节点；当网络图中有多项起点节点或多项终点节点时，应在网络图的两端分别设置一项虚工作，作为该网络图的起点节点和终点节点。

单代号网络图的绘制方法十分简单，即根据工作逻辑关系由前向后逐一将工作画出，这里不再细述。

三、双代号网络图时间参数计算

网络计划的时间参数是确定计划工期、关键路线、关键工作的基础，也是判定非关键工作机动时间和进行计划优化、计划管理的依据。

双代号网络计划时间参数计算的内容包括：各项工作的最早开始时间、最迟开始时间、最早完成时间、最迟完成时间、节点的最早时间、节点的最迟时间及工作的时差。上述的时间参数既可以按工作计算也可以按节点计算，下面分别以简例说明。

（一）按工作计算法

所谓按工作计算法，就是以网络计划中的工作为对象，直接计算各项工作的时间参数并标注在图上。在计算各种时间参数时，为了与数字坐标轴的规定一致，规定无论是工作的开始时间或完成时间，都一律以时间单位的终了时刻为准。例如坐标上某工作的开始（或者结束）时间为第 5 天，指的是第 5 个工作日的下班时，即第 6 个工作日的上班时。计算中均规定网络计划的起始工作从第 0 天开始，实际上指的是在第 1 个工作日的上班时开始。

下面以图 3-5-14 所示网络计划为例说明按工作计算法计算时间参数的过程。

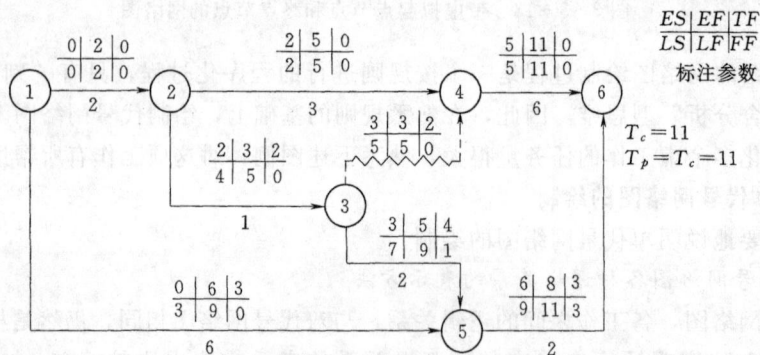

图 3-5-14　双代号网络图时间参数计算图

1. 计算工作的最早开始时间、最早完成时间

一项工作的最早开始时间是指各紧前工作全部完成后，本工作有可能开始的最早时刻。在网络计划中，一项工作要等它的紧前工作全部完成后才能开始，这个时刻就是该工作的最早开始时间，以缩写字母 ES_{i-j} 表示，$i-j$ 为该工作的节点代号。

一项工作以其最早开始时间开工，经过完成该项工作所必须的历时以后结束，这个结束时刻就是该工作的最早完成时间，以缩写字母 EF_{i-j} 表示，$i-j$ 为该工作的节点代号。

工作最早开始时间和工作最早完成时间的计算应从网络计划的起点节点开始，顺着箭线方向依次进行。其计算步骤如下：

（1）以网络计划起点节点为开始节点的工作，当未规定其最早开始时间时，它们的最早开始时间都定为零。本例中，工作 1—2、1—5 的最早开始时间都为零，即

$$ES_{1-2}=0$$
$$ES_{1-5}=0$$

（2）然后顺箭线方向从左至右逐一计算各工作的最早时间。若工作 $i-j$ 有唯一紧前工作 $h-i$，则它的最早开始时间等于工作 $h-i$ 的最早完成时间，若工作 $i-j$ 有多个紧前工作，则它的最早开始时间等于其紧前工作最早完成时间的最大值，即

$$EF_{i-j}=\max\{EF_{h-i}\} \qquad (3-5-1)$$

式中　EF_{h-i}——工作 $i-j$ 的紧前工作 $h-i$（非虚工作）的最早完成时间。

工作 $i-j$ 的最早完成时间等于它的最早开始时间 EF_{h-i} 与其持续时间 t_{i-j} 之和，即

$$EF_{i-j}=ES_{i-j}+t_{i-j} \qquad (3-5-2)$$

本例中各工作的最早时间参数的计算过程表述如下：

工作 1—2：

最早开始时间：　　　　　　　$ES_{1-2}=0$

最早完成时间：　　$EF_{1-2}=ES_{1-2}+D_{1-2}=0+2=2$

工作 1—5：

最早开始时间：　　　　　　　$ES_{1-5}=0$

最早完成时间：　　$EF_{1-5}=ES_{1-5}+D_{1-5}=0+6=6$

工作 2—4：

最早开始时间：　　　　　　$ES_{2-4}=EF_{1-2}=2$

最早完成时间：　　$EF_{2-4}=ES_{2-4}+D_{2-4}=2+3=5$

工作 2—3：

最早开始时间：　　　　　　$ES_{2-3}=EF_{1-2}=2$

最早完成时间：　　$EF_{2-3}=ES_{2-3}+D_{2-3}=2+1=3$

工作 3—4：

最早开始时间：　　　　　　$ES_{3-4}=EF_{2-3}=3$

最早完成时间：　　$EF_{3-4}=ES_{3-4}+D_{3-4}=3+0=3$

工作 3—5：

最早开始时间：　　　　　　$ES_{3-5}=EF_{2-3}=3$

最早完成时间：　　$EF_{3-5}=ES_{3-5}+D_{3-5}=3+2=5$

工作 4—6：

最早开始时间：　$ES_{4-6}=\max\{EF_{2-4},EF_{3-4}\}=\max\{5,3\}=5$

最早完成时间：　　$EF_{4-6}=ES_{4-6}+D_{4-6}=5+6=11$

工作 5—6：

最早开始时间：　$ES_{5-6}=\max\{EF_{1-5},EF_{3-5}\}=\max\{6,5\}=6$

最早完成时间：　　$EF_{5-6}=ES_{5-6}+D_{5-6}=6+2=8$

最早时间的计算，除了明确各工作最早可能在什么时间开始以及各工作最早可能什么时间完成以外，还可以确定出网络计划的计算工期。

2. 确定网络计划的计算工期（T_c）

计算工期是根据网络计划时间参数计算而得到的工期，用 T_c 表示。网络计划的计算工期等于以网络计划终点节点为完成节点的各工作的最早完成时间的最大值，即

$$T_e=\max\{EF_{i-n}\} \tag{3-5-3}$$

本例中　　　　　$T_c=\max\{EF_{4-6},EF_{5-6}\}=\max\{11,8\}=11$

3. 确定网络计划的计划工期（T_p）

计划工期是指根据要求工期和计算工期所确定的作为实施目标的工期，用 T_p 表示。计划工期的确定应按下列情况分别确定：

（1）当已规定了要求工期（T_r）时，计划工期不应超过要求工期，即

$$T_p\leqslant T_r \tag{3-5-4}$$

要求工期是任务委托人所提出的指令性工期，用 T_r 表示。

（2）当未规定要求工期时，可令计划工期等于计算工期，即

$$T_p=T_c \tag{3-5-5}$$

4. 计算工作最迟完成时间和工作最迟开始时间

一项工作的最迟完成时间是指在不影响整个任务按期完成的前提下，工作必须完成的最迟时刻。每项工作都有一个必须完工的最迟时间，只要该工作的完成时间不超过这个时间，就不会使工期拖延，这个时间就是该工作的最迟完成时间。经缩写字母 LS_{i-j} 表示，$i-j$ 为工作的节点代号。

相应于最迟完成时间的开始时间，是指在不影响整个任务按期完成的前提下，工作必须开始的最迟时刻就是该工作的最迟开始时间。以缩写字母 LS_{i-j} 表示，$i-j$ 为工作的节点代号。

工作最迟完成时间应从网络的终点节点开始，逆着箭方向依次逐项计算，直至网络图的起点节点为止。

（1）以网络计划终点为完成节点的工作，其最迟完成时间等于网络计划的计划工期，即

$$LF_{i-n}=T_p \tag{3-5-6}$$

本例中，工作 4—6 和工作 5—6 的最迟完成时间为：

$$EF_{4-6}=11$$

$$LF_{5-6}=11$$

（2）工作最迟开始时间等于该工作的最迟完成时间减去该工作的持续时间，即

$$LS_{i-j}=LF_{i-j}-t_{i-j} \tag{3-5-7}$$

本例中，工作 4—6 的最迟开始时间为

$$LS_{4-6}=11-6=5$$

工作 5—6 的最迟开始时间为

$$LS_{5-6}=11-2=9$$

（3）其他工作的最迟完成时间应等于其紧后工作最迟开始时间的最小值：若工作 $i-j$ 只有唯一的紧后工作 $j-k$，则工作 $i-j$ 的最迟完成时间等于工作 $j-k$ 的最迟开始时间；若工作 $i-j$ 有多个紧后工作，则工作 $i-j$ 的最迟完成时间等于其紧后工作的最迟开始时间的最小值，即

$$LF_{i-j}=\min\{LS_{j-k}\} \tag{3-5-8}$$

式中　LS_{j-k}——工作 $i-j$ 的紧后工作 $j-k$ 的最迟开始时间。

本例中各工作的最迟时间参数的计算过程表述如下：

工作 4—6：

最迟完成时间：$\qquad LF_{4-6}=11$

最迟开始时间：$\qquad LS_{4-6}=LF_{4-6}-D_{4-6}=11-6=5$

工作 5—6：

最迟完成时间：$\qquad LF_{5-6}=11$

最迟开始时间：$\qquad LS_{5-6}=LF_{5-6}-D_{5-6}=11-2=9$

工作 1—5：

最迟完成时间：$\qquad LF_{1-5}=LS_{5-6}=9$

最迟开始时间：$\qquad LS_{1-5}=LF_{1-5}-D_{1-5}=9-6=3$

工作 2—4：

最迟完成时间：$\qquad LF_{2-4}=LS_{4-6}=5$

最迟开始时间：$\qquad LS_{2-4}=LF_{2-4}-D_{2-4}=5-3=2$

工作 3—4：

最迟完成时间：$\qquad LF_{3-4}=LS_{4-6}=5$

最迟开始时间：$\qquad LS_{3-4}=LF_{3-4}-D_{3-4}=5-0=5$

工作 3—5：

最迟完成时间：$\qquad LF_{3-5}=LS_{5-6}=9$

最迟开始时间：$\qquad LS_{3-5}=LF_{3-5}-D_{3-5}=9-2=7$

工作 2—3：

最迟完成时间：$\quad LF_{2-3}=\min\{LS_{3-4},LS_{3-5}\}=\min\{5,7\}=5$

最迟开始时间：$\qquad LS_{2-3}=LF_{2-3}-D_{2-3}=5-1=4$

工作 1—2：

最迟完成时间：$\quad LF_{1-2}=\min\{LS_{2-4},LS_{2-3}\}=\min\{2,4\}=2$

最迟开始时间：$\qquad LS_{1-2}=LF_{1-2}-D_{1-2}=2-2=0$

5. 计算工作总时差和自由差的计算

（1）计算工作的总时差。一项工作的工作总时差是指在不影响工期的前提下，该工作

可以利用的机动时间。工作总时差用缩写字母 TF_{i-j} 表示（$i-j$ 为该工作的节点代号）。

一项工作 $i-j$ 的工作总时差等于该工作的最迟开始时间 LS_{i-j} 与其最早开始时间 ES_{i-j} 之差，或等于该工作的最迟完成时间 LF_{i-j} 与其最早完成时间 EF_{i-j} 之差，即

$$TF_{i-j} = LS_{i-j} - ES_{i-j} = LF_{i-j} - EF_{i-j} \qquad (3-5-9)$$

本例中各工作的工作总时差计算结果如下：

$$TF_{1-2} = LS_{1-2} - ES_{1-2} = 0 - 0 = 0$$
$$TF_{1-5} = LS_{1-5} - ES_{1-5} = 3 - 0 = 3$$
$$TF_{2-3} = LS_{2-3} - ES_{2-3} = 4 - 2 = 2$$
$$TF_{2-4} = LS_{2-4} - ES_{2-4} = 2 - 2 = 0$$
$$TF_{3-4} = LS_{3-4} - ES_{3-4} = 5 - 3 = 2$$
$$TF_{3-5} = LS_{3-5} - ES_{3-5} = 7 - 3 = 4$$
$$TF_{4-6} = LS_{4-6} - ES_{4-6} = 5 - 5 = 0$$
$$TF_{5-6} = LS_{5-6} - ES_{5-6} = 9 - 6 = 3$$

（2）计算工作的自由时差。一项工作的自由时差是指在不影响其紧后工作最早开始的前提下，该工作可以利用的机动时间。所以自由时差也叫局部时差。

工作的自由时差用缩写字母 FF_{i-j} 表示，$i-j$ 为工作的节点代号。

工作自由时差的计算应按以下两种情况分别考虑：

1）对只有一项紧后工作的工作，其自由时差等于本工作的紧后工作的最早开始时间减本工作的最早完成时间所得之差。即当工作 $i-j$ 仅有紧后工作 $j-k$ 时，其自由时差应为

$$FF_{i-j} = ES_{j-k} - EF_{i-j} \qquad (3-5-10)$$

或

$$FF_{i-j} = ES_{j-k} - ES_{i-j} - D_{i-j}$$

式中　FF_{i-j}——工作 $i-j$ 的自由时差；

　　　ES_{j-k}——工作 $i-j$ 的紧后工作 $j-k$ 的最早开始时间；

　　　ES_{i-j}——工作 $i-j$ 的最早开始时间；

　　　EF_{i-j}——工作 $i-j$ 的最早完成时间；

　　　D_{i-j}——工作 $i-j$ 的持续时间。

本例中，工作 1—5 的自由时差为

$$FF_{1-5} = ES_{5-6} - EF_{1-5} = 6 - 6 = 0$$

工作 2—4 的自由时差为

$$FF_{2-4} = ES_{4-6} - EF_{2-4} = 5 - 5 = 0$$

2）对于有多项紧后工作的工作，其自由时差等于本工作的紧后工作最早开始时间的最小值减本工作最早完成时间所得之差。即

$$FF_{i-j} = \min\{ES_{j-k}\} - EF_{i-j} \qquad (3-5-11)$$

本例中，工作 2—3 的自由时差为

$$FF_{2-3} = \min\{ES_{3-4}, ES_{3-5}\} - EF_{2-3} = \min\{3,3\} - 3 = 3 - 3 = 0$$

3）以网络计划终点节点为完成节点的工作，其自由时差等于计划工期与本工作最早完成时间之差，即

$$FF_{i-n} = T_p - EF_{i-n} \qquad (3-5-12)$$

本例中，工作 4—6 的自由时差为

$$FF_{4-6}=T_p-EF_{4-6}=11-11=0$$

工作 5—6 的自由时差为

$$FF_{5-6}=T_p-EF_{5-6}=11-8=3$$

需要指出的是，以网络计划终点节点为完成节点的工作，其自由时差与总时差相等。此外，由于工作的自由时差是其总时差的构成部分，所以，当工作的总时差为零时，其自由时差一定为零。例如在本例中，工作 1—2、工作 2—4 和工作 4—6 的总时差全部为零，故其自由时差也全部为零。

6. 确定关键工作和关键线路

总时差最小的工作为关键工作。特别地，当网络计划的计划工期等于计算工期时，总时差为零的工作就是关键工作。例如在本例之中，工作 1—2、工作 2—4 和工作 4—6 的总时差均为零，故它们都是关键工作。

自始至终全部由关键工作组成的线路或线路上总的工作持续时间最长的线路为关键线路。例如在图 3-5-13 所示的网络计划中，关键线路为①—②—④—⑥。关键线路在网络图上应用粗线、双线或彩色线标注。

（二）按节点计算法计算时间参数

所谓按节点计算法，就是先计算出网络计划中各个节点的时间参数，再据以计算各项工作的时间参数的方法。

在双代号网络计划中，节点是箭线之间的连接点。节点时间参数表示紧前工作完成和紧后工作开始的时刻，所以只有节点最早时间和节点最迟时间两参数。节点最早时间用 ET_i 表示，节点最迟时间用 LT_i 表示。下面以图 3-5-15 所示双代号网络计划为例，说明按节点计算法计算时间参数的过程，其计算结果如图 3-5-15 所示。

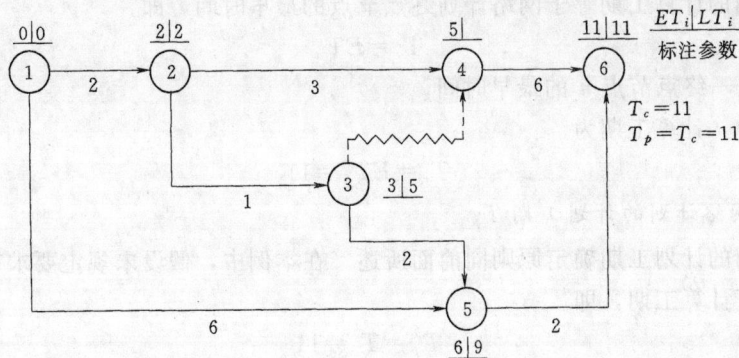

图 3-5-15 双代号网络计划（按节点计算法）

1. 计算节点的最早时间

节点最早时间的计算应从网络计划的起点节点开始，顺着箭线方向依次进行。其计算步骤如下：

（1）网络计划起点节点，如未规定最早时间时，其值等于零。例如在本例中，起点节点①的最早时间为零，即

$$ET_1 = 0$$

（2）其他节点的最早时间按式（3-5-13）计算：

$$ET_j = \max\{ET_i + D_{i-j}\} \tag{3-5-13}$$

式中　ET_j——工作 i—j 的完成节点 j 的最早时间；

　　　ET_i——工作 i—j 的开始节点 i 的最早时间；

　　　D_{i-j}——工作 i—j 的持续时间。

1）当只有一项工作到节点 j 结束时，则节点 j 的最早时间等于该工作的最早完成时间。

例如在本例中，到节点②结束的只有工作 1—2，因此节点②的最早时间为工作 1—2 的最早完成时间。到节点③结束的只有工作 2—3，因此节点③的最早时间为工作 2—3 的最早完成时间。即

$$ET_2 = EF_{1-2} = 2$$
$$ET_3 = EF_{2-3} = 3$$

2）当有多项工作到节点 j 结束时，则节点 j 的最早时间等于到此结束的工作的最早完成时间的最大值。例如在本例中，到节点④结束的有工作 2—4 和工作 3—4，所以，节点④的最早时间为

$$ET_4 = \max\{EF_{2-4}, EF_{3-4}\} = \max\{5, 3\} = 5$$

到节点⑤结束的有工作 1—5 和工作 3—5，所以，节点⑤的最早时间为

$$ET_5 = \max\{EF_{1-5}, EF_{3-5}\} = \max\{6, 5\} = 6$$

到节点⑥结束的有工作 4—6 和工作 5—6，所以，节点⑥的最早时间为

$$ET_6 = \max\{EF_{4-6}, EF_{5-6}\} = \max\{11, 8\} = 11$$

2. 确定网络计划的计算工期 T_c

网络计划的计算工期等于网络计划终点节点的最早时间，即

$$T_c = ET_n \tag{3-5-14}$$

式中　ET_n——终点节点 n 的最早时间。

在本例中，计算工期为

$$T_c = ET_6 = 11$$

3. 确定网络计划的计划工期 T_p

网络计划的计划工期确定原则同前面所述。在本例中，假设未规定要求工期，则其计划工期就等于计算工期，即

$$T_p = T_c = 11$$

4. 计算节点的最迟时间

节点的最迟时间的计算应从网络计划的终点节点开始，逆着箭线方向依次进行。其计算步骤如下：

（1）网络计划终点节点的最迟时间等于网络计划的计划工期，即

$$LT_n = T_p$$

式中　LT_n——网络计划终点节点 n 的最迟时间；

　　　T_p——网络计划的计划工期。

例如，在本例中，终点节点⑥的最迟时间为

$$LT_6 = T_p = 11$$

（2）其他节点的最迟时间按式（3-5-15）计算：

$$LT_i = \min\{LT_j - D_{i-j}\} \qquad (3-5-15)$$

式中　LT_i——工作 i—j 的开始节点 i 的最迟时间；

LT_j——工作 i—j 的完成节点 j 的最迟时间；

D_{i-j}——工作 i—j 的持续时间。

例如在本例中：

节点⑤的最迟时间为

$$LT_5 = LT_6 - D_{5-6} = 11 - 2 = 9$$

节点④的最迟时间为

$$LT_4 = LT_6 - D_{4-6} = 11 - 6 = 5$$

节点③的最迟时间为

$$LT_3 = \min\{LT_4 - D_{3-4}, LT_5 - D_{3-5}\} = \min\{5-0, 9-2\} = 5$$

5. 确定关键线路和关键工作

把节点的最早时间和最迟时间算完之后，找出节点最早时间和最迟时间相等的节点，由这些节点构成的从起点到终点的通路上总的工作持续时间最长的线路即为关键线路。关键线路在网络图上应用粗线、双线或彩色线标注。例如在图3-5-15所示的网络计划中，节点①、节点②、节点④和节点⑥的最早时间和最迟时间相等，由这些节点组成由起点到终点的线路上，总的工作持续时间最长，所以，这条线路①—②—④—⑥为关键线路。

关键线路上的工作称为关键工作。

【例3-5-1】 某建设项目合同工期15个月，其双代号网络计划如图3-5-16所示。该计划已经监理人批准。

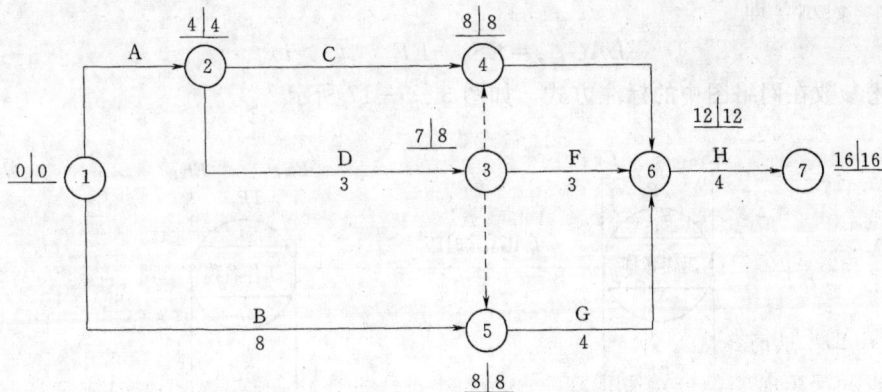

图3-5-16　项目双代号网络计划

问题：

1. 找出该网络计划的关键路线。

2. 工作D的总时差和自由时差各为多少？

3. 当该计划实施到第 8 个月末时，经监理人检查发现工作 C、工作 B 已按计划完成，而工作 D 还需要 2 个月才能完成。此时工作 D 实际进度是否会使总工期延长？为什么？

解：

(1) 关键线路有①—②—④—⑥—⑦和①—⑤—⑥—⑦。

(2) 工作 D 的总时差为 1 个月，自由时差为 0 个月。

(3) 到 8 月底工作 D 还需 2 个月才能完成，实际进度拖后，会使工期延长 2 个月。因为工作 D 的最早完成时间为第 7 个月，总时差为一个月，而它的实际完成时间将比原计划拖后 3 个月，超过其总时差 2 个月。或到第 8 个月检查时，工作 D 尚需 2 个月才能完成，但到其计划最迟完成时间尚余时间为零，尚有总时差 0−2＝−2 个月。所以，工作 D 的实际进度拖后将使工期延长 2 个月。

四、单代号网络图时间参数计算

在单代号网络图中，一个节点表示一个工作，因而无前述的节点时间参数，只需计算工作的时间参数。单代号网络图中工作时间参数的表示方法类似于双代号网络图，兹列举如下：

D_i——工作 i 的持续时间；

ES_i——工作 i 的最早开始时间；

EF_i——工作 i 的最早结束时间；

LS_i——工作 i 的最迟开始时间；

LF_i——工作 i 的最迟结束时间；

TF_i——工作 i 的总时差；

FF_i——工作 i 的自由时差。

除了上述工作时间参数外，在单代号网络图中还引入了一新概念，即时间间隔。它表示工作 i 的最早结束时间 EF_i 与其紧后工序 j 的最早开始时间 ES_j 之间的时间间隔，常用 LAG_{i-j} 表示，即

$$LAG_{i-j}=ES_j-EF_i \quad (j>i) \tag{3-5-16}$$

上述参数在网络图中的标注方式，如图 3−5−17 所示。

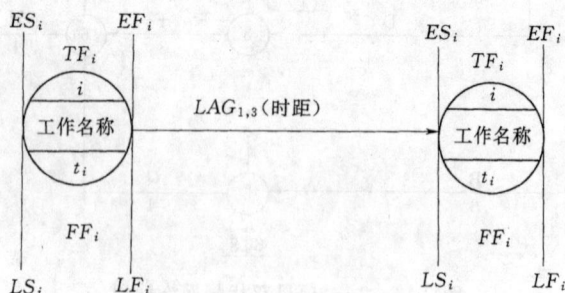

图 3−5−17 单代号时间参数标注图

（一）工作最早开始时间和最早完成时间的计算

工作最早开始时间和最早完成时间的计算应从网络计划的起点节点开始，顺着箭线方

向按节点编号从小到大的顺序依次进行。其计算步骤如下：

（1）设网络计划起点节点的编号为 1，则网络计划起点节点所代表的工作的最早开始时间未规定时取值为零，即

$$ES_1 = 0$$

（2）工作的最早完成时间等于本工作的最早开始时间与其持续时间之和，即

$$EF_i = ES_i + D_i$$

然后顺箭线方向从左至右逐一计算各工作的最早时间参数。若工作 j 有唯一的紧前工作 i，则它的最早开始时间等于工作 i 的最早完成时间；若工作 j 有多个紧前工作，则它的最早开始时间等于其紧前工作最早完成时间的最大值；工作 j 的最早完成时间等于它的最早开始时间与其持续时间之和，即

$$ES_j = \max\{EF_i\} \tag{3-5-17}$$

$$EF_i = ES_i + D_i \tag{3-5-18}$$

下面以图 3-5-18 为例说明上述公式的应用。

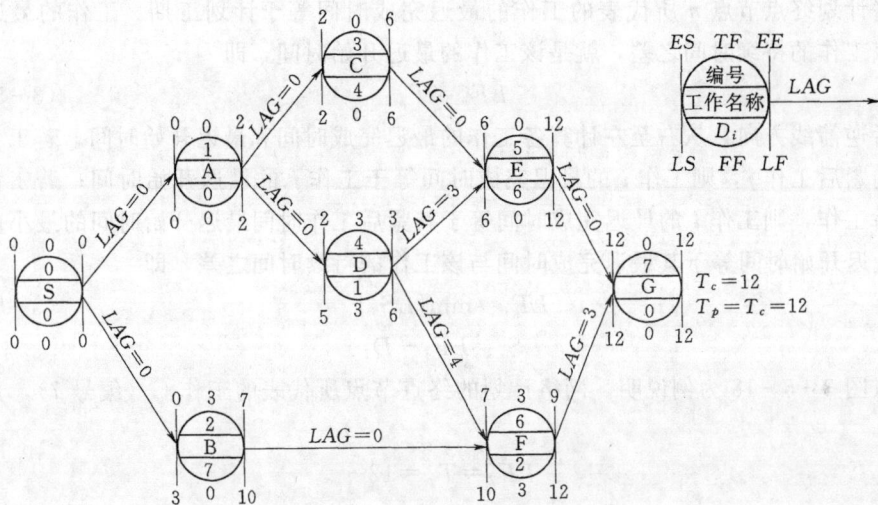

图 3-5-18 单代号网络计划时间参数计算示例

图 3-5-18 中，网络计划的起点节点所代表的工作是虚拟工作，其最早开始时间为零，即

$$ES_0 = 0$$

其最早完成时间为 $\qquad EF = ES_0 + D_0 = 0 + 0 = 0$

工作 A 和工作 B 的紧前工作都仅有虚拟的工作 S，故工作 A 和工作 B 的最早时间分别为

$$ES_1 = ES_2 = EF_0 = 0$$

$$EF_1 = ES_1 + D_1 = 0 + 2 = 2$$

$$EF_2 = ES_2 + D_2 = 0 + 7 = 7$$

工作 C 和工作 D 的紧前工作都仅有工作 A，故工作 C 和工作 D 的最早时间分别为

$$ES_3 = ES_4 = EF_1 = 2$$

$$EF_3 = ES_3 + D_3 = 2 + 4 = 6$$

$$EF_4 = ES_4 + D_4 = 2 + 1 = 3$$

工作 E 有两项紧前工作 C 和工作 D，所以工作 E 的最早时间为

$$ES_5 = \max\{EF_3, EF_4\} = \max\{6, 3\} = 6$$

$$EF_5 = ES_5 + D_5 = 6 + 6 = 12$$

工作 F 有两项紧前工作 B 和工作 D，所以工作 F 的最早时间为

$$ES_6 = \max\{EF_2, EF_4\} = \max\{7, 3\} = 7$$

$$EF_6 = ES_6 + D_6 = 7 + 2 = 9$$

（3）网络计划的计算工期等于其终点节点所代表的工作的最早完成时间。在本例中，其计算工期为

$$T_c = EF_7 = 12$$

（二）工作的最迟开始时间和最迟完成时间的计算

网络计划终点节点 n 所代表的工作的最迟完成时间等于计划工期。工作的最迟完成时间与该工作的持续时间之差，就是该工作的最迟开始时间，即

$$LF_n = T_p \qquad (3-5-19)$$

然后逆箭线方向，从右至左计算各工作的最迟完成时间和最迟开始时间。若工作 i 只有唯一的紧后工作 j，则工作 i 的最迟完成时间等于工作 j 的最迟开始时间；若工作 i 有多个紧后工作，则工作 i 的最迟完成时间等于其紧后工作时间最迟开始时间的最小值；工作 i 的最迟开始时间等于其最迟完成时间与该工作的持续时间之差，即

$$LF_i = \min\{LS_j\} \qquad (3-5-20)$$

$$LS_i = LF_i - D_i$$

仍以图 3-5-18 为例说明。网络计划的终点节点所代表的工作 G（编号 7），其最迟时间为

$$LF_7 = T_p = 12$$

$$LS_7 = LF_7 - D_7 = 12 - 0 = 12$$

工作 E（编号 5）和工作 F（编号为 6）都只有一个紧后工作 G，故

$$LF_5 = LS_7 = 12$$

$$LS_5 = LF_5 - D_5 = 12 - 6 = 6$$

$$LF_6 = LS_7 = 12$$

$$LS_6 = LF_6 - D_6 = 12 - 2 = 10$$

工作 D（编号 4）有两个紧后工作 E 和工作 F，故

$$LF_4 = \min\{LS_5, LS_6\} = \min\{6, 10\} = 6$$

$$LS_4 = LF_4 - D_4 = 6 - 1 = 5$$

同理可算得其他工作的最迟时间参数，如图 3-5-18 所示。

（三）时间间隔的计算

按下式计算工作之间的时间间隔 LAG：

$$LAG_{i-j} = ES_j - EF_i \qquad (3-5-21)$$

例如在图 3-5-18 中，

$$LAG_{1-3}=ES_3-EF_1=2-2=0$$

$$LAG_{2-6}=ES_6-EF_2=7-7=0$$

同理可算得其他工作之间的时间间隔，如图 3-5-18 所示。

（四）工作自由时差和总时差的计算

（1）先计算工作的自由时差 FF。若工作 i 只有一个紧后工作 j，则工作 i 的自由时差等于工作 i 和 j 之间的时间间隔；若工作 i 有多个紧后工作，则工作 i 的自由时差等于它与它的紧后工作之间时间间隔的最小值，即

$$FF_i=\min\{LAG_{i-j}\} \tag{3-5-22}$$

以图 3-5-18 为例，工作 D（编号 4）有两个紧后工作，即工作 E（编号为 5）和工作 F（编号为 6），故

$$FF_4=\min\{LAG_{4-5},LAG_{4-6}\}=\min\{3,4\}=3$$

工作 B（编号为 2）只有一个紧后工作 F（编号为 6），故

$$FF_2=LAG_{2-6}=0$$

同理可算得其他工作的自由时差，如图 3-5-18 所示。

（2）工作总时差 TF 的计算方法有两种。一种方法类似于双代号网络图的方法，按下列公式计算：

$$TF_i=LS_i-ES_i \tag{3-5-23}$$

或

$$TF_i=LF_i-EF_i \tag{3-5-24}$$

本例中

$$TF_1=LS_1-ES_1=0-0=0$$

$$TF_2=LS_2-ES_2=3-0=3$$

$$TF_3=LS_3-ES_3=3-3=0$$

$$TF_4=LS_4-ES_4=5-2=3$$

$$TF_5=LS_5-ES_5=6-6=0$$

$$TF_6=LS_6-ES_6=10-7=3$$

$$TF_7=LS_7-ES_7=12-12=0$$

另一种方法如下：首先令网络的结束工作的总时差 TF_n 等于零，然后逆箭线方向从右至左按下列方法计算其他工作的总时差。

若工作 i 有唯一的紧后工作 j，则其总时差为 i 与 j 之间的时间间隔与工作 j 的总时差之和；若工序 i 有多个紧后工作，则按上述分别计算，所得最小值为工作 i 的总时差，即

$$TF_i=\min\{LAG_{i-j}+TF_j\} \tag{3-5-25}$$

以图 3-5-18 为例，工作 G（编号为 7）为网络的结束工作，故

$$TF_7=0$$

工作 E（编号为 5）和工作 F（编号 6）都只有一个紧后工作 G，故

$$TF_5=TF_7+LAG_{5-7}=0+0=0$$

$$TF_6=TF_7+LAG_{6-7}=0+3=3$$

工作 D（编号为 4）有两个紧后工序：工作 E 和工作 F，故

$$TF_4 = \min\{LAG_{4-5} + TF_5, LAG_{4-6} + TF_6\} = \min\{3+0, 4+3\} = 3$$

同理可算得其他工作的总时差，如图 3-5-18 所示。

若已计算出了工作的最迟开始时间和最迟完成时间，则可按第一种方法计算工作总时差。若没有计算出工作的最迟时间参数，则应按第二种方法计算工作总时差，然后按下列公式计算工作的最迟开始时间和最迟结束时间。

$$LS_i = ES_i + TF_i$$
$$LF_i = EF_i + TF_i$$

或
$$LF_i = LS_i + D_i$$

同双代号网络计划一样，在单代号网络计划中，总时差最小的工作就是关键工作，从起点节点开始到终点节点均为关键工作，且所有工作时间间隔均为零的线路应为关键线路。本例关键线路为 S—A—C—E—G，或用节点编号表示为 ⓪—①—③—⑤—⑦，关键线路在网络图中用双线注明。

五、时标网络计划

双代号时标网络计划（简称时标网络计划）是以时间坐标为尺度编制的网络计划。由于时标网络计划既具有网络计划的优点，又具有横道图计划的直观易懂，在工程实践中应用比较普遍，其应用面大于无时标网络计划。

（一）一般规定

（1）时标网络计划必须以水平时间坐标为尺度表示工作时间。

（2）在时标网络计划中，以实箭线表示工作，实箭线的水平投影长度表示该工作的持续时间。当工作有自由时差时，波形线紧接在实线段的末端，按图 3-5-19 所示的方式表达。虚工作垂直方向画时用虚箭线表示，水平方向画时用波形线表示，不得在波形线之后画实线，按图 3-5-20 所示的方式表达。

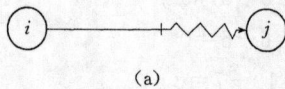

(a)

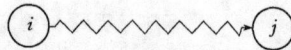

(a)

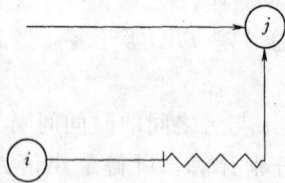

(b)

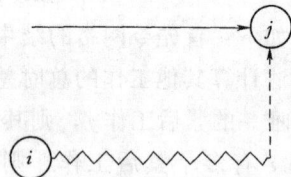

(b)

图 3-5-19　工作有自由时差
的表达方式

图 3-5-20　虚工作
的表达方式

（3）无论哪一种箭线，均应在其末端绘出箭头。

（4）节点的中心必须对准相应的时标位置。

（5）时标网络计划宜按最早时间编制。

（6）以波形线表示工作的自由时差。

（7）在编制时标网络计划之前，应先按已确定的时间单位绘出时标计划表。时标可标注在时标计划表的顶部或底部。时标的长度单位必须注明。必要时，可在顶部时标之上或底部时标之下加注日历的对应时间。

（二）时标网络计划的编制方法

编制时标网络计划应先绘制无时标网络计划草图，然后按直接绘制法进行。

（1）计算各节点的最早时间。

（2）将各节点定位在时标表中，按各工作的时间长度绘制相应工作的实线部分，使其在时间坐标上的水平投影长度等于工作时间（图形尽量与草图一致）。

（3）自左至右依次按节点的最早时间确定其余各节点的位置，并绘制出以各节点为开始节点的工作箭线，某工作箭线的长度不足以到达该工作的结束节点时，用波形线补足；虚工作垂直方向用虚箭线表示，水平方向用波形线表示（图3-5-21）。

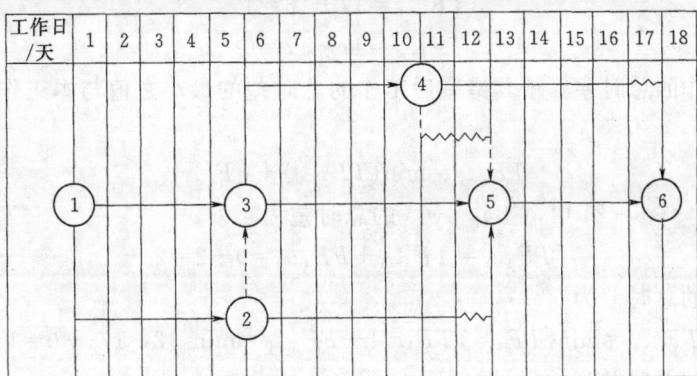

图3-5-21　双代号时标网络计划

（三）时标网络计划中时间参数的判定

1. 关键线路和计算工期的判定

（1）关键线路的判定。自终点节点逆箭线方向朝起点节点观察，自始至终不出现波形线的线路为关键线路。例如在图3-5-21所示的时标网络计划中，线路①—③—⑤—⑥即为关键线路。

（2）计算工期的判定。时标网络计划的计算工期，应是其终点节点与起点节点所在位置的时标值之差。例如图3-5-21所示时标网络计划的计算工期为：

$$T_c = 17 - 0 = 17$$

2. 工作的6个时间参数的判定

（1）工作最早开始时间和最早完成时间的判定。每条箭线的箭尾节点中心所对应的时标值为该工作的最早开始时间。当工作箭线中不存在波形线时，其箭头节点中心所对应的时标值为该工作的最早完成时间；当工作箭线中存在波形线时，工作箭线实线部分右端点所对应的时标值为该工作的最早完成时间。例如在图3-5-21所示的时标网络计划中，工作1—3的最早开始时间为0，最早完成时间为5；工作2—5的最早开始时间为5，最早完成时间为11。

（2）工作的自由时差的判定。在时标网络计划中，工作的自由时差值，等于其波形线在坐标轴上水平投影的长度。例如在图 3-5-21 中，工作 2—5 的自由时差为 1，工作 4—6 的自由时差为 1。其他工作的自由时差均为零。

（3）工作的总时差的判定。工作总时差的判定应从网络计划的终点节点开始，逆着箭线方向依次进行。

1）以终点节点为完成节点的工作，其总时差应等于计划工期与本工作最早完成时间之差，即

$$TF_{i-n} = T_p - EF_{i-n}$$

式中　TF_{i-n}——以网络计划终点节点 n 为完成节点的工作的总时差；

　　　　T_p——网络计划的计划工期；

　　　　EF_{i-n}——以网络计划终点节点 n 为完成节点的工作的最早完成时间。

例如在图 3-5-21 中，工作 4—6、工作 5—6 的总时差分别为

$$TF_{4-6} = 17 - 16 = 1$$
$$TF_{5-6} = 17 - 17 = 0$$

2）其他工作的总时差等于其诸紧后工作的总时差的最小之值与本工作的自由时差之和，即

$$TF_{i-j} = \min\{TF_{j-k}\} + FF_{i-j}$$

例如，在图 3-5-21 中，工作 4—5 的总时差为

$$TF_{4-5} = TF_{5-6} + FF_{4-5} = 0 + 2 = 2$$

工作 3—4 的总时差为

$$TF_{3-4} = \min\{TF_{4-5}, TF_{4-6}\} + FF_{3-4} = \min\{2, 1\} + 0 = 1$$

工作 2—5 的总时差为

$$TF_{2-5} = TF_{5-6} + FF_{2-5} = 0 + 1 = 1$$

（4）工作最迟开始时间和最迟完成时间的判定。

1）工作的最迟开始时间等于本工作的最早开始时间与其总时差之和，即

$$LS_{i-j} = ES_{i-j} + TF_{i-j}$$

式中　LS_{i-j}——工作 $i—j$ 的最迟开始时间；

　　　ES_{i-j}——工作 $i—j$ 的最早开始时间；

　　　TF_{i-j}——工作 $i—j$ 的总时差。

例如，在图 3-5-21 中，工作 2—5 的最迟开始时间为：$LS_{2-5} = 5 + 1 = 6$。

2）工作的最迟完成时间等于本工作的最早完成时间与其总时差之和，即

$$LF_{i-j} = EF_{i-j} + TF_{i-j}$$

工作 2—5 的最迟完成时间为：$LF_{2-5} = 11 + 1 = 12$。

六、网络计划优化

要使项目计划满足工期合理、人力和物力科学配置，工程成本又较低，必须对网络计划进行优化。一个项目计划要同时达到工期最短、资源使用最少、费用最少是不可能的，这是一个多目标优化问题。所以，网络计划的优化，是在满足既定目标的约束条件下，按选定目标，通过不断改进网络计划寻求满意方案。网络计划的优化目标，应按计划任务的需要和条件选定。包括工期目标、资源目标和费用目标，它们之间既有区别，又有紧密

联系。

（一）工期优化

工期优化的作用在于当网络化计划计算工期不满足要求工期时，可通过不断压缩关键路线的长度，达到缩短工期、满足要求工期的目的。关键路线是由关键工作所组成。缩短关键路线的途径有二：一是将关键工作进行分解，组织平行作业或平行交叉作业；二是压缩关键工作的持续时间。

1. 组织平行作业和平行交叉作业

所谓组织平行作业或平行交叉作业，就是将网络中原来串联进行的关键工序，改成为平行进行的或平行交叉进行的工序，使得在同一时间内能安排更多的工序同时进行，但各工序的总持续时间可以保持不变。

（1）将串联工序改为平行工序。将串联进行的关键工序改为平行工序，能收到最大的优化效果。

例如，某引水渠工程包括土方开挖 A 和衬砌 B 两项主要工作，A 工作需 15 天完成，B 工作需 30 天完成，如图 3-5-22（a）所示。若增加同样规格和数量的挖掘设备，开辟新的作业面组织平行作业，则开挖时间可缩短到 7.5 天，如图 3-5-22（b）所示。

从上述过程可看出：

1）将串联工作改为平行工作时，不能违反工艺要求。例如，我们不能把图 3-5-22 中的"开挖"和"衬砌"这两个串联工作改为平行工作。

2）组织平行作业一般要增加资源。例如由图 3-5-22（a）中的安排变为图 3-5-22（b）的安排，需要增加挖掘设备。

（2）将串联工序改为平行交叉工序。将串联的关键工序改为平行工序，虽然优化效果最大，但由于工艺要求的限制，可以这样改变的情形并不多见。然而能将串联的关键工作改为平行交叉工作的情形却是很普遍的。因此，组织平行交叉生产便成为时间优化的最有效的方法。

这种方法的特点是，不改变工序间的逻辑关系，不缩短各工序总的持续时间，只是将串联进行的关键工序各自细分成几段，然后进行平行交叉作业。

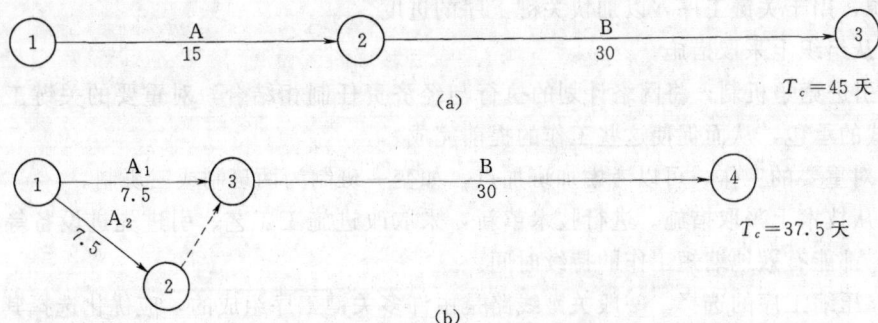

图 3-5-22 组织平行作业图例

在图 3-5-22（a）给出的例子中，若增加设备有困难，不能组织平行作业，而现场条件允许"开挖"与"衬砌"组织交叉作业，也可缩短工期。如均分三段组织平行交叉作业，网络计划如图 3-5-23（b）所示，工期变为 35 天。图中 A_1、A_2、A_3 分别表示第 1、2、3 段的土方开挖，B_1、B_2、B_3 分别表示第 1、2、3 段的衬砌。

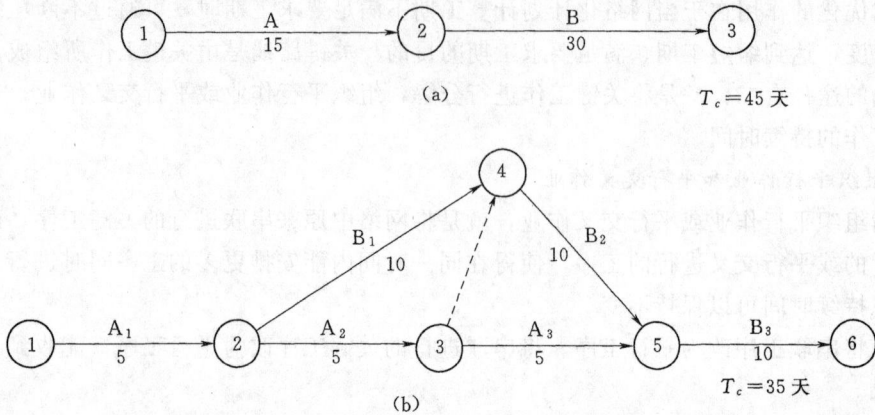

图 3-5-23　交叉作业图例

与组织平行作业相同，组织平行交叉作业，首先应符合工作之间的逻辑关系，有可能要增加资源。

2. 缩短关键工作的持续时间

（1）缩短关键工作持续时间的方法。通常，可以从下列几个方面采取措施来缩短关键工作的时间。

1）从资源上采取措施。

a）从非关键工作上调出资源支援关键工作。图 3-5-24 为某工程初始网络计划，可以考虑调工作 B 上的资源到关键工作 A 或 C 或 A 和 C 上。一般的做法有：①让工作 B 按最早结束时间完成，然后调资源支援工作 C；②推迟工作 B，调集资源支援工作 A；③延长工作 B 的持续时间，调出部分资源支援关键工作 A 和工作 C。可根据实际情况择优选取方案。

b）从计划外抽调资源给关键工序。如果计划内部没有潜力可挖，可考虑从计划外部抽调资源，用于关键工序，以加快关键工序的进度。

2）从组织上采取措施。

a）引进竞争机制，将网络计划的执行与经济责任制相结合，对重要的关键工作实行各种形式的承包，从而促使这些工作的提前完成。

b）对重要的工作，可以考虑加班加点，如变一班制为两班制或三班制。

3）从技术上采取措施。进行技术革新，采取改进施工工艺、引进先进设备等技术上的措施，都能有效地缩短工作的持续时间。

（2）压缩工序的选择。一般关键线路是由许多关键工序组成的，应优化选择其中的哪一个或哪些关键工序进行压缩，这样能达到一箭双雕的效果。

1）公共工序原则。例如在图 3-5-24 中，关键线路为（D—E—G—K），次关键线路为（H—I—J—G—K），其中工序 C 和 K 为关键线路和次关键线路的公共工序。若将工序 G 压缩 3 天，工程周期也将压缩 3 天，但若将工序 E 压缩 4 天，工程周期却只能缩短 1

天。这是因为次关键线路的长度仅比关键线路短 1 天，当关键工序 E 压缩 1 天以后，原来的次关键线路变成了关键线路，继续压缩工序 E，不能使工程周期有任何的缩短。

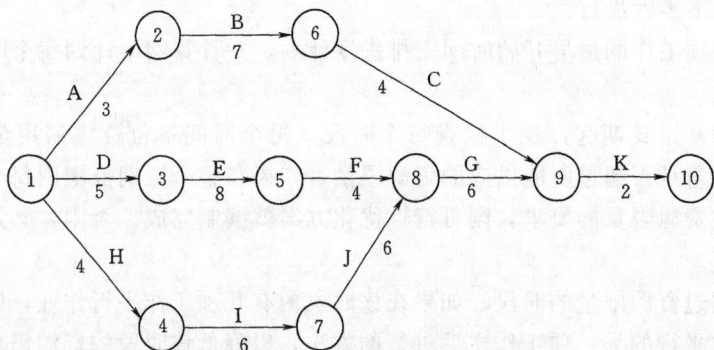

图 3-5-24　网络计划

2）潜力最大的原则。组成关键线路的诸工序中，有些不能压缩，有些虽然可以压缩，但压缩的幅度可能不大，而压缩的难度却可能较高。显然，压缩这样的工序，花费力量不小而效果却不会很大。因此，我们应优先压缩那些容易大幅度进行压缩的工序，也就是压缩潜力较大的工序。例如工序 A 和工序 B 是同一条关键线路上的两个关键工序，工序 A 的持续时间为 40 天，而工序 B 的持续时间为 5 天，显然工序 A 的潜力更大些，应优先压缩工序 A。

3）代价最小原则。所谓代价最小原则，是指在选择优先缩短工作持续时间的关键工作时，应考虑下列因素：

a）缩短工作持续时间后对质量和安全影响不大的工作。

b）有充足备用资源的工作。

c）缩短持续时间所需增加的费用最少的工作。

在网络计划优化的实践中，一般先根据 1）、2）两项将关键工作划分成不同优先级，在此基础上按 3）中的原则选择优先缩短持续时间的对象。

（二）资源优化

资源是指为完成一项计划任务所需投入的人力、材料、机械设备和资金等。完成一项工程任务所需要的资源量基本上是不变的，不可能通过资源优化将其减少。资源优化的目的是通过改变工作的开始时间和完成时间，使资源按照时间的分布符合优化目标。

在通常情况下，网络计划的资源优化分为两种，即"资源有限，工期最短"的优化和"工期固定，资源均衡"的优化。前者是通过调整计划安排，在满足资源限制条件下，使工期延长最少的过程；而后者是通过调整计划安排，在工期保持不变的条件下，使资源需用量尽可能均衡的过程。

这里所讲的资源优化，其前提条件：一是在优化过程中，不改变网络计划中各项工作之间的逻辑关系；二是在优化过程中，不改变网络计划中各项工作的持续时间；三是网络计划中各项工作的资源强度（单位时间所需资源数量）为常数，而且是合理的；四是除规定可中断的工作外，一般不允许中断工作，应保持其连续性。

为简化问题，这里假定网络计划中的所有工作需要同一种资源。

1. "资源有限，工期最短"的优化

一般可按以下步骤进行：

(1) 按照各项工作的最早开始时间安排进度计划，并计算网络计划每个时间单位的资源需用量。

(2) 从计划开始日期起，逐个检查每个时段（每个时间单位资源需用量相同的时间段）的资源需用量是否超过所能供应的资源限量。如果在整个工期范围内每个时段的资源需用量均能满足资源限量的要求，则可行性优化方案就编制完成。否则，必须转入下一步进行计划的调整。

(3) 分析超过资源限量的时段。如果在该时段内有几项工作平行作业，则采取将一项工作安排在与之平行的另一项工作之后进行的方法，以降低该时段的资源需用量。

(4) 对调整后的网络计划安排重新计算每个时间单位的资源需用量。

(5) 重复上述 (2)、(4)，直至网络计划整个工期范围内每个时间单位的资源需用量均满足资源限量为止。

2. "工期固定，资源均衡"的优化

安排建设工程进度计划时，需要使资源需用量尽可能地均衡，使整个工程每单位时间的资源需用量不出现过多的高峰和低谷，这样不仅有利于工程建设的组织与管理，而且可以降低工程费用。

"工期固定，资源均衡"的优化方法有多种，如方差值最小法、极差值最小法、削高峰法等。

七、网络计划的实施

1. 前锋线检查法

(1) 进度前锋线。实际进度前锋线简称为前锋线，是我国首创的用于时标网络计划控制的工具，它是在网络计划执行中的某一时刻正进行的各工作的实际进度前锋的连线，在时标网络图上标画前锋线的关键是标定工作的实际进度前锋位置。其标定方法有两种：

1) 按已完成的工程实物量比例来标定。时标图上箭线长度与相应工作的持续时间对应，也与其工程实物量的多少成正比。检查计划时某工作的工程实物量完成了几分之几，其前锋点就从表示该工作的箭线起点自左至右标在箭线长度的几分之几的位置。

2) 按尚需的工作持续时间来标定。有时工作的持续时间是难以按工程实物量来换算的，只能根据经验用其他办法估算出来。要标定检查计划时的实际进度前锋点位置，可采用原来的估算办法，估算出从该时刻起到该工作全部完成尚需要的时间，从表示该工作的箭线末端反过来自右至左标出前锋位置。

某工程的双代号时标网络计划如图 3-5-25 所示。该工程计划执行到第 50 天下班时检查，工程进展为：工作 A、工作 B 已完成，而工作 C、工作 D、工作 E 分别需要 90 天、40 天、40 天才能完成，用前锋线法表示的工程进展情况如图 3-5-26 所示。

(2) 分析当前进度。在图 3-5-26 中，以表示检查计划时刻的日期线为基准线（或称进度目标线），前锋线可以看成描述实际进度的波形线，前锋处于波峰上的线路相对于相邻线路超前，处于波谷上的线路相对于相邻线路落后；前锋在基准线前面的线路比原计

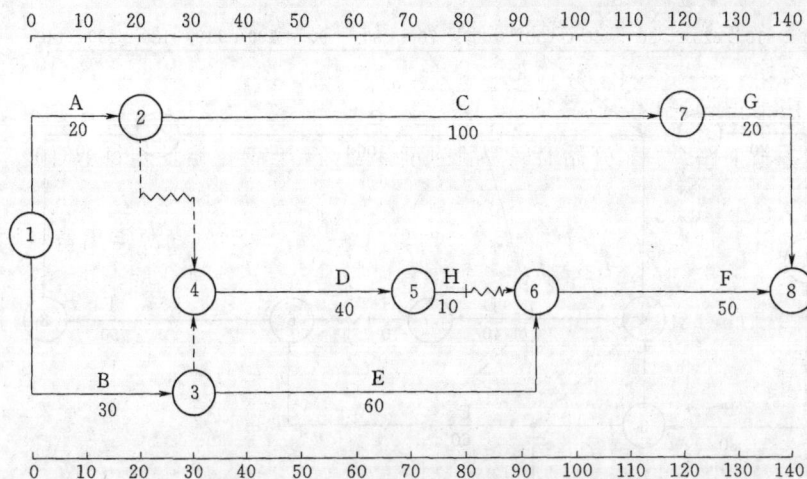

图 3-5-25 某工程双代号时标网络计划

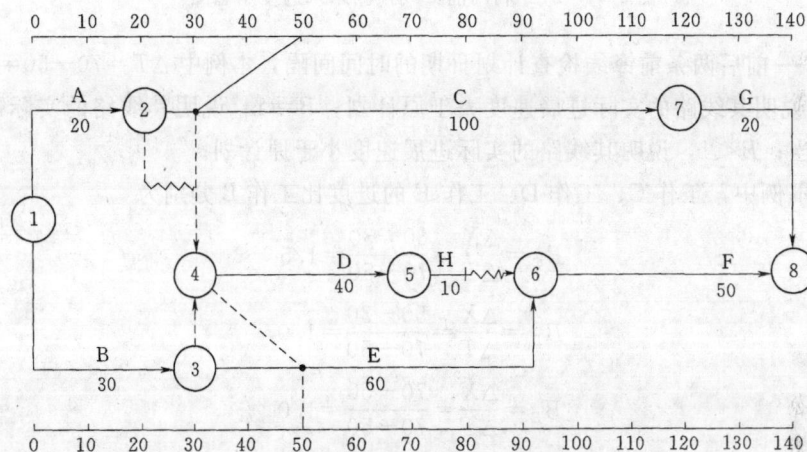

图 3-5-26 实际进度前锋线示例

划超前，在基准线后面的线路比原计划落后。显然，通过绘制前锋线，工程项目在该检查计划时刻的实际进度便一目了然。在本例图中可看出：工作 C、工作 D 比计划进度拖后20 天进度，工作 E 按计划进行。由于工作 C 为关键工作，故对总工期影响 20 天；工作 D总时差 10 天，对总工期影响 10 天。综合结果为：对总工期影响 20 天。

（3）预测未来进度。图 3-5-27 所示工程进度计划继续进行到第 70 天下班时检查，发现工作 C、工作 D、工作 E 分别尚需 60 天、20 天、20 天才能完成。根据这一检查结果，在图3-5-26 基础上，进一步绘制的进度前锋线如图 3-5-27 所示。

第 70 天（现时刻）的前锋线与第 50 天（前一次）检查的前锋线进行对比分析，可以在一定程度上对项目未来的进度变化趋势作出预测。预测可由进度比来判定，其式为

$$B = \frac{\Delta X}{\Delta T}$$

式中 ΔX——前后两条前锋线在某线路上截取的线段长，例如本例中工作 C 的 $\Delta X =$
        $60 - 30 = 30$（天）；

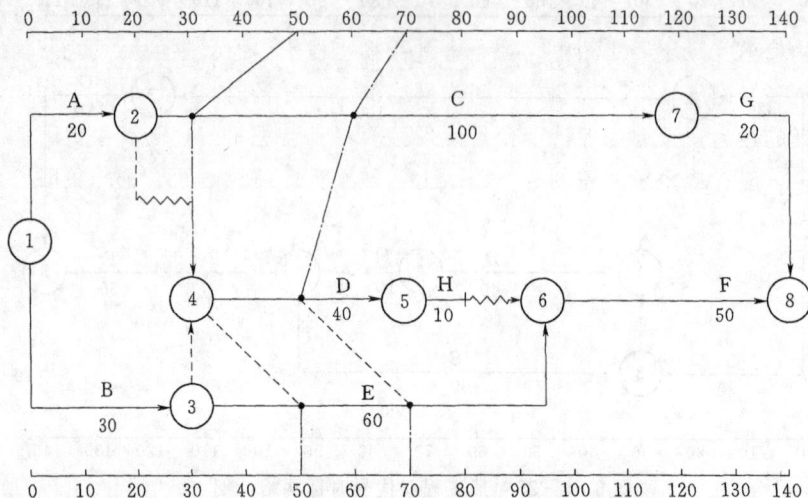

图 3-5-27 利用前锋线预测未来进度示意图

ΔT——前后两条前锋线检查计划日期的时间间隔，本例中 $\Delta T=70-50=20$（天）。

$B>1$，说明其线路的实际进展速度大于原计划；$B=1$，说明其线路的实际进展速度与原计划相当；$B<1$，说明其线路的实际进展速度小于原计划。

因此，本例中，工作 C、工作 D、工作 E 的进度比工作 B 分别为

$$B_C=\frac{\Delta X}{\Delta T}=\frac{60-30}{70-50}=1.5$$

$$B_D=\frac{\Delta X}{\Delta T}=\frac{50-30}{70-50}=1.0$$

$$B_E=\frac{\Delta X}{\Delta T}=\frac{70-50}{70-50}=1.0$$

即工作 C、工作 D、工作 E 在 50～70 天之间的实际施工速度分别是原计划速度的 1.5 倍、1.0 倍和 1.0 倍。

若继续保持该实际进度施工，工作 C 将在第 110 天下班时完成，比原计划最早完成时间提前 20 天完成；工作 D 将在第 90 天下班时完成，比计划最早完成时间拖后 20 天完成；工作 E 将按计划在第 90 天完成。

综上分析可知，尽管由于工作 C 的提前完成，工作 G 可提前开工 20 天，但是，受工作 D 拖后的影响，工作 H 的最早开始时间将推迟 20 天，工作 H 的自由时差为 10 天，所以导致工作 F 的最早开始时间也将推迟 10 天，最终将导致总工期拖延 10 天时间。

前锋线的检查成果直观明了，一般人员都能看懂，所以每次前锋线检查结果可以出示，让各级管理人员及工人们都知道，有利于加快施工进度。

2. 割切检查法

割切检查法是一种将网络计划中已完成部分割切去，然后对剩余网络部分进行分析的一种方法。其具体步骤如下：

（1）去掉已经完成的工作，对剩余工作组成的网络计划进行分析。

（2）把检查当前日期作为剩余网络计划的开始日期，将那些正在进行的剩余工作所需的持续时间估算出并标于网络图中，其余未进行的工作仍以原计划的持续时间为准。

（3）计算剩余网络参数，以当前时间为网络的最早开始时间，计算各工作的最早开始时间，各工作的最迟完成时间保持不变，然后计算各工作总时差，若产生负时差，则说明项目进度拖后。应在出现负时差的工作路线上，调整工作持续时间，消除负时差，以保证工期按期实现。

以图 3-5-27 所示第 70 天的检查结果为例，首先用割切检查法绘制出剩余网络，然后进行时间参数计算（以检查日期第 70 天为起点节点的最早时间、以原工程网络计划的计划工期第 140 天为终点节点的最迟时间），结果如图 3-5-28 所示。从图 3-5-28 所示计算结果可知，工作 C、G、D、H、F 的总时差均变为 −10，出现了负时差，说明在线路 ②—⑦—⑧和线路④—⑤—⑥—⑧上按原计划工期进度均拖后 10 天，在这两条线路上应采取措施进行赶工，以保证按原计划工期完成。

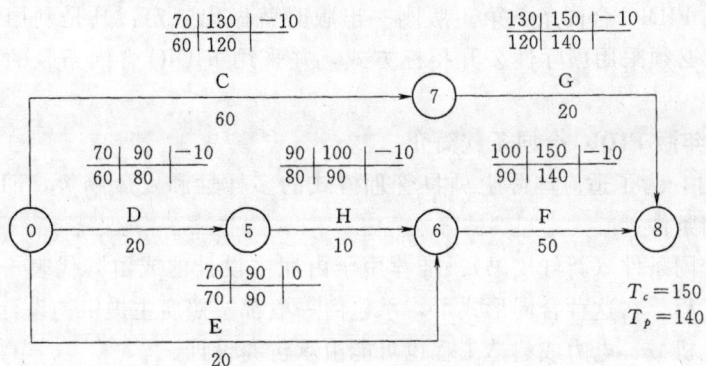

图 3-5-28　割切检查法算例

‖ 第六节 ‖

工程项目合同管理

一、FIDIC 合同条款概述

（一）FIDIC 及其合同条款

FIDIC 是国际咨询工程师联合会的法语（Fédération Internationale Des Ingénieurs Conseils）的简称，它是由丹麦等欧洲四国的咨询工程师协会于 1913 年发起组织的，是各国咨询工程师的一种专业性事务组织。该组织在第二次世界大战期间停止活动。1945 年，国际咨询工程师联合会正式恢复，实行团体会员制，由各国咨询工程师协会参加。由于战后重建和世界经济与贸易事务的迅猛发展，跨国咨询项目大大增加，特别是由于战后国际性经济援助组织对发展中国家提供资金开发建设，国际咨询工程师联合会的业务迅速发展。例如，国际货币基金组织和世界银行对发展中国家的贷款项目建设等，大大促进了国际咨询工程师联合会的发展，至今已拥有来自全球各地 50 个国家和地区的成员。国际咨询工程师联合会总部设在瑞士洛桑，下属亚洲及太平洋地区成员协会（ASPAC）、欧洲共同体成员协会（CEDIC）、非洲成员协会集团（CAMA）、北欧成员协会集团（RIHORD）4个地区成员协会。

1945年12月，国际咨询工程师联合会恢复后不久，国际咨询工程师联合会在英国土木工程师学会（Institution of Civil Engineers，ICE）制定的《合同条款》（第3版）的基础上，进行补充和修订，制订出版了第一个供国际通用的标准条款——《合同的通用条款》。

1957年1月，《土木工程施工合同条件》，通称FIDIC合同条款，简称"红皮书"，以第1版的形式出版，开始在国际性招标承包工程中使用，成为唯一的国际通用的标准合同条款。之后，分别于1969年、1977年、1987年相继出版了"红皮书"的第2版、第3版、第4版，并于1992年出版了第4版的修订版。

此外，FIDIC还相继出版了《电气与机械工程合同条件》（黄皮书）、《业主/咨询工程师标准服务协议书》（白皮书）等。

世界银行在FIDIC合同条款第1版刚一出版时就做出规定：凡是利用该行贷款兴建的工程项目，都必须采用国际性公开招标方式，并采用FIDIC合同条款的第一部分通用条款。

（二）1999年版FIDIC合同条款简介

1999年9月，为了适应国际上项目管理模式的多样性和发展趋势，FIDIC正式出版了4本新的合同条件：

（1）施工合同条件（新红皮书）：推荐用于由雇主设计的或由其代表——工程师设计的房屋建筑或工程。在这种合同形式下，承包商一般都按照雇主提供的设计施工。但工程中的某些土木、机械、电力或建造工程也可能由承包商设计。

（2）永久设备和设计——建造合同条件（新黄皮书）：推荐用于电力或机械设备的提供，以及房屋建筑或工程的设计和实施。在这种合同形式下，FIDIC一般都是由承包商按照雇主的要求设计和提供设备或其他工程（包括由土木、机械、电力或建造工程的任何组合形式）。

（3）EPC/交钥匙项目合同条件（银皮书）：适用于在交钥匙的基础上进行的工厂或其他类似设施的加工或能源设备的提供，或者基础设施项目和其他类型的开发项目的实施，这种合同条件所适用的项目对最终价格和施工时间的确定性要求较高，承包商完全负责项目的设计和施工，雇主基本不参与工作。在交钥匙项目中，一般情况下由承包商实施所有的设计、采购和建造工作，即在"交钥匙"时，提供一个配备完整、可以运行的设施。

（4）合同的简短格式（绿皮书）：推荐用于价值相对较低的建筑或工程。根据工程的类型和具体条件的不同，此格式也适用于价值较高的工程，特别是较简单的、重复性的或工期短的工程，在这种合同形式下，一般都是由承包商按照雇主或其代表——工程师提供的设计实施工程，但对于部分或完全由承包商设计的土木、机械、电力或建造工程的合同也同样适用。

二、《水利水电工程标准文件》

（一）《水利水电工程标准文件》概述

为了规范水利水电工程施工，水利部、国家电力公司、国家工商行政管理局曾联合编制了适合我国大中型水利水电工程施工的《水利水电工程施工合同和招标文件示范文本》（2000 年版），并于 2000 年 2 月 23 日发出《关于印发〈水利水电工程施工合同和招标文件示范文本〉的通知》（水建管〔2000〕62 号），要求实施。

为了进一步加强水利水电工程施工招标管理，规范资格预审文件和招标文件编制工作，水利部在国家发展和改革委员会等九部委联合编制的《标准施工招标资格预审文件》和《标准施工招标文件》（简称《标准文件》）的基础上，结合水利水电工程特点和行业管理需要，组织编制了《水利水电工程标准施工招标资格预审文件》（2009 年版）和《水利水电工程标准施工招标文件》（2009 年版）（简称《水利水电工程标准文件》），并于 2009 年 12 月 29 日发出《关于印发水利水电工程标准施工招标资格预审文件和水利水电工程标准施工招标文件的通知》（水建管〔2009〕629 号），要求："凡列入国家或地方投资计划的大中型水利水电工程使用《水利水电工程标准文件》，小型水利水电工程可参照使用。""《水利水电工程标准文件》是《标准文件》在水利水电工程应用上的补充和细化，上述文件应结合使用，两者条款号若内容不一致时，采用《水利水电工程标准文件》。""通用合同条款应不加修改地引用。""专用合同条款可根据招标项目的具体特点和实际需要，按其条款编号和内容对通用合同条款进行补充、细化，但除通用合同条款明确专用合同条款可作出不同约定外，补充和细化的内容不得与通用合同条款规定相抵触，不得违反法律、法规和行业规章的有关规定和平等、自愿、公平和诚实信用原则。""技术标准和要求（合同技术条款）是参考性的文本，招标人可根据工程项目的具体需要进行修改，但应注意与通用合同条款、专用合同条款以及工程量清单的衔接。""《水利水电工程标准文件》中须不加修改引用的内容，若确因工程的特殊条件需要修改时，应按项目的隶属关系报项目主管部门批准。""《水利水电工程标准文件》自 2010 年 2 月 1 日起施行。"对《水利水电工程标准文件》的使用范围、使用方法和使用时间作出了明确的规定。

《水利水电工程标准文件》由第一部分通用合同条款（24 方面、60 条、211 款）、第二部分专用合同条款（26 条、37 款，并增加"保密"和"联合体各成员承担连带责任"两条）和通用合同条款使用说明组成。

应该注意的是，标准化条款是一种格式条款。我国《合同法》规定，采用格式条款订立合同，应当遵循公平原则确定当事人之间的权利和义务；提供条款一方免除其责任、加重对方责任、排除对方主要权利的，该条款无效。《合同法》还规定，对格式条款的理解发生争议的，应当按照通常理解予以解释，对格式条款有两种以上解释的，应当作出不利于提供格式条款一方的解释；格式条款与非格式条款不一致的，应当采用非格式条款。

（二）合同文件的组成

合同文件是指由发包人与承包人签订的为完成合同规定的各项工作所列入合同的全部文件。《水利水电工程标准文件》规定的施工合同文件主要包括下列内容。

1. 合同协议书

合同协议书是指发包人与承包人在协商一致基础上所签订的协议书，协议书也称合同书。《合同法》规定：当事人采用合同书形式订立合同的，自双方当事人签字或者盖章时合同成立。

2. 中标通知书

中标通知书（中标函）是指发包人向承包人授标的通知书。中标通知书应在其正文中包括一个完整的合同文件清单，其中包括被接受的投标书、合同谈判基础上双方达成的协议。如有需要，中标通知书中还应写明合同价格以及有关履约担保及合同协议等问题。

3. 投标报价书

投标报价书是指承包人为完成本合同规定的各项工作，向发包人提交并为发包人所接受的报价书，是组成投标书的最重要的文件。

在投标报价书中，投标者要确认他已阅读了招标文件并理解了招标文件的要求，并申明他为了承担和完成合同规定的全部义务所需的投标金额。这个金额必须和"工程量清单"中所列的总价相一致。此外，在投标报价书中，还应注明投标书保持有效和同意被接受的时间（这一时间应足够用来完成评标、决标和授予合同等工作）。

4. 合同条件

合同条件是指由发包人拟定或选定，经发包人和承包人协商一致的，确定合同双方权利和义务关系以及风险分配的主要条款。合同条件一般均应包括下述主要内容：词语涵义、合同文件内容及优先顺序、双方的一般义务和责任、履约担保、监理单位和监理人员、转让和分包、材料和设备、工程进度、工程质量、计量与支付、变更、违约和索赔、争议的解决、风险与保险、完工与保修等。

《水利水电工程标准文件》（2009 年版）规定的合同条件包括两部分：第一部分为通用合同条款；第二部分为专用合同条款。

5. 技术条款

技术条款也称技术规范或规范，是指合同中包括的技术条款，以及由监理工程师批准的对技术条款的任何修改或补充文件。技术条款应规定：合同的工作范围和技术要求；对承包人提供的材料与工程设备的质量和工艺标准、工程质量标准的规定；在合同期间由承包人提供的试样和进行试验的细节；计量方法等。

6. 图纸

图纸是指列入合同的招标图纸、投标图纸和发包人按合同约定向承包人提供的施工图纸和其他图纸（包括配套说明和有关资料）。列入合同的招标图纸已成为合同文件的一部分，具有合同效力，主要用于在履行合同中作为衡量变更的依据，但不能直接用于施工。经发包人确认进入合同的投标图纸亦成为合同文件的一部分，用于在履行合同中检验承包人是否按其投标时承诺的条件进行施工的依据，亦不能直接用于施工。

7. 已标价的工程量清单

已标价的工程量清单是指构成合同文件组成部分的，由承包人按照规定的格式和要求填写并标明价格的工程量清单。

8. 其他合同文件

其他合同文件是指经合同双方当事人确认构成合同文件的其他文件。

三、《建设工程造价咨询合同（示范文本）》（简称《示范文本》）

2015 年，住房和城乡建设部与国家工商行政管理总局联合发布了《建设工程造价咨询合同（示范文本）》（GF－2015－0212），包括协议书、通用条件和专用条件组成。

（一）《示范文本》的组成

《示范文本》由协议书、通用条件和专用条件三部分组成。

1. 协议书

《示范文本》协议书集中约定了合同当事人基本的合同权利义务。

2. 通用条件

通用条件是合同当事人根据《中华人民共和国合同法》《中华人民共和国建筑法》等法律法规的规定，就工程造价咨询的实施及相关事项，对合同当事人的权利义务作出的原则性约定。

通用条件既考虑了现行法律法规对工程发承包计价的有关要求，也考虑了工程造价咨询管理的特殊需要。

3. 专用条件

专用条件是对通用条件原则性约定的细化、完善、补充、修改或另行约定的条件。合同当事人可以根据不同建设工程的特点及发承包计价的具体情况，通过双方的谈判、协商对相应的专用条件进行修改补充。在使用专用条件时，应注意以下事项：

（1）专用条件的编号应与相应的通用条件的编号一致。

（2）合同当事人可以通过对专用条件的修改，满足具体工程的特殊要求，避免直接修改通用条件。

（3）在专用条件中有横道线的地方，合同当事人可针对相应的通用条件进行细化、完善、补充、修改或另行约定；如无细化、完善、补充、修改或另行约定，则填写"无"或划"/"。

（二）适用范围

《示范文本》供合同双方当事人参照使用，可适用于各类建设工程全过程造价咨询服务以及阶段性造价咨询服务的合同订立。合同当事人可结合建设工程具体情况，按照法律法规规定，根据《示范文本》的内容，约定双方具体的权利义务。

（三）词语解释

（1）"酬金"是指咨询人履行本合同义务，委托人按照本合同约定给付咨询人的金额。

（2）"正常工作酬金"是指在协议书中载明的，咨询人完成正常工作，委托人应给付咨询人的酬金。

（3）"附加工作酬金"是指咨询人完成附加工作，委托人应给付咨询人的酬金。

（4）"书面形式"是指合同书、信件和数据电文（包括电报、电传、传真、电子数据交换和电子邮件）等可以有形地表现所载内容的形式。

（5）"不可抗力"是指委托人和咨询人在订立本合同时不可预见，在合同履行过程中不可避免并不能克服的自然灾害和社会性突发事件，如地震、海啸、瘟疫、水灾、骚乱、暴动、战争等情形。

（四）合同文件优先顺序

组成本合同的下列文件彼此应能相互解释、互为说明。除专用条件另有约定外，本合同文件的解释顺序如下：①协议书；②中标通知书或委托书（如果有）；③专用条件及附录；④通用条件；⑤投标函及投标函附录或造价咨询服务建议书（如果有）；⑥其他合同文件。上述各项合同文件包括合同当事人就该项合同文件所作出的补充和修改，属于同一类内容的文件，应以最新签署的为准。

在合同订立及履行过程中形成的与合同有关的文件均构成合同文件的组成。

（五）咨询人的义务

1. 项目咨询团队及人员

（1）项目咨询团队的主要人员应具有专用条件约定的资格条件，团队人员的数量应符合专用条件的约定。

（2）项目负责人。咨询人应以书面形式授权一名项目负责人负责履行本合同、主持项目咨询团队工作。采用招标程序签署本合同的，项目负责人应当与投标文件载明的一致。

（3）在本合同履行过程中，咨询人员应保持相对稳定，以保证咨询工作正常进行。

咨询人可根据工程进展和工作需要等情形调整项目咨询团队人员。咨询人更换项目负责人时，应提前7日向委托人书面报告，经委托人同意后方可更换。除专用条件另有约定外，咨询人更换项目咨询团队其他咨询人员，应提前3日向委托人书面报告，经委托人同意后以相当资格与能力的人员替换。

（4）咨询人员有下列情形之一，委托人要求咨询人更换的，咨询人应当更换：①存在严重过失行为的；②存在违法行为不能履行职责的；③涉嫌犯罪的；④不能胜任岗位职责的；⑤严重违反职业道德的；⑥专用条件约定的其他情形。

2. 咨询人的工作要求

（1）咨询人应当按照专用条件约定的时间等要求向委托人提供与工程造价咨询业务有关的资料，包括工程造价咨询企业的资质证书及承担本合同业务的团队人员名单及执业（从业）资格证书、咨询工作大纲等，并按合同约定的服务范围和工作内容实施咨询业务。

（2）咨询人应当在专用条件约定的时间内，按照专用条件约定的份数、组成向委托人提交咨询成果文件。咨询人提供造价咨询服务以及出具工程造价咨询成果文件应符合现行国家或行业有关规定、标准、规范的要求。委托人要求的工程造价咨询成果文件质量标准高于现行国家或行业标准的，应在专用条件中约定具体的质量标准，并相应增加服务酬金。

（3）咨询人提交的工程造价咨询成果文件，除加盖咨询人单位公章、工程造价咨询企业执业印章外，还必须按要求加盖参加咨询工作人员的执业（从业）资格印章。

（4）咨询人应在专用条件约定的时间内，对委托人以书面形式提出的建议或者异议给予书面答复。

（5）咨询人从事工程造价咨询活动，应当遵循独立、客观、公正、诚实信用的原则，不得损害社会公共利益和他人的合法权益。

（6）咨询人承诺按照法律规定及合同约定，完成合同范围内的建设工程造价咨询服务，不转包承接的造价咨询服务业务。

3. 咨询人的工作依据

咨询人应在专用条件内与委托人协商明确履行本合同约定的咨询服务需要适用的技术标准、规范、定额等工作依据，但不得违反国家及工程所在地的强制性标准、规范。

咨询人应自行配备本条所述的技术标准、规范、定额等相关资料。必须由委托人提供的资料，应载明。需要委托人协助才能获得的资料，委托人应予以协助。

4. 使用委托人房屋及设备的返还

项目咨询人员使用委托人提供的房屋及设备的，咨询人应妥善使用和保管，在本合同终止时将上述房屋及设备按专用条件约定的时间和方式返还委托人。

（六）委托人的义务

1. 提供资料

委托人应当在专用条件约定的时间内，按照约定无偿向咨询人提供与本合同咨询业务有关的资料。在本合同履行过程中，委托人应及时向咨询人提供最新的与本合同咨询业务有关的资料。委托人应对所提供资料的真实性、准确性、合法性与完整性负责。

2. 提供工作条件

委托人应为咨询人完成造价咨询提供必要的条件。

（1）委托人需要咨询人派驻项目现场咨询人员的，除专用条件另有约定外，项目咨询人员有权无偿使用由委托人提供的房屋及设备。

（2）委托人应负责与本工程造价咨询业务有关的所有外部关系的协调，为咨询人履行本合同提供必要的外部条件。

3. 合理工作时限

委托人应当为咨询人完成其咨询工作，设定合理的工作时限。

4. 委托人代表

委托人应授权一名代表负责本合同的履行。委托人应在双方签订本合同 7 日内，将委托人代表的姓名和权限范围书面告知咨询人。委托人更换委托人代表时，应提前 7 日书面通知咨询人。

5. 答复

委托人应当在专用条件约定的时间内就咨询人以书面形式提交并要求做出答复的事宜给予书面答复。逾期未答复的，由此造成的工作延误和损失由委托人承担。

6. 支付

委托人应当按照合同的约定，向咨询人支付酬金。

【 第七节 】

水利工程项目信息管理

信息是各项管理工作的基础和依据，信息只有通过有组织的流通，才能使项目管理人员及时掌握完整、准确、满足需要的信息，使管理工作有效地起到计划、组织、控制和协调的作用，为科学地决策提供重要依据。工程项目信息的管理是工程项目管理机构在明确工程项目信息流程的基础上，通过对各个系统、各项工作和各种数据的管理，使工程项目信息能方便和有效地获取、存储、存档、处理和交流。工程项目信息管理的目的旨在通过信息传输的有效组织管理和控制为工程项目建设提供增值服务。

一、水利工程项目信息管理系统

工程项目信息管理系统是信息、信息流通和信息处理各方面的总和，能将各种管理职能和管理组织沟通起来。建立工程项目信息管理系统，是工程项目管理者的责任，也是完成工程项目管理任务的前提。工程项目信息管理系统应方便项目信息输入、加工与存储，应有利于用户提取信息、及时调整数据、表格与文档，应能灵活补充、修改与删除数据，满足项目管理的全部需要，应能使施工准备阶段的管理信息、施工过程项目的管理信息、竣工阶段的信息等有良好的接口。工程项目信息管理的系统主要包括信息的收集、加工整理、存储、检索和传递。

1. 工程项目信息的收集

工程项目信息的收集是收集项目决策和实施过程中的原始数据，信息管理工作的质量很大程度上取决于原始资料的全面性和可靠性。建立一套完善的信息采集制度是有重要意义的。

（1）建立、完善工程项目信息采集制度。项目组织应建立项目信息管理系统，及时收集信息，将信息准确、完整地传递给使用单位和人员，优化信息结构，实现项目信息化管理。项目经理部应配备信息管理员（必须经有资质的培训单位培训），负责收集、整理、管理本项目范围内的信息，为预测未来和决策提供依据。项目信息收集应随工程的进展进行，经有关负责人审核，保证及时、准确、真实。

比如，项目经理部应收集并整理工程概况信息、施工信息、项目管理信息，如法律、法规与部门规章信息、自然条件信息、市场信息、施工技术资料信息、项目进度控制信息、项目质量控制信息、项目成本控制信息、项目机械设备管理信息等。

（2）工程项目建设前期的信息收集。工程项目在正式开工之前，需要进行大量的工作，产生大量的文件，文件包括设计任务书、设计文件、招标投标合同文件等有关资料。

设计任务书是确定工程项目建设规模、建设布局和建设进度等原则问题的重要文件，也是编制工程设计文件的重要依据。所有新建或扩建的工程项目，都要依据资源条件和国民经济发展规划按照工程项目的隶属关系，由主管部门组织有关单位提前编制设计任务书。项目信息包括项目建议书、可行性研究报告、项目建设上级单位和政府主管部门对工程项目的要求和批复、项目建设用地的自然、社会、经济环境等一系列有关信息资料。

工程项目的设计任务书经建设单位审核批准后需委托工程设计单位编制工程设计文件。在工程项目进行设计前，工程设计单位一般要收集社会及建设地区的自然条件资料调查情况（如河流、水文、水资源、地质、地形、地貌、气象等资料）、工程技术勘测调查情况（如修建水库水电站，对已选定的坝址做进一步调查勘探，对岩土基础进行分析试验。如利用当地材料建坝，对各种石料的性质进行试验分析等）、技术经济勘察调查情况（工程建设地区的原材料、燃料来源，水电供应和交通运输条件，劳力来源、数量和工资标准等资料）。

对于大型工程项目，项目设计通常有如下三个阶段：初步设计、技术设计和施工图设计。初步设计含有大量的工程建设信息，如工程项目的目的和主要任务、工程的规模、规划布置、建筑物的位置、结构形式和设计尺寸，各种建筑物的材料用量，主要技术经济指标，建设工期和总概算等。技术设计是初步设计进一步深化，要求收集补充更详细的资料，对工程中的各种建筑物，做出具体的设计计算。技术设计比初步设计提供了更确切的数据资料，对建筑物的结构形式和尺寸等提出修正，编制修正后的总概算。施工图设计阶段包括施工总平面图、建筑物的施工平面图和剖面图、安装施工详图、各种专门工程的施工图以及各种设备和材料的明细表等，通过图纸反映出大量的信息。

工程项目的招标文件由建设单位编制或委托咨询单位编制，主要内容包括：投标邀请书、投标须知、合同双方签署的合同协议书、履约保函、合同条款、投标书及其附件、工程报价表及其附件、技术规范、招标图纸、建设单位在招投标期内发生的所有补充通知、承建单位补充的所有书面文件、承建单位在投标时随投标书一起递送的资料与附图、建设单位发布的中标通知、商谈合同时双方共同签字的补充文件。在招投标过程中及在决标后，招标、投标文件及其他文件将形成一套对工程建设起制约作用的合同文件。

在招投标文件中包含建设单位所提供的材料供应、设备供应、水电供应、施工道路、临时房屋、征地情况等，承建单位所投入的人力、机械方面的情况，工期保证、质量保证、投资保证、施工措施和安全保证等。

工程项目建设前期除以上各个阶段产生的各种文件资料外，还包括上级单位对工程项目的批示和有关指示、征用土地等重要的文件信息。

（3）工程项目施工期的信息收集。工程项目在整个工程施工阶段，包含建设单位提供的信息、承建商提供的信息、工程监理的记录信息等各种信息，需要及时收集和处理。项目的施工阶段是大量的信息发生、传递和处理的阶段。

建设单位作为建设项目的组织者，在施工中要依据合同文件规定提供相应的条件，表达对工程各方面的意见和要求，下达某些指令，应及时收集建设单位提供的信息。建设单位及建设单位的上级单位在建设过程中对工程建设的各种有关进度、质量、投资、合同等方面的意见和指令，都是工程建设过程中重要的信息。

承建商在施工中必须经常向上级部门、设计单位、监理单位及其他方面发出某些文件，传达一定的内容。向工程监理单位报送施工组织设计、报送计划、单项工程施工措施、质量问题报告等。在施工现场发生的各种情况中，工程建设的各参与单位按照自身项目管理工作进行收集和整理，汇集成丰富的信息资料。

工地现场的工程监理单位的记录包括工地工程师的监理记录、工程质量记录、竣工记录等内容。施工现场监理负责人每月向监理总负责人及建设单位汇报的情况：工程施工进度状况，工程进度拖延的原因分析，工程质量情况与问题，材料、设备供货问题，组织、协调方面的问题，异常的天气情况等。施工现场监理负责人对施工单位的指示为：正式函件、日常指示；工程质量记录包括试验结果记录及样本记录等；现场每日的记录：现场每日的天气记录、施工内容、参加施工的人员、施工用的机械、发现的施工质量问题、施工进度与计划施工进度的比较、综合评语、其他说明等。

（4）工程竣工阶段的信息收集。工程竣工按照要求验收大量有关的信息资料。信息资料一部分是在整个施工过程中积累形成的；一部分是在竣工验收期间根据资料整理分析形成的，完整的竣工资料应由承建单位编制，经工程监理单位和相关方面审查后，移交建设单位，通过建设单位移交项目管理运行单位及有关的政府主管部门。

2. 工程项目信息的加工整理

工程项目管理为了有效地控制项目的投资、进度和质量情况，提高工程建设的效益，应在全面、系统收集项目信息的基础上，对收集来的信息资料进行加工整理。通过对资料和数据进行整理和分析，应用数学模型统计推断可以产生决策的信息，预测项目建设未来的进展状况，为项目管理做出正确的决策提供可靠的依据。

工程价款结算一般按月进行，对投资完成情况进行统计、分析，在统计分析的基础上作一些预测。每月、每季度应对工程进度进行分析，做出综合评价，包括当月工程项目各方面实际完成量，与合同规定的计划数量之间的比较。如果拖后，应分析原因、找出存在的主要问题，提出解决的意见。工程项目信息管理应系统地将当月施工中的各种质量情况进行归纳和评价，对工程质量控制情况提出意见。

3. 工程项目信息的检索和传递

无论是存入档案库，还是存储在计算机存储器的信息资料，为了查找的方便，都要拟定一套科学的查找方法和手段，做好分类编目工作。完善健全的检索系统，使报表、文件、资料、人事和技术档案既保存完好，又查找方便。否则会使资料杂乱无章，无法利用。

信息的传递是在工程项目信息管理工作的各部门、各单位之间传递，通过传递，形成各种信息流。畅通的信息流，将通过报表、图表、文字、记录、会议、审批及计算机等传递手段，不断地将工程项目信息完整、准确地输送到项目建设各方手中，成为他们进行科学决策的依据。

二、水利工程项目文档资料管理

为加强水利工程建设项目档案管理工作，根据《中华人民共和国档案法》《水利档案工作规定》等法规、规范及有关业务建设规范，结合水利工程的特点，制定水利工程建设项目档案管理规定，明确档案管理职责，规范档案管理行为，充分发挥档案在水利工程建设与管理中的作用。

水利工程档案是指水利工程在前期、实施、竣工验收等各建设阶段过程中形成的，具有保存价值的文字、图表、声像等不同形式的历史记录。水利工程档案工作是水利工程建设与管理工作的重要组成部分。有关单位应加强领导，将档案工作纳入水利工程建设与管理工作中，明确相关部门、人员的岗位职责，健全制度，统筹安排档案工作经费，确保水利工程档案工作的正常开展。

(一) 文档资料概念与管理原则

1. 文档资料概念

工程项目文档资料是指工程项目在立项、设计、施工、监理和竣工活动中形成的具有归档保存价值的基本建设文件、监理文件、施工文件和竣工图的总称。工程项目的文档资料主要由建设单位文件、工程监理单位文件、施工单位文件、竣工图等资料组成。

建设单位文件是由建设单位在工程项目建设过程中形成、收集汇编，有关立项、地质勘查、测绘、设计、招投标、工程验收等文件或资料的总称。工程监理单位文件是由工程监理单位在工程监理全过程中形成、收集汇编的文件或资料总称。施工单位文件是由施工单位在工程施工过程中形成、收集汇编的文件或资料的总称。工程项目竣工图是真实地记录工程建设各种地下、地上建筑物竣工实际情况的技术文件，竣工图的绘制工作由建设单位完成，也可委托承建总承包单位、工程监理单位或设计单位完成。竣工图是对工程进行交工验收、维护、扩建、改建的依据，也是使用单位应长期保存的资料。

2. 文档资料的管理原则

（1）有效性原则。随着建筑技术、施工工艺、新材料和管理水平的不断发展提高，新的项目在施工过程中可以吸取以前的经验，文档资料可以被继承和积累。工程项目的文档资料管理应根据不同管理层次管理者的要求进行适当地加工，提供不同要求和浓缩程度的文档资料。对项目管理者提供决策的文档应力求精练、直观，尽量采用形象的图表来表达，以满足决策的信息需要。工程项目文档资料有很强的时效性，文档资料的价值会随着时间的推移而衰减，文档资料一经生成，就必须传达到相关部门，使文档资料能够及时地服务于决策，保证对决策支持的有效性。

（2）标准化原则。工程项目周期长，生产工艺复杂，使用材料种类多，技术发展迅速，影响工程项目因素多；工程建设阶段性强，导致了工程项目文档资料的分散而复杂，工程项目文档资料是多层次、多环节、相互关联的系统。在工程项目的实施过程中对有关文档资料进行分类统一，对流程进行规范，产生项目管理报表则力求做到格式化和标准化，通过建立健全的文档资料管理制度，从组织上保证信息生产过程的效率。

（3）全面真实原则。工程项目文档资料只有全面真实反映项目的各类信息才有实用价值，形成一个完整的系统。全面真实是对所有文档资料的共同要求。

（4）综合处理原则。工程项目文档资料产生于工程建设的整个过程中，工程开工、施工、竣工等各个阶段和环节都会产生各种文档资料。工程项目文档资料涉及土建、机电、自动化、地质、水文等多种专业，也涉及力学、声学等多种学科，综合了质量、进度、投资、合同、组织协调等多方面内容。通过采用高性能的处理工具，尽量缩短处理过程中的延迟，综合处理文档资料。

（二）档案管理

根据《水利工程建设项目档案管理规定》（水办〔2005〕480号）的规定，水利工程档案工作应贯穿于水利工程建设程序的各个阶段。即从水利工程建设前期就应进行文件材料的收集和整理工作；在签订有关合同、协议时，应对水利工程档案的收集、整理、移交提出明确要求；检查水利工程进度与施工质量时，要同时检查水利工程档案的收集、整理情况；在进行项目成果评审、鉴定和水利工程重要阶段验收与竣工验收时，要同时审查、验收工程档案的内容与质量，并作出相应的鉴定评语。所以，各级建设管理部门应积极配合档案业务主管部门，认真履行监督、检查和指导职责，共同抓好水利工程档案工作。

1. 对各单位的要求

（1）项目法人的文档管理。项目法人对水利工程档案工作负总责，须认真做好自身产生档案的收集、整理、保管工作，并应加强对各参建单位归档工作的监督、检查和指导。大中型水利工程的项目法人，应设立档案室，落实专职档案人员；其他水利工程的项目法人也应配备相应人员负责工程档案工作。项目法人的档案人员对各职能处室归档工作具有监督、检查和指导职责。

（2）勘察设计、监理、施工等参建单位的文档管理。勘察设计、监理、施工等参建单位，应明确本单位相关部门和人员的归档责任，切实做好职责范围内水利工程档案的收集、整理、归档和保管工作；属于向项目法人等单位移交的应归档文件材料，在完成收集、整理、审核工作后，应及时提交项目法人。项目法人应认真做好有关档案的接收、归档和向流域机构档案馆的移交工作。

2. 对人员的要求

工程建设的专业技术人员和管理人员是归档工作的直接责任人，须按要求将工作中形成的应归档文件材料，进行收集、整理、归档，如遇工作变动，须先交清原岗位应归档的文件材料。

3. 对文档管理质量的要求

水利工程档案的质量是衡量水利工程质量的重要依据，应将其纳入工程质量管理程序。质量管理部门应认真把好质量监督检查关，凡参建单位未按规定要求提交工程档案的，不得通过验收或进行质量等级评定。工程档案达不到规定要求的，项目法人不得返还其工程质量保证金。

4. 对文档管理设施的要求

大中型水利工程均应建设与工作任务相适应的、符合规范要求的专用档案库房，配备必要的档案装具和设备；其他建设项目，也应有满足档案工作需要的库房、装具和设备。所需费用可分别列入工程总概算的管理房屋建设工程项目类和生产准备费中。

同时，项目法人应按照国家信息化建设的有关要求，充分利用新技术，开展水利工程档案数字化工作，建立工程档案数据库，大力开发档案信息资源，提高档案管理水平，为工程建设与管理服务。项目法人应按时向上级主管单位报送《水利工程建设项目档案管理情况登记表》。国家重点建设项目，还应同时向水利部报送《国家重点建设项目档案管理登记表》。

（三）归档与移交

水利工程档案的保管期限分为永久、长期、短期三种。长期档案的实际保存期限，不得短于工程的实际寿命。《水利工程建设项目文件材料归档范围和保管期限表》是对项目法人等相关单位应保存档案的原则规定。项目法人可结合实际，补充制定更加具体的工程档案归档范围及符合工程建设实际的工程档案分类方案。

水利工程档案的归档工作，一般是由产生文件材料的单位或部门负责。总包单位对各分包单位提交的归档材料负有汇总责任。各参建单位技术负责人应对其提供档案的内容及质量负责；监理工程师对施工单位提交的归档材料应履行审核签字手续，监理单位应向项目法人提交对工程档案内容与整编质量情况的专题审核报告。水利工程文件材料的收集、整理应符合《科学技术档案案卷构成的一般要求》。归档文件材料的内容与形式均应满足档案整理规范要求。内容应完整、准确、系统；形式应字迹清楚、图样清晰、图表整洁、竣工图及声像材料应标注的内容清楚、签字（章）手续完备，归档图纸应按照要求统一折叠。

竣工图是水利工程档案的重要组成部分，必须做到完整、准确、清晰、系统、修改规范、签字手续完备。项目法人应负责编制项目总平面图和综合管线竣工图。施工单位应以单位工程或专业为单位编制竣工图。竣工图须由编制单位在图标上方空白处逐张加盖"竣工图章"，有关单位和责任人应严格履行签字手续。每套竣工图应附编制说明、鉴定意见及目录。施工单位应按照以下要求编制竣工图：

（1）按照施工图施工没有变动的，应在施工图上加盖、签署竣工图章。

（2）一般性的图纸变更且符合要求的，可在原施工图上更改，在说明栏内注明变更依据，加盖、签署竣工图章。

（3）凡涉及结构形式、工艺、平面布置等重大改变，或图面变更超过1/3的，应重新绘制竣工图（可不再加盖竣工图章）。重绘图应按照原图编号，在说明栏内注明变更依据，在图标栏内注明"竣工阶段"和绘制竣工图的时间、单位、责任人。监理单位应在图标上方加盖、签署"竣工图确认章"。

水利工程建设声像档案是纸制载体档案的必要补充。参建单位应指定专人负责各自产生的照片、胶片、录音、录像等声像材料的收集、整理、归档工作，归档的声像材料均应标注事由、时间、地点、人物、作者等内容。工程建设重要阶段、重大事件、事故，必须要有完整的声像材料归档。电子文件的整理、归档，参照《电子文件归档与管理规范》执行。

项目法人可根据实际需要，确定不同文件材料的归档份数，但应满足以下要求：

（1）项目法人与运行管理单位应各保存1套较完整的工程档案材料（当两者为一个单位时，应异地保存1套）。

（2）工程涉及多家运行管理单位时，各运行管理单位则只保存与其管理范围有关的工程档案材料。

（3）当有关文件材料需由若干单位保存时，原件应由项目产权单位保存，其他单位保存复制件。

（4）流域控制性水利枢纽工程或大江、大河、大湖的重要堤防工程，项目法人应负责向流域机构档案馆移交一套完整的工程竣工图及工程竣工验收等相关文件材料。

工程档案的归档与移交必须编制档案目录。档案目录应为案卷级，应填写工程档案交接单。交接双方应认真核对目录与实物，由经手人签字、加盖单位公章确认。工程档案的归档时间，可由项目法人根据实际情况确定。可分阶段在单位工程或单项工程完工后向项目法人归档，也可在主体工程全部完工后向项目法人归档。整个项目的归档工作和项目法人向有关单位档案移交的工作，应在工程竣工验收后三个月内完成。

三、工程造价管理信息技术

随着社会信息化的发展，对造价工作时限性和结果的准确性要求越来越高，传统的手工算量、电子表格算量和计价等方式已经越来越不能满足行业、社会发展的需求，从而出现造价工作信息化、网络化的发展趋势。在此背景下工程造价管理信息技术也已日趋成熟，包括造价软件的应用、BIM技术的引入等。

（一）图形算量技术

建筑类和结构类图形算量软件具有2D绘图和CAD识图功能。使用时需按照图样信息定义好构件的材质、尺寸等属性，同时定义好构件立面的楼层信息，然后将构件沿着定义好的轴线画入或布置到软件中相应的位置，依据特定的工具将建筑图形描绘在计算机中。计算机根据所定义的扣减计算规则，采用三维矩阵图形数学模型，统一进行汇总计算，并打印出计算结果、计算公式、计算位置、计算图形等。

对于水利水电工程中地形的算量，点状工程常采用网格法，带状工程常采用断面法。网格法是以网格四个角的平均高度作为计算网格柱的高度，再乘以网格的面积即为该网格的体积，重复计算所有网格的体积，汇总后即得到该点状地块的工程量。断面法是以一定距离间隔设置一系列横断面，计算两个相邻断面面积的均值作为该段的断面面积，乘以该段的长度即为该段的体积，重复计算所有断面之间的体积，汇总后即得到该带状地块的工程量。

目前常用的图形算量软件分为工程量计算软件和钢筋计算软件，已开发使用的计量软件有南方Cass、广联达、斯维尔、鲁班、神机妙算、PKPM软件等。

（二）工程计价技术

工程计价类软件中目前使用较为广泛的是清单计价软件。清单计价软件一般包括工程量清单编制、控制价编制、投标报价编制三部分内容。在软件中，内置了完整的工程量清单的内容、定额库和材料预算价格、建设工程估价取费程序等信息，使用者只需输入相应的清单编号、定额编号和工程量及调价参数，便可得到完整的工程量清单和相应报价。

运用清单计价软件进行工程量清单和投标报价的编制，可以通过以下步骤来完成：新建工程→工程概况输入→分部分项工程量清单→措施项目清单→其他项目清单→人材机调价→费用汇总→报表输出。计价软件也称套价软件，是造价管理领域中最早投入开发的应用软件之一，经过多年的发展已比较成熟，并得以广泛应用，取得了显著的效果，其功能也从单一的套价向多方扩展，在招投标过程和施工结算时，清单计价方法的应用越来越多，使得清单计价软件的应用越来越广泛。常用的软件有广联达计价软件、神机妙算计价软件、宏业清单计价专家软件等，各家公司也在不断地升级开发更加方便使用和功能完善的软件。

（三）BIM技术

BIM技术是指以三维数字技术为基础，集成建设项目乃至构件各种属性信息的工程数据模型，是一种应用于设计、建造、管理、运营的数字化技术。

国际标准组织设施信息委员会对BIM给出了比较准确的定义：BIM是在开放的工业标准下对设施的物理和功能特性及其相关的项目全寿命周期信息的可计算、可运算的形式表现，从而为决策提供支持，以更好地实现项目的价值。

1. BIM技术在造价管理中的应用价值

（1）设计与决策阶段。采用BIM技术进行虚拟现实、设计优化、碰撞检验、施工模拟，实现设计阶段的成本控制，通过BIM技术对多个设计方案进行模拟分析与投资估算分析，为业主遴选出价值最大化方案。BIM技术的价值在于快速、准确、可视化地提供方案优化的结果，为缩短项目决策时间和改变决策方式，提供了信息技术上的支持。

（2）招投标阶段。以BIM技术的应用作为投标增值目的，或通过BIM技术快速编制清单，提高精确度、节省人力；同时发挥可视化优势，投标团队可以引进专家对投标策略进行评审和优化。

（3）施工阶段。通过BIM技术在施工过程中进行精细化管理、可视化管理、深化设计、变更管理，实现工程造价—进度的动态管理。如水利水电工程中大量异性模板的设计和拼接模拟、塔吊的布置、进场道路的优化、狭窄通道的设备布置、安全警示标志布置、工程变更方案的可视化比较等应用场景。

（4）竣工结算。通过BIM技术建立竣工BIM模型，用BIM模型审核代替大量复杂的数据复核，并进行多维度统计、对比、分析。

（5）运营维护。通过 BIM 技术参与到建设项目运营维护中，提高故障配件的采购效率，增强服务人员对项目工程的认知和理解，提高服务质量；结合 GIS 手段和其他传感器信息，监控项目运转情况。

2. 全过程造价管理 BIM 技术具体应用

依托于现有的 BIM 技术软件，参建方可以对建设项目全寿命周期内统一数据模型实现信息共享，进一步提高工程项目的管理水平。具体应用流程或场景如下：

（1）规划建模。通过无人机航测进行建模，包括周边道路、建筑物、园林景观等内容，将模型放入环境中进行分析，供业主进行可行性决策。

（2）场地模拟分析。通过 BIM 结合 GIS 进行场地分析模拟，对建筑物的定位、建筑物的空间方位及外观，建筑物和周边环境的关系，建筑物未来的车流、物流、人流等各方面的因素进行集成数据分析的综合。

（3）绿色建筑分析。利用 PHOENICS、Ecotect、IES、Green Building Studio 以及国内的 PKPM 等软件，模拟自然通风环境，进行日照、风环境、热工、景观可视度、噪声等方面的分析。

（4）设计方案论证。通过直观的三维模型和自动创建的统计分析数据，对设计方案进行对比、论证、调整。

（5）工程量统计。完成施工图后进行模型完善，利用 Revit、Navisworks 等软件搭建工程量统计 BIM 模型中主要材料工程量。

（6）招投标的标底精算。通过鲁班、广联达等软件，形成准确的工程量清单，模型可由业主方建立，同时由投标单位建立模型并提交业主，这样便于精确统计工程量，提前在模型中发现图样问题。

（7）施工项目预算。建立的 BIM 模型与时间相结合，粗的可以根据单体建筑定义时间，细的可以根据楼层定义时间，从而快速得到每个月或每周的项目造价，根据不同时间所需费用来安排项目资金计划。

（8）施工组织模拟。根据施工单位上报的施工组织设计，通过已建立的 BIM 模型，进行可视化模拟。

（9）三维可视化图样会审。利用各专业可视化模型，对图样中存在的问题进行汇总统计，在模型中标注出来。现场图样会审过程中，在模型中将涉及的问题一一进行会审、分析并提出解决方案。

（10）管线预留孔核对。根据设计图样搭建的设计模型，结合施工规范和现场施工要求，搭建管线综合模型，进行所有专业管线的综合排布，提交综合管线排布图和预留孔洞位置图，在施工安装开始之前将所有管线位置确定下来。

（11）四维模拟施工。将 Revit 模型导入 Navisworks 软件中，通过 TimeLiner 工具可以向 Navisworks 中添加四维进度模拟，TimeLiner 从多种格式的数据源导入进度后，使用模型中的对象连接进度中的任务以创建四维模拟，这样就可以形象地反映出工程的进度情况，从而指导现场施工组织安排和材料计划的采购工作。

（12）资料管理。基于 BIM 技术的业主方档案资料协同管理平台，可将施工资料、项目竣工资料和运维阶段资料档案（包括验收单、检测报告、合格证、治商变更单等）导入

BIM 模型中，实现资料的统一管理。

（13）搭建竣工模型。现场验收过程中，通过可视化模型与现场实际情况的对比，可更好地进行验收。将竣工模型完善后，与实体项目一并移交，为后期运维管理提供直观、全面、科学的档案模型。

（14）结算审计。通过 BIM 技术，快速创建施工过程中的洽商变更资料，以便在结算时追溯，实现结算工程量、造价的准确快速统计。有效控制结算造价，通过造价指标对比，分析审核结算造价。审计时可先对竣工模型进行审计，结合发现的问题深入审计过程资料；改变审计方式，由抽象到直观，由整体到细节，由模型到资料，提高审计效率和结论准确性。

（15）运营维护。利用 BIM 技术可以在整合各系统后在三维模型中展示，同时可以快速地查询和调取相关模型。通过竣工模型提供的资料，可以设置设备养护和更换自动提醒，把安全隐患控制在萌芽状态。

（16）突发事件应急处理。在维护阶段对于突发事件进行准确快速的处置。例如，设备紧急关闭或更换，疏导人员的撤离，重要人物来访的安保等，通过 BIM 技术可以很好地解决这些问题。

3. 国内 BIM 案例（水利工程）

（1）BIM 技术应用于邕宁水利枢纽工程。总投资 62 亿元的南宁邕宁水利枢纽工程，是广西壮族自治区重点建设项目。该工程设计正常蓄水位 67m，总库容 7.1 亿 m³，通航标准 2000t 级，电站装机容量 57.6MW，多年平均发电量 2.206 亿 kW·h。中国铁建所属中铁二十局主要担负发电厂房、13 孔闸坝、库区护岸、水土保持、环境保护、仿生态渔道及鱼类增殖站等施工任务。针对项目施工强度大、工期紧、标准高、专业种类繁多等情况，中铁二十局以"智慧建造"理念为引导，全面引入 BIM 技术，通过搭建 5D 管理平台，利用 BIM 技术可视化表达、可仿真模拟、信息集成及协同管理等特性，对施工进行全天候、全方位、全要素、全过程管控，解决了水利枢纽工程结构异常复杂、多专业协同难度大、工作量集中等一系列技术及组织难题，大大提高了施工进度，提升了安全质量管理工作效率，降低了施工成本，率先实现了水利工程智慧建造。在智慧建造助力下，该项目创造了深水围堰日均填筑量 3.4 万 m³ 和大体积混凝土单月浇筑量超 5 万 m³ 的深水区施工高速度，提前 21 天完成大江截流。

（2）BIM 技术应用于南水北调中线工程（图 3-7-1）。在南水北调工程中，长江勘

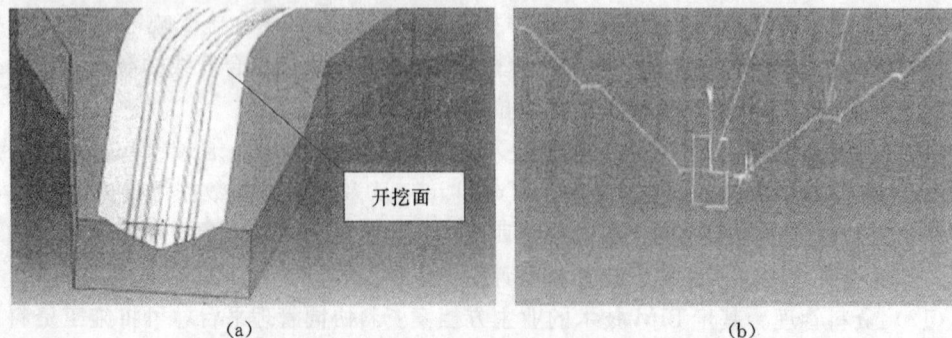

（a）

（b）

图 3-7-1 BIM 用于土方开挖量计量

测规划设计研究院（简称长江设计院）将建筑信息模型 BIM 的理念引入其承建的南水北调中线工程的勘察设计工作中，并且由于 AutoCAD Civil 3D 良好的标准化、一致性和协调性，最终确定该软件为最佳解决方案。利用 Civil 3D 快速地完成勘察测绘、土方开挖、场地规划和道路建设等的三维建模、设计和分析等工作，提高设计效率，简化设计流程。其三维可视化模型细节精确，使工程三维立体一目了然。基于 BIM 理念的解决方案帮助南水北调项目的工程师和施工人员，在真正的施工之前，以数字化的方式看到施工过程，甚至整个使用周期中的各个阶段。该解决方案在项目各参与方之间实现信息共享，从而有效避免了可能产生的设计与施工、结构与材料之间的矛盾，避免了人力、资本和资源等不必要的浪费。

（3）BIM 技术应用于云南金沙江阿海水电站。中国水电顾问集团昆明勘测设计研究院在水电设计中也引入了 BIM 的概念。在云南金沙江阿海水电站的设计过程中，其水工专业部分利用 Autodesk Revit Architecture 完成大坝及厂房的三维形体建模；利用 Autodesk Revit MEP 软件平台，机电专业（包括水力机械、通风、电气一次、电气二次、金属结构等）建立完备的机电设备三维族库，最终完成整个水电站的 BIM 设计工作。BIM 设计同时提供了多种高质量的施工设计产品，如工程施工图、PDF 三维模型等。最后利用 Autodesk Navisworks 软件平台制作漫游视频文件。

（4）BIM 技术应用于乌东德水电站枢纽工程（图 3 - 7 - 2）。乌东德水电站正常蓄水位 975m，坝顶高程 988m，最大坝高 270m（世界第 5 高拱坝），总库容 74.08 亿 m³，装机容量 10200MW（世界第 5），工程静态总投资为 789 亿元，为一等大（1）型工程。枢纽工程主体建筑物由混凝土双曲拱坝、坝身 5 个表孔和 6 个中孔、右岸 2 条泄洪洞、两岸地下电站等组成。

（a）　　　　　　　　　　（b）

图 3 - 7 - 2　BIM 用于乌东德水电站枢纽工程

乌东德水电站枢纽工程基于构建的集地质、水工、桥隧、建筑、机电、金结、施工总体等多专业于一体的三维协同设计集成化平台，融合传统勘测设计模式，建立了多专业三维勘测设计模型，在工程勘测设计的不同阶段开展"方案比选与论证、参数化精细设计建模、有限元计算分析、多专业错漏碰检查、工程量自动统计、三维配筋、二维出图、施工组织设计仿真、视觉传达"等多方位的专业性工作，助力工程整体设计质量与效率的提升。

◦—[**第八节**]▶━━━━━━━━━━━━━━━━━━━━━━━━━━

水利工程项目风险管理

一、水利工程项目风险

（一）水利工程项目风险分类

水利工程项目风险是指水利工程项目在设计、施工和竣工验收等各个阶段可能遭到的风险。其含义是在工程项目目标规定的条件下，该目标不能实现的可能性。

从工程项目风险管理需要出发，可将水利工程项目风险分为项目外风险和项目内风险。

1. 工程项目外风险

工程项目外风险是由工程建设环境（或条件）的不确定性而引起的风险，包括政治风险、法律风险、经济风险、自然条件风险、社会风险等。

2. 工程项目内风险

按照技术因素影响与否，工程项目内风险可分为技术风险和非技术风险。

技术风险是指技术条件的不确定而引起可能的损失或水利工程项目目标不能实现的可能性。该类风险主要出现在工程方案选择、工程设计、工程施工等过程中，在技术标准的选择、分析计算模型的采用、安全系数的确定等问题上出现偏差而形成的风险。表3-8-1给出了常见的技术风险事件。

表3-8-1   常见的技术风险事件

风险因素	典 型 风 险 事 件
可行性研究	基础数据不全、不可靠；分析模型不合理；预测结果不准确
设计	设计内容不全；设计存在缺陷、错误和遗漏；规范、标准选择不当；安全系数选择不合理；有关地质的数据不足或不可靠；未考虑施工的可能性
施工	施工工艺落后；不合理的施工技术和方案，施工安全措施不当；应用新技术、新方法失败；未考虑施工现场的事件情况
其他	工艺设计未达到先进指标、工艺流程不合理、工程质量检验和工程验收未达到规定要求等

非技术风险是指由于计划、组织、管理、协调等非技术条件的不确定而引起水利工程项目目标不能实现的可能性。表3-8-2给出了常见的非技术风险事件。

表3-8-2   常见的非技术风险事件

风险因素	典 型 风 险 事 件
项目组织管理	缺乏项目管理能力；组织不适当，关键岗位人员经常更换；项目目标不适当且控制力不足；不适当的项目规划或安排；缺乏项目管理协调
进度计划	管理不力造成工期滞后；进度调整规划不适当；劳动力缺乏或劳动生产率低下，材料供应跟不上；设计图纸供应滞后；不可预见的现场条件；施工场地太小或交通路线不满足要求
成本控制	工期的延误；不适当的工程变更；不适当的工程支付；承包人的索赔；预算偏低；管理缺乏经验；不适当的采购策略；项目外部条件发生变化
其他	施工干扰；资金短缺；无偿债能力

(二) 水利工程项目风险的特点

1. 水利工程项目风险主要来自自然灾害

洪水、暴风、暴雨、泥石流、塌方、滑坡、有害气体、雷击和高温、严寒等都可能对工程造成重大损害。比如洪水灾害，洪水不仅会对已建成部分的工程、施工机具等造成损害，还会导致重大的第三者财产损失和人身伤害。

2. 水利工程项目风险具有周期性

水利枢纽工程建设周期一般长达数年，每年的汛期，工程都要经受或大或小的洪水考验，因而水利工程的建设过程一般都要经历好几个汛期。

3. 灾害具有季节性

绝大部分的自然灾害都具有季节性，例如在南方，洪水一般集中在6—9月，雷击一般集中在5—10月。再比如台风灾害等。在一年的不同时期，这些灾害对施工安全和工程安全的影响是不一样的。

二、水利工程项目风险识别

(一) 水利工程项目风险识别的意义

水利工程风险识别是确认在水利工程项目实施中哪些风险因素有可能会影响项目的进展，并记录每个风险因素的特点。风险识别是风险管理的第一步，是风险管理的基础，风险识别是一个连续的过程，不是一次就可以完成的，在项目的实施过程中应自始至终定期进行。

(二) 水利工程风险识别的目的

风险识别的目的包括：①识别出可能对项目进展有影响的风险因素、性质以及风险产生的条件，并据此衡量风险的大小；②记录具体风险的各方面特征，并提供最适当的风险管理对策；③识别风险的可能引起的后果。

通过风险识别应建立以下几个方面的信息：①存在的或潜在的风险因素；②风险发生的后果、影响的大小和严重性；③风险发生的可能性、概率；④风险发生的可能时间；⑤风险与本项目或其他项目以及环境之间的相互影响。

(三) 风险识别的步骤

风险识别过程包括以下几个阶段的工作：收集资料、分析不确定性、确定风险事件、编制风险识别报告。

(1) 收集资料。只有得到广泛的资料和数据才能有效辨识风险。资料和数据能否到手，是否完整都会影响水利工程项目损失大小的估计。注重以下几方面数据的收集：

1) 水利工程项目环境方面的数据资料。水利工程项目的实施和建成后的运行离不开与其相关的自然和社会环境。自然环境方面的气象、水文、地质条件等对工程项目的实施有较大影响；社会环境方面如政治、经济、文化等对工程建设也有重要影响。

2) 类似水利工程项目的有关数据资料。以前经历的水利工程项目的数据资料，以及类似工程项目的数据资料均是风险识别时必须要收集的。对于亲身实践经历过的水利工程项目，会积累许多经验和教训，这些体会对于采用新的施工方法和施工技术的水利水电工程项目进行风险识别更为有用；对于类似的工程项目，可以是类似的建设环境，也可以是类似的工程结构，或两方面均类似更好。它们的建设经验教训对当前的水利工程项目的风险分析是很有帮助的。因此应做好这些资料的收集。

3）水利工程项目的设计、施工文件。水利工程项目设计文件规定了工程的结构布局、形式、尺寸，以及采用的建筑材料、规程规范和质量标准等，对这些内容的改变均可能带来风险；施工文件明确规定了工程施工的方案、质量控制要求和工程验收的标准等。工程施工中经常会碰到施工方案的优化或选择问题，需要对工程项目的进度、成本、质量和安全目标的实现进行风险分析，进而确定合理的方案。

（2）分析不确定性。在基本数据收集的基础上，应从以下几个方面对水利工程项目的不确定性进行分析：

1）不同建设阶段的不确定性分析。水利工程项目建设有明显的阶段性，在不同建设阶段，不确定性事件的种类和不确定程度均有很大差别，应从不同建设阶段分析工程项目实施的不确定性。

2）不同目标的不确定性分析。水利工程建设有进度、质量和费用等多个目标，影响这些目标的因素有相同之处也有不同之处，要从实际出发，对不同目标的不确定性做出客观的分析。

3）水利工程结构的不确定性分析。不同的工程结构，其特点不同，影响不同工程结构的因素不相同，即使相同，其程度可能也有差别。

4）水利工程建设环境的不确定性分析。工程建设环境是引起各种风险的重要因素。应对所处环境进行较为详尽的不确定性分析，进而分析由其引发的工程项目风险。

（3）确定风险事件。在水利工程项目不确定分析的基础上，进一步分析这些不确定因素引发工程项目风险的大小，然后对这些风险进行归纳、分类。首先可按照工程项目内、外部进行分类；其次按照技术和非技术进行分类，或按照工程项目目标分类。

（4）编制风险识别报告。在工程项目风险分类的基础上，应编制风险识别报告，该报告是风险识别的成果，其核心内容是工程风险清单。风险清单是记录和控制风险管理过程的一种方法，在做出决策时具有不可替代的作用。表3-8-3给出风险清单的一种典型格式。

表3-8-3 风 险 清 单 格 式

风险清单			编号：	日期：
项目名称：			审核：	批准：
序号	风 险 因 素	可能造成的结果	发生的可能概率	可能采取的措施

（四）水利工程项目风险识别的方法与工具

水利工程项目风险识别过程中一般要借助一些方法和工具，从而使得风险识别的过程效率高、操作规范并且不易产生遗漏。

1. 核查表

核查表是将项目可能发生的许多潜在风险列于一个表上供识别人员进行检查核对，用来判断某项目是否存在表中所列的或类似的风险。核查表中所列的风险都是已实施的类似项目曾发生过的风险，对于项目管理人员具有开阔思路、启发联想的作用。利用核查表进行风险识别的优点是快而简单，缺点是受项目可比性的限制。某水利工程项目总体风险核查表见表3-8-4。

表3-8-4　　　　　某水利工程项目总体风险核查表

风险因素	识别标准	风险评估		
		低	中	高
1. 项目的环境 (1) 项目的组织结构 (2) 组织变更的可能 (3) 项目对环境的影响 (4) 政府的干涉程度 (5) 政策的透明程度 ……	稳定/胜任 较小 较低 较少 透明			
2. 项目管理 (1) 业主对同类项目的经验 (2) 项目经理的能力 (3) 项目管理技术 (4) 切实进行了可行性研究 (5) 承包商富有经验，诚实可靠 ……	有经验 经验丰富 可靠 详细 有经验			
3. 项目性质 (1) 工程的范围 (2) 复杂程度 (3) 使用的技术 (4) 计划工期 (5) 潜在的变更 ……	通常情况 相对简单 成熟可靠 可合理顺延 较确定			
4. 项目人员 (1) 基本素质 (2) 参与程度 (3) 项目监督人员 (4) 管理人员的经验 ……	达到要求 积极参与 达到要求 经验丰富			
5. 费用估算 (1) 合同计价标准 (2) 项目估算 (3) 合同条件 ……	固定价格 有详细估算 标准条件			

2. 德尔菲法

德尔菲法实质是一种反馈匿名函询法。其做法是，在对问题征得专家的意见之后，进行整理、归纳、统计，再匿名反馈给各专家，再次征求意见，再集中，再反馈，直到得到稳定的意见。

该方法主要依靠专家的直观能力对风险进行识别，即通过调查意见逐步集中，直至在某种程度上达到一致，故又称为专家意见集中法。其基本步骤为：

（1）由项目风险管理人员提出风险问题调查方案，制定专家调查表。

（2）请若干专家阅读有关背景资料和项目方案设计资料，并回答有关问题，填写调查表。

（3）风险管理人员收集整理专家意见，并把汇总结果反馈给各位专家。

（4）请专家进行下一轮咨询填表，直至专家意见趋于集中。

3. 头脑风暴法

在选择问题的方案之前，一定要得出尽可能多的方案和意见。头脑风暴法就是团队的全体成员自发地提出主张和想法。它鼓励成员有新奇和突破常规的主意。它能产生热情、富有创造性的更好的方案。

头脑风暴法的做法是：当讨论某个问题时，由一个协助的记录员在翻动记录卡或黑板前做记录。首先，由某个成员说出一个主意，接着下一个出主意，这个过程不断进行，每人每次想出一个主意。如果轮到某位成员时他没出主意，就说一声"pass"。有些人会根据前面其他人的想法想出主意，包括把几个主意合成一个主意或改进别人的主意。这一循环过程一直进行，直到想尽一切主意或限定时间已到。

头脑风暴法的规则是不进行讨论，没有判断性评论。每人每次只需要说出一个主意，不要讨论、评判，更不要试图宣扬。其他参加人员不允许做出任何支持或判断的评论（也不许有皱眉、咳嗽、冷笑等身体语言的表现），也不要向提出主意的人进行提问。头脑风暴法对帮助团队获得解决问题的最佳方案非常有效。

4. 情景分析法

情景分析法是通过有关数字、图表和曲线等，对项目未来的某个状态或某种情况进行详细的描绘和分析，从而识别出引起项目风险的关键因素及其影响程度的一种风险识别方法。情景分析法注重说明某些事件出现风险的条件和因素，并且还要说明当某些因素发生变化时，会出现什么样的风险，产生何种后果等。

情景分析法可以通过筛选、监测和诊断，给出某些关键因素对于项目风险的影响。

（1）筛选。筛选即按照一定的程序将具有潜在风险的产生过程、事件、现象和人员进行分类选择的风险识别过程。筛选的工作过程：仔细检查→征兆鉴别→疑因鉴别。

（2）监测。监测是在风险出现后对事件、过程、现象、后果进行观测、记录和分析的过程。

监测的工作过程：疑因估计→仔细检查→征兆鉴别。

（3）诊断。诊断是对项目风险及损失的前兆、风险后果与各种起因进行评价与判断，找出主要原因并进行仔细检查。诊断的工作过程：征兆鉴别→疑因估计→仔细检查。

5. SWOT 分析法

SWOT 分析法是一种环境分析方法，即 Strength（优势）—Weakness（劣势）—Opportunity（机遇）—Threat（挑战）。SWOT 分析法是基于对企业内部环境的优劣势的分析，在了解企业自身特点的基础之上，判明企业外部的机会和威胁，从多角度对项目进行风险识别，然后对环境做出准确的判断，继而指定企业发展的战略和策略。

除了上述 5 种方法外，风险识别的方法还有许多方法，例如 WBS 分析、敏感性分析、事故树分析等。

三、风险评价

（一）风险评价的含义

风险评价就是对工程项目整体风险，或某一部分、某一阶段风险进行评价，即评价各风险事件的共同作用，风险事件的发生概率（可能性）和引起损失的综合后果对工程项目实施带来的影响。

项目风险评价时要确定项目风险评价标准（即工程项目主体针对不同的项目风险确定的可以接受的风险率）、确定工程项目的风险水平，然后进行比较：将工程项目单个风险水平与单个评价标准、整体风险水平与整体评价标准进行比较，进而确定它们是否在可接受的范围之内，或者考虑采取什么样的风险应对措施。

（二）风险评价的目的

（1）通过风险评价可以确定单个风险的概率、影响程度和风险量的大小。

（2）通过风险评价可以确定风险大小的先后顺序。对工程项目中各类风险进行评价，根据它们对项目目标的影响程度进行排序，为制定风险控制措施提供依据。

（3）通过风险评价确定各风险事件间的内在联系。工程项目中存在很多风险事件，通过分析可以找出不同风险事件间的相互联系。

（4）通过风险评价将工程项目中的风险转化为机会。

（三）风险水平与风险标准的对比

1. 水利工程项目风险评价标准的特点

（1）不同项目主体有不同项目风险评价标准。比如就同一个水利工程项目而言，对不同的项目主体，其管理的目标是不同的。对于同一个工程项目业主和承包商的管理目标是不同的。

（2）项目风险评价标准和项目目标的相关性。水利工程项目风险评价标准总是和项目的目标相关的，显然，不同的项目目标当然也应具有不同的风险评价标准。

（3）水利工程项目风险评价标准的两个层次。

1）计划风险水平：就在项目实施前分析估计得到的或根据以往的管理经验得到的，并认为是合理的水平。

2）可接受风险水平：即项目主体可接受的，经过一定的努力，采取适当的控制措施，项目目标能够实现的风险水平。

（4）水利工程项目风险评价标准的形式是多样的。如风险率、风险损失和风险量等。

2. 风险水平与风险标准的对比

（1）单个风险水平和标准的比较。这种比较通常较为简单，只要单个风险参数落在标准之内说明该风险可以接受。

（2）整体风险水平和标准比较。首先要注意两者的可比性，即整体风险水平的评价原则、方法和整体标准所依据的原则、方法口径基本一致，否则就无法比较。比较时会出现两种情况：当项目整体风险小于整体评价标准时，总体而言，风险是可以接受的；若整体风险大于整体评价标准时，甚至大得较多时，则风险是不能接受的，要考虑是否放弃该项目或方案。

（3）同时考虑单个风险比较结果和整体风险比较结果。

1）若整体风险不能接受，而主要的一些单个风险也不能接受时，则项目或方案不可行。

2）若整体风险能接受，而且主要的一些单个风险也能接受，则项目或方案可行。

3）若整体风险能被接受，单个风险不能被接受，此时对项目或方案可作适当调整就可实施。

若整体风险能被接受，而主要的某些单个风险不能被接受时，应从全局出发进一步的分析，确认机会多于风险时，对项目或方案可作适当调整、然后实施。

（四）风险评价的方法

在水利工程实践中，风险识别、风险估计和风险评价绝非互不相关，常常互相重叠，需要反复交替进行，因此，使用的某些具体方法也是互通使用的。工程项目风险评价常用方法有调查与专家打分法、层次分析法（AHP）、模糊数学法、统计和概率法、敏感性分析、蒙特卡罗模拟、CIM模拟、影响图等。其中前两种方法侧重于定性分析，中间三种方法侧重于定量分析，后三种侧重于综合分析。

四、水利工程项目风险处理

（一）风险应对计划

通过对水利工程项目风险的识别、估计和评价，风险管理者应对其存在的各种风险和潜在的损失等方面有一定把握。在此基础上要编制一个切实可行的风险应对计划，选择行之有效的具体措施，使风险转化为机会或使风险造成的负面效应降到最低。风险应对计划包括的内容有：

（1）根据风险评价的结果提出应对风险的建议方案。

（2）风险处理过程中所需资源的分配。

（3）残留风险的跟踪以及反馈的时间。

（二）风险应对的主要措施

应对风险，可从改变风险后果的性质、风险发生的概率或风险后果大小三方面提出多种措施。对某一水利工程项目风险，可能有多种应对策略和措施；同一种类的风险问题，对于不同的工程项目主体采用的风险应对策略和措施是不一样的。因此，需要根据工程项目风险的具体情况，项目承受能力以及抗风险的能力去确定工程项目风险应对策略和措施。应对风险的主要措施有风险减轻、风险分散、风险转移、风险回避、风险自留与利用、风险后备措施等。

1. 风险减轻

风险减轻是从降低风险发生的概率或控制风险的损失两个方面应对风险，它是一种主动、积极的风险策略。

（1）预防风险。预防风险是指采取各种预防措施以减少或消除损失发生的可能。例如，生产管理人员通过安全教育和强化安全措施，以减少事故发生的机会；承包商通过提高质量控制标准和加强质量控制，以防止工序质量不合格以及由质量事故而引起的返工或罚款等。在工程承发包过程中，业主要求承包商出具各种保函就是为了防止承包商不履约或履约不力；而承包商要求在合同条款中赋予其索赔权利，也是为了防止业主违约或发生种种不测。

（2）控制风险。减少损失是指在风险损失已经不可避免的情况下，通过种种措施遏制损失恶化或遏制其扩展范围使其不再蔓延或扩展，也就是使损失局部化。例如，承包商在业主支付误期超过合同规定期限的情况下，采取放慢施工、停工或撤出队伍并提出索赔要求；安全事故发生后的紧急救护措施等。控制损失应争取主动，预防为主，防控结合。

2. 风险分散

风险分散是通过增加风险承担者，将风险各部分分配给不同的参与方，以达到减轻总体风险的目的。风险分配时一定要注意将风险分配给最有能力控制风险并有最好控制动机的一方，否则分散风险只能增大风险。在大型项目中，投标人采用联合投标方式中标，在项目实施过程风险由多方参与，都是利用了分散风险的策略。

3. 风险转移

风险转移不是降低风险发生的概率和不利后果的大小，而是借助合同或协议，在风险事故一旦发生时将损失的一部分转移到项目以外的第三方身上。

（1）工程保险转移。工程保险是对建筑工程、安装工程和各种机器设备因自然灾害和意外事故所造成的物质财产损失和第三者责任进行赔偿的保险。进行工程保险时，投保人需要向保险公司缴纳一定的费用来转移风险，通过保险来实现的风险转移是一种补偿性的，当风险事件发生造成损失后，由保险人对被保险人提供一种经济上的补偿，如果风险事件没有发生或发生后所造成的损失很小，则投保人所缴纳的保险费就成为保险人的收益。值得注意的是，不是工程项目中的所有风险都可通过保险来进行转移，只有可保风险才能投保，一般情况下可保风险是偶然的、意外的，其损失往往是巨大但可较为准确计量的。

（2）非保险转移。非保险转移可分为三种方式：保证担保、合同条件和工程分包。

1）保证担保。保证担保实质是将风险转移给了担保公司或银行，在风险转移过程中风险的风险量并没有发生变化，只是风险承担的主体发生了变化。在施工合同中，一般都是由信誉较好的第三方以出具保函的方式担保施工合同当事人履行合同。保函实际是一份保证担保。这种担保是以第三方的信誉为基础的，对于担保义务人而言，可以免于向对方交纳一笔资金或者提供抵押、质押财产。

2）合同条件。合理的合同条件和合理的合同计价方式可以达到转移风险的目的。不同类型的合同，业主和承包商承担的风险是不同的，制定合同时双方应注意考虑风险的合理分担。

3）工程分包。工程分包是工程实施过程中普遍采用的一种方式，承包商往往将专业性很强，或自己没有经验，或不具备优势的部分工程（如桩基工程、钢网架工程等）分包出去，从而达到转移风险的目的。对于分包商而言，分包商在该领域很有优势，所以分包商接受风险的同时也取得了获得利益的机会。

4. 风险回避

风险回避是指当项目风险潜在威胁发生的可能性太大，不利后果也太严重，或又无其他策略可用时，主动放弃项目或改变项目目标与行动方案，从而规避风险的一种策略。它是一种最彻底消除风险影响的方法。但为了避免风险损失而放弃项目就丢掉了发展和其他各种机会，也窒息了项目班子的创造力，使项目管理班子的主观能动性、积极性没有机会展现。

在采取回避策略之前，必须要对风险有充分的认识，对威胁出现的可能性和后果的严重性有足够的把握。采取回避策略，最好在项目活动尚未实施时。放弃或改变正在进行的项目，一般都要付出高昂的代价。

5. 风险自留与利用

（1）风险自留。项目参与者自己承担风险带来的损失，并做好相应的准备工作。风险自留是基于两个方面考虑的：一是工程实践中存在风险但风险发生的概率很小，并且造成的损失也很小，采取风险回避、降低、分散或转移的手段都难以发挥效果，参与者不得不自己承担风险；二是从项目参与者的角度出发，有时必须承担一定的风险才能获得较好的收益。

风险自留是建立在风险评估基础上的财务技术措施，主要依靠项目参与主体自身的财务能力弥补可能的风险损失。因此，必须要对项目的风险有充分的认识，对风险造成的损失有比较精确的评估。采用风险自留对策时，一般事先对风险不加控制，但通常制订一个应对计划，以备风险发生时使用。风险发生时这笔费用用于损失补偿，损失不发生则可结余。

（2）风险利用。利用风险是风险管理的较高层次，对风险管理人员的管理水平要求较高，须谨慎对待。风险利用是在识别风险的基础上，对风险的可利用性和利用价值进行分析，根据自身的能力进行决策是否可以利用风险。如果不顾自身情况采用风险利用策略可能会适得其反。

6. 风险后备措施

有些风险要求事先指定后备措施。一旦项目实际情况与计划不同，就动用后备措施。主要有费用、进度和技术三种后备措施。

（1）预算应急费。预算应急费是一笔事先准备好的资金，用于补偿差错、疏漏及其他不确定对项目费用估计精确性的影响。预算应急费在项目进行过程中一定会花出去，但用在何处、何时以及多少，在编制项目预算时并不知道。

预算应急费一般分为实施应急费和经济应急费两类。实施应急费用于补偿估价和实施过程中的不确定性；经济应急费用于对付通货膨胀和价格波动。

（2）进度后备措施。对于项目进度方面的不确定因素，项目各有关方一般不希望以延长工期的方式解决。因此，项目管理班子就要设法制定出一个较紧凑的进度计划，争取项目在各有关方要求完成的日期前完成。从网络计划的观点来看，进度后备措施就是在关键路线上设置一段时差或浮动时间。

压缩关键路线各工序时间有两大类办法：减少工序（活动）时间；改变工序间逻辑关系。一般来说，这两种办法都要增加资源的投入，甚至带来新的风险。

（3）技术后备措施。技术后备措施专门应付项目的技术风险，它是一段预先准备好了的时间或一笔资金。当预想的情况出现，并需要采取补救行动时才动用这笔资金或这段时间。预算和进度后备措施很可能用上，而技术后备措施很可能用不上。只有当不大可能发生的事件发生，需要采取补救行动时，才动用技术后备措施。需要注意的是，技术后备措施有相应的技术方案（如工程质量保障措施）或行动来支持。

五、水利工程项目保险

工程保险是对工程项目建设过程中可能出现的因自然灾害和意外事故而造成的物质财产损失和依法应对第三者人身伤亡所应承担经济赔偿责任提供保障的一种综合性保险。

水利工程项目一般投资规模大，建设周期长，技术要求复杂，涉及面广，因此潜伏的风险因素更多，工程保险已成为水利工程项目转移风险的重要途径。

随着水利工程建设与国际的接轨，在我国水利工程保险市场上，主要的工程保险类型有：①建筑工程一切险（包括第三者责任险）；②安装工程一切险（包括第三者责任险）；③人身意外伤害保险；④工程质量保修保险；⑤雇主责任险；⑥机动车辆险；⑦职业责任险。

上述 7 个险种中，建筑工程一切险（附带第三者责任险）和安装工程一切险（附带第三者责任险）是水利工程建设中最常用的两个险种。建筑职工意外伤害保险是国家要求的强制险种，《建筑法》规定："建筑施工企业必须为从事危险作业的职工办理意外伤害保险，支付保险费。"所以建筑职工意外伤害保险属于强制性保险范畴，但由于其保险覆盖过于狭小，劳工的利益目前尚得不到全面保障。工程质量保修保险使用仍然较少，虽然《建设工程质量管理条例》中明确规定："基础设计工程、房屋建筑的基地基础工程和主体结构工程，最低保修期限为该工程的合理使用年限。"但在工程竣工后的几十年或上百年后，不仅原承包商很难讲是否存在，其担保人也将难定行踪。其他险种，如雇主责任险、机动车辆险、职业责任险等均没有明文规定。其中职业责任险包括相关专业人员的错误和失误所造成损失的保险，我国虽然在《建筑法》《建筑工程勘察设计合同条例》《工程建设监理规定》中，分别规定了建筑设计单位、勘察单位、监理单位因职工过失造成损失时应承担的责任，但由于缺乏与之相配套的实施细则，其过失责任很难认定，建设工程中损失责任归属仍然不十分明确。本节就常用的前两种保险加以详细介绍。

（一）建筑工程一切险（包括第三者责任险）

建筑工程一切险是对各种建筑工程项目提供全面保障。既对在施工期间工程本身、施工机具或工地设备所遭受的损失予以赔偿，也对因施工给第三者造成的物资损失或人员伤亡承担赔偿责任。

1. 建筑工程一切险的投保人与被保险人

建筑工程一切险多数由承包商负责投保。如果承包商因故未办理或拒不办理投保，业主可代为投保，费用由承包商负担。如果总承包商未曾就该分包部分购买保险，负责分包工程的分包商也应办理其承担的分包任务的保险。

建筑工程一切险的保险契约生效后，投保人就成为被保险人，但保险的受益人也可成为被保险人。建筑工程一切险的被保险人可包括：

（1）业主或工程所有人；

（2）总承包商；

（3）分包商；

（4）业主或工程所有人聘用的监理工程师；

（5）与工程有密切关系的单位或个人。

2.建筑工程一切险的承保范围

建筑工程一切险适用于所有房屋工程和公共工程，尤其是住宅、商业用房、医院、学校、剧场；工业厂房、电站；公路、铁路、飞机场；桥梁、船闸、大坝、隧道、排灌、水渠港埠等。

建筑工程一切险承保的内容有：

（1）工程本身。指由总承包商和分包商为履行合同而实施的全部工程。包括：预备工程，如土石方、水准测量；临时工程，如饮水、保护堤；全部存放于工地的为施工所必需的材料。

（2）施工用设施和设备。包括活动房、材料库、配料棚、搅拌站、脚手架、水电供应及其他类似设施。

（3）施工机具。包括大型陆上运输机械、吊车以及不能在公路上行驶的工地用车辆。

（4）场地清理费。是指在发生灾害事故后场地产生了大量的残砾，为清理工地现场而支付的一笔费用。

（5）第三者责任。是指在保修期内对因工程意外事故造成的依法应由被保险人负责的工地上及临近地区的第三者人身伤亡、疾病或财产损失，以及被保险人因此而支付的诉讼费用和事先经保险公司数目同意支付的其他费用等赔偿责任。

（6）工地内现有的建筑物。

（7）由被保险人看管或监护的停放于工地的财产。

建筑工程一切险承保的危险与损害涉及面很广，凡保险单中列举的除外情况之外的一切事故损失全在保险范围内。

3.建筑工程一切险的保险金额、免赔额、保险费率和保险期限

（1）保险金额。建筑工程一切险的保险金额按照不同的保险标的确定。

（2）免赔额。保险人向被保险人支付为修复保险标的遭受损失所需的费用时，必须扣除免赔额。支付的赔偿额极限相当于保险总额，但不超过保险合同中规定的每次事故的担保极限之和或整个保修期内发生的全部事故的总担保极限。工程本身的免赔额为保险金额的 0.5%～2%；第三者责任险中财务损失的免赔额为每次事故赔偿限额的 1%～2%，但人身伤害没有免赔额。

（3）保险费率。建筑工程一切险的保险费率通常根据风险的大小确定，保险费率与项目的性质和项目所在地的地理条件、自然条件以及工期长短、免赔额的高低等因素有关，可根据项目的具体情况与保险公司协商一个合理的费率。

（4）保险期限。要根据合同条件要求确定，至少应包括全部施工期，如果业主要求缺陷责任期内由于施工缺陷造成的损失也属于保险范围，则可在投标申请书中写明。一般来说，实际保险期限可比合同工期略长一些，这是考虑到可能工期拖长，免得以后再办保险

延期手续。

（二）安装工程一切险（包括第三者责任险）

安装工程一切险属于技术险种，该险种的目的在于为各种机器的安装和钢结构工程的实施提供尽可能全面的专门保险。

安装工程一切险主要适用于安装各种工程用的机器、设备、储油罐、钢结构、起重机、吊车以及包含机械工程因素的各种建造工程。

1. 安装工程一切险与建筑工程一切险的重要区别

（1）建筑工程保险的标的从开工以后逐步增加，保险额也逐步提高，而安装工程一切险的保险标的一开始就存放于工地，保险公司一开始就承担全部货价的风险。在机器安装好之后，试车、考核所带来的危险以及在试车过程中发生机器损坏的危险是相当大的，这些危险在建筑工程险部分是没有的。

（2）一般情况下，自然灾害造成建筑工程一切险的保险标的的损失的可能性较大，而安装工程一切险的保险标的多数是建筑物内安装的设备，受自然灾害损失的可能性较小，受人为事故损失的可能性较大，这就要督促被保险人加强现场安全操作管理，严格执行安全操作规程。

（3）安装工程在交接前必须经过试车考核，而在试车期内，任何潜在的因素都可能造成损失，损失率要占安装工期内总损失的一半以上。由于风险集中，试车期的安装工程一切险的保险费率通常占整个工期的保费的 1/3 左右，而且对旧机器设备不承担赔付责任。

2. 安装工程一切险的投保人与被保险人

安装工程一切险的投保人与被保险人同建筑工程一切险一样，安装工程一切险应由承包商投保。承包商办理了投保手续并交纳了保费后即成为被保险人。安装工程的被保险人除承包商外还有：①业主或工程所有人；②制造商或供应商；③咨询监理公司；④安装工程的信贷机构；⑤待安装构件的买主等。

3. 安装工程一切险的其他内容

安装工程一切险的保险标的有：安装的机器、工人以及安装费等；为安装工程所使用的承包商的机器设备；土木建筑项目；场地清理费用；业主或承包商在工地上的其他财产。安装工程一切险也包括承保第三者责任险。

安装工程一切险的保险金额包括物质损失和第三者责任两部分。如果投保的安装工程包括土建部分，其保额应为安装完成时的总价值（包括运费、安装费、关税等）；若不包括土建部分，则设备购货合同价和安装合同价加各种费用之和为保额；安装建筑用机器、设备、装置应按安装价值确定保额。第三者责任的赔偿限额按危险程度由保险双方商定。通常对物质标的部分的保额先按安装工程完工时的估计总价值暂定，工程完工时再根据最后建成价格调整。

安装工程一切险在保险单列明的安装期限内自投保工程的动工日或第一批被保险项目被卸到施工地点时起生效，直到安装工程完毕经验收时终止。如果合同中有试车、考核规定，则试车、考核阶段应以保单中规定的期限为限。但如果被保险项目本身是旧产品，则试车开始时，责任即告终止。保险期限的延长需征得保险人的同意，并在保险单上加批和增收保费。

第四章

水利工程经济 ◄ ●

运用工程经济的原理和方法，可以分析解决建设工程从投资决策到建设实施全过程的相关技术经济问题。本章主要阐述资金的时间价值理论以及投资方案经济评价内容及方法等。

第一节

资金的时间价值理论

一、资金的时间价值概念

（一）资金时间价值的含义

把资金投入生产或流通领域，作为一种生产要素，用于投资，将获得一定的收益，资金得到一定量的增值，这就说明资金会随着时间的推移，具有增值属性，资金的这种增值属性就是资金的时间价值。

资金的时间价值是客观存在的，是符合经济规律的。正确理解货币资金的时间价值，有利于从资金运动的时间观念上，即从贷款期和投资周期上选择筹资方式，在资金的使用上合理分配资金，有效地利用资金，减少资金成本，提高资金的利用率。但是，货币具有时间价值并不意味着货币本身能够增值，而是因为货币代表着一定量的物化劳动，并在生产和流通中与劳动相结合，才产生增值。只有作为社会生产资金（或资本）参与再生产过程，才会带来利润，得到增值。因此货币时间价值也称资金时间价值。

（二）资金时间价值的表现形式

资金时间价值是以利息、利润和收益的形式来反映的，通常以利息和利息率（简称利率）两个指标表示。

（1）利息。利息是资金投入生产后在一定时期内所产生的增值，或使用资金的回报。利息是衡量资金时间价值的绝对尺度。

（2）利率（利息率）。利率是一定时期内的利息与产生这一利息所投入的资金的本金的比值。利率反映了资金随时间变化的增值率或报酬率，是衡量资金时间价值的相对尺度。

$$i = \frac{I}{P} \times 100\%$$ （4-1-1）

式中　i——利率；

　　　I——利息；

　　　P——本金。

二、现金流量

(一) 现金流量的概念

现金流量是指拟建项目在某一时间点上发生的现金流入、现金流出以及流入与流出的差额（又称为净现金流量）。现金流量一般以计息期（年、季、月等）为时间单位，用现金流量表或现金流量图表示。

(二) 现金流量图

资金具有时间价值，即使两笔金额相等的资金，如果发生在不同时期，其实际价值量是不相等的，所以说一定金额的资金必须注明其发生时间，才能确切表达其准确的价值。在项目经济评价中，为了简单、明了地反映各方案投资、运营成本、收益等的大小和它们相应发生的时间，一般用一个数轴图形来表示各现金流入流出与相应时间的对应关系，就称为现金流量图，如图 4-1-1 所示。

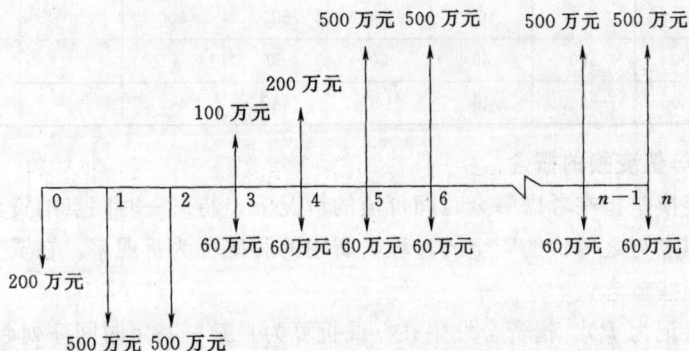

图 4-1-1　现金流量图

图中横轴表示一个从 0 开始到 n 的时间序列，每一个刻度表示一个时间单位。时间单位可以取年、半年、季或月等。0 表示时间序列的起点，从 1~n 分别代表各时间单位的终点，第 1 个时间单位的终点，也就是第 2 个时间单位的起点。相对于时间坐标的垂直线代表不同时间点的现金流量大小，箭头向上表示现金流入，箭头向下表示现金流出。同时还需在图上注明每一笔现金流量的金额。图 4-1-1 表明，第一年初（建设期初）投资 200 万元，第一年末、第二年末各投资 500 万元，第三年流入 100 万元，第四年流入 200 万元，第五年至第 n 年每年流入 500 万元，从第三年到第 n 年每年支出 60 万元。

在工程经济分析中，对现金流量图有以下两点说明。

1. 项目计算期

项目计算期是指项目经济评价中为进行动态分析所设定的期限，包括项目的建设期和运行期。对一般的工程项目，由于折现计算时，把 20 年后的收益金额折算为现值，为数甚微，对评价结论不会发生关键性的影响，所以运行期一般不宜超过 20 年。对水利工程，由于其服务年限很长，根据相关规范可适当延长，比如 25 年、30 年、50 年。

2. 计算期的年序问题

建设开始年作为计算期的第一年，年序为1。为了与复利系数表的年序相对应，在折现计算中，采用了年末标注法。通常，在项目建设期以前发生的费用占总费用的比例不大，为简化计算，这部分费用可列入年序1。这样计算的净现值或内部收益率，比在建设期以前计算的略小一些，但一般不会影响评价的结论。有些项目，如老厂改造、扩建项目，需要计算改、扩建后效益，且原有固定资产净值占改、扩建后总投资的比例较大，需要单独列出时，可在建设期以前另加一栏"建设起点"，将建设期以前发生的现金流出填入该栏，计算净现值时不予折现。

（三）现金流量表

现金流量表也是表示项目经济评价活动中现金流量的工具。表4-1-1即是与图4-1-1对应项目经济评价活动中的现金流量表。现金流量表中，与时间 t 对应的现金流量发生在当期期末。

表 4-1-1   现 金 流 量 表   单位：万元

时间 t	1	2	3	4	5	6	...	$n-1$	n
现金流入			100	200	500	500	...	500	500
现金流出	500	500	60	60	60	60		60	60
净现金流量	−500	−500	40	140	440	440		440	440

（四）资金等值变换的概念

资金等值变换是指在考虑资金时间价值的情况下，将某一时间点的资金按一定的利率折算成另一时间点与之等价的资金的过程，所用的利率称为折现率。在资金等值变换计算中，涉及如下一些概念：

（1）现值（记为 P）。指资金发生在（或折算为）某一特定时间序列起点时的价值。

（2）终值（记为 F）。指资金发生在（或折算为）某一特定时间序列终点时的价值。

（3）等额年金（等额系列资金，记为 A）。指一定时期内每期都有相等金额的资金发生。

例如在图4-1-2中，从 $1\sim n$ 期末每年的资金流量都相等就为等额年金。

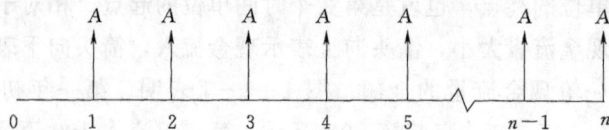

图 4-1-2 等额年金流量图

（4）利率（折现率，记为 i）。在工程经济分析中把根据未来的现金流量求现在的现金流量时所使用的利率称为折现率。

（5）计息次数（记为 n）。指投资项目在从开始投入资金（开始建设）到项目的寿命周期终结为止的整个期限内，计算利息的次数。通常以"年"为单位。

（6）资金的等值。指在特定利率条件下，在不同时点的两笔绝对值不相等的资金具有相同的价值。

三、计算资金时间价值的基本方法

计算资金时间价值的基本方法有两种：单利法和复利法。

（一）单利法

单利法是每期的利息均按原始本金计算利息的方法，不论计息期数为多少，只有本金计利息，利息不再计利息，每期的利息相等。单利法的计算公式为

$$I = P \cdot i \cdot n \tag{4-1-2}$$

式中　I——第 n 期末利息；

　　　P——本金；

　　　n——计息期数；

　　　i——计息周期利率。

n 个计息周期后的本利和为

$$F_n = P + nPi = P(1+ni) \tag{4-1-3}$$

【例 4-1-1】　有一笔 50000 元的借款，借期 3 年，年利率 8%，单利计息，求到期时应归还的本利和。

解：已知 $P = 50000$，$i = 8\%$，$n = 3$，用单利法计算到期本利和为

$$F = P(1+ni) = 50000 \times (1+3 \times 8\%) = 62000（元）$$

到期应归还本利和为 62000 元。

（二）复利法

用复利法计算资金的时间价值时，不仅要考虑本金产生的利息，而且要考虑利息在下一个计息周期产生的利息，以本金与各期利息之和为基数逐期计算本利和。

设本金为 P，每一计息周期利率为 i，计息期数为 n，每一期末产生的利息为 I，本金与利息之和为 F。

第一期末：本金 P 产生利息为

$$I_1 = P \cdot i$$

本利和为

$$F_1 = P + P \cdot i = P(1+i)$$

第二期末：由第二期的本金 $P(1+i)$ 产生的利息为

$$I_2 = P(1+i)i$$

本利和为

$$F_2 = P + Pi + P(1+i)i = P(1+i)^2$$

依此类推，第 n 期末本利和为

$$F_n = P(1+i)^n \tag{4-1-4}$$

第二期末，本金 P 产生的利息为

$$I_2 = P(1+i)^2 - P$$

第 n 期末，本金 P 产生的利息为

$$I_n = P(1+i)^n - P \tag{4-1-5}$$

【例 4-1-2】　有一笔 50000 元的借款，借期 3 年，年利率 8%，按复利计息，求到期时应归还的本利和。

解： 已知 $P=50000$，$i=8\%$，$n=3$，用复利法计算到期本利和为

$$F=P(1+i)^n=5000\times(1+8\%)^3=62985.60（元）$$

与采用单利法计算的结果相比增加了 985.60 元，这个差额所反映的就是利息的资金时间价值。

从上述两例可以看出，同一笔款项，在利率与计息期数相同的情况下，复利计算出的利息比单利计算出的利息大。当本金越大、利率越高、计息期数越多，两者的差距就越大。

（三）名义利率和实际利率

名义利率（r）和实际利率（i）是年名义利率和年实际利率的简称。在复利法计算中，一般是采用年利率。若利率为年利率，实际计息周期也是以年计，这种年利率称为实际利率；若利率为年利率，而实际计算周期小于一年，如每月、每季度或每半年计息一次，这种年利率就称为名义利率。例如，年利率为 12%，每月计息一次，此年利率就是名义利率。

1. 名义利率

每年计息 $m(m>1)$ 次，用单利计息的方法，将年内每一计息周期的利率换算为以年为计息周期的年利率，称为名义利率，用 r 表示。

设本金为 P，每一计息周期利率为 i_m，若半年计息一次，则年内计息周期数为 $m=2$。第一次计息利息 $I_1=Pi_m$，一年末利息 $I_2=2Pi_m$。

年名义利率 $r=\dfrac{I_2}{P}=2i_m$。

同理，$m=3$ 时，即年内计息 3 次，$r=3i_m$。

可以得到，当年内计息次数为 m 时，年内每一计息周期的利率为 i_m，名义利率与年内计息次数 m 和年内计息周期利率之间的关系为

$$r=mi_m \tag{4-1-6}$$

即 名义利率 = 年内每一计息周期利率(i_m) × 年内计息次数(m)

【例 4-1-3】 每月计息一次，月利率为 10‰，则名义年利率为

$$r=mi_m=12\times10‰=12\%$$

2. 实际利率

每年计息 $m(m>1)$ 次，用复利计息的方法，将年内每一计息周期利率换算为以年为计息周期的年利率，称为实际年利率，用 i 表示。

设本金为 P，年内每一计息周期利率为 i_m，当 $m=2$ 时（半年计一次利息），第一次计算利息为：$I_1=Pi_m$。

一年末的利息为 $I_2=P(1+i_m)^2-P$，则 $m=2$ 时的年实际利率为

$$i=\frac{I_2}{P}=(1+i_m)^2-1$$

同理，$m=3$ 时的年实际利率 $i=(1+i_m)^3-1$。

当年内计息次数为 m 时，年内每一计息周期的利率为 i_m，实际利率与年内计息次数 m 和年内计息周期利率之间的关系为

$$i=(1+i_m)^m-1 \tag{4-1-7}$$

即实际利率是用年内每一计息周期利率和年内计息次数用复利法计息所得利息与本金的比值。

【例 4-1-4】 每月计息一次，月利率为 10‰，则实际年利率为

$$i = (1+i_m)^m - 1$$
$$= (1+10‰)^{12} - 1$$
$$= 12.6\%$$

3. 名义利率与实际利率的关系

依据式（4-1-6）和式（4-1-7）可知：

当 $m=1$ 时，$r=i_m$，$i=i_m$，得 $r=i$；

当 $m=2$ 时，$r=2i_m$，$i=(1+i_m)^2-1=2i_m+i_m^2$；

当 $m>1$ 时，可得 $i>r$，且 m 越大，i 与 r 的差距越大。

将式（4-1-6）变换为 $i_m=\dfrac{r}{m}$ 代入式（4-1-7）得

$$i = \left(1+\frac{r}{m}\right)^m - 1 \tag{4-1-8}$$

【例 4-1-5】 某企业向银行借款，有两种计息方式：

A：年利率 8%，按月计息；

B：年利率 9%，按半年计息。

问企业应该选择哪一种计息方式？

解： 企业应该选择实际年利率较低的计息方式。

两种计息方式的实际年利率：

A： $$i_A = \left(1+\frac{8\%}{12}\right)^{12} - 1 = 8.3\%$$

B： $$i_B = \left(1+\frac{9\%}{2}\right)^{2} - 1 = 9.2\%$$

应选 A 种计息方式。

若年名义利率为 r，每年复利 m 次，对一次收付，则 n 年后的本利和为

$$F = P\left(1+\frac{r}{m}\right)^{mn} \tag{4-1-9}$$

【例 4-1-6】 某企业年初向银行借款 200 万元，复利计息，年利率 3%，每半年计息一次。第三年末一次还清所借本利和为多少？

解： 三年末的本利和为

$$F = P\left(1+\frac{r}{m}\right)^{mn} = 200 \times \left(1+\frac{3\%}{2}\right)^{2\times3} = 218.67（万元）$$

四、资金等值计算的基本公式

工程经济评价中，通常考虑资金的时间价值，把在某一个时间点发生的资金额转换成另一个时间点的与其等值的资金额，这样的一个转换过程就称为资金的等值计算。

由于利息是资金时间价值的主要表现形式，所以，资金等值计算的方法与用复利法计算利息的方法完全相同。根据支付方式和等值换算点的不同，资金等值计算公式可分为两

类：一次支付类型和等额支付类型。

（一）一次支付类型

一次支付又称整付，是指所分析的系统的现金流量，无论是流入还是流出，分别在某一个时点上发生一次。它包括两个计算公式。

1. 一次支付终值公式

如果有一笔资金，按年利率 i 进行投资，n 期末后的本利和应该是多少？这就是已知现值（P）、计息次数（n）、折现率（i），求终值（F）的问题，解决此类问题的计算公式称为一次支付终值公式，其形式是

$$F = P(1+i)^n \qquad\qquad (4-1-10)$$

在式（4-1-10）中，$(1+i)^n$ 称为复利终值系数，记为 $(F/P, i, n)$。因此，式（4-1-10）又可写成如下形式：

$$F = P(F/P, i, n)$$

在实际应用中，为了计算方便，按照不同的利率 i 和计息次数 n，分别计算出 $(1+i)^n$ 的值（终值系数），排列成一个表，称为复利终值系数表。在计算时，根据 i 和 n 的值，查表得出终值系数后与 P 相乘即可求出 F 的值。

式（4-1-10）表示在利率为 i，计息次数为 n 的条件下，终值和现值之间的等值关系。一次支付终值公式的现金流量图如图 4-1-3 所示。

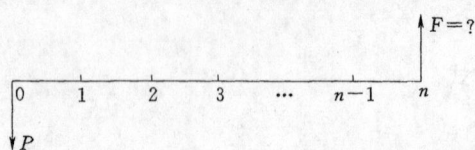

图 4-1-3 一次支付终值公式现金流量图

【例 4-1-7】 某公司向银行贷款 50 万元，年利率为 11%，复利计息，贷款期限为 2 年，到第 2 年末一次还清，到期应偿还本利和为多少？

解： 这是一个已知现值求终值的问题。

已知：$P = 50$ 万元，$i = 11\%$，$n = 2$

由式（4-1-10）可得：$F = P(1+i)^n = 50 \times (1+11\%)^2 = 61.605$（万元）

即 2 年后公司需向银行一次性偿还本利和 61.605 万元。

2. 一次支付现值公式

如果希望在未来某一时点第 n 期期末得到一笔资金 F，在年利率为 i 的情况下，计算现在应一次投资 P 为多少？即已知 F、n、i，求现值 P。

解决这类问题用一次支付现值公式，由式（4-1-10）可直接导出：

$$P = F(1+i)^{-n} \qquad\qquad (4-1-11)$$

在式（4-1-11）中，$(1+i)^{-n}$ 称为复利现值系数，记为 $(P/F, i, n)$。因此，式（4-1-11）又可以写为

$$P = F(P/F, i, n)$$

把未来时刻资金的价值换算为现在时刻的价值，称为折现或贴现，在项目经济分析时经常用到。一次支付现值公式现金流量图如图 4-1-4 所示。

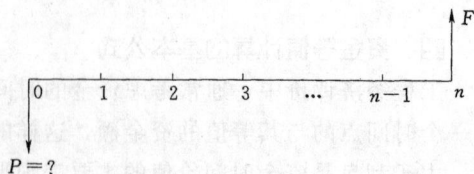

图 4-1-4 一次支付现值公式现金流量图

【例 4-1-8】 某公司拟两年后从银行取

出 50 万元，银行存款利率为年息 8％，复利计息，现应存入多少钱？

解：这是一个已知终值求现值的问题，根据式（4-1-11）可得

$$P = F(1+i)^{-n} = 50 \times (1+8\%)^{-2}$$
$$= 42.867（万元）$$

即现在应存入银行 42.867 万元。

（二）等额支付类型

等额支付是指所分析的系统中，现金流入与现金流出不是集中在某一个时间点，而是在连续的多个时间点上发生，形成一个现金流序列，并且在这个序列的现金流量数额大小是相等的。它包括四个基本公式。

1. 等额年金终值公式

连续在多期期末支付等额的资金，计算最后期末所积累的资金。例如，在年利率为 i 的情况下，连续从第一年到第 n 年每年年末支付一笔等额的资金 A，求 n 年后由各年资金的本利和累积而成的总值 F，即已知 A、i、n，求 F。其现金流量图如图 4-1-5 所示。

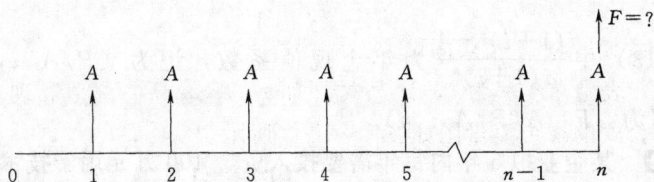

图 4-1-5 等额年金终值公式现金流量图

在年利率为 i 的情况下，n 年内每年年末投入 A，到 n 年末积累的终值等于各等额年金 A 的终值之和：

$$F = A + A(1+i) + A(1+i)^2 + \cdots + A(1+i)^{n-1} = A\frac{(1+i)^n - 1}{i} \quad (4-1-12)$$

式（4-1-12）中 $\frac{(1+i)^n - 1}{i}$ 称为年金终值系数，记为 $(F/A, i, n)$。因此式（4-1-12）又可以写为 $F = A(F/A, i, n)$。

【例 4-1-9】 某企业为设立技术改造基金，从第 1 年至第 5 年，每年存入银行 10 万元，存款年利率为 9％，复利计息，问第 5 年末该基金内有多少钱？

解：这是已知年金求终值的问题，根据式（4-1-12）可知：

$$F = A\frac{(1+i)^n - 1}{i} = 10 \times \frac{(1+9\%)^5 - 1}{9\%} = 59.84（万元）$$

或查复利系数表得年金终值系数计算得

$$F = A(F/A, i, n) = 10 \times (F/A, 9\%, 5)$$
$$= 10 \times 5.984 = 59.84（万元）$$

2. 等额年金现值公式

等额年金现值公式的含义是：在 n 年内每年等额收支一笔资金 A，在利率为 i 的情况下，求此等额年金收支的现值总和，即已知 A，i，n，求 P。其现金流量图如图 4-1-6 所示。

将等额年金终值公式（4-1-12），代入一次支付现值公式（4-1-11）：

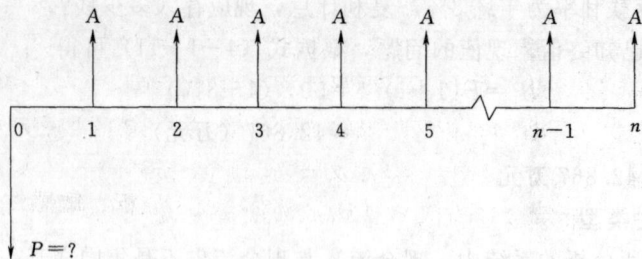

图 4-1-6 等额年金现值公式现金流量图

$$P=F(1+i)^{-n}=A\frac{(1+i)^n-1}{i}(1+i)^{-n}$$

得等额年金现值公式：

$$P=A\frac{(1+i)^n-1}{i(1+i)^n} \qquad (4-1-13)$$

式（4-1-13）中 $\frac{(1+i)^n-1}{i(1+i)^n}$ 为年金现值系数，记为 $(P/A,i,n)$。因此，式（4-1-13）又可写为：$P=A(P/A,i,n)$。

【例 4-1-10】 某企业拟 5 年内每年需要投入资金 100 万元用于技术改造，企业准备存入一笔钱以设立基金，提供每年技术改造所需用的资金。已知年利率为 6%，复利计息，问企业现在应存入基金多少钱？

解：这是一个已知年金求现值的问题，根据式（4-1-13）可得

$$P=A\frac{(1+i)^n-1}{i(1+i)^n}=100\times\frac{(1+0.06)^5-1}{0.06\times(1+0.06)^5}=421.24(万元)$$

或查复利系数表得年金现值系数求解：

$$P=A(P/A,i,n)=100(P/A,6\%,5)=100\times4.2124=421.24(万元)$$

3. 偿债基金公式

偿债基金公式的含义是：为了筹集 n 年后所需的一笔资金，在利率为 i 的情况下，求每个计息期末应等额存储的金额。即已知 F，i，n，求 A。其现金流量图如图 4-1-7 所示。

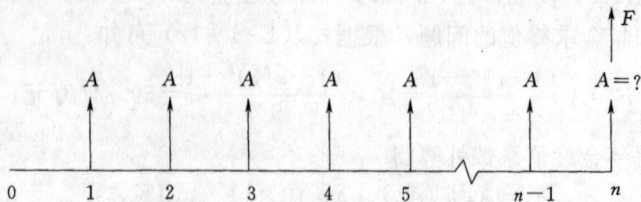

图 4-1-7 偿债基金公式现金流量图

其计算公式由等额年金终值公式（4-1-12）推导得出：

$$A=F\frac{i}{(1+i)^n-1} \qquad (4-1-14)$$

式（4-1-14）中，$\dfrac{i}{(1+i)^n-1}$ 为偿债基金系数，记为 $(A/F,i,n)$。因此式（4-1-14）又可写为 $A=F(A/F,i,n)$。

【例 4-1-11】 某企业 5 年后需要一笔 20 万元的资金用于固定资产的更新改造，如果年利率为 8％，问从现在起该企业每年末应存入银行多少钱？

解： 这是一个已知终值求年金的问题，根据式（4-1-14）有

$$A=F\dfrac{i}{(1+i)^n-1}=20\times\dfrac{8\%}{(1+8\%)^5-1}=3.42（万元）$$

或　　　　$A=F(A/F,i,n)=20\times(A/F,8\%,5)=20\times0.171=3.42（万元）$

4. 等额资金回收公式

等额资金回收公式的含义是：期初一次投资数额为 P，欲在 n 年内将投资全部收回，则在利率为 i 的情况下，求每年应等额回收的资金。这就是已知 P，i，n，求 A。其现金流量图如图 4-1-8 所示。

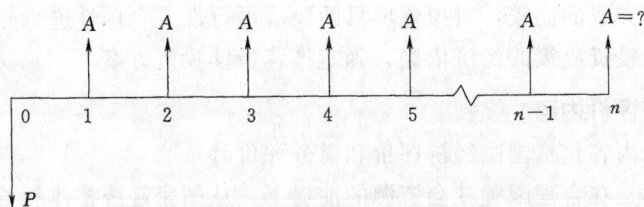

图 4-1-8　等额资金回收公式现金流量图

其计算公式可根据偿债基金公式和一次支付终值公式推导出，即

$$A=P\dfrac{i(1+i)^n}{(1+i)^n-1} \tag{4-1-15}$$

式（4-1-15）中，$\dfrac{i(1+i)^n}{(1+i)^n-1}$ 为资金回收系数，记为 $(A/P,i,n)$。因此等额资金回收公式（4-1-15）又可写为 $A=P(A/P,i,n)$。

【例 4-1-12】 某项目期初以年利率 14％投资 10 万元，拟计划 3 年内等额回收全部投资复利本利和，每年可回收的资金为多少？

解： 这是一个已知现值求年金的问题，根据式（4-1-15）有

$$A=P\times\dfrac{i(1+i)^n}{(1+i)^n-1}=10\times\dfrac{0.14\times(1+0.14)^3}{(1+0.14)^3-1}=4.31（万元）$$

或　　　　$A=P(A/P,i,n)=10\times(A/P,14\%,3)=10\times0.431=4.31（万元）$

第二节

工程经济评价指标及方法

一、工程经济评价的概念

工程经济评价是在拟建项目方案投资决策前，通过对拟建项目方案各种有关技术经济

因素和项目投入与产出的有关财务、经济资料数据进行调查、分析、预测，对项目的财务、经济、社会效益进行分析、计算和评估，分析比较各项目方案的优劣，从而确定和推荐最佳项目方案的过程。

工程经济评价是建设项目决策阶段的核心内容和进行项目决策的主要依据。但决策工作的不同阶段如项目建议书阶段和可行性研究阶段，其经济评价的要求是不同的。也就是说，在不同的决策工作阶段，应该按照其相应的经济评价方法与参数，进行相应的经济评价工作。项目建议书阶段的经济评价重点是围绕项目立项建设的必要性和可能性，分析论证项目的经济条件及经济状况，采用的基础数据、评价指标和经济参数可适当简化。可行性研究阶段则必须按照建设项目经济评价方法和建设项目经济评价参数的要求，对项目建设的必要性和可能性做出全面、详细、完整的经济评价。做好项目经济评价其目的在于最大限度地避免风险，提高投资效益。经济评价的任务是在完成市场需求预测、建设地点选择、技术方案比较等可行性研究的基础上，运用定量分析与定性分析相结合、动态分析与静态分析相结合、宏观效益分析与微观效益分析相结合等方法，计算项目投入的费用和产出的效益，通过多方案的比较，对拟建项目的经济可行性、合理性进行分析论证，做出全面经济评价，提出投资决策的经济依据，确定推荐最佳投资方案。

二、工程经济评价内容

工程经济评价内容包括国民经济评价和财务评价。

国民经济评价是在合理配置社会资源的前提下，从国家经济整体利益的角度分析计算项目对国民经济的贡献，分析项目的经济效率、效果和对社会的影响，评价项目的经济合理性。国民经济评价是项目评价的关键环节，是经济评价的重要组成部分，也是项目投资决策的主要依据。从原则上讲，所有项目一般都应进行国民经济评价，并以国民经济评价作为决策的主要依据。但是国民经济评价是一件较复杂的工作，根据我国目前的情况，仅对某些对国民经济有重大影响和作用的大中型项目以及特殊行业及基础性、公益性的建设项目开展国民经济评价。

财务评价是在国家现行财税制度和价格体系的条件下，从项目的角度，计算项目范围内的财务费用和收益，分析项目的财务生存能力和偿债能力、盈利能力，评价项目的财务可行性。财务评价是经济评价中的微观层次，它主要从微观投资主体的角度分析项目可以给投资主体带来的效益以及投资风险。作为市场经济微观主体的企业进行投资时，一般都进行项目财务评价。

国民经济评价和财务评价是相互联系的。它们之间既有共同之处，又有区别。其共同点有：第一，评价目的相同。两者都要寻求以最小的投入获得最大的产出；第二，评价基础相同。两者都是在完成产品需求预测、工程技术方案、资金筹措等可行性研究的基础上进行评价的；第三，计算期相同。两者都要计算包括建设期、生产期全过程的费用和效益。区别是：

（1）评价角度不同。国民经济评价是从国家经济整体利益的角度考察项目对国民经济的贡献以及需要国民经济付出的代价，以确定投资行为的经济合理性。财务评价是从项目自身财务角度考察项目的盈利状况及借款偿还能力，以确定投资行为的财务可行性。

（2）效益与费用的含义及划分范围不同。国民经济评价是着眼于项目对社会提供的有用产品和服务及项目所耗费的全社会有用资源，来考察项目的效益和费用，故补贴不计为项目的效益，税金和国内借款利息均不计为项目的费用。财务评价是根据项目的实际收支确定项目的效益和费用，补贴计为效益，税金和利息均计为费用。财务评价只计算项目直接发生的效益与费用，国民经济评价对项目引起的间接效益与费用即外部效果也要进行计算和分析。

（3）评价采用的价格不同。国民经济评价采用影子价格，财务评价对投入物和产出物采用以市场价格体系为基础的预测价格。

（4）评价参数不同。国民经济评价采用国家统一测定并发布的国民经济评价参数，财务评价采用行业统一测定并发布的财务评价参数。

由于上述区别，两种评价有时可能导致相反的结论。例如，某项目所用原料可以出口，其产品也可以出口。由于该原料的国内价格低于国际市场价格，其产品的国内价格又高于国际市场价格，从财务评价考虑，企业利润很高，项目是可行的；如果进行国民经济评价，采用以国际市场价格为基础的影子价格来计算，该项目就可能对国民经济没有那么大贡献。又如，某些矿产品国内价格偏低，企业利润很少，财务评价的结果可能不易通过，如果用影子价格对这些国计民生不可缺少的物资生产项目进行国民经济评价，该项目对国民经济的贡献可能很大，就能通过。

工程经济评价内容，应根据项目性质、项目目标、项目投资者、项目财务主体以及项目对国民经济与社会的影响程度等具体情况确定。对于费用效益计算比较简单、建设期和运营期比较短、不涉及进出口平衡等一般项目，如果财务评价的结论能够满足投资决策需要，可以不进行国民经济评价；对于关系公共利益、国家安全和市场不能有效配置资源的经济和社会发展项目，除应进行财务评价外，还应进行国民经济评价。

三、工程经济评价应遵循的原则

1. 费用与效益计算口径对应一致的原则

将效益与费用限定在同一个范围内，才有可能进行比较。因此，财务评价只计算项目本身的直接效益和直接费用，国民经济评价还应计算项目的间接效益和间接费用，即项目的外部效果，这样计算的净效益才是项目投入的真实回报。

2. 动态分析与静态分析相结合，以动态分析为主

动态分析是指利用资金的时间价值理论对现金流量进行折现分析。静态分析是指不对现金流量进行折现分析。如果不考虑投入和产出这一过程中资金的时间价值，其评价指标很难反映未来时期的变动情况。所以工程经济评价应该强调考虑资金时间价值因素，进行动态的价值判断。工程经济评价的核心是折现，分析评价要以折现（动态）指标为主。非折现（静态）指标只能作为辅助指标。

3. 定量分析与定性分析相结合，以定量分析为主

经济评价的本质就是要对拟建项目在整个计算期的经济活动，通过效益与费用计算，对项目经济效益进行分析和比较。在项目经济评价中，凡可量化的经济要素都应作出量的表述，采用定量指标直接进行价值分析。对一些不能量化的经济因素，不能直接进行数量分析，对此要进行定性分析，并与定量分析结合起来进行评价。

四、财务评价

财务评价又称财务分析，可分为融资前分析和融资后分析。所谓融资前分析是指在不考虑融资方案条件下进行的财务分析，它排除了融资方案变化的影响，从项目投资总获利能力的角度，考察项目方案设计的合理性。融资前分析计算的相关指标，应作为初步投资决策与融资方案研究的依据和基础。在规划研究阶段，可以只进行融资前评价。融资后分析是在融资前分析结果可以接受的前提下，初步设定融资方案后进行的财务分析。融资后分析包括项目的盈利能力分析、偿债能力分析以及财务生存能力分析，进而判断项目方案在融资条件下的合理性。融资后分析是比选融资方案，进行融资决策和投资者最终决定出资的依据。可行性研究阶段必须进行融资后分析。财务评价一般宜先进行融资前分析，在融资前分析结论满足要求的情况下，再进行融资后分析。

（一）财务评价的内容

（1）财务生存能力分析。分析项目是否有足够的净现金流量维持正常运营，以实现财务可持续性。

（2）偿债能力分析。分析测算项目偿还贷款能力。

（3）盈利能力分析。分析测算项目的财务盈利能力和盈利水平。

（4）不确定性分析。分析项目在计算期内不确定性因素可能对项目产生的影响和影响程度。

财务评价应在项目财务效益与费用估算的基础上进行，其分析内容应根据项目的性质和目标确定。对于经营性项目，财务评价应通过编制财务分析报表，计算财务指标，分析项目的财务生存能力、盈利能力和偿债能力，判断项目的财务可接受性，为项目决策提供依据。对于非经营性项目，财务评价主要分析项目的财务生存能力。

（二）财务评价报表

财务评价报表包括下列各类现金流量表、损益表（利润与利润分配表）、资产负债表和借款还本付息计划表。

（1）现金流量表。反映项目计算期内的现金流入和流出，具体分为以下三种类型：

1）项目投资现金流量表。用于计算项目投资内部收益率及净现值等财务分析指标。

2）项目资本金现金流量表。用于计算项目资本金财务内部收益率。

3）投资各方现金流量表。用于计算投资各方内部收益率。

（2）损益表（利润与利润分配表）。反映项目计算期内各年营业收入、总成本费用、利润总额等情况，以及所得税后利润分配，用于计算总投资收益率、项目资本金净利润率等指标。

（3）资产负债表。用于综合反映项目计算期内各年年末资产、负债和所有者权益的增减变化及对应关系，计算资产负债率。

（4）借款还本付息计划表。反映项目计算期内各年借款本金偿还和利息支付情况，用于计算偿债备付率和利息备付率。

（三）财务评价主要指标计算与判据

1. 盈利能力分析

盈利能力分析的指标包括：项目全部投资财务内部收益率和财务净现值、项目资本金财务内部收益率、投资各方财务内部收益率、投资回收期、总投资利润率和项目资本金净利润率。可根据项目的特点及财务分析的目的、要求等选用。

盈利能力分析包括静态分析和动态分析。所谓静态分析是指不采用折现方式处理数据，主要依据损益表（利润与利润分配表），并借助现金流量表计算相关盈利能力指标。对静态分析指标的判断，应按不同指标选定相应的参考值（企业或行业的对比值）。当静态分析指标分别符合其相应的参考值时，认为从该指标看盈利能力满足要求。动态分析是通过编制财务现金流量表，根据资金时间价值原理，计算财务内部收益率、财务净现值等指标，分析项目的获利能力。

（1）静态投资回收期（P_t）。静态投资回收期是指以项目的净收益回收项目的全部投资所需要的时间。它是考察项目在财务上投资回收能力的主要指标。投资回收期短，表明项目投资回收快，抗风险能力强。静态投资回收期的表达式如下：

$$\sum_{t=1}^{P_t}(CI-CO)_t=0 \qquad (4-2-1)$$

式中　　P_t——静态投资回收期；

　　　　CI——现金流入量；

　　　　CO——现金流出量；

$(CI-CO)_t$——第 t 年的净现金流量。

静态投资回收期一般以"年"为单位，自项目建设开始年算起。若从项目建成投产年算起，应予以特别注明，以防止两种情况的混淆。

式（4-2-1）是静态投资回收期的一个一般表达式，在具体计算时可借助项目投资现金流量表计算。项目投资现金流量表中累计净现金流量由负值变为零的时点，即为项目的投资回收期。分为以下两种情况：

第一种情况：项目建成投产后各年的净现金流量不相同，则静态投资回收期可根据项目投资现金流量表计算。详细计算公式为

$$P_t=(T-1)+\frac{\text{第}(T-1)\text{年的累计净现金流量的绝对值}}{\text{第 }T\text{ 年的净现金流量}} \qquad (4-2-2)$$

式中　T——项目各年累计净现金流量首次为正值的年数。

投资回收期短，表明项目投资回收快，抗风险能力强。

【例 4-2-1】　某投资方案的净现金流量及累计净现金流量见表 4-2-1，计算该方案的静态投资回收期。

表 4-2-1　　　　　　　　　　现 金 流 量 表　　　　　　　　　单位：万元

年　份	1	2	3	4	5	6	7	8	9～20
净现金流量	−150	−200	−150	50	120	150	150	150	150
累计净现金流量	−150	−350	−500	−450	−330	−180	−30	120	1920

解：由现金流量表 4-2-1 可知，项目各年累计净现金流量首次为正值的年数为 8，根据式（4-2-2）计算该方案的静态投资回收期为

$$P_t=(8-1)+\frac{|-30|}{150}=7.2(\text{年})$$

第二种情况：项目建成投产后各年的净收益（净现金流量）均相同，则静态投资回收期的计算公式如下：

$$静态投资回收期 = \frac{项目全部投资}{每年的净收益} + 建设期 \qquad (4-2-3)$$

【例 4-2-2】 某投资方案一次性投资 1000 万元，建设期一年，建成投产后其各年的净收益（净现金流量）为 150 万元，求该方案的静态投资回收期。

解： 根据式（4-2-3）可得该方案的静态投资回收期为

$$P_t = \frac{1000}{150} + 1 = 7.67（年）$$

静态投资回收期的评价准则：将计算出的静态投资回收期（P_t）与所确定的基准投资回收期（P_e）进行比较，若 $P_t \leqslant P_e$，表明项目投资能在规定的时间内收回，则项目（或方案）在经济上可以考虑接受；若 $P_t > P_e$，则项目（或方案）在经济上是不可行的。

（2）总投资收益率（ROI）。总投资收益率表示总投资的盈利水平，指项目达到设计能力后正常年份的年息税前利润或运行期内年平均息税前利润与项目总投资的比率。它是考察项目盈利能力的静态指标。总投资收益率的计算公式为

$$ROI = \frac{EBIT}{TI} \times 100\% \qquad (4-2-4)$$

式中　　$EBIT$——项目达到设计生产能力后正常年份的年息税前利润或运行期内年平均息税前利润；

　　　　TI——项目总投资。

将算得的总投资收益率与同行业的收益率参考值对比，若高于同行业的收益率参考值，表明用总投资收益率表示的盈利能力满足要求。

（3）项目资本金净利润率（ROE）。项目资本金净利润率表示项目资本金的盈利水平，指项目达到设计能力后正常年份的年净利润或运行期内年平均净利润与项目资本金的比率。它是考察项目盈利能力的静态指标。资本金净利润率的计算公式为

$$ROE = \frac{NP}{EC} \times 100\% \qquad (4-2-5)$$

式中　　NP——项目达到设计生产能力后正常年份的年净利润或运行期内年平均净利润；

　　　　EC——项目资本金。

资本金净利润率高于同行业的净利润率参考值，表明用项目资本金净利润率表示的项目盈利能力满足要求。

（4）财务净现值（FNPV）。财务净现值是指按设定的折现率（一般采用行业基准收益率），将项目计算期内各年净现金流量折现到建设期初的现值之和。它是考察项目在计算期内盈利能力的动态评价指标。其表达式为

$$FNPV = \sum_{t=1}^{n} (CI - CO)_t (1 + i_c)^{-t} \qquad (4-2-6)$$

式中　　i_c——设定的折现率（或行业基准收益率）。

财务净现值指标的判别标准：若 $FNPV \geqslant 0$，则方案可行；若 $FNPV < 0$，则方案应予拒绝。即按照设定的折现率计算的财务净现值大于或等于零时，项目方案在财务上可考

虑接受。财务净现值大于零时表明项目的盈利能力超过了基准收益率或设定的折现率水平；财务净现值小于零，表明项目的盈利能力达不到基准收益率或设定的折现率的水平；财务净现值为零，表明项目的盈利能力水平正好等于基准收益率或设定的折现率。

【例 4-2-3】 某投资方案各年的现金流量见表 4-2-2，设基准收益率 $i=12\%$，试用财务净现值指标判断该方案是否可行。

表 4-2-2   现 金 流 量 表   单位：万元

年份	1	2	3	4	5	6	7～16
投资	800	1000					
收益			280	550	550	550	550
年经营成本			70	70	70	70	70
净现金流量	−800	−1000	210	480	480	480	480

解：$FNPV = -800(P/F,12\%,1) - 1000(P/F,12\%,2)$
$$+ 210(P/F,12\%,3) + 480(P/A,12\%,13)(P/F,12\%,3)$$
$$= -800 \times 0.893 - 1000 \times 0.797 + 210 \times 0.712 + 480 \times 6.424 \times 0.712$$
$$= -714.40 - 797 + 149.52 + 2195.46$$
$$= 833.58 \ (万元)$$

该方案的财务净现值为 833.58（万元）＞0，所以该项目在财务上是可行的。

（5）财务内部收益率（$FIRR$）。财务内部收益率是指项目在整个计算期内各年净现金流量现值累计等于零时的折现率，是考察项目盈利能力的主要动态评价指标，其表达式为：

$$\sum_{t=1}^{n} (CI - CO)_t (1 + FIRR)^{-t} = 0 \qquad (4-2-7)$$

判别标准：当财务内部收益率大于或等于所设定的基准收益率 i_c 时，项目方案在财务上可以考虑接受。即当 $FIRR \geqslant i_c$ 时，认为其盈利能力已满足最低要求，项目在财务上是可行的；$FIRR < i_c$，则项目在财务上不可行。

财务基准收益率是财务评价中一个重要的参数。它是投资者自主确定其在相应项目上投资最低可接受的财务收益水平，是项目财务可行性和方案比选的主要判据，不同的投资者对同一项目的收益水平的期望值不尽相同，所以选用财务基准收益率应遵循下列原则：

（1）政府投资项目的财务评价必须采用国家行政主管部门发布的行业财务基准收益率。

（2）政府以外的其他各类投资主体投资项目的财务评价，既可使用由投资者自行测定的项目最低可接受的财务收益率，也可选用国家或行业主管部门发布的行业财务基准收益率。根据投资人意图和项目的具体情况，项目最低可接受财务收益率的取值可高于、等于或低于行业财务基准收益率。

在实际应用中，财务内部收益率也可采用一种称为线性插值试算法来求得财务内部收益率的近似值。其基本步骤如下：

第一步：首先选定一个适当的折现率 i_0。

第二步：用选定的折现率 i_0 求出该方案的财务净现值。

（1）若财务净现值＝0，则该方案的财务内部收益率就是所选定的折现率 i_0。

（2）若财务净现值＞0，则适当使 i_0 增大，重新计算该方案的财务净现值。

（3）若财务净现值＜0，则适当使 i_0 减小，重新计算该方案的财务净现值。

重复第二步中的（2）或（3），直至找到这样两个折现率 i_1 和 i_2，其对应求出的财务净现值 $FNPV(i_1)>0$，$FNPV(i_2)<0$ 为止。

第三步：用线性插值公式求出财务内部收益率的近似值，其公式如下：

$$FIRR \approx i_1 + \frac{FNPV_1}{FNPV_1 + |FNPV_2|}(i_2 - i_1) \qquad (4-2-8)$$

由式（4-2-8）求解财务内部收益率的计算误差与 $(i_2 - i_1)$ 的大小有关，i_2 与 i_1 相差越大，财务内部收益率的误差也越大。i_2 与 i_1 之差最好不超过 2%，一般不应超过 5%。

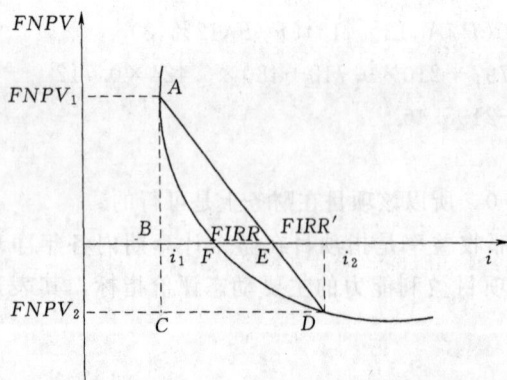

图 4-2-1　财务内部收益率近似计算图

式（4-2-8）可结合图 4-2-1 推导如下：

由图 4-2-1 可以看出，财务净现值与折现率的关系如弧 AD 所示。财务净现值 $FNPV$ 为折现率 i 的函数，且随着 i 值增大，$FNPV$ 为一单调递减连续函数，财务净现值 $FNPV$ 由正值递减为负值，其间有一个它在 F 处与横轴相交，交点处的折现率就是使 $FNPV = 0$ 时的收益率 $FIRR$，即内部收益率。现在我们在 i_1 和 i_2 之间，用直线 AD 近似替代弧线段 AD（在 $i_2 - i_1$ 很小时，这样做误差不大），然后用几何方法求出直线 AD 与横轴的交点处的折现率 $FIRR'$，用 $FIRR'$ 作为 $FIRR$ 的近似值。

求 $FIRR'$ 的方法如下。

根据几何相似形原理：$\because \triangle ABE \backsim \triangle ACD$

$$\therefore \frac{AB}{AC} = \frac{BE}{CD}$$

即

$$\frac{FNPV_1}{FNPV_1 + |FNPV_2|} = \frac{FIRR' - i_1}{i_2 - i_1}$$

从而

$$FIRR' = i_1 + \frac{FNPV_1}{FNPV_1 + |FNPV_2|}(i_2 - i_1)$$

即式（4-2-8）。

【例 4-2-4】　某项目投资方案各年的净现金流量见表 4-2-3，当基准收益率 $i_c =$ 12% 时，试用财务内部收益率指标判断该方案是否可行。

表 4-2-3　　　　　　　　　　项目现金流量表　　　　　　　　　单位：万元

年份	0	1	2	3	4	5	6
净现金流量	−120	−20	50	50	50	50	50

解： 令 $i=12\%$，计算相应的财务净现值。

$$FNPV = -120 - 20(P/F, 12\%, 1) + 50(P/A, 12\%, 5)(P/F, 12\%, 1)$$
$$= -120 - 20 \times 0.893 + 50 \times 3.605 \times 0.893$$
$$= -120 - 17.86 + 160.96$$
$$= 23.10 > 0$$

再令 $i=15\%$，计算相应的财务净现值。

$$FNPV = -120 - 20(P/F, 15\%, 1) + 50(P/A, 15\%, 5)(P/F, 15\%, 1)$$
$$= -120 - 20 \times 0.87 + 50 \times 3.352 \times 0.87$$
$$= -120 - 17.4 + 145.81$$
$$= 8.41 > 0$$

再令 $i=18\%$，计算相应的财务净现值。

$$FNPV = -120 - 20(P/F, 18\%, 1) + 50(P/A, 18\%, 5)(P/F, 18\%, 1)$$
$$= -120 - 20 \times 0.847 + 50 \times 3.127 \times 0.847$$
$$= -120 - 16.94 + 132.43$$
$$= -4.51 < 0$$

用线性插值公式（4-2-8）算出该方案的财务内部收益率的近似值为

$$FIRR \approx i_1 + \frac{FNPV_1}{FNPV_1 + |FNPV_2|}(i_2 - i_1)$$

$$\approx 15\% + \frac{8.41}{8.41 + |-4.51|} \times (18\% - 15\%) \approx 17\%$$

该方案的财务内部收益率约为 $17\% > i_c = 12\%$（基准收益率），在财务上可行。

2. 偿债能力分析指标计算与评判标准

对于有借款的项目，通过偿债能力分析，考察项目能否按期偿还借款。通过计算利息备付率、偿债备付率、资产负债率等指标，判断项目的偿债能力。

（1）利息备付率（ICR）。利息备付率是指项目在借款偿还期内，各年可用于支付利息的息税前利润与当期应付利息的比值。其计算公式为

$$ICR = \frac{EBIT}{PI} \tag{4-2-9}$$

式中　$EBIT$——息税前利润；

　　　PI——计入总成本费用的应付利息。

利息备付率是从付息资金来源的充裕性角度反映项目偿付债务利息的保障程度。利息备付率应分年计算。利息备付率越高，表明利息偿付的保障程度越高。对于正常运营的企业，利息备付率应当大于1。

（2）偿债备付率（DSCR）。偿债备付率是指项目在借款偿还期内，各年可用于还本付息的资金与当期应还本付息金额的比值。其计算公式为

$$DSCR = \frac{EBITDA - T_{AX}}{PD} \tag{4-2-10}$$

式中　$EBITDA$——息税前利润加折旧和摊销；

　　　T_{AX}——企业所得税；

　　　PD——应还本付息金额。包括还本金额和计入总成本费用的全部利息。融资租赁费用可视同借款偿还。运行期内的短期借款本息也应纳入计算。

偿债备付率表示可用于还本付息的资金偿还借款本息的保障程度。偿债备付率应分年计算，偿债备付率越高，表明可用于还本付息的资金保障程度越高。在正常情况下偿债备付率应当大于1。当偿债备付率指标小于1时，表示当年资金来源不足以偿付当期债务，需要通过短期借款偿付已到期债务。

（3）资产负债率（$LOAR$）。资产负债率是指各期末负债总额与资产总额的比率。计算公式为

$$LOAR = \frac{TL}{TA} \times 100\% \tag{4-2-11}$$

式中　TL——期末负债总额；

　　　TA——期末资产总额。

适度的资产负债率，表明企业经营安全、稳健，具有较强的筹资能力，也表明企业和债权人的风险较小。对该指标的分析，应结合国家宏观经济状况、行业发展前景、企业所处的竞争环境状况等具体条件确定。项目财务分析中，在长期债务还清后，可不再计算资产负债率。

（四）财务评价基础数据

1. 建设总投资

建设项目评价中的总投资包括建设投资、建设期贷款利息和流动资金。

（1）建设投资。建设投资包括工程费和预备费。

1）工程费。主要指项目主体工程、辅助工程、公用工程、运输工程、服务性工程、厂外工程、生活福利工程、市政、临时工程及独立费等所需费用。工程费一般按设计概（估）算编制规定的工程费用的构成来计算。对一般项目可作概略估算，其方法有以下几种：

a）生产能力指数法。这种方法是根据已建成的性质类似的建设项目的投资额和生产能力及拟建项目的生产能力估算其投资。

$$C_2 = C_1 \left(\frac{A_2}{A_1}\right)^n f \tag{4-2-12}$$

式中　C_1、C_2——已建类似项目和拟建项目的投资额；

　　　A_1、A——已建类似项目和拟建项目的生产能力；

　　　f——不同时期、不同地点的定额、单价、费用变更等综合调整系数；

　　　n——生产能力指数。

若已建项目和拟建项目的规模相差不大，比值为 $0.5 \sim 2$，指数 n 取值近似为 1。若已

建项目和拟建项目的规模相差较大时，且拟建项目的扩大是以增大固定资产效率来扩大生产规模时，$n=0.6\sim0.7$；若拟建项目的扩大以增加固定资产的数量来扩大生产规模时，$n=0.8\sim0.9$。采用上式投资估算时，要求类似工程的资料可靠，条件基本相同，否则误差会很大。

【例4-2-5】 已知建设年产30万t乙烯装置的投资额为60000万元，试估计建设年产70万t乙烯装置的投资额（生产能力指数$n=0.6$，$f=1.0$）。

解： $C_2=C_1\left(\dfrac{A_2}{A_1}\right)f=60000\times\left(\dfrac{70}{30}\right)^{0.6}\times1.0=99755.61$（万元）

【例4-2-6】 若将上述［例4-2-5］项目的设计中的化工生产系统的生产能力提高两倍，投资额大约增加多少（生产能力指数$n=0.6$，$f=1$）？

解： $\dfrac{C_2}{C_1}=\left(\dfrac{A_2}{A_1}\right)f=\left(\dfrac{3}{1}\right)^{0.6}=1.9$

计算结果表明，生产能力提高两倍，投资额增加90%。

b）造价指标估算法。投资额＝$\sum$（工程量×相应项目的造价指标）

2）预备费，包括基本预备费和价差预备费两项。

a）基本预备费。主要为解决工程施工过程中的设计变更和为预防意外事故而采取的措施所增加的工程项目和费用，国家政策性调整所增加的投资等。计算方法：根据工程规模、施工年限和地质条件等不同情况，按建筑工程、机电设备及安装工程、金属结构设备及安装工程、临时工程、独立费五部分之和的百分率计算。

初步设计阶段为5%～8%，可研阶段为10%～12%，项目建议书阶段为15%～18%。

b）价差预备费。主要为解决工程施工过程中，因人工工资、材料和设备价格上涨以及费用标准调整而增加的投资。费用内容包括：人工、设备、材料、施工机械的价差费，建筑安装工程费及工程建设其他费用调整，利率、汇率调整等增加的费用。

计算方法：以估算年份价格水平的静态投资作为计算基数。按照国家规定的投资综合价格指数计算，即

$$E=\sum_{n=1}^{N}F_n[(1+p)^n-1]$$

式中　E——价差预备费；

　　　N——合理建设工期；

　　　n——施工年度；

　　　F_n——在建设期间第n年的投资额，包括建筑安装工程费、设备及工器具购置费、工程建设其他费用及基本预备费；

　　　p——年投资价格上涨率。

【例4-2-7】 某项目的静态投资为22310万元，项目建设期为3年，3年的投资分配使用比例为第一年20%，第二年55%，第三年25%，建设期内年平均价格上涨率预测为6%，估计该项目建设期的价差预备费。

解： 第一年投资计划用款额：

$$F_1=22310\times20\%=4462（万元）$$

第一年价差预备费:
$$E_1=F_1[(1+p)-1]=4462\times[(1+6\%)-1]=267.72(万元)$$

第二年投资计划用款额:
$$F_2=22310\times55\%=12270.5(万元)$$

第二年价差预备费:
$$E_2=F_2[(1+p)^2-1]=12270.5\times[(1+6\%)^2-1]=1516.63(万元)$$

第三年投资计划用款额:
$$F_3=22310\times25\%=5577.5(万元)$$

第三年价差预备费:
$$E_3=F_3[(1+p)^3-1]=5577.5\times[(1+6\%)^3-1]=1065.39(万元)$$

所以,建设期的价差预备费为:
$$E=E_1+E_2+E_3=267.72+1516.63+1065.39=2849.74(万元)$$

(2) 建设期贷款利息。建设期贷款利息应根据不同的资金筹措方案和偿还计划进行计算。不同的资金筹措方案和还款计划,贷款利息也不同。

工程项目经济评价时,为简化计算,假定借款当年在年中支用,按半年计息,其后年份按全年计息。每年应计利息的近似计算公式如下:

$$每年应计利息=\left(年初借款本息累计+\frac{本年借款额}{2}\right)\times年利率 \qquad (4-2-13)$$

【例4-2-8】 某新建项目,建设期为3年,共向银行贷款2000万元,贷款时间为:第一年400万元,第二年1000万元,第三年600万元。贷款年利率为6%,计算建设期贷款利息。

解:建设期各年利息计算如下:

第一年应计利息$=\dfrac{1}{2}\times400\times6\%=12(万元)$

第二年应计利息$=\left(400+12+\dfrac{1}{2}\times1000\right)\times6\%=54.72(万元)$

第三年应计利息$=\left(400+1000+12+54.72+\dfrac{1}{2}\times600\right)\times6\%=106.0032(万元)$

计算建设期贷款利息总和:
$$12+54.72+106.0032=172.7232(万元)$$

(3) 流动资金。流动资金是指项目运营期内长期占用并周转使用的营运资金。流动资金估算有扩大指标估算法和分项详细估算法。

1) 扩大指标估算法。一般可按类似项目流动资金占销售收入、运行费用、固定资产投资的比率估算。也可按类似项目单位指标占用流动资金的比率估算。如水电工程的流动资金可采用电网对已建水电站近期的统计资料估算,当缺乏资料时可暂按10元/kW估算。

2) 分项详细估算法。是利用流动资产与流动负债估算项目占用的流动资金。可采用下列公式估算:

$$流动资金=流动资产-流动负债$$

$$流动资产＝应收账款＋存货＋现金＋预付账款$$
$$流动负债＝应付账款＋预收账款$$
$$流动资金本年增加额＝本年流动资金－上年流动资金$$

流动负债是指将在一年（含一年）或者超过一年的一个营业周期内偿还的债务，包括短期借款、应付票据、应付账款、预收账款、应付工资、应付福利费、应付股利、应交税金、其他暂收应付款项、预提费用和一年内到期的长期借款等。在项目评价中，流动负债的估算可以只考虑应付账款和预收账款两项。

应收账款是指企业对外销售商品、提供劳务尚未收回的资金；预付账款是指企业为购买各种材料、半成品或服务所预先支付的款项。

2. 项目运行所需的费用和收益

项目运行所需的费用和收益应按年列为资金的支出和收入。

（1）收益。项目运行收益，包括项目运行销售产品和服务的收益、固定资产残值的回收及流动资金的回收。

1）项目运行销售产品和服务的收益一般指项目年运行收益或年提供的服务收益。

项目年运行销售收益可用项目可提供的商品量与出售该商品的单价的乘积来确定，即
$$年收益＝年提供的商品销售量×销售单价$$
也可以用提供的服务的价值来计算。

2）固定资产残值。固定资产的净残值是指固定资产报废时预计可收回的残余价值扣除预计清理费用后的余额。若使用到项目寿命期末，则于寿命期末一次作为现金流入。

3）流动资金回收。全部流动资金在项目运行初期根据项目运行的需要分一次或数次投入；流动资金回收按原额于项目寿命期末一次回收，作为现金流入。

（2）项目运行的总成本费用。项目总成本费用是指项目在运营期内为生产产品或提供服务所发生的全部费用，等于经营成本与固定资产折旧费、摊销费和财务费用之和。总成本费用的估算应根据行业规定的方法估算。

总成本费用可分解为固定成本和可变成本。

固定成本一般包括折旧费、摊销费、修理费、工资及福利费（计件工资除外）和其他费用等，通常把运营期发生的全部利息也作为固定成本。

可变成本主要包括外购原材料、燃料及动力费和计件工资等。

1）固定资产折旧费，是指固定资产在使用过程中由于磨损而减少的价值，用分摊的方法逐年计入成本的一项费用。固定资产折旧一般采用直线法，包括年限平均法和工作量法。

年限平均法：按固定资产的使用年限进行分摊。

$$年折旧率＝\frac{1-预计净残值率}{折旧年限}×100\% \qquad (4-2-14)$$

其中
$$预计净残值率＝\frac{寿命期末固定资产预计净残值}{固定资产原值}$$

$$年折旧额＝固定资产原值×年折旧率$$

固定资产原值是指项目投产时按规定由投资形成固定资产的部分。

工作量法：按固定资产的使用时间（含运行时间或行使的里程）进行分摊。

折旧额的计算，一是按照行驶里程计算折旧，二是按照工作小时计算折旧，计算公式如下：

a）按照行驶里程计算折旧的公式：

$$单位里程折旧额 = \frac{原值 \times (1 - 预计净残值率)}{总行驶里程} \qquad (4-2-15)$$

$$年折旧额 = 单位里程折旧额 \times 年行驶里程$$

b）按照工作小时计算折旧的公式：

$$每工作小时折旧额 = \frac{原值 \times (1 - 预计净残值率)}{总工作小时} \qquad (4-2-16)$$

$$年折旧额 = 每工作小时折旧额 \times 年工作小时$$

2）摊销费，是指项目的无形资产和其他资产的摊销费用。无形资产是指特定主体所控制的，不具有实物形态，对生产经营长期发挥作用且能带来经济利益的资源。

无形资产分为可辨认无形资产和不可辨认无形资产。可辨认无形资产包括专利权、专有技术、商标权、著作权、土地使用权、特许权等；不可辨认无形资产是指商誉。无形资产原值是指项目投产时按规定由投资形成无形资产的部分。无形资产从开始使用之日起，在有效使用期限内平均摊入成本。无形资产的摊销一般采用平均年限法。

其他资产的摊销可以采用平均年限法，不计残值。

3）利息支出，又称财务费用。是指项目正常运行期各年支付的借款利息。利息支出的计算包括长期借款利息、流动资金借款利息和短期借款利息。

a）长期借款利息。是指对建设期借款余额（含未支付的建设期利息）应在生产期支付的利息，项目评价中可选择等额还本付息方式或者等额还本利息照付方式计算长期借款利息。

等额还本付息方式：

$$A = I_c \times \frac{i(1+i)^n}{(1+i)^n - 1} \qquad (4-2-17)$$

其中
$$每年支付利息 = 年初借款余额 \times 年利率$$
$$每年偿还本金 = A - 每年支付利息$$
$$年初借款余额 = I_c - 本年以前各年偿还的借款累计$$

式中　A——每年还本付息额（等额年金）；

I_c——还款起始年年初的借款余额（含未支付的建设期利息）；

i——年利率；

n——预定的还款期。

等额还本利息照付方式：

设 A_t 为第 t 年的还本付息额，则有

$$A_t = \frac{I_c}{n} + I_c \times \left(1 - \frac{t-1}{n}\right) \times i \qquad (4-2-18)$$

其中
$$每年支付利息 = 年初借款余额 \times 年利率$$

即 $$第\ t\ 年支付的利息 = I_c \times \left(1 - \frac{t-1}{n}\right) \times i$$

$$每年偿还本金 = \frac{I_c}{n}$$

b）流动资金借款利息。项目评价中估算的流动资金借款从本质上说应归类为长期借款，但目前企业往往有可能与银行达成共识，按期末偿还、期初再借的方式处理，并按一年期利率计息。流动资金借款利息可按下式计算：

年流动资金借款利息＝年初流动资金借款余额×流动资金借款利息 　　（4-2-19）

c）短期借款利息。项目评价中的短期借款是指运营期间由于资金的临时需要而发生的短期借款。短期借款利息的计算同流动资金借款利息。

4）税费。项目税费包括流转税类、资源税类、财产税类、行为税类和所得税类五大类。按有关税法分别计算。

流转税是以流转额为征税对象，选择其在流转过程中的特定环节加以征收的税。流转额包括商品流转额和非商品流转额。现行的流转税主要设置增值税、消费税、营业税和关税四个税种。

资源税是对在我国境内从事国有资源开发，就资源和开发条件的差异而形成的级差收入征收的一种税。我国现行的资源税主要设置三个税种，即资源税、土地使用税和耕地占用税。

财产税是对纳税人所有的财产课征的税。我国财产税设置的税种很少，有房产税、车船使用税、土地增值税和契税，需要增加的有遗产税、赠与税等新税种。

行为税是以纳税人的某种特定行为作为征税对象的税。我国现行行为税主要设置三个税种：即固定资产投资方向调节税、印花税和城市维护建设税。

所得税是以纳税人的收益额为征税对象的一种税。收益额可分为纯收益额和总收益额。其中，纯收益额也称为所得额，以此为征税对象的，如企业所得税；总收益额是指纳税人的全部收入，以此为征税对象的，如农业税。我国现行的所得税主要设置四个税种：企业所得税、外商投资企业所得税、个人所得税和农业税（2005 年 12 月 29 日十届全国人大常委会第十九次会议表决通过，废止《农业税条例》，自 2006 年 1 月 1 日生效）。

5）年经营成本。包括工资及福利费、材料、燃料及动力费、维护费和其他费用。

五、国民经济评价

（一）国民经济评价的意义

项目的国民经济评价是将建设项目置于整个国民经济系统之中，从国家经济整体利益的角度出发，按照合理配置社会资源的原则，分析项目的经济效益、经济效果和对社会的影响，评价项目在宏观经济上的合理性。在国民经济评价中，不仅要分析项目本身所产生的直接效果，而且要分析项目建设所引起的有关行业和企业所产生的经济效果（间接效果）；同时，在评价时不仅要分析项目建设与生产中的投入物的经济费用（直接费用），而且要分析由于项目的建设所引起的国民经济相关行业或企业增加的投入物的经济费用（间接费用）。所以国民经济评价能够客观地估算出投资项目对国民经济的贡献和国民经济为其付出的代价。

运用国民经济评价方法对投资项目进行评价能够对资源和投资的合理流向起到导向的作用。在现实经济中，由于市场本身的原因及政府不恰当的干预，都可能导致市场配置资源的失灵，致使有些项目财务价格扭曲，财务成本不能包含项目对资源的全部消耗，财务效益不能包含项目产出的全部经济效果，市场价格难以反映建设项目的真实经济价值，通过国民经济评价可以反映建设项目的真实经济价值。在国民经济评价中采用了影子价格和社会折现率。影子价格是在资源最优分配状态下的边际产出的价值，它不仅能够起市场信号反馈的作用，而且能够对资源合理分配加以引导，达到宏观控制的目的。不论哪一行业，都采用统一的社会折现率，可以使投资最终流向投资效率高、资金回收比率大的行业或生产部门，无疑也会促进资源高效利用，使社会整体效益提高。

（二）国民经济评价的范围

国民经济评价是经济评价方法体系的重要组成部分。国民经济评价是从资源合理配置的角度，分析项目投资的经济效益和对社会福利所做出的贡献，评价项目的经济合理性，是项目投资决策的主要依据。对于财务价格不能真实反映项目产出的经济价值，财务成本不能包含项目对资源的全部消耗，财务效益不能包含项目产出的全部经济效果的项目需要进行国民经济评价。从社会资源优化配置的角度，国家规定下列类型项目需要进行国民经济评价：

（1）具有垄断特征的项目。

（2）产出具有公共产品特征的项目。

（3）外部效果显著的项目。

（4）资源开发项目。

（5）涉及国家经济安全的项目。

（6）受过度行政干预的项目。

从投资管理的角度，现阶段需要进行国民经济评价的项目有以下几类：

（1）政府预算内投资（包括国债资金）的用于关系国家安全、国土开发和市场不能有效配置资源的公益性项目和公共基础设施建设项目、保护和改善生态环境项目、重大战略性资源开发项目。

（2）政府各类专题建设基金投资的用于交通运输、农林水利等基础设施、基础产业建设项目。

（3）利用国际金融组织和外国政府贷款，需要政府主权信用担保的建设项目。

（4）法律、法规规定的其他政府性资金投资的建设项目。

（5）企业投资建设的涉及国家经济安全、影响环境资源、公共利益、可能出现垄断、涉及整体布局等公共性问题，需要政府核准的建设项目。

（三）国民经济效益与费用识别

项目的经济效益是指项目对国民经济所做的贡献，分为直接效益和间接效益。项目的经济费用是指国民经济为项目付出的代价，分为直接费用和间接费用。项目经济效益和费用的识别应符合下列要求：

（1）遵循有无对比的原则。

（2）对项目所涉及的所有成员及群体的费用和效益做全面分析。

（3）正确识别正面和负面外部效果，防止误算、漏算或重复计算。

（4）合理确定效益和费用的空间范围和时间跨度。

（5）正确识别和调整转移支付，根据不同情况区别对待。

1. 直接费用与直接效益

直接费用是指项目使用投入物所产生并在项目范围内计算的经济费用。一般表现为其他部门为供应本项目投入物而扩大生产规模所耗用的资源费用；减少对其他项目（或最终消费）投入物的供应而放弃的效益；增加进口（或减少出口）所耗用（或减收）的外汇等。

直接效益是指由项目产出物产生的并在项目范围内计算的经济效益。一般表现为增加该产出物数量满足国内需求的效益；替代其他相同或类似企业的产出物，使被替代企业减产以减少国家有用资源耗费（或损失）的效益；增加出口（或减少进口）所增收（或节支）的国家外汇等。

2. 间接费用和间接效益

间接费用和间接效益是指国民经济为项目付出的代价与项目对国民经济做出的贡献在项目的直接费用与直接效益中未得到反映的那部分费用与效益。

3. 转移支付

转移支付代表购买力的转移行为，接受转移支付的一方所获得的效益与付出方所产生的费用相等，转移支付行为本身没有导致新增资源的发生。在项目的建设和生产经营过程中，某些财务收益和支出，从国民经济角度看，并没有造成资源的实际增加或减少，而是国民经济内部的转移支付。在国民经济评价中一般应剔除这些转移支付。转移支付的主要内容有：

（1）国家和地方政府的税收。

（2）国内银行借款利息。

（3）国家和地方政府给予项目的补贴。

（四）国民经济评价参数

国民经济评价参数是国民经济评价的基础。正确理解和使用评价参数，对正确计算经济费用、效益和评价指标，判定项目经济合理性具有重要作用。国民经济评价参数有两类：一类是必须采用参数，如社会折现率和影子汇率换算系数等，这类参数由国家行政主管部门统一测定并发布，在各类建设项目的国民经济评价中必须采用；另一类是供参考选用参数，如影子工资换算系数和土地影子价格等，这类参数也由国家行政主管部门统一测定并发布，但在各类建设项目的国民经济评价中可参考选用。

1. 社会折现率（i_s）

项目的国民经济评价，主要采用动态计算方法，计算经济净现值或经济内部收益率指标。在计算项目的经济净现值指标时，需要使用一个事先确定的折现率。在用经济内部收益率指标判断项目经济效益时，需要用一个事先确定的基准收益率作为判据进行对比，以判定项目的经济效益是否达到了标准。通常将经济净现值计算中的折现率和经济内部收益率的判据基准收益率统一起来，规定为社会折现率。

社会折现率代表着社会投资所要求的最低收益率，作为项目经济效益要求的最低经济收益率水平。项目投资产生的社会收益率如果达不到这一最低水平，项目不应当被接受。

作为经济内部收益率的基准收益率，社会折现率的取值高低直接影响项目经济可行性的判断结果。社会折现率如果取值过低，将会使得一些经济效益不好的项目投资得以通过，经济评价不能起到应有的作用。社会折现率取值提高，会使一部分本来可以通过评价的项目因达不到判别标准而被舍弃，从而间接起到调控投资规模的作用。

在项目的优选和方案比选中，社会折现率的取值高低会影响比选的结果。较高的取值，将会使远期收益在折算为现值时发生较高的折减，有利于社会效益产生在近期，但在远期有比较高的社会成本的方案和项目入选，而社会效益主要产生在远期的项目被淘汰。这可能会导致对评价结果的误导。因为取值较高，将会使远期收益、费用在折算为现值时发生较高的折减。比如对生态环境造成破坏的项目，高折现率将未来环境污染的成本负担折减计算。因此，国家根据宏观调控意图和现实经济状况，制定发布统一的社会折现率，以利于统一标准，避免参数选择的随意性。项目评价人员应当充分理解社会折现率在项目国民经济评价中的作用，理解社会折现率取值对评价结果的影响，避免对评价结果的误导。

现阶段我国的社会折现率为 8%。对于受益期长的建设项目，如果远期效益较大，效益实现的风险较小，社会折现率可以适当降低，但不应低于 6%。

2. 影子汇率

影子汇率是指能正确反映国家外汇经济价值的汇率。影子汇率通过影子汇率换算系数计算得出。影子汇率换算系数是指影子汇率与外汇牌价之间的比值。影子汇率计算公式如下：

$$影子汇率＝外汇牌价×影子汇率换算系数 \tag{4-2-20}$$

建设项目国民经济评价中，项目的进口投入物和出口产出物，应采用影子汇率换算系数调整计算进出口外汇收支的价值。

3. 影子工资

影子工资是指建设项目使用劳动力资源而使社会付出的代价。建设项目国民经济评价中用影子工资计算劳动力费用。影子工资可通过影子工资换算系数得到。影子工资换算系数是指影子工资与项目财务评价中的劳动力工资之间的比值，影子工资可按下式计算：

$$影子工资＝财务工资×影子工资换算系数 \tag{4-2-21}$$

（五）国民经济评价中的影子价格

国民经济评价中投入物或产出物使用的计算价格称为"影子价格"。

建设项目投资和项目运行的效益要用货币作为统一的度量单位，而价值形态的货币表现只能借助价格来实现。但在现实经济生活中，由于社会环境、经济管理体制、经济政策、历史因素等原因，项目中投入物或产出物的现行市场价格并不是都能反映它们的实际价值。为了正确计算项目对国民经济所作的净贡献和社会为项目建设付出的代价，在进行国民经济评价时，对现行价格进行调整，以使其能正确反映投入物或产出物的实际价值。

这种用于经济分析的调整价格，称为影子价格。若某种投入物或产出物的现行价格能较真实地反映其经济价值，则其现行价格就是其影子价格。即影子价格应是能够真实反映项目投入物和产出物真实经济价值的计算价格。

在国民经济评价中，将项目投入物与产出物区分为外贸货物、非外贸货物和特殊投入物，并采取不同的思路确定其影子价格。

(六) 国民经济评价指标

1. 经济净现值 (ENPV)

经济净现值是用社会折现率将项目计算期内各年的经济净效益流量折现到建设期初的现值之和，其表达式为

$$ENPV = \sum_{t=1}^{n} (B-C)_t (1+i_s)^{-t} \qquad (4-2-22)$$

式中　$ENPV$——经济净现值；

B——经济效益流量；

C——经济费用流量；

i_s——社会折现率；

$(B-C)_t$——第 t 年的经济净效益流量；

n——项目计算期。

评判标准：如果经济净现值等于或大于零时 ($ENPV \geqslant 0$)，表明项目可以达到符合社会折现率的效率水平，认为该项目从经济资源配置的角度可以被接受。

2. 经济内部收益率 (EIRR)

经济内部收益率是指项目在计算期内各年经济净效益流量的现值累计等于零时的折现率，其表达式为

$$\sum_{t=1}^{n} (B-C)_t (1+EIRR)^{-t} = 0 \qquad (4-2-23)$$

评判标准：如果经济内部收益率等于或大于社会折现率时 ($EIRR \geqslant i_s$)，表明项目资源配置的经济效率达到了可以接受的水平。

3. 经济效益费用比 (R_{BC})

经济效益费用比是指项目在其计算期内效益流量的现值与费用流量的现值之比，其计算式为

$$R_{BC} = \frac{\sum_{t=1}^{n} B_t (1+i_s)^{-t}}{\sum_{t=1}^{n} C_t (1+i_s)^{-t}} \qquad (4-2-24)$$

式中　R_{BC}——经济效益费用比；

B_t——第 t 年的经济效益；

C_t——第 t 年的经济费用。

如果经济效益费用比大于1，表明项目资源配置的经济效率达到了可以被接受的水平。

不确定性分析与经济风险分析

不确定分析与经济风险分析是项目经济评价中的一个重要内容。因为对项目进行经济评价时，所采用的数据大部分来自估算和测算，所采用的基本变量都是对未来的预测和假设，并假定在项目寿命周期内是不变的，即都是以一些确定的数据为基础的。但实际上，在项目实施的整个过程中，有些因素有可能发生变化，一旦这些因素发生变化，就会对项目经济效果产生影响。如果仅凭以一些确定的数据做出的分析为依据来决策项目，就可能会导致投资决策的失误。因此，为了有效地减少不确定性因素对项目经济效果的影响，提高项目的风险防范能力，进而提高项目投资决策的科学性和可靠性，在对项目进行确定性分析的基础上，还需要对项目进行不确定性分析与风险分析。

一、不确定性分析与经济风险分析的区别与联系

不确定性分析是通过对拟建项目具有较大影响的不确定性因素进行分析，计算基本变量的增减变化引起项目财务或经济效益指标的变化，找出最敏感的因素及其临界点，预测项目可能承担的风险，分析项目在财务和经济上的可靠性。使项目的投资决策建立在较为稳妥的基础上。

风险是指未来发生不利事件的概率或可能性。投资建设项目经济风险是指由于不确定性的存在导致项目实施后偏离预期财务和经济效益目标的可能性。经济风险分析是通过对风险因素的识别，采用定性或定量分析的方法估计各风险因素发生的可能性及对项目的影响程度，揭示影响项目成败的关键风险因素，提出项目风险的预警、预报和相应的对策，为投资决策服务。

不确定性分析与风险分析既有联系，又有区别，由于人们对未来事物认识的局限性，可获信息的有限性以及未来事物本身的不确定性，使得投资建设项目的实施结果可能偏离预期目标，这就形成了投资建设项目预期目标的不确定性，从而使项目可能得到高于或低于预期的效益，甚至遭受一定的损失，导致投资建设项目有风险。通过不确定性分析可以找出影响项目效益的敏感因素，确定敏感程度，但却不知这种不确定性因素发生的可能性及影响程度。借助于风险分析可以得知不确定性因素发生的可能性以及给项目带来经济损失的程度。不确定性分析找出的敏感因素又可以作为风险因素识别和风险估计的依据。

二、不确定性分析

不确定性分析包括敏感性分析和盈亏平衡分析。水利工程的国民经济评价和财务评价不确定性分析应主要进行敏感性分析，对于有财务效益的重要水电项目应进行财务评价的盈亏平衡分析。

（一）盈亏平衡分析

盈亏平衡分析是指项目达到设计生产能力的条件下，通过盈亏平衡点分析项目成本与收益的平衡关系，用以考察项目对产出品变化的适应能力和抗风险能力。盈亏平衡分析只适用于项目的财务评价。

盈亏平衡分析分线性盈亏平衡分析和非线性盈亏平衡分析，项目经济评价中仅进行线性盈亏平衡分析。线性盈亏平衡分析有以下四个假定条件：

（1）产量等于销售量，即当年生产的产品当年销售出去。

（2）产量变化，单位可变成本不变，总成本费用是产量的线性函数。

（3）产量变化，单位售价不变，销售收入是销售量的线性函数。

（4）按单一产品计算，当生产多种产品时，应换算为单一产品，不同产品的生产负荷率的变化应保持一致。

盈亏平衡分析实际上是找到项目由盈利到亏损的分界点——盈亏平衡点。盈亏平衡点（也叫保本点），是项目盈利与亏损的转折点，在这一点上，销售（营业、服务）收入等于总成本费用，项目不亏不盈，正好盈亏平衡。盈亏平衡点越低，项目适应产出品变化的能力越大，抗风险能力越强。项目经济评价中，盈亏平衡点常用产量和生产能力利用率表示。

找盈亏平衡点有两种方法：一种是公式计算法，另一种是图解法。

1. 公式计算法

（1）用产量表示的盈亏平衡点。

$$BEP_{产量}=\frac{年固定总成本}{单位产品价格-单位产品可变成本-单位产品销售税金及附加}$$

$$(4-3-1)$$

盈亏平衡点产量表示项目可以接受的最低产量，低于此水平项目就亏损。

（2）用生产能力利用率表示的盈亏平衡点。

$$BEP_{生产能力利用率}=\frac{年固定成本}{年营业收入-年可变成本-年销售税金及附加}\times100\%$$

$$(4-3-2)$$

或

$$BEP_{生产能力利用}=\frac{BEP_{产量}}{年设计生产能力}\times100\%$$

生产能力利用率是度量项目生产能力状况的重要指标。盈亏平衡点生产能力利用率越低，项目的风险越小，抗风险能力越强。在项目运营中，只要生产能力利用率高于盈亏平衡点生产能力利用率，项目可盈利，否则项目就有一定的风险。

盈亏平衡点应按项目投产后的正常年份计算，而不能按计算期内的平均值计算。

【例4-3-1】 某方案设计年产量为12万t，每吨售价675元，每吨销售税金165元，单位可变成本为250元，年固定成本为1500万元。计算该项目的产量盈亏平衡点、生产能力利用率盈亏平衡点，对项目进行盈亏平衡分析。

解： 盈亏平衡点的产量=1500÷（675-250-165）=5.77（万t）

盈亏平衡点的生产能力利用率=5.77÷12×100%=48.08%

本项目产量盈亏平衡点为5.77万t，而项目的设计生产能力为12万t，远大于盈亏平衡点产量。

本项目生产能力利用率盈亏平衡点为48.08%，在项目运营中，只要生产能力利用率高于这个水平，项目就可盈利。

综上所述，可以判断本项目盈亏平衡点较低，该项目盈利和抗风险能力均较强。

2. 图解法

图解法是线性盈亏平衡分析中常用的一种方法。它是在以横轴表示产量，纵轴表示收益与成本的坐标系中画出收益与成本曲线，这两条曲线的交点即为盈亏平衡点。基本步骤如下：

（1）画出坐标图，以横轴表示产量，纵轴表示收益与成本。

（2）以原点为起点，在坐标图上画出收益曲线（收益＝单位产品价格－单位产品营业税金及附加）。

（3）画出固定成本线。固定成本线是一条与横轴平行的水平线，因为前面已假定固定成本不随产量的变化而变动。

（4）以固定成本与纵轴的交点为起点，在坐标图上画出成本线（成本＝固定成本＋可变成本；可变成本＝单位产品可变成本×产量）。

（5）收益曲线与成本曲线的交点即为盈亏平衡点（图4-3-1）。

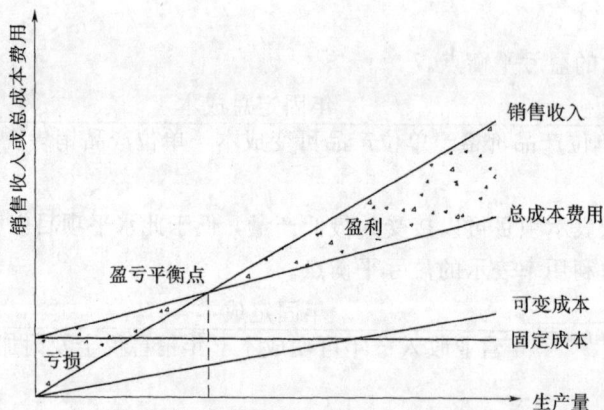

图4-3-1 盈亏平衡分析图

从盈亏平衡分析图可见，当产量低于盈亏平衡点产量时，收益曲线在成本曲线下方，项目是亏损的；当产量高于盈亏平衡点产量时，收益曲线在成本曲线上方，项目是盈利的；盈亏平衡点越低，达到此点的盈亏平衡产量、收益或成本也就越少，因而项目的盈利机会就越大，亏损的风险就越小。

（二）敏感性分析

敏感性分析包括单因素敏感性分析和多因素敏感性分析。单因素敏感性分析是指每次只改变一个因素的数值来进行分析，估算单个因素的变化对项目效益产生的影响；多因素敏感性分析则是同时改变两个或两个以上因素进行分析，估算多因素同时发生变化时对项目效益产生的影响。为了找出关键的敏感因素，通常多进行单因素敏感性分析。这里主要介绍单因素敏感性分析。

一般进行敏感性分析可按以下步骤进行：

（1）选定进行敏感性分析的经济评价指标。建设项目经济评价有一整套指标体系，不可能对每一个指标都进行分析，只对其中的一个或几个主要指标进行分析，如内部收益率、财务净现值、投资回收期等。最主要的指标是内部收益率。

（2）选择需要分析的不确定因素。根据项目的特点，选择对项目效益影响较大且重要的不确定因素进行分析。这些因素主要有产品价格、建设投资、主要投入物价格或可变成本、生产负荷（产品产量）、建设工期、汇率等。

（3）计算因不确定因素在可能变动范围内发生不同幅度变动引起的评价指标的变动值。先给选定的不确定因素设定若干个变化幅度（通常用变化率表示），不确定因素变化的百分率一般为±5%、±10%、±15%、±20%等。对于不便于用百分数表示的因素，例如建设工期，可采用延长一段时间表示，如延长一年。

（4）计算敏感度系数并对敏感因素进行排序。

敏感度系数的计算公式为

$$S_{AF} = \frac{\Delta A/A}{\Delta F/F} \tag{4-3-3}$$

式中　S_{AF}——评价指标 A 对于不确定因素 F 的敏感度系数；

$\Delta F/F$——不确定性因素 F 的变化率；

$\Delta A/A$——不确定性因素 F 发生 ΔF 变化时，评价指标 A 的相应变化率。

$S_{AF} > 0$，表示评价指标与不确定因素同方向变化；$S_{AF} < 0$，表示评价指标与不确定因素反方向变化。$|S_{AF}|$ 较大者敏感度系数高。

（5）求出临界点。临界点是指不确定性因素的变化使项目由可行变为不可行的临界数值。临界点可用不确定性因素相对基本方案的变化率或其对应的具体数值表示。当不确定因素的变化超过了临界点所表示的不确定因素的极限变化时，项目将由可行变为不可行。临界点可用专用软件计算，也可由敏感性分析图直接求得近似值。以投资内部收益率作为敏感性分析的评价指标时，其敏感性分析图如图 4-3-2 所示。图中变动因素材料价格、投资、销售价格对投资内部收益率的影响曲线与基准收益率线的交点即为临界点，表示允许该种因素变化的最大幅度，即极限变化。变化幅度超过这个极限，项目将不可行。

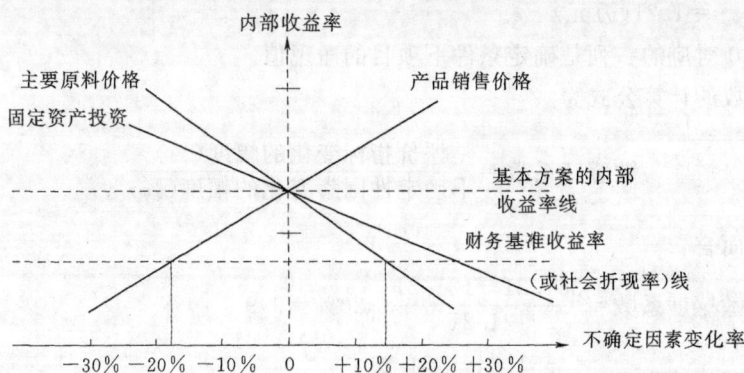

图 4-3-2　敏感性分析示意图

【例 4-3-2】　某项目设计年生产能力为 10 万件产品。计划总投资 1200 万元，期初一次性投入。预计产品价格为 35 元/件，年经营成本为 140 万元，项目寿命期为 10 年，预计期末残值 80 万元，基准折现率为 10%，对该项目进行敏感性分析。

解：（1）选择财务净现值指标为分析对象。

（2）以投资额、单位产品价格、经营成本为不确定因素。

（3）计算投资额、单位产品价格、经营成本等单因素变化对财务净现值的影响（进行单因素敏感性分析）。

确定性条件下项目的财务净现值：

$$FNPV = -1200 + (35 \times 10 - 140)(P/A,10\%,10) + 80(P/F,10\%,10)$$
$$= 121.21(万元)$$

由于 $FNPV > 0$，该项目可行。

下面对项目进行敏感性分析，令选定的三个不确定因素逐一在初始值的基础上按 ±10%、±20 的变化幅度变动，分别计算相对应的财务净现值，计算结果见表 4-3-1。

表 4-3-1　　　　　　　　　　单 因 素 敏 感 性 分 析 表

变化幅度 不确定因素	-20%	-10%	0	+10%	+20%	敏感度系数
投资额	361.21	241.21	121.21	1.21	-118.79	9.9
产品价格	-308.91	-93.85	121.21	336.28	551.34	17.74
经营成本	293.26	207.24	121.21	35.19	-50.83	7.10

如：当投资额变动 -10% 时：

投资额 $= 1200 \times (1 - 10\%) = 1080(万元)$

$$FNPV = -1080 + (35 \times 10 - 140)(P/A,10\%,10) + 80(P/F,10\%,10)$$
$$= 241.21(万元)$$

当投资额变动 +10% 时：

投资额 $= 1200 \times (1 + 10\%) = 1320(万元)$

$$FNPV = -1320 + (35 \times 10 - 140)(P/A,10\%,10) + 80(P/F,10\%,10)$$
$$= 1.21(万元)$$

表中数据 0 对应的一列是确定条件下项目的净现值。

敏感度系数的计算公式为

$$敏感度系数 = \frac{评价指标变化的幅度(\%)}{不确定性因素变化的幅度(\%)} \tag{4-3-4}$$

对于本例而言：

$$投资额的敏感度系数 = \frac{361.21 - 121.21}{121.21} \div 20\% = 9.9$$

$$产品价格的敏感度系数 = \frac{551.34 - 121.21}{121.21} \div 20\% = 17.74$$

$$经营成本的敏感度系数 = \frac{293.26 - 121.21}{121.21} \div 20\% = 7.10$$

从各因素的敏感度系数排序可知，产品价格是最敏感的因素，其次是投资，最后是经营成本。

由表 4-3-1 数据绘制敏感性分析图
（图 4-3-3），求各敏感因素变化的临界
点的近似值。

从图中可知，投资额在横轴上的截距
为 10.11%，此点称为投资上升的临界
点。当投资增加幅度超过 10.11% 时，项
目的财务净现值由正变为负，项目由可行
变为不可行；产品价格在横轴上的截距为
－5.46，此点称为价格下降的临界点。当
产品价格下降幅度超过 5.46% 时，项目
的财务净现值由正变为负，项目由可行变

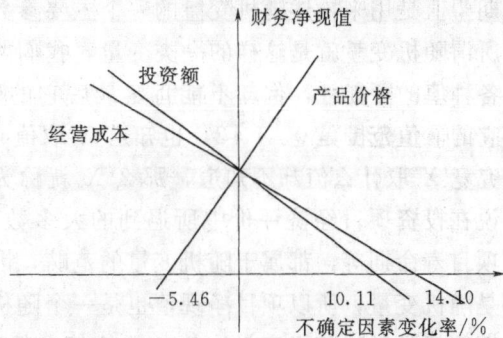

图 4-3-3　单因素敏感性分析图

为不可行；经营成本在横轴上的截距为 14.10%，此点称为经营成本上升的临界点。当经
营成本增加幅度超过 14.10% 时，项目的财务净现值由正变为负，项目由可行变为不
可行。

三、经济风险分析方法——概率树

经济风险分析可通过识别风险因素，采用定性与定量结合的方法，估计经济风险因素
发生的可能性及对项目影响程度，评价经济风险程度并揭示影响项目的关键经济风险因
素，提出相应对策。

概率树分析是常用的经济风险分析方法之一，它是利用概率来研究和预测不确定因素
对项目经济评价指标影响的一种定量分析方法。概率是度量某一事件发生的可能性大小的
量，它是随机事件的函数。必然发生的事件，其概率为 1，不可能事件，其概率为 0，一
般的随机事件，其概率在 0 和 1 之间。

某事件的概率可分为主观概率和客观概率两类。通常把以人为预测和估计为基础的概
率称为主观概率，如产量、销售单价、建设投资、建设工期等。以客观统计数据为基础的
概率称为客观概率，如水位、流量等。经济评价的概率分析主要是主观概率分析。

概率树分析是假定风险变量之间是相互独立的，在构造概率树的基础上，将每个风险
变量的各种状态取值组合计算，分别计算每种组合状态下的评价指标值及相应的概率，得
到评价指标的概率分布，并统计出评价指标高于基准值的累计概率，从而判断项目的
风险。

简单的概率分析是在根据经验设定各种情况发生的可能性（概率）后，计算项目净现
值、项目净现值的期望值及净现值大于等于零时的累计概率。一般的计算步骤是：

（1）通过敏感性分析，确定项目的主要不确定性因素（风险因素）。

（2）判断各不确定因素（风险因素）可能发生的情况。

（3）确定每种情况可能发生的概率，每种情况发生的概率之和必须等于 1。

（4）求出各可能发生事件的净现值、加权净现值，然后求出净现值的期望值。

（5）求出净现值大于等于零的累计概率。

风险评价的判别标准：财务（经济）净现值大于等于零的累计概率值越大，风险越小。

以下先介绍项目净现值的期望值，然后举例说明概率树分析法。

期望值是用来描述随机变量的一个主要参数。

所谓随机变量就是这样的一类变量，我们能够知道它的所有可能的取值范围，也知道它取各种值的可能性，但却不能肯定最后它的确切的取值。比如说有一个变量 X，我们知道它的取值范围是 0、1、2，也知道 X 取值 0、1、2 的可能性分别是 0.3、0.5 和 0.2，但是究竟 X 取什么值却不知道，那么 X 就称为随机变量。从随机变量的概念上来理解，可以说在投资项目经济评价中所遇到的大多数变量因素，如投资额、经营成本、产品价格、项目寿命期等，都属于随机变量的范畴，因而主要根据它们计算出来的经济评价指标也都是随机变量，所以项目净现值也是一个随机变量。

期望值是反映随机变量取值的平均值。但这个平均值绝不是一般意义上的算术平均值，而是以随机变量各种取值的概率为权重的加权平均值，如前面我们所谈到的随机变量 X，它的期望值就不是 1，而是 $0 \times 0.3 + 1 \times 0.5 + 2 \times 0.2 = 0.9$。

一般来讲，期望值的计算公式可表达为

$$E(X) = \sum_{i=1}^{n} x_i p_i \qquad (4-3-5)$$

式中　$E(X)$——随机变量 X 的期望值；

　　　x_i——随机变量 X 的各种取值；

　　　p_i——X 取值 x_i 时所对应的概率值。

根据期望值的计算公式（4-3-5），可以很容易地推导出项目净现值的期望值的计算公式如下：

$$E(NPV) = \sum_{i=1}^{n} NPV_i P_i \qquad (4-3-6)$$

式中　$E(NPV)$——净现值的期望值；

　　　NPV_i——每种情况下的净现值；

　　　P_i——每种情况可能发生的概率值；

　　　$NPV_i P_i$——每种情况下的加权净现值。

由式（4-3-6）可知，将各种情况可能发生的概率分别与其对应的净现值相乘，得出加权净现值；将各种情况下的加权净现值相加，即为期望净现值。期望净现值表示项目净现值以概率为权重的加权平均值，是项目净现值最可能的取值。

【例 4-3-3】　已知某投资方案各种不确定因素可能出现的数值及对应的概率见表 4-3-2。假定投资发生在期初，各年净现金流量均发生在期末，标准折现率为 10%，试用概率法判断项目的可行性及风险情况。

表 4-3-2　　　　　　　　　　某投资项目数据

投　资　额		年　净　收　益		计　算　期	
金额/万元	可能出现的概率	金额/万元	可能出现的概率	数值/年	可能出现的概率
120	0.3	20	0.25	10	1.0
150	0.5	28	0.4	10	1.0
175	0.2	33	0.35	10	1.0

解：（1）绘出决策树图（图 4-3-4）。

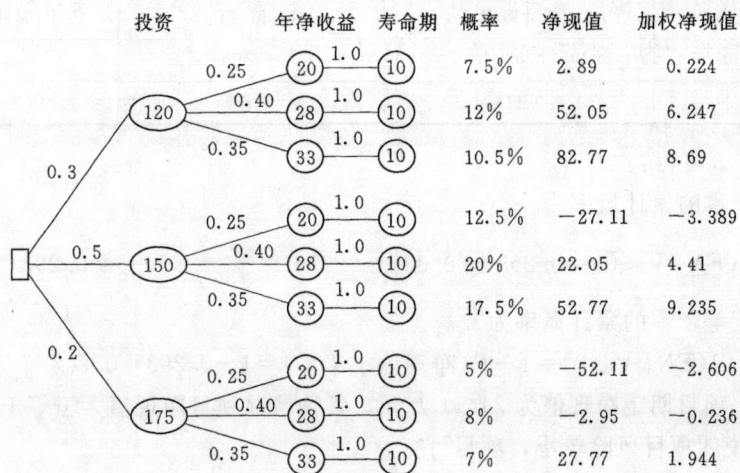

图 4-3-4 某投资方案决策树图

（2）计算各种可能发生情况下的项目净现值及其概率。

1）投资 120 万元，年净收益有三种情况：

第一种情况：投资 120 万元，年净收益 20 万元，则此种情况下的净现值为

$$FNPV = -120 + 20(P/A, 10\%, 10) = 2.89（万元）$$

可能发生的概率为 $0.3 \times 0.25 = 0.075 = 7.5\%$

加权净现值为 $2.89 \times 0.075 = 0.217$

第二种情况：投资 120 万元，年净收益 28 万元，则此种情况下的净现值为

$$FNPV = -120 + 28(P/A, 10\%, 10) = 52.05（万元）$$

可能发生的概率为 $0.3 \times 0.4 = 0.12 = 12\%$

加权净现值为 $52.05 \times 0.12 = 6.246$

第三种情况：投资 120 万元，年净收益 33 万元，则此种情况下的净现值为

$$FNPV = -120 + 33(P/A, 10\%, 10) = 82.77（万元）$$

可能发生的概率为 $0.3 \times 0.35 = 0.105 = 10.5\%$

加权净现值为 $82.77 \times 0.105 = 8.69$

2）投资 150 万元和投资 175 万元同理分析计算。

（3）计算期望净现值。

将各种情况下的加权净现值相加即得

期望净现值 $= 0.224 + 6.247 + 8.69 - 3.389 + 4.41 + 9.235 - 2.606 - 0.236 + 1.944$

$\qquad = 24.52（万元）$

（4）列出净现值小于零的累计概率表（表 4-3-3），计算净现值大于等于零的累计概率。

表 4-3-3 净现值累计概率

净现值/万元	累计概率	净现值/万元	累计概率
-52.11	0.050	-2.95	0.255
-27.11	0.175	2.89	0.330

由表 4-3-3 可得：

净现值小于零的累计概率为

$$P(FNPV<0)=0.255+(0.330-0.255)\times\frac{2.95}{2.95+2.89}=0.293$$

净现值大于等于零的累计概率为

$$P(FNPV\geqslant0)=1-P(净现值小于零)=1-0.293=0.707$$

由此可知，项目期望净现值为 24.51 万元，各种情况项目净现值大于等于零的累计概率是 70.7%，说明项目风险较小，项目可行。

第四节

方案经济比选

方案经济比选是寻求合理的经济和技术方案的必要手段，也是项目评价的重要内容。建设项目投资决策以及项目可行性研究的过程是方案比选和择优的过程，在可行性研究和投资决策过程中，对一个投资项目一般应有多个待选方案以作比较选优。即要比较，就要注意各方案之间应有可比性，即备选方案的整体功能应达到目标要求；备选方案的经济效益应达到可以被接受的水平；备选方案包含的范围和时间一致，效益和费用计算口径一致，诸如产出、投入、价格、计算期等方面是可比的，否则需通过必要的折算。对一个投资项目的多个备选方案进行比选，要考虑各个方案间的关系，一般备选方案之间存在着三种关系：独立关系、互斥关系、相关关系。

独立关系：是指各个方案的现金流量是独立的，方案间不相关。则每个方案采纳与否只取决于自身的经济性，与其他方案无关。

互斥关系：是指各个方案之间存在着互不相容、互相排斥的关系。在多个备选方案中进行比较时，只能选择一个，其余的必须放弃，不能同时存在。

相关关系：是指在各个方案之间，其中某一方案的采用与否会对其他方案的现金流量带来一定的影响，进而影响其他方案的采用或拒绝。

相关关系有正相关和负相关。当一个方案的执行虽然不排斥其他方案，但可以使其效益减少，这时方案之间具有负相关关系，方案之间的比选可以转化为互斥关系。当一个方案的执行使其他方案的效益增加，这时方案之间具有正相关关系，项目之间的比选可以采用独立方案比选方法。

一、效益比选法

包括净现值比较法、净年值比较法、差额投资内部收益率比较法。

（1）净现值比较法，比较备选方案的财务净现值或经济净现值，以净现值大的方案为优。此法用于寿命期相同的互斥方案的比选，比较净现值时应采用相同的折现率。

（2）净年值比较法。比较备选方案的净年值，以净年值大的方案为优。此法用于寿命期不相同的互斥方案的比选，比较净年值时应采用相同的折现率。

净年值应按下式计算：

$$NAV(i) = \left[\sum_{t=0}^{n} (CI - CO)_t (1+i)^{-t} \right] \frac{i(1+i)^n}{(1+i)^n - 1} \qquad (4-4-1)$$

式中　$(CI-CO)_t$——第 t 年的净现金流量；

　　　　i——折现率；

　　　　n——项目计算期。

（3）差额投资内部收益率比较法。用备选方案差额现金流量计算差额投资内部收益率，计算的差额投资财务内部收益率与设定的基准收益率进行对比，当差额投资财务内部收益率大于或等于设定的基准收益率时，以投资大的方案为优；反之，以投资小的方案为优。此法用于寿命期相同的互斥方案的比选，差额投资财务内部收益率按下式计算：

$$\sum_{t=1}^{n} \left[(CI - CO)_大 - (CI - CO)_小 \right]_t (1 + \Delta FIRR)^{-t} = 0 \qquad (4-4-2)$$

式中　$(CI-CO)_大$——投资大的方案的财务净现金流量；

　　　　$(CI-CO)_小$——投资小的方案的财务净现金流量；

　　　　$\Delta FIRR$——差额投资财务内部收益率。

在进行多方案比较时，应先按投资大小，由小到大排序，再依次就相邻方案两两比较，从中选出最优方案。

计算步骤为：

1）将不同规模的方案按投资大小由小到大顺序排列 $1 < 2 < 3 < \cdots$

2）确定基准折现率 i_c（或社会折现率 i_s）。

3）将方案 2 与方案 1 比较，计算这两方案的差额投资财务内部收益率 $\Delta FIRR$：

$$\sum_{t=1}^{n} \left[(CI - CO)_2 - (CI - CO)_1 \right]_t (1 + \Delta FIRR)^{-t} = 0$$

$\Delta FIRR$ 大于或等于基准收益率，取方案 2（投资大的方案）；反之取方案 1。

4）将由方案 1 和方案 2 比选出的方案 $1'$ 与方案 3 比较，重复步骤 3），选出方案 $1'$ 与方案 3 两方案的优选方案 $2''$。

5）依次优选至选出最优方案。

（4）差额投资经济内部收益率法。用经济净现金流量替代差额投资财务内部收益率计算公式中的财务净现金流量，进行比选。

二、费用比选法

费用比选包括费用现值比较法和费用年值比较法。此比较法适用于寿命期相同、收益相同的多个互斥方案间的比较。其步骤是先计算各个方案的总费用现值或费用年值，然后从中选择总费用现值最低或费用年值最低的方案，即为最优方案。

总费用现值可用下式计算：

$$T_c = \sum_{t=1}^{n} (I + C - S - W)_t (1+i)^{-t} \qquad (4-4-3)$$

费用年值可用下式计算：

$$A_c = I\left[\frac{i(1+i)^n}{(1+i)^n-1}\right] - (S+W)\frac{i}{(1+i)^n-1} + C \qquad (4-4-4)$$

以上两式中 I——项目总投资；

                S——固定资产残值；

                W——流动资金回收；

                n——计算期；

                i——折现率；

                C——年经营成本。

三、计算期不同的互斥方案的比选

计算期不同的互斥方案的比选，需要对各备选方案的计算期进行适当的处理，使各方案在相同的条件下进行比较。常用的有最小公倍数法和研究期法。

（1）最小公倍数法。最小公倍数法又称方案重复法，是以各备选方案计算期的最小公倍数作为各方案的共同计算期，并假设各个方案均在这样一个共同的计算期内重复进行，对各方案计算期内各年的净现金流量进行重复计算，直至与共同的计算期相等。从而计算出在共同的计算期内各个方案的净现值，以净现值较大的方案为最佳方案。

【例 4-4-1】 甲、乙两方案投资、年净现金收益，计算期见表 4-4-1。

表 4-4-1   **两 方 案 计 算 期 表**

方案	初期投资/万元	年净现值收益/万元	计算期/年	$i=10\%$	方案	初期投资/万元	年净现值收益/万元	计算期/年	$i=10\%$
甲	100	35	4		乙	180	45	6	

解： 甲、乙两方案计算期的最小公倍数为 12 年。

1）甲方案原计算期为 4 年，新计算期为 12 年，将原净现金流量依次重复出现在新的计算期内，如图 4-4-1 所示。

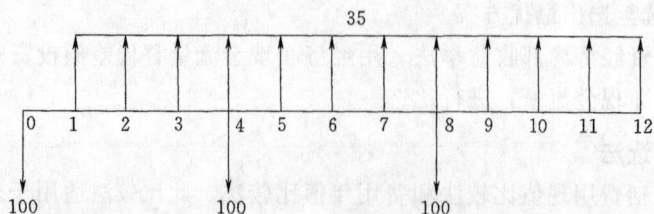

图 4-4-1   甲方案计算现金流量图

$$NPV_1 = -100 - 100 \times (1+0.1)^{-4} - 100 \times (1+0.1)^{-8} + 35 \times \frac{(1+0.1)^{12}-1}{0.1 \times (1+0.2)^{12}} = 23.53$$

2) 乙方案原计算期为 6 年，新计算期为 12 年，同甲方案一样计算方法得乙方案在计算期为 12 年时的净现值 $NPV_2 = 25.01$。$NPV_2 > NPV_1$，取乙方案。

（2）研究期法。研究期法又称最小计算期法，就是针对计算期不相等的互斥方案，直接选取一个适当的计算期作为各个方案共同的计算期，通过比较各个方案在该计算期内的净现值来比选方案。以净现值最大的方案为最佳方案。其中，计算期的确定要综合考虑各种因素，在实际应用中，为简便起见，往往直接选取诸方案中最短的计算期为各个方案的共同的计算期。

┏[第五节]━━━━━━━━━━━━━━━━━━━━━

价 值 工 程

价值工程（Value Engineering，VE），又称价值分析，是以提高产品价值为目的，通过有组织的创造性工作，着重对产品进行功能分析，使之以最低的总成本，可靠地实现产品的必要的功能，从而提高产品价值的一套科学的技术经济分析方法。从价值工程的概念来说，价值工程是研究产品功能和成本之间关系问题的管理技术。功能属于技术指标，成本则属于经济指标，它要求从技术和经济两方面来提高产品的经济效益。

一、价值工程理论

（一）价值工程的基本概念

（1）价值。价值工程中所说的价值，是指产品功能与成本之间的比值，即

$$V = \frac{F}{C} \tag{4-5-1}$$

式中　V——产品的价值；

　　　F——产品的功能；

　　　C——产品的成本，即周期寿命成本。

从上式看出，价值是产品功能与成本的综合反映，价值工程涉及价值、功能和寿命周期成本三个基本要素。

（2）功能。所谓功能，是指产品所具有的特定用途，即产品所满足人们某种需要的属性。价值工程的核心是对产品进行功能分析。由于产品的功能只有在使用过程中才能最终体现出来，所以，某一产品功能的大小、高低，是由用户所承认、所决定的。价值工程所说的功能，是指用户所承认、所接受的产品的必要功能。

（3）成本。所谓成本，指产品寿命周期的成本，即一个产品使用价值从设计、制造、使用，最后到报废的全部过程。产品寿命周期成本的构成见表 4-5-1。

从表 4-5-1 看出，产品寿命周期成本包括两部分，即企业付出的制造成本和用户付出的使用成本。用户在购买一个产品时，既要考虑产品的售价（即制造成本），也要考虑使用成本。

表 4-5-1　　　　　　　　　　　产 品 寿 命 周 期 成 本

设计	制造	使用
	制造成本 C_1	使用成本 C_2
产品寿命周期成本 $C = C_1 + C_2$		

（二）价值工程的主要特征

（1）价值工程的目标是以实现最低的总成本使产品具有其所必须具备的功能。总成本是指寿命周期成本，包括制造成本和使用成本。

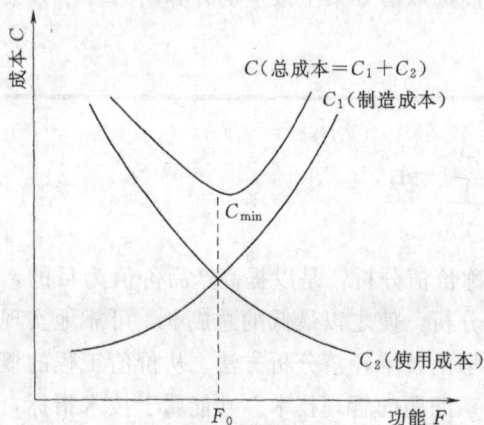

图 4-5-1　功能用成本的关系

在价值工程里，强调的是总成本的降低，即整个系统的经济效果，如图 4-5-1所示。从图 4-5-1看出，对应于功能 F，产品寿命周期总成本有一个最低点，从价值工程的角度来看，功能 F 和寿命周期 C_{min} 是一种技术与经济的最佳结合。

（2）价值工程的核心是对产品进行功能分析，在保证产品质量的前提下，对产品的结构和零部件的功能进行分析研究，排除那些与质量无关的多余功能，从而达到降低成本、提高经济效益的目的。

（3）价值工程是利用有组织的集体智慧来实现其总目标。一种产品从设计到产成出厂，要通过企业内部的许多部门。一个改进方案，从方案提出到进行试验，到最后付诸实现，是依靠集体智慧和力量，通过许多部门的配合，才能体现到产品上，达到提高产品功能和降低成本的目的。

（4）价值工程侧重在产品研制阶段开展工作。实践证明，无论新产品开发或老产品改造，设计研制阶段的工作对生产阶段产品的质量和成本影响最大。

（三）提高产品价值的基本途径

全面正确地认识价值工程的特征，有助于把握其本质，发挥其优势，在设计阶段有效地控制投资。从价值与功能、费用的关系式中可以看出有 5 条基本途径可以提高产品的价值。

（1）功能不变，成本降低，在保证产品原有功能不变的情况下，通过降低产品成本来提高产品的价值。

（2）成本不变，功能提高。在不增加产品成本的前提下，通过提高产品功能来提高产品的价值。

（3）成本少提高，功能大提高。通过增加少量的成本，使产品功能有较大幅度的提高，从而提高产品的价值。

（4）功能小降低，成本大降低。根据用户的需要，通过适当降低产品的某些功能，以使产品成本有较大幅度的降低，从而提高产品的价值。

（5）功能提高，成本降低。这是提高价值最为理想的途径。往往需要运用新技术、新工艺、新材料等科学技术的突破才能实现，在提高产品功能的同时，又降低了产品的成本，使产品的价格有大幅度的提高。

显然，上述五种途径，都是从用户角度来考虑的，体现了开展价值工程用户第一原则，因为一项产品的价值最终要由用户作出评价，企业必须从用户角度出发去提高产品的价值。

二、价值工程的工作程序

设计一个系统或设计一种产品，一般可以对产品或系统作出决策。对一种产品开展价值工程，其目的是用最低的寿命周期成本实现产品的必要功能。价值工程的实施程序可分为三个基本步骤和十二个具体步骤，详见表 4-5-2。

表 4-5-2   价值工程活动的基本程序

决策的一般程序	价值工程的实施程序		价值工程的提问
	基本步骤	具体步骤	
分析问题	（一）功能定义	1. 选择对象 2. 收集情报 3. 功能定义 4. 功能整理	1. VE 的对象是什么？ 2. 这是什么？ 3. 它的作用是什么？
	（二）功能评价	5. 功能成本分析 6. 功能评价 7. 选择对象范围	4. 它的成本是多少？ 5. 它的价值如何？
综合研究	（三）制定改进方案	8. 创造	6. 还有其他方法实现这一功能吗？
方案评价		9. 概略评价 10. 具体化调查 11. 详细评价 12. 提案	7. 新方案的成本是多少？ 8. 新方案能可靠地实现必要功能吗？

我国开发价值工程活动的程序一般定为八个步骤：

（1）选投 VE 的对象，然后进一步确定产品中哪些零件作为重点对象，回答"这是什么？"的提问。

（2）收集情报资料。价值工程活动对象确定以后，就要围绕着活动对象，收集一切对开展 VE 活动有用的技术与经济的情报资料。VE 的目标是提高价值，一般地说，情报越多，价值提高的可能性也就越大。因此，在一定意义上可以说，VE 成果的大小取决于情报收集的质量、数量与适宜的时间，即需要注意目的性、可靠性和计划性等项原则。

（3）功能分析。功能分析是价值工程的核心。功能分析的目的就是研究产品各组成部分及其之间的相互关系，对零件的功能进行技术和经济两方面的分析，回答"它的作用是什么？"的提问，为功能数量化、进行功能评价、创造方案和实现方案的最优化提供依据。功能分析是通过给选定的对象下功能定义，进行功能分类和整理，根据用户要求的功能，寻求实现功能的最低费用，以便与功能的现实费用进行比较，回答"它的成本是多少？""它的价值如何？"的提问，从而找出提高价值的对象，并估计改善的可能性。

（4）方案创造。依靠集体的智慧，针对提高价值的对象，提出各种各样的改进设想方案，回答"还有其他方法实现这一功能吗？"的提问。

（5）方案评价。对于在功能分析基础上提出的各种改进设想方案，要运用科学的方法，进行技术可行性和经济可行性的概略评价，通过评选出有价值的改进方案，在此基础上进一步具体化，回答"新方案的成本是多少？"的提问。

（6）试验研究。对具体方案进行技术上的试验和论证，对方案的优缺点作全面的分析研究，以检验方案能否满足预定要求，回答"新方案能可靠地实现必要功能吗？"的提问。

（7）详细评价与实施。对经过上述步骤选出的改进方案，进一步从技术、经济、社会等方面进行详细评价，最后确定最优方案，并将此方案作为正式方案提交有关领导审批，批准后即可组织实施。

（8）VE 活动成果评价。方案实施后，必须对成果进行全面评价，以便明确经济效益，不断提高 VE 活动水平。

三、功能评价

（一）功能评价的概念

从 VE 的工程程序来看，当功能分析明确了用户所要求的功能之后，就要进一步找出实现这一功能的最低费用（也称功能评价值），以功能评价值为基准，通过与实现功能的现实成本相互比较，求出两者的比值（称作功能价值）和两者的差（又称改善期望值）。然后选择功能价值低、改善期望大的功能，作为 VE 进一步开展活动的重点对象。这一评价功能价值的工作叫做功能评价，它的工作程序如下：

（1）求算功能的现实成本。

（2）求功能评价值。

（3）算出功能价值，选择价值低的功能作为改善对象。

功能评价的公式是

$$V' = \frac{F'}{C'} \tag{4-5-2}$$

式中 V'——功能价值；

F'——功能评价值；

C'——功能现实成本。

在进行功能评价时，功能的现实费用 C 是用货币表示的。为了使功能评价值 F 与功能现实费用 C 能够可比，我们希望 F 也能够用货币来表示。但是，功能评价值有时是可以求解的，即功能可以用货币来表示，有时却找不到相应的金额来表示。这时功能 F 可以用功能重要性系数来表示，为统一 F 与 C 的定量方法，此时 C 则用费用系数来表示，即

$$V_c = \frac{F_c}{C_c}$$

式中 F_c——功能的重要性系数；

C_c——功能现实费用系数；

V_c——功能价值系数。

在式（4-5-2）中，一般情况下，$C > F$。功能评价值 F 常常用做功能成本的降低

目标（叫做目标成本），而 $C-F$ 即成本降低幅度或改善期望值。按照 $V=F/C$ 公式对功能价值进行评价，结果会出现三种情况：

$V=1$，说明 $C=F$，即实现功能的现实成本与实现功能的最低费用相符合，这种情况可认为比较理想。

$V<1$，说明 $C>F$，即实现功能的现实成本高于最低成本；应该设法降低现实成本，以提高功能价值。

$V>1$，即 $F>C$。遇到这种情况首先应检查一下功能评价值 F 是否确定得当，如果 F 值定得太高，则应降低 F 值。如果 F 值定得合理，还要检查现实成本较低的原因是否由于现实功能不足，如果功能不足就应提高功能适应用户需要。为了提高功能，在必要时也可以提高成本。

（二）功能评价的方法

价值工程作为一种思想，从产生发展至今，仍保持了价值系数的基本特征，而作为一种方法，已由零星的、定性的分析研究发展为系统的、定量的分析研究，尤其是在功能评价方面形成了几种具有代表性的方法。

（1）价值标准评价方法。这种方法是找出实现某一功能的功能评价值（也称最低成本或目标成本）并与实现功能的目前成本相比较，根据其比值（即功能价值），对这一功能进行评价。这里，把功能转变为货币形式表示，如实际价值标准法、理论价值标准法。

1）实际价值标准法。实际价值标准法是一种对现有产品或零件的实际技术经济资料进行广泛调查统计，从中选出功能相同而成本最低的作为功能评价值的方法。其主要步骤如下：

第一步：全面收集有关同种功能产品或零件的技术经济资料、功能实现程度及其成本。

第二步：统一对比标准，将收集的资料按功能实现程度分级，把功能实现程度基本相同的产品或零件归为一等级。

第三步：以横坐标表示功能实现程度，纵坐标表示成本，绘制坐标图，根据功能实现程度的成本状况，把每个零件或产品标入坐标图内，如图 4-5-2 所示。图中每个"×"代表一个产品零件。

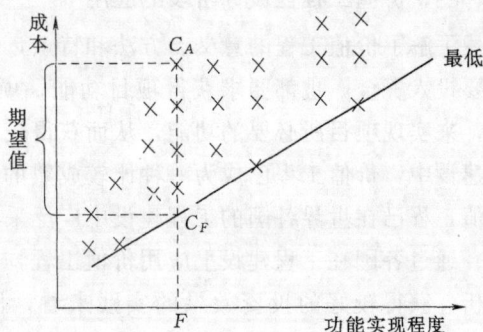

图 4-5-2 目标成本评价图

第四步：寻找每级功能的最低成本，并把各最低成本点连续起来，以此为基础画出的最低成本线。

第五步：按照功能实现程度和最低成本线确定产品或零件的功能评价值（即目标成本），求出降低成本的期望值，如图 4-5-2 所示。若产品 A 功能实现程度为 F，现实成本点为 C_A，而功能评价值为 C_F，$C_A-C_F=A$ 产品降低成本期望值。

2）理论价值标准法。理论价值标准法是运用自然科学的某些计算公式，求得实现某产品或零件功能所需的材料数值，进而从理论上计算出所需材料的最低成本，把它作为功能评价值（成本目标）。其主要步骤如下：

第一步：分析某产品或零件功能评价值能否用某一自然科学公式进行定量计算，如果可以，就列出有关计算公式。

第二步：根据公式，先计算出实现该功能所需材料量，再计算出所需材料的最低成本。

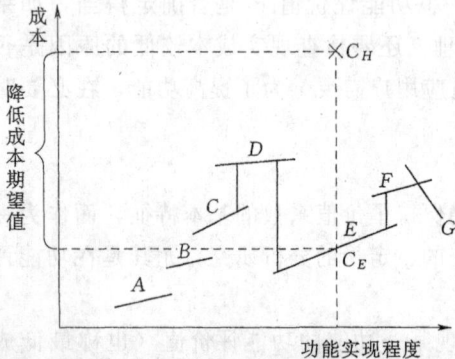

图 4-5-3 降低成本期望值评价图

第三步：以材料成本为纵轴，以功能实现程度为横轴，画出坐标图。按照功能实现程度和理论成本，把各种材料分别表示在坐标图上，如图 4-5-3 所示。

第四步：求出功能评价值（即目标成本）和期望值，如图 4-5-3 所示。若某产品功能实现程度为 F，现实材料 H 成本为 C_H，而功能评价值为 C_E，$C_H - C_E$ 为某产品降低成本的期望值。

（2）功能重要性系数评价方法。这种方法是对功能进行对比，依其重要程度评分，得出功能评价系数，并与其成本系数相比较，确定功能评价系数。

（3）"最合适区域"法。这种方法实际上仍是利用价值系数大小来选择改进对象，只是在考虑价值系数相同或相近的零件时，应根据零件功能系数与成本系数绝对值的大小，区别对待。绝对值大的从严控制（允许的"区域小"），绝对值小的可适当放宽（允许的"区域大"）。

四、价值工程在设计阶段的应用

了解了价值工程的意义、方法和特点，便很容易看出，无论建设项目的规模大小，都需要投入资金，也都要求获得项目功能，项目建设管理的目的就是要以最低的项目总成本，来实现项目所必要的功能，从而获得较高的经济效益。在许多经济发达的国家，在工程建设中，价值工程已成为一种比较成熟的管理方法，并取得了较大的经济效果。目前，价值工程已在世界各国的工程建设中广泛采用。

通过各国在工程建设上应用价值工程，进行功能与成本分析、功能与投资之间的关系分析，获得较好的投资效果的实践来看，价值工程在设计阶段的应用具有重大的现实意义。

（1）应用价值工程，既可以提高工程功能，又可以降低项目投资。

（2）应用价值工程，可在保证工程功能不变的情况下，降低项目投资。

（3）应用价值工程，可在保证工程主要功能不变、次要功能略有下降的情况下，使项目投资大幅度降低。

（4）应用价值工程，可在项目投资不变的情况下，提高工程功能。

（5）应用价值工程，可在项目投资略有上升的情况下，大幅度提高工程功能。

工程寿命周期成本分析

一、工程寿命周期成本及其构成

(一) 工程寿命周期成本的含义

工程寿命周期是指工程产品从研究开发、设计、建造、使用直到报废所经历的全部时间，在工程寿命周期成本（Life Cycle Cost，LCC）中，不仅包括经济意义上的成本，还包括环境成本和社会成本。

1. 工程寿命周期经济成本

工程寿命周期经济成本是指工程项目从项目构思到项目建成投入使用直至工程寿命终结全过程所发生的一切可直接体现为资金耗费的投入总和，包括建设成本和使用成本。建设成本是指建筑产品从筹建到竣工验收为止所投入的全部成本费用。使用成本则指建筑产品在使用过程中发生的各种费用，包括各种能耗成本、维护成本和管理成本等。从其性质上讲，这种投入可以是资金的直接投入，也包括资源性投入，如人力资源、自然资源等；从其投入时间上讲，可以是一次性投入，如建设成本，也可以是分批、连续投入，如使用成本。

2. 工程寿命周期环境成本

工程寿命周期环境成本是指工程产品系列在其全寿命周期内对于环境的潜在和显现的不利影响。工程建设对于环境的影响可能是正面的，也可能是负面的，前者体现为某种形式的收益，后者则体现为某种形式的成本。在分析及计算环境成本时，应对环境影响进行分析甄别，剔除不属于成本的系列。在计量环境成本时，由于这种成本并不直接表现为某种货币化数值，必须借助于其他技术手段将环境影响货币化，这是计量环境成本的一个难点。

3. 工程寿命周期社会成本

工程寿命周期社会成本是指工程产品在从项目构思、产品建成投入使用直至报废不堪再用全过程中对社会的不利影响。与环境成本一样，工程建设及工程产品对于社会的影响可以是正面的，也可以是负面的。因此，也必须进行甄别，剔除不属于成本的系列。比如，建设某个工程项目可以增加社会就业率，有助于社会安定，这种影响就不应计算为成本。另外，如果一个工程项目的建设会增加社会的运行成本，如由于工程建设引起大规模的移民，可能增加社会的不安定因素，这种影响就应计算为社会成本。在工程寿命周期成本中，环境成本和社会成本都是隐性成本，它们不直接表现为量化成本，而必须借助于其他方法转化为可直接计量的成本，这就使得它们比经济成本更难以计量。但在工程建设及运行的全过程中，这类成本始终是发生的。目前，在我国工程建设实践中，往往只偏重于经济成本的管理，而对于环境成本和社会成本则考虑得较少。这也是我国的成本管理与西方发达国家差距较大的一个地方。在主观上，我们对项目自身的财务效果考虑得多，对环境、社会等的项目外部效果尚不够重视，项目国民经济评价虽然也做外部效果评价，但往往是流于形式；在客观上，由于环境和社会成本难以计量，对其在实践中的地位也有影响。考虑到各种因素，本书仍主要考虑工程项目寿命周期的经济成本。

（二）工程寿命周期成本的构成

工程寿命周期成本是工程设计、开发、建造、使用、维修和报废等过程中发生的费用，即该项工程在其确定的寿命周期内或在预定的有效期内所需支付的研究开发费、施工安装费、运行维修费、报废回收费等费用的总和。工程寿命周期如图4-6-1所示。不同阶段寿命周期成本的构成情况如图4-6-2所示。对于不同的工程项目，图4-6-2中的数据可能有所不同，而且在一般情况下，运营及维护成本往往大于项目建设的一次性投入。因此，在分析寿命周期成本时，首先要明确寿命周期成本所包括的费用项目，也就是必须建立寿命周期成本的构成体系。无论选择什么样的结构，计算寿命周期成本时都不应遗漏重要的项目，也不能有重复项目。明确各项费用的内容和范围，以及它们在费用构成体系中的相互关系是十分重要的。

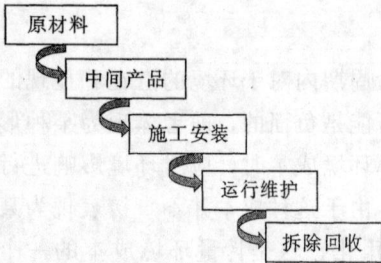

图4-6-1 工程寿命周期　　　　　　　　　图4-6-2 典型寿命周期成本状态

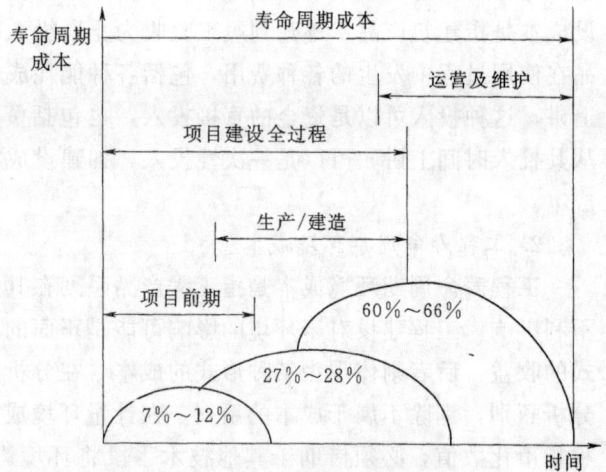

二、工程寿命周期成本分析方法及其特点

（一）工程寿命周期成本分析方法

在通常情况下，从追求寿命周期成本最低的立场出发：第一，是确定寿命周期成本的各要素，将各要素的成本降低到普通水平；第二，是将设置费和维持费两者进行权衡，以便确定研究的侧重点，从而使总费用更为经济；第三，再从寿命周期成本与系统效率之间的关系进行研究；第四，由于寿命周期成本是在长时期内发生的，对费用发生的时间顺序必须加以掌握。材料费和劳务费用的价格一般都会发生波动，在估算时要对此加以考虑。同时，在寿命周期成本分析中必须考虑资金的时间价值。

常用的寿命周期成本评价方法有费用效率（CE）法、固定效率法和固定费用法、权衡分析法等。

1. 费用效率（CE）法

费用效率（CE）法是指工程系统效率（SE）与工程寿命周期成本（LCC）的比值。

其计算公式如下：

$$CE = \frac{SE}{LCC} = \frac{SE}{IC + SC} \qquad (4-6-1)$$

式中　CE——费用效率；

　　　SE——工程系统效率；

　　LCC——工程寿命周期成本；

　　　IC——设置费；

　　　SC——维持费。

　　投资的目的是多种多样的，当计算费用效率 CE 时，哪些应作为投资所得的"成果"计入系统效率 SE（分子要素），哪些应计入寿命周期成本 LCC（分母要素），有时是难以区分的。因此，可采用如下方式加以区分：①列出费用效率（CE）式中分子、分母所包含的各主要项目，如图 4-6-3 所示；②列出投资目的：增产，维持生产能力，提高质量，稳定质量，降低成本（材料费、劳务费等），见表 4-6-1。

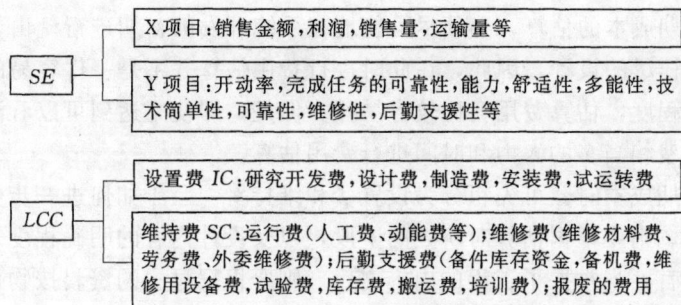

图 4-6-3　SE 与 LCC 的主要构成

表 4-6-1　　　　　　　　　　投资目的和成果的计算方法

项目	投资目的	在 CE 式中所属项目（SE，LCC）'
A	增产 保持生产能力	增产所得的增收额列入 X 项 防止生产能力下降的部分相当于 Y 项
B	提高质量 稳定质量	提高质量所得的增收额列入 Y 项 提高质量的增收额＝平均售价提高部分×销售量 防止质量下降而投入的部分列入 Y 项
C	降低成本 材料费 劳务费	由于节约材料所得的增收额列入 X 项（注意：产品的材料费、节约额不包括在 LCC 的 SC 中，应计入分子 SE 中） 由于减少劳动量而节省的劳务费应计入分母的 SC 费用科目中，SE 不变

　　费用效率（CE）公式的分子需根据对象和目的不同，用不同的量化值来表示。究竟采用何种量化值，有时较难确定。相比之下，分母是系统寿命周期内的总费用，故比较明

确。可以把费用效率（CE）公式看成是单位费用的输出值。因此，CE 值越大越好。如果 CE 公式的分子为一定值，则可认为寿命周期成本少者为好。

（1）系统效率。系统效率是投入寿命周期成本后所取得的效果或者说明任务完成到什么程度的指标。如以寿命周期成本为输入，则系统效率为输出。通常，系统的输出为经济效益、价值、效率（效果）等。

由于系统的目的不同，输出系统效率的具体表现方式也有所不同。它可用完成任务的数量、年平均产量、利用率、可靠性、维修性、后勤支援效率等来表示，也可以用销售额、附加价值、利润、产值等来表示。用来表示系统效率的量化值有很多。如果系统效率（SE）可由销售额、附加值、利润、销售量中的一项来表示，则在计算上非常方便。当不能用一个综合要素来表示时，就必须取用几个单项要素。但是，为了求出费用效率，在任何情况下都必须进行定量计算。当系统的寿命很长时，它在寿命周期内的全部输出都要列为计算对象。

（2）寿命周期成本。寿命周期成本为设置费和维持费的合计额，也就是系统在寿命周期内的总费用。

对于寿命周期成本的估算，必须尽可能地在系统开发的初期进行。由于在初期阶段还没有做出完整而详尽的设计，因此，在此时进行费用估算并不是一件容易的事情。如果设计进行到相当的程度，估算费用会比较容易些。但是，即使是达到可以看清楚具体内容的程度，也需要花费相当多的人力和时间进行费用估算。

估算寿命周期成本时，可先粗分为设置费和维持费。至于如何进一步分别对设置费和维持费进行估算，则要根据估算时所处的阶段，以及设计内容的明确程度来决定。

对设置费而言，当掌握了工程的内容之后，则要根据过去的资料按物价上涨率加以修正，折算成现在的价格后方可使用。过去的实际业务资料，专业公司的投标资料和估算书等，都是非常有用的估算资料。

对于维持费的估算，如果存有过去的资料，能够说明在什么条件下，支出了什么费用，花费的金额有多少等，则在估算时就方便得多。

费用估算的方法有很多，常用的有：

1）费用模型估算法。费用模型是指汇总各项实际资料后用某种统计方法分析求得的。数学模型，它是针对所需计算的费用（因变量），运用对其起作用的要因（自变量），经简化归纳而成的数学表达式。

2）参数估算法。在研制设计阶段运用该方法将系统分解为各个子系统和组成部分，运用过去的资料制定出物理的、性能的、费用的适当参数逐个分别进行估算，将结果累计起来便可求出总估算额。所用的参数有时间、重量、性能、费用等。

3）类比估算法。这种方法在开发研究的初期阶段运用。通常在不能采用费用模型法和参数估算法时才采用，但实际上它是应用得最广泛的方法。这种方法是参照已有的相似系统或其"部分"，作类比后算出估算值。为了更好地进行这种类比，需要有相当的经验和专门知识，而且由于在时间上有过去和将来的差别，还必须考虑通货膨胀和当地的具体情况。

4）费用项目分别估算法。进行系统总费用的估算，无论运用哪一种现成的方法，都要充分研究使用的条件，必要时应进行适当的修正。

2. 固定效率法和固定费用法

固定费用法，是将费用值固定下来，然后选出能得到最佳效率的方案。固定效率法是将效率值固定下来，然后选取能达到这个效率而费用最低的方案。

各种方案都可用这两种评价法进行比较。例如，住宅的预算只有一个规定的额，要根据这个数额的预算选出效果最佳的方案，就可采取固定费用法。又如，要建设一个供水系统，可以在完成供水任务的前提下选取费用最低的方案，这就是固定效率法。根据系统情况的不同，有的只需采用固定费用法或固定效率法即可，有的则需同时运用两种方法。

3. 权衡分析法

权衡分析是对性质完全相反的两个要素作适当的处理，其目的是为了提高总体的经济性。寿命周期成本评价法的重要特点是进行有效的权衡分析。通过有效的权衡分析可使系统的任务能较好地完成，既保证了系统的性能，又可使有限的资源（人、财、物）得到有效的利用。

在寿命周期成本评价法中，权衡分析的对象包括以下五种情况：①设置费与维持费的权衡分析；②设置费中各项费用之间的权衡分析；③维持费中各项费用之间的权衡分析；④系统效率和寿命周期成本的权衡分析；⑤从开发到系统设置完成这段时间与设置费的权衡分析。

【例 4-6-1】 某加工产品规划方案，有关数据资料见表 4-6-2。

表 4-6-2　　　　　　　某加工厂产品生产线有关数据资料　　　　　　　单位：万元

规划方案	系统效率	设置费	维持费
原规划方案一	6000	1000	2000
新规划方案二	6000	1500	1200
新规划方案三	7200	1200	2100

（1）设置费与维持费的权重分析。

由式（4-6-1），$CE_1=2.0$，$CE_2=2.22$，$CE_3=2.18$。

通过上述设置费与维持费的权衡分析可知：方案二的设置费虽比原规划方案增加了 500 万元，但使维持费减少了 800 万元，从而使寿命周期成本 LCC_2 比 LCC_1 减少了 300 万元，其结果是费用效率由 2.00 提高到 2.22。这表明设置费的增加带来维持费的下降是可行的，即新规划方案二在费用效率上比原规划方案一好。方案三的寿命周期成本增加了 300 万元（其中：设置费增加了 200 万元，维持费增加了 100 万元），但由于系统效率增加了 1200 万元，其结果是使费用效率由 2.00 提高到 2.18。这表明方案三在费用效率上比原规划方案一好。因为方案三系统效率增加的幅度大于其寿命周期成本增加的幅度，故费用效率得以提高。

为了提高费用效率，该机加工产品生产线还可以采用以下各种有效的手段：

1）改善原设计材质，降低维修频度。

2）支出适当的后勤支援费，改善作业环境，减少维修作业。

3）制订防震、防尘、冷却等对策，提高可靠性。

4）进行维修性设计。

5）置备备用的配套件、部件和整机，设置迂回的工艺路线，提高可维修性。

6）进行节省劳力的设计，减少操作人员的费用。

7）进行节能设计，节省运行所需的动力费用。

8）进行防止操作和维修失误的设计。

（2）设置费中各项费用之间的权衡分析。

1）进行充分的研制，降低制造费。

2）将预知的维修系统装入机内，减少备件的购置量。

3）购买专利的使用权，从而减少设计、试制、制造、试验费用。

4）采用整体结构，减少安装费。

（3）维持费中各项费用之间的权衡分析。

1）采用计划预修，减少停机损失。

2）对操作人员进行充分培训，由于操作人员能自己进行维修，可减少维修人员的劳务费。

3）反复地完成具有相同的功能的行为，其产生的效果的体现形式便是缩短时间，减少用料，最终表现为费用减少。而且重复的次数越多，这种效果就越显著，这就是熟练曲线。计算寿命周期成本时，对系统效率中的作业时间和准备时间，以及定期维修作业时间等，都可能适用熟练曲线，必须予以注意。

（4）在系统效率 SE 和寿命周期成本 LCC 之间进行权衡时，可以采用以下有效手段：

1）通过增加设置费使系统的能力增大（例如增加产量）。

2）通过增加设置费使产品精度提高，从而有可能提高产品售价。

3）通过增加设置费提高材料的周转速度，使生产成本降低。

4）通过增加设置费，产品的使用性能具有更大的吸引力（例如，使用简便、舒适性提高、容易掌握、具有多种用途等），可使售价和销售量得以提高。

（5）从开发到系统设置完成这段时间与设置费之间的权衡。

如果要在短时期内实现从开发到设置完成的全过程，往往就得增加设置费。如果将开发到设置完成这段期限规定得太短，便不能进行充分研究，致使设计有缺陷，将会造成维持费增加的不利后果。因此，这一期限与费用之间也有着重要的关系。进行这项权衡分析时，可以运用计划评审技术（PERT）。

综上所述，寿命周期成本评价法在很大程度上依赖于权衡分析的彻底程度。

（二）工程寿命周期成本分析法的特点和局限性

1. 工程寿命周期成本分析法的特点

工程寿命周期成本评价的目的是为了降低系统的寿命周期成本，提高系统的经济性。在不考虑技术细节问题的基础上，与传统的投资计算法相比，寿命周期成本评价法具有以下显著特点：

（1）当选择系统时，不仅考虑设置费，还要研究所有的费用。

（2）在系统开发的初期就考虑寿命周期成本。

（3）进行"费用设计"，将寿命周期成本作为系统开发的主要因素。

（4）进行设置费与维持费的权衡，系统效率与寿命周期成本之间的权衡，以及开发、设置所需的时间与寿命周期成本之间的权衡。

2. 工程寿命周期成本分析法的局限性

尽管寿命周期成本分析法得到越来越广泛的应用，但仍存在着局限性：

（1）假定项目方案有确定的寿命周期。在工程实践中，由于技术进步或人们对工程产品的功能要求发生变化，使得项目寿命周期往往很难确定。因此，对于项目寿命周期的确定只有通过假设来预测，这样，寿命周期的合理性和准确性就可能对其分析效果产生影响。

（2）在项目早期进行评价的准确性难以保证。为辅助决策，工程寿命周期成本分析必须在项目早期进行。但由于工程项目的建设期和运营期都较长，影响成本的因素众多，在项目早期不可能预见到一切变化，从而使寿命成本分析的准确性受到影响。

（3）工程寿命周期成本分析的高成本未必适用于所有项目。工程寿命周期成本分析是一项系统工程，涉及因素众多，专业性、技术性强，分析成本也比较高，并不是所有的工程项目都适宜或必须进行寿命周期成本分析。

第五章

工程项目投融资管理

工程项目投融资管理制度

一、项目融资的定义

项目融资是 20 世纪 70 年代末至 80 年代初国际上兴起的一种新的融资方式。与传统的筹资方式相比，项目融资方式能更有效地解决大型基础设施建设项目的资金问题，因此，它被世界上越来越多的国家所应用。我国早在 20 世纪 80 年代就采用了项目融资的方式进行工程建设，深圳沙角 B 电厂就采用了 BOT 方式进行投资建设。

项目融资有广义和狭义之分。广义的项目融资指的是：凡是为了建设一个新项目，或者收购一个现有项目，或者对已有项目进行债务重组所进行的融资，均可称项目融资；狭义的项目融资则专指具有无追索或有限追索形式的融资。

根据我国现在的国情，研究狭义的项目融资更具有现实意义。因此，将项目融资定义为：以项目未来收益和资产为融资基础，由项目的参与各方分担风险的具有无追索权或有限追索权的特定融资方式，是以项目的资产、预期收益、预期现金流量等作为偿还贷款的资金来源。

二、项目融资的特点

与传统的贷款方式相比，项目融资有其自身的特点，在融资出发点、资金使用的关注点等方面均有所不同。项目融资主要具有项目导向、有限追索、风险分担、非公司负债型融资、信用结构多样化、融资成本高、可利用税务优势的特点。

（一）项目导向

与其他融资过程相比，项目融资主要以项目的资产、预期收益、预期现金流等来安排融资，而不是以项目的投资者或发起人的资信为依据。债权人在项目融资过程中主要关注的是项目在贷款期间能够新产生多少现金流量用于还款，能够获得的贷款数量、融资成本的高低以及融资结构的设计等都是与项目的预期现金流量和资产价值紧密联系在一起的。

由于以项目为导向，有些对于投资者很难借到的资金可利用项目来安排，有些投资者很难得到的担保条件可通过组织项目融资来实现。因而，采用项目融资与传统融资方式相比较，一般可以获得较高的贷款比例，根据项目经济强度的状况通常可以为项目提供 $60\% \sim 75\%$ 的资本需求量，在某些项目甚至可以做到 100% 的融资。由于项目导向，项目融资的贷款期限可以根据项目的具体需要和项目的经济生命期来安排设计，可以比一般商业贷款期限长，有的项目贷款期限可长达 20 年之久。

（二）有限追索

追索是指在借款人未按期偿还债务时贷款人要求借款人以除抵押资产之外的其他资产偿还债务的权利。在某种意义上，贷款人对项目借款人的追索形式和程度是区分融资是属于项目融资还是属于传统形式融资的重要标志。对于后者，贷款人为项目借款人提供的是完全追索形式的贷款，即贷款人更主要依赖的是借款人自身的资信情况，而不是项目的经济强度；而前者，作为有限追索的项目融资，贷款人可以在贷款的某个特定阶段（例如项目的建设期和试生产期）对项目借款人实行追索，或者在一个规定的范围内（这种范围包括金额和形式的限制）对项目借款人实行追索，除此之外，无论项目出现任何问题，贷款人均不能追索到项目借款人除该项目资产、现金流量以及所承担的义务之外的任何形式的财产。

有限追索的极端是"无追索"，即融资百分之百地依赖于项目的经济强度，在融资的任何阶段，贷款人均不能追索到项目借款人除项目之外的资产。然而，在实际工作中是很难获得这样的融资结构的。

有限追索融资的实质是由于项目本身的经济强度还不足以支撑一个"无追索"的结构，因而还需要项目的借款人在项目的特定阶段提供一定形式的信用支持。追索的程度则是根据项目的性质，现金流量的强度和可预测性，项目借款人在这个产业部门中的经验、信誉以及管理能力，借贷双方对未来风险的分担方式等多方面的综合因素通过谈判确定的。就一个具体项目而言，由于在不同阶段项目风险程度及表现形式会发生变化，因而贷款人对"追索"的要求也会随之相应调整。例如，贷款人通常会要求项目借款人承担项目建设期的全部或大部分风险，而在项目进入正常生产阶段之后，可以同意只将追索局限于项目资产及项目的现金流量。

（三）风险分担

项目融资在风险分担方面具有投资风险大、风险种类多的特点，此外，由于建设项目的参与方较多，可以通过严格的法律合同实现风险的分担。为了实现项目融资的有限追索，对于与项目有关的各种风险要素，需要以某种形式在项目投资者（借款人）与项目开发有直接或间接利益关系的其他参与者和贷款人之间进行分担。一个成功的项目融资结构应该是在项目中没有任何一方单独承担起全部项目债务的风险责任。在组织项目融资的过程中，项目借款人应该学会如何去识别和分析项目的各种风险因素，确定自己、贷款人以及其他参与者所能承受风险的最大能力及可能性，充分利用与项目有关的一切可以利用的优势，最后设计出对投资者具有最低追索的融资结构。一旦融资结构建立之后，任何一方都要准备承担任何未能预料到的风险。

（四）非公司负债型融资

项目融资通过对其投资结构和融资结构的设计，可以帮助投资者（借款人）将贷款安排成为一种非公司负债型的融资。

公司的资产负债表是反映一个公司在特定日期财务状况的会计报表，所提供的主要财务信息包括：公司所掌握的资源、所承担的债务、偿债能力、股东在公司里所持有的权益以及公司未来的财务状况变化趋向。非公司负债型融资，亦称为资产负债表之外的融资，是指项目的债务不表现在项目投资者（即实际借款人）的公司资产负债表中负债栏的一种融资形式。最多，这种债务只以某种说明的形式反映在公司资产负债表的注释中。

根据项目融资风险分担原则，贷款人对于项目的债务追索权主要被限制在项目公司的资产和现金流量中，项目投资者（借款人）所承担的是有限责任，因而有条件使融资被安排成为一种不需要进入项目投资者（借款人）资产负债表的贷款形式。

非公司负债型融资对于项目投资者的价值在于使得这些公司有可能以有限的财力从事更多的投资，同时将投资的风险分散和限制在更多的项目之中。一个公司在从事超过自身资产规模的项目投资，或者同时进行几个较大的项目开发时，这种融资方式的价值就会充分体现出来。大型的工程项目，一般建设周期和投资回收周期都比较长，对于项目的投资者而言，如果这种项目的贷款安排全部反映在公司的资产负债表上，很有可能造成公司的资产负债比例失衡，超出银行通常所能接受的安全警戒线，并且这种状况在很长的一段时间内可能无法获得改善。公司将因此而无法筹措新的资金，影响未来的发展能力。采用非公司负债型的项目融资则可以避免这一问题。项目融资这一特点的重要性，过去并没有被我国企业所完全理解和接受。但是，随着国内市场逐渐与国际市场接轨，国内公司，特别是以在国际资金市场融资作为主要资金来源的公司，这一特点将会变得越来越重要和有价值，具有较好的资产负债比的企业，在筹集资金和企业资信等级评定方面会有更强的竞争力。

（五）信用结构多样化

在项目融资中，用于支持贷款的信用结构的安排是灵活的和多样化的。一个成功的项目融资，可以将贷款的信用支持分配到与项目有关的各个关键方面。典型的做法包括以下几个方面：

（1）在市场方面，可以要求对项目产品感兴趣的购买者提供一种长期购买合作为融资的信用支持（这种信用支持所能起到的作用取决于合同的形式和购买者的资信）。资源性项目的开发受国际市场的需求、价格变动的影响很大，能否获得一个稳定的、合乎贷款银行要求的项目产品长期销售合同往往成为能否成功组织项目融资的关键。

（2）在工程建设方面，为了减少风险，可以要求工程承包公司提供固定价格、固定工期的合同，或"交钥匙"工程合同，可以要求项目设计者提供工程技术保证等。

（3）在原材料和能源供应方面，可以要求供应方在保证供应的同时，在定价上根据项目产品的价格变化设计一定的浮动价格公式，保证项目的最低收益。

上述这些做法，都可以成为项目融资强有力的信用支持，提高项目的债务承受能力，减少融资对投资者（借款人）资信和其他资产的依赖程度。

（六）融资成本高

与传统的融资方式比较，项目融资的一个主要问题，是相对筹资成本较高，组织融资所需要的时间较长。项目融资涉及面广，结构复杂，需要做好大量有关风险分担、税收结构、资产抵押等一系列技术性的工作，筹资文件比一般公司融资往往要多出几倍，需要几十个甚至上百个法律文件才能解决问题。这必然造成两方面的后果：

（1）组织项目融资花费的时间要长一些，通常从开始准备到完成整个融资计划需要

3～6个月的时间（贷款金额大小和融资结构复杂程度是决定安排融资时间长短的重要因素），有些大型项目融资甚至可以拖上几年的时间。这就要求所有参加这一工作的各个方面都有足够的耐心和合作精神。

（2）项目融资的大量前期工作和有限追索性质，导致融资的成本要比传统融资方式高。融资成本包括融资的前期费用和利息成本两个主要组成部分。

融资的前期费用与项目的规模有直接关系，一般占贷款金额的0.5%～2%，项目规模越小，前期费用所占融资总额的比例就越大；项目融资的利息成本一般要高出同等条件公司贷款的0.3%～1.5%，其增加幅度与贷款银行在融资结构中承担的风险有关，合理的融资结构和较强的合作伙伴在管理、技术和市场等方面的优势可以提高项目的经济强度，从而降低较弱合作伙伴的相对融资成本。

项目融资的这一特点限制了其使用范围。在实际操作中，除了需要分析项目融资的优势之外，也必须考虑项目融资的规模经济效益问题。

（七）可利用税务优势

追求充分利用税务优势降低融资成本，提高项目的综合收益率和偿债能力，是项目融资的一个重要特点。这一问题贯穿于项目融资的各个阶段、各个组成部分的设计之中。所谓充分利用税务优势，是指在项目所在国法律允许的范围内，通过精心设计的投资结构、融资模式，将所在国政府对投资的税务鼓励政策在项目参与各方中最大限度地加以分配和利用，以此降低筹资成本，提高项目的偿债能力。这些税务政策随国家不同、地区的不同而变化，通常包括加速折旧、利息成本、投资优惠以及其他费用的抵税法规等。

三、项目融资的程序

从项目投资决策开始，至选择项目融资方式为项目建设筹措资金，一直到最后完成该项目融资为止，项目融资大致可分为五个阶段：投资决策分析、融资决策分析、融资结构设计、融资谈判和融资执行。每一阶段的主要工作如图5-1-1所示。

（一）投资决策分析阶段

在进行项目投资决策分析之前，投资者需要对一个项目进行相当周密的投资决策分析，投资决策分析的结论是投资决策的主要依据。这些分析包括宏观经济形势的趋势判断，项目的行业、技术和市场分析，以及项目的可行性研究等标准内容。一旦投资者作出投资决策，随后的首要工作就是确定项目的投资结构。项目的投资结构与将要选择的融资结构和资金来源有着紧密的关系。此外，在很多情况下，项目投资决策也是与项目能否融资以及如何融资密切联系的。投资者在决定项目投资结构时需要考虑的因素很多，主要包括项目的产权形式、产品分配形式、债务责任、决策程序、现金流量控制、会计处理和税务结构等方面的内容。投资结构的选择将影响到项目融资的机构和资金来源的选择；反过来，项目融资结构的设计也会对投资结构的安排作出调整。

（二）融资决策分析阶段

这一阶段的主要内容是项目投资者将决定采用何种融资方式为项目开发筹集资金。项目建设是否采用项目融资方式主要取决于项目的贷款数量、时间、融资费用、债务责任分担以及债务会计处理等方面的要求。如果决定选择项目融资作为筹资手段，投资者就需要聘请融资顾问，如投资银行、财务公司或者商业银行中的项目融资部门。融资顾问在明确

第一阶段 投资决策分析阶段	• 工业部门（技术、市场）分析 • 项目可行性分析 • 投资决策 ——初步确定项目投资结构
第二阶段 融资决策分析阶段	• 选择项目的融资方式 ——决定是否采用项目融资 • 任命项目融资顾问 ——明确融资任务和具体目标要求
第三阶段 融资结构设计阶段	• 评价项目风险因素 • 评价项目的融资结构和资金结构 ——修正项目融资结构 反馈
第四阶段 融资谈判阶段	• 选择银行、发出项目融资建议书 • 组织贷款银团 • 起草融资法律文件 • 融资谈判
第五阶段 融资执行阶段	• 签署项目融资文件 • 执行项目投资计划 • 贷款银团经理人监督并参与项目决策 • 项目风险控制与管理

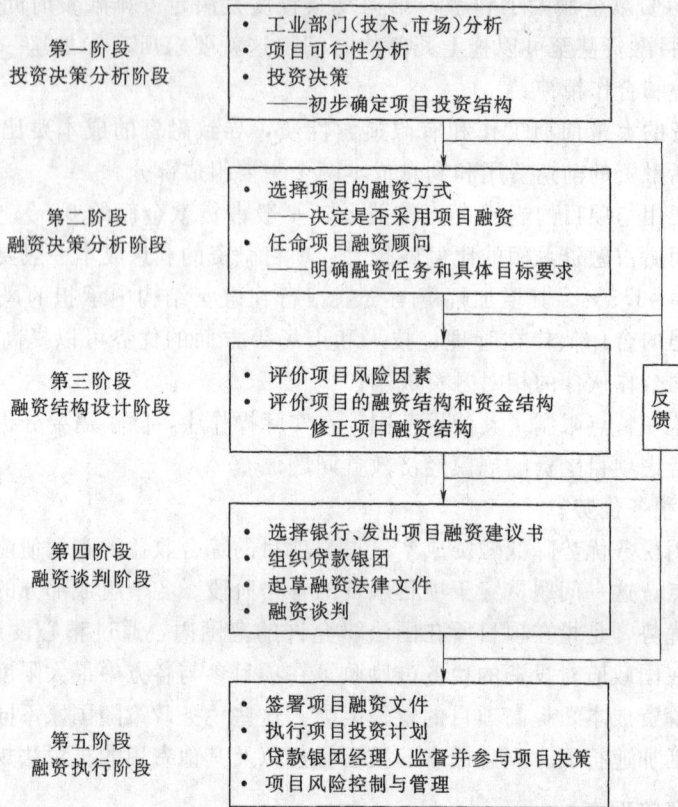

图 5-1-1 项目融资的阶段和步骤

融资的具体任务和目标要求后，开始研究和设计项目的融资结构。

（三）融资结构设计阶段

这一阶段的一个重要步骤是对与项目有关的风险因素进行全面的分析、判断和评估，确定项目的债务承受能力和风险，设计出切实可行的融资方案和抵押保证结构。项目融资的信用结构的基础是由项目本身的经济强度以及与之有关的各个利益主体与项目的契约关系和信用保证构成的。项目融资结构以及相应的资金结构的设计和选择，必须全面地反映投资者的融资战略要求和考虑。

（四）融资谈判阶段

在项目融资方案初步确定以后，项目融资进入谈判阶段。首先，融资顾问将选择性地向商业银行或其他一些金融机构发出参加项目融资的建议书，组织银团贷款，并起草项目融资的有关文件。随后，便可以与银行谈判。在谈判中，法律顾问、融资顾问和税务顾问将发挥很重要的作用。他们一方面可以使投资者在谈判中处于有利地位，保护投资者利益；另一方面又可以在谈判陷入僵局时，及时、灵活地采取有效措施，使谈判沿着有利于投资者利益的方向进行。

融资谈判不会一蹴而就，在谈判中，要对有关的法律文件做出修改，有时会涉及融资结构或资金来源的调整问题，也有时会对项目的投资结构做出修改，以满足贷款银团的要求。通过对融资方案的反复设计、分析、比较和谈判，最后选定一个既能在最大限度上保护项目投资人的利益，又能为贷款银行所接受的融资方案。其中包括选择银行、发出项目融资建议书、组织贷款银团、起草融资法律文件、融资谈判等。

（五）融资执行阶段

当正式签署了项目融资的法律文件以后，项目融资就进入执行阶段。在项目建设阶段，贷款银团通常将委派融资顾问为经理人，经常性地监督项目的进展情况，根据资金预算和项目建设进度表安排贷款。在项目的试生产阶段，贷款银团的经理人将监督项目的试生产（运行）情况，将项目的实际生产成本数据及有关技术指标与融资文件上规定的相应数据与指标对比，确认项目是否已达到了融资文件规定的有关标准。在项目的正常运行阶段，贷款银团的经理人将根据融资文件的规定，参与部分项目的决策程序，管理和控制项目的贷款投放和部分现金流量。除此之外，贷款银团的经理人也会参与一部分的生产经营决策，并经常帮助投资者加强对项目风险的控制与管理。

╺┥ 第二节 ┝━━━━━━━━━━━━━━━━━━━━━━━━━━━━━

工程项目资金结构

一、工程项目资本金制度

项目资本金是指在项目总投资中由投资者认缴的出资额。对项目来说，项目资本金是非债务性资金，项目法人不承担这部分资金的任何利息和债务。投资者可按其出资的比例依法享有所有者权益，也可转让其出资，但不得以任何方式抽回。对于提供债务融资的债权人来说，项目的资本金可以视为负债融资的信用基础，项目资本金后于负债受偿，可以降低债权人债权的回收风险。

为了建立投资风险约束机制，有效地控制投资规模，《国务院关于固定资产投资项目试行资本金制度的通知》（国发〔1996〕35号）规定，对各种经营性投资项目，包括国有单位的基本建设、技术改造、房地产开发项目和集体投资项目，试行资本金制度，投资项目必须首先落实资本金才能进行建设。个体和私营企业的经营性投资项目参照规定执行。公益性投资项目不实行资本金制度。外商投资项目（包括外商独资、中外合资、中外合作经营项目）按现行有关法规执行。

（一）项目资本金的来源

项目资本金可以用货币出资，也可以用实物、工业产权、非专利技术、土地使用权作价出资。对作为资本金的实物、工业产权、非专利技术、土地使用权，必须经过有资格的资产评估机构依照法律、法规评估作价，不得高估或低估。以工业产权、非专利技术作价出资的比例不得超过投资项目资本金总额的20%，国家对采用高新技术成果有特别规定的除外。

投资者以货币方式认缴的资本金，其资金来源有：

（1）各级人民政府的财政预算内资金、国家批准的各种专项建设基金、经营性基本建设基金回收的本息、土地批租收入、国有企业产权转让收入、地方人民政府按国家有关规定收取的各种规费及其他预算外资金。

（2）国家授权的投资机构及企业法人的所有者权益（包括资本金、资本公积金、盈余公积金和未分配利润、股票上市收益资金等）、企业折旧资金以及投资者按照国家规定从资金市场上筹措的资金。

（3）社会个人合法所有的资金。

（4）国家规定的其他可以用作投资项目资本金的资金。

（二）项目资本金的比例

《水利建设项目经济评价规范》（SL 72—2013）规定，以发电为主的水利建设项目的最低资本金比例为20％；以城市供水（调水）为主的水利建设项目的最低资本金比例不宜低于35％；其他水利建设项目的资本金比例根据贷款能力测算成果和项目具体情况确定，但不应低于20％。

根据《国务院关于调整和完善固定资产投资项目资本金制度的通知》（国发〔2015〕51号），各行业固定资产投资项目的最低资本金比例按照表5-2-1中的规定执行。

表5-2-1　　　　　　　　　项目资本金占项目总投资的比例

序号	投 资 行 业	项 目 类 型	项目资本金占项目总投资的比例
1	城市和交通基础设施项目	城市轨道交通项目	20％及以上
		港口、沿海及内河航运、机场项目	25％及以上
		铁路、公路项目	20％及以上
2	房地产开发项目	保障性住房和普通商品住房项目	20％及以上
		其他项目	25％及以上
3	产能过剩行业项目	钢铁、电解铝项目	40％及以上
		水泥项目	35％及以上
		煤炭、电石、铁合金、烧碱、焦炭、黄磷、多晶硅项目	30％及以上
4	其他工业项目	玉米深加工项目	20％及以上
		化肥（钾肥除外）项目	25％及以上
5	电力等其他项目		20％及以上

注　城市地下综合管廊、城市停车场项目，以及经国务院批准的核电站等重大建设项目，可以在规定最低资本金比例基础上适当降低。

作为计算资本金基数的总投资，是指投资项目的固定资产投资与铺底流动资金之和，具体核定时以经批准的动态概算为依据。

投资项目资本金的具体比例，由项目审批单位根据投资项目的经济效益以及银行贷款意愿和评估意见等情况，在审批可行性研究报告时核定。经国务院批准，对个别情况特殊的国家重点建设项目，可以适当降低资本金比例。

对某些投资回报率稳定、收益可靠的基地设施、基础产业投资项目，以及经济效益好的竞争性投资项目，经国务院批准，可以试行通过发行可转换债券或组建股份制公司发行股票方式筹措资本金。

为扶持不发达地区的经济发展，国家主要通过在投资项目资本金中适当增加国家投资的比重，在信贷资金中适当增加政策性贷款比重以及适当延长政策性贷款的还款期等措施增强其投融资能力。

按照《国家工商行政管理局关于中外合资经营企业注册资本与投资总额比例的暂行规定》，外商投资企业的注册资本应与生产经营规模相适应，其注册资本占投资总额的最低比例见表 5-2-2。

表中的投资总额，是指投资项目的建设投资、建设期利息与流动资金之和。

表 5-2-2　　　　　　　　外商投资企业注册资本占投资总额的最低比例

序号	投资总额	注册资本占投资总额的最低比例	附　加　条　件
1	300 万美元以下（含 300 万美元）	7/10	
2	300 万～1000 万美元（含 1000 万美元）	1/2	其中投资总额在 420 万美元以下的，注册资金不低于 210 万美元
3	1000 万～3000 万美元（含 3000 万美元）	2/5	其中投资总额在 1250 万美元以下的，注册资金不低于 500 万美元
4	3000 万美元以上	1/3	其中投资总额在 3600 美元以下的，注册资本不得低于 1200 万美元

按照我国现行规定，有些项目不允许国外资本控股，有些项目要求国有资本控股。自 2017 年 7 月 28 日起施行的《外商投资产业指导目录（2017 年修订）》中明确规定，电网、城市人口 50 万以上的城市供排水管网等项目，必须由中方控股。

（三）项目资本金的管理

投资项目的资本金一次认缴，并根据批准的建设进度按比例逐年到位。

投资项目在可行性研究报告中要就资本金筹措情况作出详细说明，包括出资方、出资方式、资本金来源及数额、资本金认缴进度等有关内容。上报可行性研究报告时须附有各出资方承诺出资的文件，以实物、工业产权、非专利技术、土地使用权作价出资的，还须附有资产评估证明等有关材料。

主要使用商业银行贷款的投资项目，投资者应将资本金按分年应到位数量存入其主要贷款银行；主要使用国家开发银行贷款的投资项目，应将资本金存入国家开发银行指定的银行。投资项目资本金只能用于项目建设，不得挪作他用，更不得抽回。有关银行承诺贷款后，要根据投资项目建设进度和资本金到位情况分年发放贷款。

有关部门要按照国家规定对投资项目资本金到位和使用情况进行监督。对资本金未按照规定进度和数额到位的投资项目，投资管理部门不发给投资许可证，金融部门不予贷款。对将已存入银行的资本金挪作他用的，在投资者未按规定予以纠正之前，银行要停止对该项目拨付贷款。

对资本金来源不符合有关规定，弄虚作假，以及抽逃资本金的，要根据情节轻重，对有关责任者处以行政处分或经济处罚，必要时停缓有关项目。

凡资本金不落实的投资项目，一律不得开工建设。

二、资金筹措渠道与方式

项目资金筹措的渠道和方式既有区别又有联系，同一渠道的资金可采用不同的筹资方式，而同一筹资方式下往往又可筹集到不同渠道的资金。因此，应认真分析研究各种筹资渠道和筹资方式的特点及适应性。将两者结合起来，以确定最佳的资金结构。

项目资金筹措应遵循以下基本原则：

（1）规模适宜原则。筹措资金的目的在于确保项目所必需的资金，筹资的数量不能盲目确定，必须做到以需定筹。若筹资不足，必然会影响其生产经营活动的正常开展；反之，又会造成资金浪费，降低资金的使用效率，因此，在筹资时必须掌握一个合理的规模，使资金的筹集量与需求量达到平衡。

（2）时机适宜原则。筹资的时机应依据资金的使用时间来合理安排。筹资过早，会造成资金闲置；筹资太迟，又会影响投资机会。

（3）经济效益原则。筹资渠道和方式多种多样，不同筹资渠道和方式的资金成本、筹资的难易程度、资金供给者的约束条件等可能各不相同，因此，应综合考虑，力求以最低的综合资金成本实现最大的投资效益。

（4）结构合理原则。合理的资金来源结构包括两个方面：一是合理安排权益资本和债务资金的比例；二是合理安排长期资金和短期资金的比例。因此，在筹资过程中，应合理安排筹资结构，寻求筹资方式的最优组合。

从总体上看，项目的资金来源可分为投入资金和借入资金，前者形成项目的资本金，后者形成项目的负债。

（一）资本金筹措的渠道与方式

根据项目资本金筹措的主体不同，可分为既有法人项目资本金筹措和新设法人项目资本金筹措。

1. 既有法人项目资本金筹措

既有法人作为项目法人进行项目资本金筹措，不组建新的独立法人，筹资方案应与既有法人公司（包括企业、事业单位等）的总体财务安排相协调。既有法人可用于项目资本金的资金来源分为内、外两个方面。

（1）内部资金来源。主要包括以下几个方面：

1）企业的现金。企业库存现金和银行存款可由企业的资产负债表得以反映，其中可能有一部分可以投入项目。即扣除保持必要的日常经营所需的货币资金额，多余的资金可用于项目投资。

2）未来生产经营中获得的可用于项目的资金。在未来的项目建设期间，企业可从生产经营中获得新的现金，扣除生产经营开支及其他必要开支之后，剩余部分可以用于项目投资。未来企业经营获得的净现金流量，需要通过对企业未来现金流量的预测来估算。实践中常采用经营收益间接估算企业未来的经营净现金流量。其计算公式如下：

$$经营净现金流量＝经营净收益－流动资金占用的增加 \qquad (5-2-1)$$

$$经营净收益＝净利润＋折旧＋无形及其他资产摊销＋财务费用 \qquad (5-2-2)$$

$$经营净现金流量＝净利润＋折旧＋无形及其他资产摊销＋财务费用$$
$$－流动资金占用的增加 \qquad (5-2-3)$$

企业未来经营净现金流量中，财务费用及流动资金占用的增加部分将不能用于固定资产投资，折旧、无形及其他资产摊销通常认为可用于再投资或偿还债务，净利润中有一部分可能需要用于分红或用作盈余公积金和公益金留存，其余部分可用于再投资或偿还债务。因此，可用于再投资及偿还债务的企业经营净现金可按下式估算：

可以用于再投资及偿还债务的企业经营净现金

＝净利润＋折旧＋无形及其他资产摊销－流动资金占用的增加－利润分红

－利润中需要留作企业盈余公积金和公益金的部分 （5-2-4）

3）企业资产变现。既有法人可将流动资产、长期投资或固定资产变现，取得现金用于新项目投资。企业资产变现通常包括短期投资、长期投资、固定资产、无形资产的变现。降低流动资产中的应收款项和存货，可以增加企业能使用的现金，这类流动资产的变现通常体现在企业外来净现金流量估算中。企业也可通过加强财务管理，提高流动资产周转率，减少存货、应收账款等流动资产占用而取得现金，或者出让有价证券取得现金。企业的长期投资包括长期股权投资和长期债权投资，一般都可以通过转让而变现。企业的固定资产中，有些由于产品方案改变而被闲置，有些由于技术更新而被替换，这些都可以出售变现。

4）企业产权转让。企业可将原拥有的产权部分或全部转让给他人，换取资金用作新项目的资本金。

资产变现表现为一个企业资产总额构成的变化，即非现金货币资产的减少，现金货币资产的增加，而资产总额并没有发生变化。产权转让则是企业资产控制权或产权结构发生变化，对于原有的产权人，经转让后其控制的企业原有资产总量会减少。

既有法人应通过分析其财务和经营状况，预测企业未来的现金流，判断现有企业是否具备足够的自有资金投资于拟建项目。如果不具备足够的资金能力，或者不愿意失掉原有的资产权益，或者不愿意使其自身的资金运用过于紧张，就应该设计外部资金来源的资金筹集方案。

（2）外部资金来源。包括既有法人通过在资本市场发行股票和企业增资扩股，以及一些准资本金手段，如发行优先股获取外部投资人的权益资金投入，同时也包括接受国家预算内资金为来源的融资方式。

1）企业增资扩股。企业可以通过原有股东增资扩股以及吸收新股东增资扩股，包括国家股、企业法人股、个人股和外资股的增资扩股。

2）优先股。优先股是指与普通股股东相比具有一定的优先权，主要指优先分得股利和剩余资产。优先股股息固定，与债券特征相似，但优先股没有还本期限，这又与普通股相同。相对于其他借款融资，优先股通常处于较后的受偿顺序，对于项目公司的其他债权人来说，可以视为项目的资本金。而对于普通股股东来说，优先股通常要优先受偿，是一种负债。因此，优先股是一种介于股本资金与负债之间的融资方式。优先股股东不参与公司的经营管理，没有公司的控制权，不会分散普通股东的控股权。发行优先股通常不需要还本，只需支付固定股息，可减少公司的偿债风险和压力。由于优先股股息固定，当公司发行优先股而获得丰厚的利润时，普通股股东会享受到更多的利益，产生财务杠杆的效应。但优先股融资成本较高，且股利不能像债权利息一样在税前扣除。

3）国家预算内投资。国家预算内投资是指以国家预算资金为来源并列入国家计划的固定资产投资。目前包括国家预算、地方财政、主管部门和国家专项投资拨给或委托银行贷给建设单位的基本建设拨款及中央基本建设基金，拨给企业单位的更新改造拨款，以及中央财政安排的专项拨款中用于基本建设的资金。国家预算内投资是能源、交通、原材料以及国防科研、文教卫生、行政事业建设项目投资的主要来源，对于整个投资结构的调整起主导作用。

2. 新设法人项目资本金筹措

新设法人项目资本金的形成分为两种：一种是在新法人设立时由发起人和投资人按项目资本金额度要求提供足额资金；另一种是由新设法人在资本市场上进行融资来形成项目资本金。

按照资本金制度的相关规定，应由投资人就项目发起人认缴或筹集足够的资本金提供给新设法人。至于投资人或项目发起人如何筹措这笔资本金，是投资人或项目发起人的自身内部事务。投资人和项目发起人的身份不同（如是政府职能部门或控股的国有公司、民营或外资企业等），其用于资本金投资的资金来源也多种多样。可以是各级政府财政预算内资金、预算外资金及各种专项建设基金，国家授权投资机构提供的资金，也可以是国内外企业、事业单位入股的资金，还可以是社会个人入股的资金等。

新设项目法人项目资本金通常以注册资本的方式投入。有限责任公司及股份公司的注册资本由公司的股东按股权比例认缴，合作制公司的注册资本由合作投资方按预先约定金额投入。如果公司注册资本的额度要求低于项目资本金额度的要求，股东按项目资本金额度要求投入企业的资金超过注册资本的部分，通常以资本公积的形式记账。有些情况下投资者还可以以准资本金方式投入资金，包括优先股、股东借款等。

有些情况下，项目最初的投资人或项目发起人对投资项目的资本金并没有安排到位，而是要通过初期设立的项目法人进一步进行资本金筹措活动。这样的安排背景原因很多，有的是受制于投资能力，有的是为了回避投资风险，有的是为了吸引外来投资，有的是为了完善投资结构等。

由初期设立的项目法人进行的资本金筹措形式主要有：

（1）在资本市场募集股本资金。在资本市场募集股本资金可以采取两种基本方式，即私募与公开募集。

1）私募。是指将股票直接出售给少数特定的投资者，不通过公开市场销售。私募程序可相对简化，但在信息披露方面仍必须满足投资者的要求。

2）公开募集。是在证券市场上公开向社会发行销售。在证券市场上公开发行股票，需要取得证券监管机关的批准，通过证券公司或投资银行向社会推销，需要提供详细的文件，保证公司的信息披露，保证公司的经营及财务透明度，筹资费用较高，筹资时间较长。

（2）合资合作。通过在资本投资市场上寻求新的投资者，由初期设立的项目法人与新的投资者以合资合作等多种形式，重新组建新的法人，或者由设立初期项目法人的发起人和投资人与新的投资者进行资本整合，重新设立新的法人，使重新设立的新法人拥有的资本达到或满足项目资本金投资的额度要求。采用这一方式，新法人往往需要重新进行公司注册或变更登记。

不论以何种方式筹措的资本金，都必须符合国家对资本金来源的要求和限制，符合国家资本金制度的规定。有外商投资的应符合国家有关外商投资的相关规定。

（二）债务资金筹措的渠道与方式

债务资金是指项目投资中除项目资本金外，以负债方式取得的资金。债务资金是项目公司一项重要的资金来源。债务融资的优点是速度快、成本较低，缺点是融资风险较大，有还本付息的压力。

1. 债务资金筹措方案研究

（1）债务资金筹措应考虑的主要因素。主要包括以下几个方面：

1）债务期限。债务期限是区分长期债务和短期债务的一个重要因素。要实现债务期限结构的优化，就要保持一个相对平衡的债务期限结构，并尽可能使项目债务与项目清偿能力相适应。一方面要使债务资金偿还期与投资人投资回收期相衔接；另一方面，尽量将债务的还本付息时间比较均衡地分开，最好是让项目债务的分期还款时间表与项目的现金流相匹配。

2）债务偿还。需要事先确定一个比较稳妥的还款计划。

3）债务序列。债务安排可以根据其依赖于公司（或项目）资产抵押的程度或者以来自于有关外部信用担保程度而划分为由高到低不同等级的序列。在公司出现违约的情况下，公司资产和其他抵押、担保权益的分割将严格地按照债务序列进行。

4）债权保证。在项目融资活动过程中，借款人须将项目资产作为债权的担保，并用预期的收益还本付息。为了降低风险，债权人需要获得其他的担保，如完工担保、第三方的履约担保、政治风险保险等。如果没有这些担保，贷款人只能依赖于消极保证条款。

5）违约风险。债务人违约或无力清偿债务时，债权人追索债务的形式和手段及追索程度决定了债务人违约风险的大小。根据融资安排的不同，不同的债权人追索债务的程度也不一样，如完全追索、有限追索或无追索。

6）利率结构。债务资金利率主要有浮动利率、固定利率以及浮动/固定利率等不同的利率机制。融资中应该采用何种利率结构，需要考虑：①项目现金流量的特征；②金融市场上利率的走向；③借款人对控制融资风险的要求。

7）货币结构与国家风险。债务资金的货币结构可以依据项目现金流量的货币结构加以设计，以减少项目的外汇风险。为减少国家风险和其他不可预见风险，国际上大型项目的融资安排往往不局限于在一个国家的金融市场上融资，也不局限于一种货币融资。资金来源多样化是减少国家风险的一种有效措施。

（2）应明确的债务资金基本要素。在融资方案中，除了要明确列出债务资金的资金来源及融资方式外，还必须具体描述债务资金的一些基本要素，以及债务人的债权保证。

1）时间和数量。要指出每项债务资金可能提供的数量及初期支付时间、贷款期和宽限期、分期还款的类型。

2）融资成本。反映融资成本的基本要素，对于贷款是利息，对于租赁是租金，对于债券是债息。应说明这些成本特性和计算方法。除此之外，对于某些伴随债务资金发生的资金筹集费，应说明其计算办法及数额。

3）建设期利息的支付。建设期内是否需要支付利息，将影响筹资总量。不同的债权人会有不同的付息条件，一般可分为三类：①投产之前不必付息，但未清偿的利息要与本金一样计息（即复利计息）；②建设期内利息必须照付；③不但利息照付，而且贷款时就以利息扣除的方式贷出资金。

4）附加条件。对于债务资金的一些附加条件应有所说明，例如：必须购买哪类货物，不得购买哪类货物；借外债时，对所借币种及所还币种有何限制等。

5）债权保证。应根据所处研究阶段所能做到的深度，对债务人及有关第三方提出的债权保证加以说明。

6）利用外债的责任。外国政府贷款、国际金融组织贷款、中国银行和其他国有银行统一对外筹借的国际贷款，都是国家统借债务。其中有些借款用于经国家发展改革委、财政部审查确认并经国务院批准的项目，称"统借统还"；其余借款则由实际用款项目本身偿还，称"统借自还"。各部门、各地方经批准向国外借用的贷款，实行谁借谁还的原则，称"自借自还"。统借自还和自借自还的借款，中间都经过国有银行或其他被授权机构的转贷。因此，无论以上外债的"借与还"在形式上有何区别，对债权人来讲，他们都是我国的国家债务，进入国家外债规模，影响国家债务信用。

融资方案研究中，要注意符合国家外债管理和外汇管理的相关规定。

2. 信贷方式融资

信贷方式融资是项目负债融资的重要组成部分，是公司融资和项目融资中最基本和最简单，也是比重最大的债务融资形式。国内信贷资金主要有商业银行和政策性银行等提供的贷款。国外信贷资金主要有商业银行的贷款，以及世界银行、亚洲开发银行等国际金融机构贷款。此外，还有外国政府贷款、出口信贷以及信托投资公司等非银行金融机构提供的贷款。信贷融资方案应说明拟提供贷款的机构及其贷款条件，包括支付方式、贷款期限、贷款利率、还本付息方式及附加条件等。

（1）商业银行贷款。按照所有制形式不同，我国的商业银行分为国有商业银行和股份制银行。按照经营区域不同，我国的商业银行分为全国性银行和地区性银行。境外的商业银行也是得到银行贷款的来源。随着我国加入WTO的实施进程，我国逐步放宽外国银行进入我国开办商业银行业务，外国商业银行将在我国获得批准设立分行，或者设立合资或独资的子银行，我国境内的外资商业银行正在逐步开展外汇及人民币贷款业务。

按照贷款期限，商业银行的贷款分为短期贷款、中期贷款和长期贷款。贷款期限在1年以内（含1年）的为短期贷款，超过1～5年（含5年）的为中期贷款，5年以上期限（不含5年）的为长期贷款。

按照资金使用用途分，商业银行贷款在银行内部管理中分为固定资产贷款、流动资金贷款、房地产开发贷款等。

项目投资使用中长期银行贷款，银行要进行独立的项目评估，评估内容主要包括：项目建设内容、必要性、产品市场需求、项目建设及生产条件、工艺技术及主要设备、投资估算与筹资方案、财务盈利性、偿债能力、贷款风险、保证措施等。

除了商业银行可以提供贷款，一些城市或农村信用社、信托投资公司等非银行金融机构也提供商业贷款，条件与商业银行类似。

国外商业银行贷款利率有浮动利率与固定利率两种形式。浮动利率通常以某种国际金融市场的利率为基础，加上一个固定的加成率构成。较多见的如以伦敦同业拆借利率LI-BOR为基础。固定利率则在贷款合同中约定。国外商业银行的贷款利率由市场决定，各国政府的中央银行对于本国的金融市场利率通过一定的手段进行调控。

国内商业银行贷款的利率目前以中国人民银行的基准利率为中心，可以有一定幅度的上下浮动，目前我国已经取消金融机构贷款利率下限规定，金融机构贷款利率上浮同样不设上限。中国人民银行不定期对贷款的基准利率进行调整。已经借入的长期贷款，如遇中国人民银行调整利率，利率的调整在下一年度开始执行。

（2）政策性银行贷款。为了支持一些特殊的生产、贸易、基础设施建设项目，国家政策性银行可以提供政策性银行贷款。政策性银行贷款利率通常比商业银行贷款利率低。我国的政策性银行有中国进出口银行和中国农业发展银行。国家开发银行原来也属于政策性银行，但在2008年年底改制后，成为开发性金融机构，为实现国家中长期发展战略提供投融资服务和开发性金融服务。

（3）出口信贷。项目建设需要进口设备的，可以使用设备出口国的出口信贷。按照获得贷款资金的借款人，出口信贷分为买方信贷、卖方信贷和福费廷（FORFEIT）等。出口信贷通常不能对设备价款全额贷款，通常只能提供设备价款85%的贷款，设备出口商则给予设备的购买方以延期付款条件。出口信贷利率通常要低于国际上商业银行的贷款利率。OECD（欧洲经济合作与发展组织）国家出口信贷利率一般要遵循商业参考利率（CIRR）。出口信贷通常需要支付一定的附加费用，如管理费、承诺费、信贷保险费等。

1）买方信贷。是出口商所在地银行为促进本国商品的出口，而对国外进口商（或其银行）所发放的一种贷款。买方信贷可以通过进口国的商业银行转贷款，也可以不通过本国商业银行转贷。通过本国商业银行转贷时，设备出口国的贷款银行将贷款贷给进口国的一家转贷银行，再由进口国转贷银行将贷款贷给设备进口商。从国际范围内看，买方信贷使用更为广泛些，特别是把贷款发放给进口商所在地银行再转贷给进口商的买方信贷使用得更为广泛。

2）卖方信贷。是出口商所在地有关银行，为便于该国出口商以延期付款形式出口商品而给予本国出口商的一种贷款。出口商向银行借取卖方信贷后，其资金得以通融，便可允许进口商延期付款，具体为：进出口商签订合同后，进口商先支付10%～15%的定金；在分批交货验收和保证期满时，进口商再分期付给10%～15%的货款，其余70%～80%的货款在全部交货后若干年内分期偿还，并付给延期付款期间的利息。

3）福费廷。福费廷是专门的代理融资技术。一些大型资本货物，如在大型水轮机组和发电机组等设备的采购中，由于从设备的制造、安装到投产需要多年时间，进口商往往要求延期付款，按项目的建设周期分期偿还。为了鼓励设备出口，几家出口商所在地银行专门开设了针对大型设备出口的特殊融资：出口商把经进口商承兑的、期限在半年以上到5～6年以上的远期汇票，无追索权地出售给出口商所在地的银行，出口商提前取得现款。为了保证在进口商不能履行义务的情况下出口商也能获得贷款，出口商要求进口商承兑的远期汇票附有银行担保。

（4）银团贷款。随着工程项目的规模扩大，所需的建设资金也越来越多，出于风险控制或银行资金实力方面的考虑，一家商业银行的贷款往往无法满足项目债务资金的需求，于是出现了银团贷款，也称辛迪加贷款，是指由一家银行牵头，若干家商业银行联合向借款人提供资金的贷款形式。银团贷款中还需要有一家或数家代理银行，负责监管借款人的账户，监控借款人的资金，划收及划转贷款本息。

使用银团贷款，除了贷款利率之外，借款人还要支付一些附加费用，包括管理费、安排费、代理费、承诺费、杂费等。

银团贷款的具体操作方式有两种：直接参与和间接参与。直接参与是指银团内各个成员银行直接与项目借款人签订借贷协议，按贷款协议所规定的统一条件贷款给项目借款人，贷款的具体发放工作由借贷协议中指定代理行统一管理。间接参与是指由一家牵头银行向项目借款人贷款，然后由该银行将参加贷款权分别转让给其他参与行，参与行按照各自承担的贷款数额贷款给项目借款人，贷款工作由牵头银行负责管理。

（5）国际金融机构贷款。国际金融组织贷款是指国际金融组织按照章程向其成员国提供的各种贷款。提供项目贷款的主要国际金融机构有世界银行、国际金融公司、欧洲复兴与开发银行、亚洲开发银行、美洲开发银行等全球性或地区性金融机构等。目前与我国关系最为密切的国际金融组织是国际货币基金组织、世界银行和亚洲开发银行。国际金融机构的贷款通常带有一定的优惠性，贷款利率低于商业银行贷款利率，贷款期限可以安排得很长，但也有可能需要支付某些附加费用，例如承诺费。国际金融机构贷款通常要求设备采购进行国际招标。

不同的国际金融组织的贷款政策各不相同，只有那些得到认可的项目才能拿到贷款。使用国际金融组织的贷款需要按这些组织的要求提供材料，并要按照规定程序和方法来实施项目。以与我国联系密切的三个金融机构为例：

1）国际货币基金组织（International Monetary Fund，IMF）。IMF的贷款只限于成员国的财政和金融当局，IMF不与任何企业发生业务，贷款用途限于弥补国际收支逆差或用于经常项目的国际支付，期限为1～5年。

2）世界银行（The World Bank）。世界银行是联合国经营国际金融业务的专门机构，同时也是联合国的一个下属机构。由国际复兴开发银行、国际开发协会、国际金融公司、多边投资担保机构和国际投资争端解决中心五个成员机构组成，由包含中国在内的189个成员国组成，是国际三大金融机构之一。贷款期限一般较长，为20～30年，宽限期5～10年。

3）亚洲开发银行（Asian Development Bank，ADB）。ADB是类似于世界银行但只面向亚太地区的区域性政府间金融开发机构。它不是联合国下属机构，但它是联合国亚洲及太平洋经济社会委员会（简称联合国亚太经社会）赞助建立的机构，同联合国及其区域和专门机构有密切的联系。亚行现有包含中国在内的67个成员，其中48个来自亚太地区，其余来自其他地区。亚行对发展中成员的援助主要采取四种形式：贷款、股本投资、技术援助、联合融资担保，以实现"没有贫困的亚太地区"这一终极目标。

3．债券方式融资

债券是债务人为筹集债务资金而发行的、约定在一定期限内还本付息的一种有价证券。债券筹资是一种直接融资，面向广大社会公众和机构投资者，公司发行债券一般有发行最高限额、发行公司权益资本最低限额、公司盈利能力和债券利率水平等要求条件。在发行债券筹资过程中，必须遵循有关法律规定和证券市场规定，依法完成债券的发行工作。除了一般债券融资外，还有可转换债券融资。

企业债券融资是一种直接融资。发行债券融资可以从资金市场直接获得资金，资金成本（利率）一般应低于银行借款。由于有较为严格的证券监管，只有实力很强并且有很好资信的企业才能有能力发行企业债券。发行债券融资，大多需要有第三方担保，获得债券信用增级，以使债券成功发行，并可降低债券发行成本。在国内发行企业债券需要通过国家证券监管机构及金融监管机构的审批。在国外市场上也可以发行债券，主要的国外发债市场有美国、日本、欧洲。发行债券通常要取得债券资信等级的评级。国内债券由国内的评级机构评级，国外发债通常需要由一些知名度较高的评级机构评级。债券评级较高的，可以以较低的利率发行。而较低评级的债券，则利率较高。债券发行与股票发行相似，可以在公开的资本市场上公开发行，也可以私募方式发行。

可转换债券是企业发行的一种特殊形式的债券。在预先约定的期限内，可转换债的债券持有人有权选择按照预先规定的条件将债权转换为发行人公司的股权。在公司经营业绩变好时，股票价值上升，可转换债券的持有人倾向于将债权转为股权；而当公司业绩下降或者没有达到预期效益时，股票价值下降，则倾向于兑付本息。现有公司发行可转换债券，通常并不设定后于其他债权受偿，对于其他向公司提供贷款的债权人来说，可转换债不能视为公司的资本金融资。可转换债的发行条件与一般企业债券类似，但由于附加有可转换为股权的权利，通常可转换债的利率更低。

（1）债券筹资的优点：

1）筹资成本较低。发行债券筹资的成本要比股票筹资的成本低。这是因为债券发行费用较低，其利息允许在所得税前支付，可以享受扣减所得税的优惠，所以企业实际上负担的债券成本一般低于股票成本。

2）保障股东控制权。债券持有人无权干涉管理事务，因此，发行企业债券不会像增发股票那样可能会分散股东对企业的控制权。

3）发挥财务杠杆作用。不论企业盈利水平如何，债券持有人只收取固定的利息，更多的收益可用于分配给股东，或留归企业以扩大经营。

4）便于调整资本结构。企业通过发行可转换债券，或在发行债券时规定可提前赎回债券，有利于企业主动地、合理地调整资本结构确定负债与资本的合理比率。

（2）债券筹资的缺点：

1）可能产生财务杠杆负效应。债券必须还本付息，是企业固定的支付费用。随着这种固定支出的增加，企业的财务负担和破产可能性增大。一旦企业资产收益率下降到债券利息率之下，会产生财务杠杆的负效应。

2）可能使企业总资金成本增大。企业财务风险和破产风险会因其债务的增加而上升，这些风险的上升又导致企业债券成本、权益资金成本上升，从而增大了企业总资金成本。

3）经营灵活性降低。在债券合同中，各种保护性条款使企业在股息策略融资方式和资金调度等多方面受到制约，经营灵活性降低。

4. 租赁方式融资

租赁方式融资是指当企业需要筹措资金、添置必要的设备时，可以通过租赁公司代其购入所选择的设备，并以租赁的方式将设备租给企业使用。在大多数情况下，出租人在租赁期内向承租人分期回收设备的全部成本、利息和利润。租赁期满后，将租赁设备的所有权转移给承租人，通常为长期租赁。根据租赁所体现的经济实质不同，租赁分为经营租赁与融资租赁两类。

（1）经营租赁。经营租赁是出租方以自己经营的设备租给承租方使用，出租方收取租金。承租方则通过租入设备的方式，节省了项目设备购置投资，或等同于筹集到了一笔设备购置资金，承租方只需为此支付一定的租金。当预计项目中使用设备的租赁期短于租入设备的经济寿命时，经营租赁可以节约项目运行期间的成本开支，并避免设备经济寿命在项目上的空耗。

（2）融资租赁。融资租赁又称为金融租赁或财务租赁。采取这种租赁方式，通常由承租人选定需要的设备，由出租人购置后给承租人使用，承租人向出租人支付租金，承租人租赁取得的设备按照固定资产计提折旧，租赁期满，设备一般要由承租人所有，由承租人以事先约定的很低的价格向出租人收购的形式取得设备的所有权。

1）融资租赁的优点。融资租赁作为一种融资方式，其优点主要有：①融资租赁是一种融资与融物相结合的融资方式，能够迅速获得所需资产的长期使用权；②融资租赁可以避免长期借款筹资所附加的各种限制性条款，具有较强的灵活性；③融资租赁的融资与进口设备都由有经验和对市场熟悉的租赁公司承担，可以减少设备进口费，从而降低设备取得成本。

2）融资租赁的租金。融资租赁的租金包括三大部分：①租赁资产的成本：租赁资产的成本大体由资产的购买价、运杂费、运输途中的保险费等项目构成；②租赁资产的利息：承租人所实际承担的购买租赁设备的贷款利息；③租赁手续费：包括出租人承办租赁业务的费用以及出租人向承租人提供租赁服务所赚取的利润。

三、资金成本与资金结构

（一）资金成本

1. 资金成本及其构成

资金成本是指企业为筹集和使用资金而付出的代价。广义地讲，企业筹集和使用任何资金，不论是短期的还是长期的，都要付出代价。狭义的资金成本仅指筹集和使用长期资金（包括自有资金和借入长期资金）的成本。由于长期资金也被称为资本，所以，长期资金的成本也可称为资本成本。在这里所说的资金成本主要是指狭义的资金成本，即资本成本。资金成本一般包括资金筹集成本和资金使用成本两部分。

（1）资金筹集成本。资金筹集成本是指在资金筹集过程中所支付的各项费用，如发行股票或债券支付的印刷费、发行手续费、律师费、资信评估费、公证费、担保费、广告费等。资金筹集成本一般属于一次性费用，筹资次数越多，资金筹集成本也就越大。

（2）资金使用成本。资金使用成本又称为资金占用费，是指占用资金而支付的费用，它主要包括支付给股东的各种股息和红利、向债权人支付的贷款利息以及支付给其他债权人的各种利息费用等。资金使用成本一般与所筹集的资金多少以及使用时间的长短有关，具有经常性、定期性的特征，是资金成本的主要内容。

资金筹集成本与资金使用成本是有区别的,前者是在筹措资金时一次支付的,在使用资金过程中不再发生,因此可作为筹资金额的一项扣除,而后者是在资金使用过程中多次、定期发生的。

2. 资金成本的性质

资金成本是在商品经济社会中由于资金所有权与资金使用权相分离而产生的。

资金成本是资金使用者向资金所有者和中介机构支付的占用费和筹资费。作为资金的所有者,它绝不会将资金无偿让渡给资金使用者去使用;而作为资金的使用者,也不能无偿地占用他人的资金。因此,企业筹集资金以后,暂时地取得了这些资金的使用价值,就要为资金所有者暂时地丧失其使用价值而付出代价,即承担资金成本。

3. 资金成本的作用

资金成本是比较筹资方式、选择筹资方案的依据。资金成本有个别资金成本、综合资金成本、边际资金成本等形式,它们在不同情况下具有各自的作用。

(1)个别资金成本主要用于比较各种筹资方式资金成本的高低,是确定筹资方式的重要依据。工程项目筹集长期资金一般有多种方式可供选择,如长期借款、发行债券、发行股票等。运用不同的筹资方式,个别资金成本是不同的。这时,个别资金成本的高低可作为比较各种融资方式优劣的一个依据。

(2)综合资金成本是项目公司资本结构决策的依据。通常,项目所需的全部长期资金是采用多种筹资方式组合构成的,这种筹资组合往往有多个筹资方案可供选择。所以,综合资金成本的高低就是比较各个筹资方案,做出最佳资本结构决策的基本依据。

(3)边际资金成本是追加筹资决策的重要依据。项目公司为了扩大项目规模,增加所需资产或投资,往往需要追加筹集资金。在这种情况下,边际资金成本就成为比较选择各个追加筹资方案的重要依据。

4. 资金成本的计算

(1)资金成本计算的一般形式。资金成本的表示方法有两种,即绝对数表示方法和相对数表示方法。绝对数表示方法是指为筹集和使用资本到底付出了多少费用。相对数表示方法则是通过资金成本率来表示,用每年用资费用与筹得的资金净额(筹资金额与筹资费用之差)之间的比率来定义。由于在不同条件下筹集资金的数额不相同,成本便不相同,因此,资金成本通常以相对数表示。其计算公式如下:

$$K = \frac{D}{P - F} \qquad\qquad (5-2-5)$$

或

$$K = \frac{D}{P(1 - f)} \qquad\qquad (5-2-6)$$

式中　K——资金成本率(一般也可称为资金成本);

　　　P——筹资资金总额;

　　　D——使用费;

　　　F——筹资费;

　　　f——筹资费费率(即筹资费占筹资资金总额的比率)。

(2)个别资金成本。个别资金成本是指各种资金来源的成本。项目公司从不同渠道、以不同方式取得资本所付出的代价和承担的风险是不同的，因此，个别资金成本是不同的。企业的长期资金一般有优先股、普通股、留存收益、长期借款、债券、租赁等，其中前三者统称权益资金，后三者统称债务资金。根据资金来源也就相应地分为优先股成本、普通股成本、留存收益成本、长期贷款成本、债券成本、租赁成本等，前三者统称权益资金成本，后三者统称债务资金成本。

1) 权益资金成本。

(a) 优先股成本。优先股最大的一个特点是每年的股利不是固定不变的，当项目运营过程中出现资金紧张时可暂不支付。但因其股息是在税后支付，无法抵消所得税，因此，筹资成本大于债券，这对企业来说是必须支付的固定成本。优先股的资金成本率计算公式为

$$K_p = \frac{D_p}{P_0(1-f)} \tag{5-2-7}$$

或

$$K_p = \frac{P_0 i}{P_0(1-f)} \tag{5-2-8}$$

式中　K_p——优先股成本率；

　　　P_0——优先股票面值；

　　　D_p——优先股每年股息；

　　　i——股息率；

　　　f——筹资费费率（即筹资费占筹资资金总额的比率）。

【例 5-2-1】　某公司发行优先股股票，票面额按正常市价计算为 200 万元，筹资费费率为 4%，股息年利率为 14%，则其资金成本率为

$$K_p = \frac{200 \times 14\%}{200 \times (1-4\%)} = \frac{14\%}{96\%} = 14.58\%$$

(b) 普通股成本。由于普通股股东的收益是随着项目公司税后收益额的大小而变动的，每年股利可能各不相同，而且这种变化深受项目公司融资意向与投资意向及股票市场股价变动因素的影响。因此，确定普通股成本通常比确定债务成本及优先股成本更困难些。确定普通股资金成本的方法有股利增长模型法、税前债务成本加风险溢价法和资本资产定价模型法。

a) 股利增长模型法。普通股的股利往往不是固定的，因此，其资金成本率的计算通常用股利增长模型法计算。一般假定收益以固定的年增长率递增，则普通股成本的计算公式为

$$K_s = \frac{D_c}{P_c(1-f)} + g = \frac{i_c}{1-f} + g \tag{5-2-9}$$

式中　K_s——普通股成本率；

　　　P_c——普通股票面值；

　　　D_c——普通股预计年股利额；

　　　i_c——普通股预计年股利率；

　　　g——普通股利年增长率；

f——筹资费费率（即筹资费占筹资资金总额的比率）。

【例 5-2-2】 某公司发行普通股正常市价为 56 元，估计年增长率为 12％，第一年预计发放股利 2 元，筹资费用率为股票市价的 10％，则新发行普通股的成本为

$$K_s=\frac{2}{56\times(1-10\%)}+12\%=15.97\%$$

b）税前债务成本加风险溢价法。根据投资"风险越大，要求的报酬率越高"的原理，投资者的投资风险大于提供债务融资的债权人，因而会在债权人要求的收益率上再要求一定的风险溢价。在这种前提下，普通股资金成本的计算公式为

$$K_s=K_b+RP_c \tag{5-2-10}$$

式中　K_s——普通股成本率；

　　　K_b——所得税前的债务资金成本；

　　　RP_c——投资者比债权人承担更大风险所要求的风险溢价。

c）资本资产定价模型法。这种方法是根据投资者对股票的期望收益来确定资金成本，在这种前提下，普通股成本的计算公式为

$$K_s=R_f+\beta(R_m-R_f) \tag{5-2-11}$$

式中　K_s——普通股成本率；

　　　R_f——社会无风险投资收益率；

　　　β——股票的投资风险系数；

　　　R_m——市场投资组合预期收益率。

【例 5-2-3】 某期间市场无风险报酬率为 12％，平均风险股票必要报酬率为 14％，某公司普通股 β 值为 1.2。则普通股的成本为

$$K_s=12\%+1.2\times(14\%-12\%)=14.4\%$$

（c）保留盈余成本。保留盈余又称为留存收益，是企业缴纳所得税后形成的，其所有权属于股东。股东将这一部分未分派的税后利润留在企业，实质上是对其追加投资。对此，股东同样要求这部分投资有一定的报酬，所以，保留盈余也有资金成本。它的资金成本是股东失去向外投资的机会成本，故与普通股成本的计算基本相同，只是不考虑筹资费用。其计算公式为

$$K_R=\frac{D_c}{P_c}+g=i+g \tag{5-2-12}$$

式中　K_R——保留盈余成本率；

　　　P_c——普通股票面值；

　　　D_c——普通股预计年股利额；

　　　g——普通股利年增长率；

　　　i——普通股预计年股利率。

2）债务资金成本。

（a）长期贷款成本。长期借款成本一般由借款利息和借款手续费两部分组成。按照国际惯例和各国税法的规定，借款利息可以计入税前成本费用，起到抵税的作用，因而使企业的实际支出相应减少。

对每年年末支付利息、贷款期末一次全部还本的借款，其借款成本率为

$$K_g = \frac{I_t(1-T)}{G-F} = i_g \frac{1-T}{1-f} \qquad (5-2-13)$$

式中　K_g——借款成本率；

　　　G——贷款总额；

　　　I_t——贷款年利息；

　　　i_g——贷款年利率；

　　　F——贷款费用；

　　　T——公司所得税税率；

　　　f——筹资费费率（即筹资费占筹资资金总额的比率）。

（b）债券成本。债券的成本主要是指债券利息和筹资费用。债券利息的处理和长期借款利息的处理相同，应以税后的债务成本为计算依据。债券的筹资费用一般比较高，不可以在计算资金成本时省略。因此，债券成本率可以按下列公式计算：

$$K_B = \frac{I_t(1-T)}{B(1-f)} \qquad (5-2-14)$$

或

$$K_B = i_b \frac{1-T}{1-f} \qquad (5-2-15)$$

式中　K_B——债券成本率；

　　　B——债券筹资额；

　　　I_t——债券年利息；

　　　i_b——债券年利息利率；

　　　T——公司所得税税率；

　　　f——筹资费费率（即筹资费占筹资资金总额的比率）。

【例5-2-4】　某公司为新建项目发行总面额为1000万元的10年期债券，票面利率为13%，发行费用为5%，公司所得税税率为25%。该债券的成本为

$$K_B = \frac{1000 \times 13\% \times (1-25\%)}{1000 \times (1-5\%)} = 10.26\%$$

由于债券的发行价格受发行市场利率的影响，致使债券发行价格出现等价、溢价、折价等情况，因此在计算债券成本时，债券的利息按票面利率确定，但债券的筹资金额按照发行价格计算。

【例5-2-5】　假定上述公司发行面额为1000万元的10年期债券，票面利率为13%，发行费用率为5%，发行价格为1200万元，公司所得税税率为25%，则该债券成本为

$$K_B = \frac{1000 \times 13\% \times (1-25\%)}{1200 \times (1-5\%)} = 8.55\%$$

（c）租赁成本。企业租入某项资产，获得其使用权，要定期支付租金，并且租金列入企业成本，可以减少应付所得税。因此，其租金成本率为

$$K_L = \frac{E}{P_L}(1-T) \qquad (5-2-16)$$

式中　K_L——租赁成本率；

P_L——租赁资产价值；

E——年租金额；

T——公司所得税税率。

（d）考虑时间价值的负债融资成本计算。上述负债融资成本计算公式假设各期所支付的利息是相同的，并且没有考虑不同时期所支付利息的时间价值，同时也没有考虑还本付息的方式。如综合考虑这些因素，负债融资成本的表达式为

$$P_0(1-f) = \sum_{t=1}^{n} \frac{P_t + I_t(1-T)}{(1+K_d)^t} \qquad (5-2-17)$$

式中　P_0——债券发行额或长期借款金额，即债务现值；

f——债务资金筹资费用率；

I_t——约定的第 t 期末支付的债务利息；

P_t——约定的第 t 期末偿还的债务本金；

K_d——所得税后债务资金成本；

n——债务期限，通常以年表示；

T——公司所得税税率。

式（5-2-17）中，等号左边是债务人的实际现金流入；等号右边为债务引起的未来现金流出的现值总额。使用该公式时，应根据项目具体情况确定债务年限内各年的利息是否应乘以（1－T），如：在项目的建设期内不应乘以（1－T），在项目运营期内的所得税免征年份也不应乘以（1－T）。

（3）加权平均资金成本。企业不可能只使用某种单一的筹资方式，往往需要通过多种方式筹集所需资金。为进行筹资决策，就要计算确定企业长期资金的总成本——加权平均资金成本。加权平均资金成本一般是以各种资本占全部资本的比重为权重，对各类资金成本进行加权平均确定的。其计算公式为

$$K_w = \sum_{t=1}^{n} \omega_i \cdot K_i \qquad (5-2-18)$$

式中　K_w——加权平均资金成本；

ω_i——各种资本占全部资本的比重；

K_i——第 i 类资金成本。

【例 5-2-6】某企业账面反映的长期资金共 1000 万元，其中长期借款 300 万元，应付长期债券 200 万元，普通股 400 万元，保留盈余 100 万元；其资金成本分别为 5.64%、6.25%、15.7%、15%。该企业的加权平均资金成本为

$$5.64\% \times \frac{300}{1000} + 6.25\% \times \frac{200}{1000} + 15.7\% \times \frac{400}{1000} + 15\% \times \frac{100}{1000} = 10.72\%$$

上述计算中的个别资金成本的比重，是按账面价值确定的，其资料容易取得。但当资本的账面价值与市场价值差别较大时，如股票、债券的市场价格发生较大变动，计算结果会与实际有较大的差距，从而贻误筹资决策。为了克服这一缺陷，个别资金成本的比重确定还可以按市场价值或目标价值确定。

（二）资本结构

资本结构是指项目融资方案中各种资金来源的构成及其比例关系，又称资金结构。在项目融资活动中，资本结构有广义和狭义之分。广义的资本结构是指项目公司全部资本的构成，不但包括长期资本，还包括短期资本，主要是短期债务资本。狭义的资本结构是指项目公司所拥有的各种长期资本的构成及其比例关系，尤其是指长期的股权资本与债务资本的构成及其比例关系。

项目的资金结构安排和资金来源选择在项目融资中起着非常关键的作用，巧妙地安排项目的资金构成比例，选择合适的资金形式，可以达到既能减少项目投资者自有资金的直接投入，又能提高项目综合经济效益的双重目的。

资本结构的分析应包括项目筹集资金中股本资金、债务资金的形式，各种资金所占比例，以及资金的来源，包括项目资本金与负债资金比例、资本金结构和债务资金结构。

1. 项目资本金与债务资金比例

项目建设资金的权益资金和债务资金结构是融资方案制定中必须考虑的一个重要方面。在项目总投资和投资风险一定的条件下，项目资本金比例越高，权益投资人投入项目的资金越多，承担的风险越高，而提供债务资金的债权人承担的风险越低。从权益投资人的角度考虑，项目融资的资金结构应追求以较低的资本金投资争取较多的债务资金，同时要争取尽可能低的对股东的追索，另外由于债务资本的利息在所得税前列支，在考虑公司所得税的基础上，债务资本要比项目资本金的资金成本低很多，由于财务杠杆作用，适当的债务资本比例能够提高项目资本金财务内部收益率。而提供债务资金的债权人则希望债权得到有效的风险控制，项目有较高的资本金比例可以承担较高的市场风险，有利于债权得到有效的风险控制。同时，项目资本金比例越高，贷款的风险越低，贷款的利率可以越低，如果权益资金过大，风险可能会过于集中，财务杠杆作用下滑。但如果项目资本金占的比重太少，会导致负债融资的难度提升和融资成本的提高。

因此，对于大多数项目，资本安排中实际的资本结构必须在项目资本金和债务资本金间达到一个合理的比例关系，它们之间的合理比例需要由各个参与方的利益平衡来决定。一般认为，在符合国家资本金的制度规定、金融机构信贷法规及债权人有关资产负债比例要求的前提下，既能满足权益投资者获得期望投资回报的要求，又能较好地防范财务风险的比例是较理想的资本金与债务资金比例。

2. 项目资本金结构

项目资本金内部结构比例是指项目投资各方的出资比例。投资方对项目不同的出资比例决定了投资各方对项目的建设和经营所享有的决策权、应承担的责任以及项目收益的分配。采用新设法人筹资方式的项目，应根据投资各方在资本、技术、人力和市场开发等方面的优势，通过协商确定各方的出资比例、出资形式和出资时间。采用既有法人筹资方式的项目，在确定项目资本金结构时，要考虑既有法人的财务状况和筹资能力，合理确定既有法人内部筹资与新增资本金在项目筹资总额中所占的比例，分析既有法人内部筹资与新增资本金的可能性与合理性。因为既有法人将自身所拥有的现金和非现金资产投资于拟建项目，一方面，在其投资额度上受到公司自身财务资源的限制；另一方面，投资的这一部分资产将被拟建项目长期占用，势必会降低自身的财务流动性。

另外，按照我国现行相关制度规定，有些项目不允许国外资本控股，有些项目要求必须由国有资本控股。因此，对于国内投资项目，应分析控股股东的合法性和合理性；对于外商投资项目，要注意对外商投资建设项目的规定，分析外方出资比例的合法性和合理性。

3. 项目债务资金结构

在一般情况下，项目融资中债务融资占有较大的比例，因此，项目债务资金的筹集是解决项目融资的资金结构问题的核心。项目债务资本结构比例反映债权各方为项目提供债务资本的数额比例、债务期限比例、内债和外债的比例，以及外债中各币种债务的比例等。不同类型的债务资本融资成本不同，融资的风险也不一样。譬如增加短期债务资本能降低总的融资成本，但会增大公司的财务风险；而增加长期债务虽然能降低公司的财务风险，但会增加公司的融资成本。因此，在确定项目债务资本结构比例时，需要在融资成本和融资风险之间取得平衡，既要降低融资成本，又要控制融资风险。

选择债务融资的结构应该考虑以下几个方面：

（1）债务期限配比。在项目负债结构中，长短期负债借款需要合理搭配。短期借款利率低于长期借款，适当安排一些短期融资可以降低总的融资成本，但如果过多的采用短期融资，会使项目公司的财务流动性不足，项目的财务稳定性下降，产生过高的财务风险。长期负债融资的期限应当与项目的经营期限相协调。

（2）债务偿还顺序。长期债务需要根据一个事先确定下来的比较稳定的还款计划表来还本付息。对于从建设期开始的项目融资，债务安排中一般还有一定的宽限期。在此期间，贷款的利息可以资本化。但是，某些类型的债务资金安排对提前还款有所限制，例如一些债券形式要求至少一定年限内借款人不能提前还款，又如，采用固定利率的银行贷款，因为银行安排固定利率的成本原因，如果提前还款，借款人可能会被要求承担一定的罚款或分担银行的成本。通常，在多种债务中，对于借款人来讲，在时间上，由于较高的利率意味着较重的利息负担，所以应当先偿还利率较高的债务，后偿还利率较低的债务。对于有外债的项目，由于有汇率风险，通常应先偿还硬货币的债务，后偿还软货币的债务。但是为了使所有债权人都有一个比较满意的偿还顺序，在融资方案中应对此作出妥善安排。

（3）境内外借款占比。对于借款公司来讲，使用境外借款或国内银行外汇贷款，如果贷款条件一样，并没有什么区别。境内外借款主要决定于项目使用外汇的额度，同时可能主要由借款取得可能性及方便程度决定。但是对于国家来讲，项目使用境外贷款，相对于使用国内银行的外汇贷款而言，国家的总体外汇收入增加，对于当期的国家外汇平衡有利。但对于境外贷款偿还期内的国家外汇平衡会产生不利影响。从项目的资金平衡利益考虑，如果项目的产品销售不取得外汇，应当尽量不要使用外汇贷款，投资中如果需要外汇，可以采取投资方注入外汇的方式，或者以人民币购汇。如果项目使用的外汇额度很大，以至于项目大量购汇将会对当期国家的外汇平衡产生难以承受的影响，则需要考虑使用外汇贷款。如果国家需要利用项目从境外借款融入外汇，改善国家当期外汇平衡，也可以考虑由项目公司在国际上借贷融资，包括向世界银行等国际金融机构借款。

（4）利率结构。项目融资中的债务资金利率主要为浮动利率、固定利率以及浮动/固定利率三种机制。评价项目融资中应该采用何种利率结构，需要综合考虑三方面的因素：

1) 项目现金流量的特征起着决定性的作用。对于一些工程项目而言，项目的现金流量相对稳定，可预测性很强。采用固定利率机制有许多优点，有利于项目现金流量的预测，减少项目风险。相反，一些有关产品或资源项目的现金流量很不稳定，采用固定利率就有一定的缺点，在产品价格不好时将会增加项目的风险。

2) 对进入市场中利率的走向分析在决定债务资金利率结构时也起到很重要的作用。在利率达到或接近谷底时，如果能够将部分或全部浮动利率债务转换成为固定利率债务，无疑对借款人是一种有利的安排，这样可以在较低成本条件下将一部分融资成本固定下来。

3) 任何一种利率结构都有可能为借款人带来一定的利益，但也会相应增加一定的成本，最终取决于借款人如何在控制融资风险和减少融资成本之间的权衡。如果借款人将控制融资风险放在第一位，在适当的时机将利率固定下来是有利的，然而短期内可能要承受较高的利息成本。如果借款人更趋向于减少融资成本，问题就变得相对复杂得多，要更多地依赖金融市场上利率走向的分析。因此，近几年来在上述两种利率机制上派生出几种具有固定利率特征的浮动利率机制，以满足借款人的不同需要。

简单地说，具有固定利率特征的浮动利率机制是相对浮动利率加以优化，对于借款人来讲，在某个固定利率之下，利率可以自由变化，但是，利率如果超过该固定水平，借款人只按照该固定利率支付利息。这种利率安排同样是需要成本的。

（5）货币结构。项目融资债务资金的货币结构可以依据项目现金流量的货币结构加以设计，以减少项目的外汇风险。不同币种的外汇汇率总是在不断变化。如果条件许可，项目使用外汇贷款需要仔细选择外汇币种。外汇贷款的借款币种与还款币种有时是可以不同的。通常主要应当考虑的是还款成本，选择币值较为软弱的币种作为还款币种。这样，当这种外汇币值下降时，还款金额相对降低了。当然，币值软弱的外汇贷款利率通常较高。这就需要在汇率变化和利率差异之间做出预测权衡和抉择。

4. 资本结构的比选方法

资本结构是否合理，一般是通过分析每股收益的变化来进行衡量的。凡是能够提高每股收益的资本结构就是合理的，反之则是不合理的。一般来说，每股收益一方面受资本结构的影响，同样也受销售水平的影响。因此，可运用融资的每股收益分析方法分析三者的关系。

每股收益分析是利用每股收益的无差别点进行的。所谓每股收益的无差别点，是指每股收益不受融资方式影响的销售水平。根据每股收益无差别点，可以分析判断不同销售水平下适用的资本结构。每股收益 EPS 的计算式如下：

$$EPS = \frac{(S-VC-F-I)(1-T)-D_P}{N} = \frac{(EBIT-I)(1-T)-D_P}{N} \qquad (5-2-19)$$

式中　S——销售额；

　　VC——变动成本；

　　F——固定成本；

　　I——债务利息；

N——流通在外的普通股股数；

$EBIT$——息税前盈余；

T——公司所得税税率；

D_P——优先股年股利。

在每股收益无差别点上，无论是采用负债融资，还是采用权益融资，每股收益都是相等的。若以 EPS_1 表示负债融资，以 EPS_2 表示权益融资，有

$$EPS_1 = EPS_2$$

$$\frac{(S_1 - VC_1 - F_1 - I_1)(1-T) - D_{P1}}{N_1} = \frac{(S_2 - VC_2 - F_2 - I_2)(1-T) - D_{P2}}{N_2}$$

$$(5-2-20)$$

在每股收益无差别点上，$S_1 = S_2$，则

$$\frac{(S - VC_1 - F_1 - I_1)(1-T) - D_{P1}}{N_1} = \frac{(S - VC_2 - F_2 - I_2)(1-T) - D_{P2}}{N_2}$$

$$(5-2-21)$$

能使得上述公式成立的销售额 S 即为每股收益无差别点销售额。

【例 5-2-7】 某项目公司原有资本 5000 万元，其中长期债务资本 2000 万元，优先股股本 500 万元，普通股股本 2500 万元。该公司每年负担的利息费用为 200 万元，每年发放的优先股股利为 55 万元。该公司发行在外的普通股为 100 万股，每股面值为 25 元。该公司的企业所得税税率为 25%。因该公司决定扩大项目规模，为此需要追加筹集 2500 万元长期资本。现有两种备选方案：一是全部发行公司债券，票面利率为 12%，利息为 300 万元；二是全部发行普通股，增发 100 万股普通股，每股面值为 25 元。

将上述资料中的有关数据代入条件公式：

$$\frac{(EBIT - 500)(1 - 25\%) - 55}{100} = \frac{(EBIT - 200)(1 - 25\%) - 55}{200}$$

$$EBIT = 873.33 \text{ 万元}$$

此时的每股收益额为

$$\frac{(873.33 - 500)(1 - 25\%) - 55}{100} = 2.25（元）$$

上述每股收益无差别分析，如图 5-2-1所示。

从图 5-2-1 中可以看出，当息税前利润大于 873.33 万元，采用负债筹资方式较为有利；当息税前利润低于 873.33 万元时，采用发行普通股筹资方式较为有利；而当息税前利润等于 873.33 万元时，采用这两种方式并无差别。

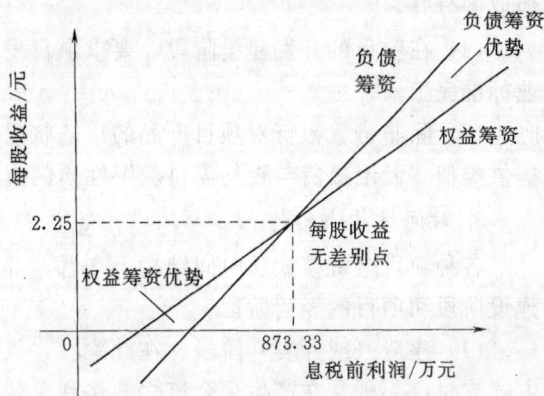

图 5-2-1 每股收益差别分析

工程项目融资一般模式

项目融资在具体实施过程中有很多模式。不同的项目融资模式，其融资结构和实施过程差异很大，因此，必须根据不同项目的特点选择不同的融资模式。

一、项目融资模式概述

项目融资模式是项目融资整体结构组成中的核心部分。项目融资模式的设计，需要与项目投资结构的设计同步考虑，并在项目投资结构确定之后，进一步细化完成融资模式的设计工作。

严格地讲，国际上很少有任何两个项目融资的模式是完全一样的，这是由于项目在行业性质、投资结构等方面的差异，以及投资者对项目的信用支持、融资战略等方面的不同考虑所造成的。然而，无论一个项目的融资模式如何复杂，结构怎样变化，实际上融资模式中总是包含着一些具有共性的问题并存在一些基本的特征。

不同的项目融资模式在项目参与者、操作程序、风险分担等方面都具有不同的特点，但基本的项目融资模式还是具有相同的特点。

1. 贷款形式上的特点

总体上来说项目融资的贷款形式主要有两种情况：一种就是贷款方提供有限追索权或无追索权的贷款；另外一种就是贷款方预先支付一定的资金购买项目的产品，或原材料和设备供应商为项目公司垫付资金。

2. 信用保证形式上的特点

项目融资的信用保证体系一般具有如下特点：

（1）贷款银行要求对项目的资产拥有第一抵押权，对于项目现金流量具有有效控制权。

（2）要求项目投资者将其与项目有关的一切契约性权益转让给贷款银行。

（3）要求项目投资者成立一个单一业务的实体，把项目的经营活动尽量与投资者的其他业务分开。

（4）在项目的开发建设阶段，要求项目发起人提供项目的完工担保，以保证项目按商业标准完工。

（5）除非贷款银行对项目产品的市场状况充满信心，在项目经营阶段，要求项目公司提供类似"无论提货与否均需付款"性质的市场销售安排。

3. 时间结构上的特点

各种项目融资模式从时间结构上来看，都具有两个非常重要的阶段，就是项目的开发建设阶段和项目的经营阶段。

（1）建造（或开发）阶段。在此阶段，仅发放贷款，还款被推迟。利息一般采用两种方式支付：一种是在产生现金流之前将利息转成本金；另一种是在项目运营之前用新发放的贷款来支付利息。

建造阶段对于贷款人来说是高风险时期，因而，此阶段的融资利率比较高；同时，贷款人通过法律约束使项目发起人对贷款人负完全法律责任，即贷款人具有完全追索权。

（2）经营阶段。根据合同规定，本项目竣工验收以后，达到预定标准，贷款人对借款人的追索权应当撤销或变成有限追索，利率也会调至正常水平。项目完工标志着经营阶段的开始，现金流量产生以及债务还本付息和建设期利息摊提的开始。贷款本金、利息的偿还速度是与项目预期的产量、销售收入和应收账款相联系的，通常按项目净现金流量的一定比例偿还债务。在特殊情况下，净现金流量的偿还比例还可以提高。如果产品的需求明显低于预期销售量，或贷款人对项目的前景以及项目所在国的经济、政治环境失去信心时，贷款条款常常允许贷款人将偿还比率提高至100%。

二、BOT 融资模式

BOT（Build – Operate – Transfer，建设—运营—移交）是 20 世纪 80 年代中后期发展起来的一种项目融资方式，是一种利用外资和民营资本兴建基础设施的新兴融资模式。BOT 融资方式在我国成为"特许经营方式"，其含义是指国家或者地方政府部门通过特许经营协议，授予签约方的外商投资企业（包括中外合资、中外合作、外商独资）或本国其他的经济实体组建项目公司，由该项目公司承担公共基础设施（基础产业）项目的融资、建造、经营和维护。在协议规定的特许期限内，项目公司拥有投资建造设施的所有权，允许向设施使用者收取适当的费用，由此回收项目投资、经营和维护成本并获得合理的回报。特许期满后，项目公司将设施无偿地移交给签约方的政府部门。

实际上 BOT 是一类项目融资方式的总称，通常所说的 BOT 主要包括典型 BOT、BOOT 及 BOO 三种基本形式。

1. 典型 BOT 方式

投资银团愿意自己融资，建设某项基础设施，并在项目所在国政府授予的特许期内经营该公共设施，以经营收入抵偿建设投资，并获得一定收益，经营期满后将此设施转让给项目所在国政府。这是最经典的 BOT 形式，项目公司没有项目的所有权，只有建设和经营权。

2. BOOT 方式

BOOT（Build – Own – Operate – Transfer，建设—拥有—运营—移交）方式与典型 BOT 方式的主要不同之处是，项目公司既有经营权又有所有权，政府允许项目公司在一定范围和一定时期内，将项目资产以融资目的抵押给银行，以获得更优惠的贷款条件，从而使项目的产品/服务价格降低，但特许期一般比典型 BOT 方式稍长。

3. BOO 方式

BOO（Build – Own – Operate，建设—拥有—运营）方式与前两种形式的主要不同之处在于，项目公司不必将项目移交给政府（即为永久私有化），目的主要是鼓励项目公司从项目全寿命期的角度合理建设和经营设施，提高项目产品/服务的质量，追求全寿命期的总成本降低和效率的提高，使项目的产品/服务价格更低。

除上述三种基本形式外，BOT 还有十余种演变形式，如 BT（Build – Transfer，建设—移交）、BTO（Build – Transfer – Operate，建设—移交—运营）等。

其中 BT，是指政府在项目建成后从民营机构（或任何国营/民营/外商法人机构）中购回项目（可一次支付，也可分期支付）；与政府投资建造项目不同的是，政府用于购回项目的资金往往是事后支付（可通过财政拨款，但更多的是通过运营项目来支付）；民营机构是投资者或项目法人，必须出一定的资本金，用于建设项目的其他资金可以由民营机构自己出，但更多的是以期望的政府支付款（如可兑信用证）来获取银行的有限追索权贷款。BT 项目中，投资者仅获得项目的建设权，而项目的经营权则属于政府，BT 融资形式适用于各类基础设施项目，特别是出于安全考虑的必须由政府直接运营的项目。对银行和承包商而言，BT 项目的风险可能比基本的 BOT 项目大。

如果承包商不是投资者，其建设资金不是从银行借的有限追索权贷款，或政府用于购回项目的资金完全没有基于项目的运营收入，此种情况实际上应称作"承包商垫资承包"或"政府延期付款"，属于异化 BT，已经超出狭义项目融资的原有含义范畴，在我国已被禁止。因为它主要只是解决了政府当时缺钱建设基础设施的燃眉之急，并没有实现狭义项目融资所强调的有限追索、提高效率（降低价格）、公平分担风险等。

三、PPP 融资模式

（一）PPP 融资概念

PPP 即 Public - Private - Partnership 的缩写，通常翻译为"公私合伙/合营"，但在我国，因为参与 PPP 的国有企业是公有的，但都是按独立法人以企业的形式参与，因此 PPP 更适宜翻译做"政企合伙/合营"。由于不同国家和地区经济形态不完全一样，PPP 发展的程度不同，对于 PPP 有着不同的定义，对于 PPP 的分类也未能达成一致。

总的来说，广义的 PPP 泛指公共部门与私营部门为提供公共产品或服务而建立的合作关系，而狭义的 PPP 可以理解为项目融资一系列方式的总称，包含 BOT、DBFO 等多种方式，狭义的 PPP 更加强调政府在项目中的所有权（有股份），以及与企业合作过程中的风险分担和利益共享。在实际操作中，我们更多采用的是 PPP 的狭义解释，即为项目融资一系列方式的总称。PPP 本质上是公共和私营部门为基础设施的建设和管理而达成的长期合同关系，公共部门由在传统方式下公共设施和服务的提供者变为监督者和合作者，它强调的是优势的互补、风险的分担和利益的共享。

另外一个常见词 PFI 是 private finance initiative 的缩写，即"私营主动融资"，与 PPP 相比，PFI 更强调的是私营企业在融资中的主动性和主导性。它起源于英国，是 BOT 之后，又一优化和创新的公共项目融资模式。采用这种模式，政府部门发起项目，由财团进行项目建设—运营，并按事先的规定提供所需的服务。政府采用 PFI 的目的在于获得有效的服务，而并非旨在最终的基础设施和公共服务设施的所有权。在 PFI 下，公共部门在合同期限内因使用承包商提供的设施而向其付款，在合同结束时，有关资产的所有权或留给承包商，或交回公共部门，取决于原合同规定。因此可以看出 BOT 和 PFI 本质的不同在于政府着眼点的不同：BOT 旨在公共设施的最终拥有，而 PFI 在于公共服务的私营提供。

（二）PPP 与 BOT 的比较

PPP 与 BOT 在本质上区别不大，都是通过项目的期望收益进行融资，对民营机构的补偿都是通过授权民营机构在规定的特许期内向项目的使用者收取费用，由此回收项目的投资、经营和维护等成本，并获得合理的回报（即建成项目投入使用后所产生的现金流量成为支付经营成本、偿还贷款和提供投资回报等的唯一来源），特许期满后项目将移交回政府（也有不移交的，如BOO）。

当然，PPP与BOT在细节上也有一些差异。例如在PPP项目中，民营机构做不了的或不愿做的，需要由政府来做；其余全由民营机构来做，政府只起监管作用。而在BOT项目中，绝大多数工作由民营机构来做，政府则提供支持和担保。但无论PPP或BOT方式，都要合理分担项目风险，从而提高项目的投资、建设、运营和管理效率，这是PPP或BOT的最重要目标。此外，PPP的含义更为广泛，反映更为广义的公私合伙/合营关系，除了基础设施和自然资源开发，还可包括公共服务设施和国营机构的私有化等，因此，近年来国际上越来越多采用PPP这个词，有取代BOT的趋势。

BOT方式更强调政府发包（采购）项目的方式，而PPP更强调政府在项目公司中的所有权，图5-3-1从两种模式的结构方面对BOT和PPP进行了比较分析。

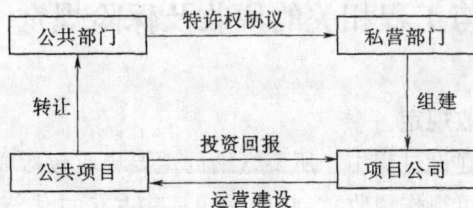

（a）BOT模式公共部门和私营部门的关系

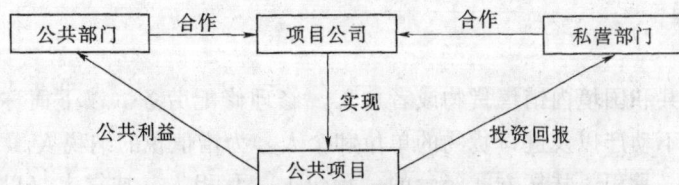

（b）PPP模式公共部门和私营部门的关系

图 5-3-1　BOT和PPP的结构比较

PPP方式与BOT方式在各方责任方面有着较为明显的不同。总的来说，BOT项目中政府与民营企业缺乏恰当的协调机制，导致双方自身目标不同，出现利益冲突，而PPP融资方式中政府与民营部门的关系更加紧密，具体比较见表5-3-1。

表 5-3-1　　　　　　　　　　　BOT与PPP的各方责任比较

融资模式	机构	融资责任	风险	关系协调	前期投入	控制权
BOT	公共部门	小	小	弱	大	小
	私营部门	大	大	弱	大	大
PPP	公共部门	共同	共同	强	小	共同
	私营部门	共同	共同	强	小	共同

PPP方式与BOT方式比较，各方在项目不同阶段的参与程度存在不同，具体见表5-3-2。

表5-3-2   BOT与PPP的参与程度与获益比较

融资模式	机构	决策	设计	建造	融资	运营	拥有	获益
BOT	公共部门	√	√				√	投资机会＋项目
	私营部门		√	√	√	√		特许期运营利润＋政府部门其他承诺
PPP	公共部门	√	√	√	√	√	√	投资机会＋部分项目利益（公共服务）
	私营部门	√	√	√	√	√	√	部分项目利益（运营利润）

第四节

与工程相关的税收及保险规定

一、与工程相关的税收规定

在工程项目的投资与建设过程中，所要缴纳的主要税收包括增值税、所得税、城市维护建设税和教育费附加（可视作税收）。此外，针对其占有的财产和行为，还涉及房产税、城镇土地使用税、土地增值税、契税及进出口关税等的征收。

(一) 增值税

1. 纳税人

在中华人民共和国境内销售货物或者加工、修理修配劳务（以下简称劳务），销售服务、无形资产、不动产以及进口货物的单位和个人，为增值税的纳税人。

单位以承包、承租、挂靠方式经营的，承包人、承租人、挂靠人（以下统称承包人）以发包人、出租人、被挂靠人（以下统称发包人）名义对外经营并由发包人承担相关法律责任的，以该发包人为纳税人。否则，以承包人为纳税人。

纳税人分为一般纳税人和小规模纳税人。应税行为的年应征增值税销售额超过财政部和国家税务总局规定标准的纳税人为一般纳税人，未超过规定标准的纳税人为小规模纳税人。

2. 增值税税率

（1）纳税人销售货物、劳务、有形动产租赁服务或者进口货物，除第（2）项、第（4）项、第（5）项另有规定外，税率为13%。

（2）纳税人销售交通运输、邮政、基础电信、建筑、不动产租赁服务，销售不动产，转让土地使用权，销售或者进口下列货物，税率为9%：

1）粮食等农产品、食用植物油、食用盐。

2）自来水、暖气、冷气、热水、煤气、石油液化气、天然气、二甲醚、沼气、居民用煤炭制品。

3）图书、报纸、杂志、音像制品、电子出版物。

4）饲料、化肥、农药、农机、农膜。

5）国务院规定的其他货物。

（3）纳税人销售服务、无形资产，除第（1）项、第（2）项、第（5）项另有规定外，税率为6%。

（4）纳税人出口货物，税率为零；但是国务院另有规定的除外。

（5）境内单位和个人跨境销售国务院规定范围内的服务、无形资产，税率为零。

税率的调整，由国务院决定。

3. 应纳税额计算

增值税的计税方法，包括一般计税方法和简易计税方法。一般纳税人发生应税行为适用一般计税方法计税。小规模纳税人发生应税行为适用简易计税方法计税。

（1）一般计税方法。

一般计税方法的应纳税额，是指当期销项税额抵扣当期进项税额后的余额。应纳税额计算公式：

$$应纳税额＝当期销项税额－当期进项税额 \qquad (5-4-1)$$

当期销项税额小于当期进项税额不足抵扣时，其不足部分可以结转下期继续抵扣。

销项税额是指纳税人发生应税行为按照销售额和增值税税率计算并收取的增值税额。销项税额计算公式：

$$销项税额＝销售额×税率 \qquad (5-4-2)$$

进项税额是指纳税人购进货物、加工修理修配劳务、服务、无形资产或者不动产，支付或者负担的增值税额。

下列进项税额准予从销项税额中抵扣：

1）从销售方取得的增值税专用发票上注明的增值税额。

2）从海关取得的海关进口增值税专用缴款书上注明的增值税额。

3）购进农产品，除取得增值税专用发票或者海关进口增值税专用缴款书外，按照农产品收购发票或者销售发票上注明的农产品买价和9%的扣除率计算的进项税额。计算公式为

$$进项税额＝买价×扣除率 \qquad (5-4-3)$$

买价是指纳税人购进农产品在农产品收购发票或者销售发票上注明的价款和按照规定缴纳的烟叶税。

购进农产品，按照《农产品增值税进项税额核定扣除试点实施办法》抵扣进项税额的除外。

4）从境外单位或者个人购进服务、无形资产或者不动产，自税务机关或者扣缴义务人取得的解缴税款的完税凭证上注明的增值税额。

当采用一般计税方法时，建筑业增值税税率为9%。计算公式为

$$增值税＝税前造价×9\% \qquad (5-4-4)$$

税前造价为直接费、间接费、利润和材料补差之和，各费用项目均以不包含增值税可抵扣进项税额的价格计算。

（2）简易计税方法。简易计税方法的应纳税额，是指按照销售额和增值税征收率计算的增值税额，不得抵扣进项税额。应纳税额计算公式为

$$应纳税额＝销售额×征收率 \qquad (5-4-5)$$

当采用简易计税方法时，建筑业增值税税率为3%。计算公式为

$$增值税＝税前造价×3\% \qquad (5-4-6)$$

税前造价为直接费、间接费、利润和材料补差之和，各费用项目均以包含增值税进项税额的含税价格计算。

4. 纳税地点

增值税纳税地点为：

（1）固定业户应当向其机构所在地或者居住地主管税务机关申报纳税。总机构和分支机构不在同一县（市）的，应当分别向各自所在地的主管税务机关申报纳税；经财政部和国家税务总局或者其授权的财政和税务机关批准，可以由总机构汇总向总机构所在地的主管税务机关申报纳税。

（2）非固定业户应当向应税行为发生地主管税务机关申报纳税；未申报纳税的，由其机构所在地或者居住地主管税务机关补征税款。

（3）其他个人提供建筑服务，销售或者租赁不动产，转让自然资源使用权，应向建筑服务发生地、不动产所在地、自然资源所在地主管税务机关申报纳税。

（4）扣缴义务人应当向其机构所在地或者居住地主管税务机关申报缴纳扣缴的税款。

（二）所得税

所得税又称所得课税、收益税，是指国家对法人、自然人和其他经济组织在一定时期内的各种所得征收的一类税收。所得税主要包括企业所得税和个人所得税。

1. 纳税人和纳税对象

企业所得税的纳税人是指企业或其他取得收入的组织（以下统称企业）。可分为居民企业和非居民企业。

（1）居民企业是指依法在中国境内成立，或者依照外国（地区）法律成立但实际管理机构在中国境内的企业。居民企业应当就其来源于中国境内、境外的所得缴纳企业所得税。

（2）非居民企业是指依照外国（地区）法律成立且实际管理机构不在中国境内，但在中国境内设立机构、场所的，或者在中国境内未设立机构、场所，但有来源于中国境内所得的企业。

1）非居民企业在中国境内设立机构、场所的，应当就其所设机构、场所取得的来源于中国境内的所得，以及发生在中国境外但与其所设机构、场所有实际联系的所得，缴纳企业所得税。

2）非居民企业在中国境内未设立机构、场所的，或者虽设立机构、场所但取得的所得与其所设机构、场所没有实际联系的，应当就其来源于中国境内的所得缴纳企业所得税。

2. 计税依据和税率

（1）计税依据。企业所得税的计税依据为应纳税所得额。即企业每一纳税年度的收入

总额，减除不征税收入、免税收入、各项扣除以及允许弥补的以前年度亏损后的余额。计算公式为：

$$应纳税所得额＝收入总额－不征税收入－免税收入－各项扣除$$
$$－弥补以前年度亏损 \qquad (5-4-7)$$

1）收入总额。是指企业以货币形式和非货币形式从各种来源取得的收入，包括：销售货物收入，提供劳务收入，转让财产收入，股息、红利等权益性投资收益，利息收入，租金收入，特许权使用费收入，接受捐赠收入，其他收入。

2）不征税收入。收入总额中的下列收入为不征税收入：财政拨款，依法收取并纳入财政管理的行政事业性收费、政府性基金，国务院规定的其他不征税收入。

3）免税收入。企业的下列收入为免税收入：国债利息收入；符合条件的居民企业之间的股息、红利等权益性投资收益；在中国境内设立机构、场所的非居民企业从居民企业取得与该机构、场所有实际联系的股息、红利等权益性投资收益；符合条件的非营利组织的收入。

4）各项扣除。企业实际发生的与取得收入有关的、合理的支出，包括成本、费用、税金、损失和其他支出，准予在计算应纳税所得额时扣除。同时，企业发生的公益性捐赠支出，在年度利润总额 12％以内的部分，准予在计算应纳税所得额时扣除；超过年度利润总额 12％的部分，准予结转以后三年内在计算应纳税所得额时扣除。

5）弥补以前年度亏损。根据利润的分配顺序，企业发生的年度亏损，在连续 5 年内可以用税前利润进行弥补。

6）在计算应纳税所得额时不得扣除的支出。向投资者支付的股息、红利等权益性投资收益款项，企业所得税税款，税收滞纳金，罚金、罚款和被没收财物的损失，允许扣除范围以外的捐赠支出，赞助支出，未经核定的准备金支出，与取得收入无关的其他支出。

（2）税率。企业所得税实行 25％的比例税率。对于非居民企业取得的应税所得额，适用税率为 20％。

符合条件的小型微利企业，减按 20％的税率征收企业所得税。国家需要重点扶持的高新技术企业，减按 15％的税率征收企业所得税。此外，企业的下列所得可以免征、减征企业所得税：从事农、林、牧、渔业项目的所得，从事国家重点扶持的公共基础设施项目投资经营的所得，从事符合条件的环境保护、节能节水项目的所得，符合条件的技术转让所得。

3. 应纳税额计算

企业的应纳税所得额乘以适用税率，减除有关税收优惠的规定减免和抵免的税额后的余额，为应纳税额：

$$应纳税额＝应纳税所得额×所得税税率－减免和抵免的税额 \qquad (5-4-8)$$

企业取得的下列所得已在境外缴纳的所得税税额，可以从其当期应纳税额中抵免，抵免限额为该项所得依照规定计算的应纳税额；超过抵免限额的部分，可以在以后 5 个年度内，用每年度抵免限额抵免当年应抵税额后的余额进行抵补：

（1）居民企业来源于中国境外的应税所得。

（2）非居民企业在中国境内设立机构、场所，取得发生在中国境外且与该机构、场所有实际联系的应税所得。

居民企业从其直接或者间接控制的外国企业分得的来源于中国境外的股息、红利等权益性投资收益，外国企业在境外实际缴纳的所得税税额中属于该项所得负担的部分，可以作为该居民企业的可抵免境外所得税税额，在规定的抵免限额内抵免。

（三）城市维护建设税和教育费附加

1. 城市维护建设税

城市维护建设税是国家为加强城市的维护建设，扩大和稳定城市维护建设资金来源而开征的一种税。

（1）纳税人。城市维护建设税的纳税人，是指实际缴纳增值税、消费税的单位和个人，包括各类企业、行政单位、事业单位、军事单位、社会团体及其他单位，以及个体工商户和其他个人。自 2010 年 12 月 1 日起，对外商投资企业、外国企业及外籍个人征收城市维护建设税。

（2）征税范围。城市维护建设税的征税范围包括城市、县城、建制镇，以及税法规定征收增值税、消费税的其他地区。

（3）计税依据和税率。城市维护建设税的计税依据，是纳税人实际缴纳的增值税、消费税税额。纳税人因违反增值税、消费税有关规定而缴纳的滞纳金和罚款，不作为城市维护建设税的计税依据，但纳税人在被查补增值税、消费税和被处以罚款时，应同时对其城市维护建设税进行补税、征收滞纳金和罚款。

城市维护建设税实行差别比例税率。按照纳税人所在地区的不同，设置了三档比例税率：①纳税人所在地区为市区的，税率为 7%；②纳税人所在地区为县城、镇的，税率为 5%；③纳税人所在地区不在市区、县城或镇的，税率为 1%。

（4）应纳税额计算。城市维护建设税应纳税额的计算基本上与增值税、消费税一致，其计算公式为

$$应纳税额＝实际缴纳的增值税、消费税税额之和×适用税率 \qquad (5-4-9)$$

【例 5-4-1】 某公司为国有企业，位于某市区，2017 年 12 月应缴增值税 120000 元，实际缴纳增值税 100000 元；应缴消费税 80000 元，实际缴纳消费税 70000 元。计算该公司 12 月应缴的城市维护建设税税额。

解：应缴城市维护建设税税额＝（100000＋70000）×7%

$$＝170000×7\%$$

$$＝11900（元）$$

2. 教育费附加

教育费附加是为加快发展地方教育事业，扩大地方教育经费的资金来源而征收的一种附加税。

（1）纳税人。教育费附加的纳税人与城市维护建设税的纳税人相同，是指实际缴纳增值税、消费税的单位和个人。自 2010 年 12 月 1 日起，对外商投资企业、外国企业及外籍个人征收教育费附加。

（2）计税依据和税率。教育费附加以纳税人实际缴纳的增值税和消费税之和作为计税依据。现行教育费附加征收比率为 3%。

（3）应纳税额计算。教育费附加应纳税额的计算基本上与增值税、消费税一致，其计算公式为

$$应纳税额＝实际缴纳的增值税、消费税税额之和×征收税率 \qquad (5-4-10)$$

（4）地方教育附加。为进一步规范和拓宽财政性教育经费筹资渠道，支持地方教育事业发展，财政部下发了《关于统一地方教育附加政策有关问题的通知》（财综〔2010〕98号）。根据文件要求，各地统一征收地方教育附加，地方教育附加征收标准为单位和个人实际缴纳的增值税和消费税税额的2%。我国现已有20多个省（自治区、直辖市）开征了地方教育附加。

（四）房产税

1. 纳税人

房产税的纳税义务人是征税范围内的房屋的产权所有人，包括国家所有和集体、个人所有房屋的产权所有人、承典人、代管人或使用人三类。

（1）产权属国家所有的，由经营管理单位纳税；产权属集体和个人所有的，由集体单位和个人纳税。

（2）产权出典的，由承典人纳税。所谓产权出典，是指产权所有人将房屋、生产资料等的产权，在一定期限内典当给他人使用，而取得资金的一种融资业务。

（3）产权所有人、承典人不在房屋所在地的，产权未确定及租典纠纷未解决的，由房产代管人或者使用人纳税。

（4）无租使用其他单位房产的房产，应由使用人代为缴纳房产税。

（5）外商投资企业、外国企业和外国人经营的房产不适用房产税。

2. 纳税对象

房产税的纳税对象为房产。与房屋不可分割的各种附属设施或不单独计价的配套设施，也属于房屋，应一并征收房产税；但独立于房屋之外的建筑物（如水塔、围墙等）不属于房屋，不征房产税。

房地产开发企业建造的商品房，在出售前不征收房产税；但对出售前房地产开发企业已使用或出租、出借的商品房应按规定征收房产税。

3. 计税依据和税率

（1）从价计征。计税依据是房产原值一次减除10%～30%的扣除比例后的余值，税率为1.2%。房产原值是指纳税人按照会计制度规定，在账簿"固定资产"科目中记载的房屋原价。房产原值应包括与房屋不可分割的各种附属设备或一般不单独计算价值的配套设施。纳税人对原有房屋进行改建、扩建的，要相应增加房屋的原值。

需要注意的特殊问题：

1）以房产联营投资的，房产税计税依据应区别对待：

a）以房产联营投资，共担经营风险的，按房产余值为计税依据计征房产税。

b）以房产联营投资，不承担经营风险，只收取固定收入的，实际是以联营名义取得房产租金，因此，应由出租方按租金收入计征房产税。

2）融资租赁房屋的，以房产余值为计税依据计征房产税，租赁期内该税的纳税人，由当地税务机关根据实际情况确定。

3）新建房屋空调设备价值计入房产原值的，应并入房产税计税依据计征房产税。

（2）从租计征。计税依据为房产租金收入，税率为 12%，对个人按市场价格出租的居民住房，暂按 4% 的税率征收房产税。

4．应纳税额

应纳税额按表 5-4-1 的规定计算。

表 5-4-1　　　　　　　　　　　　房产税应纳税额计算表

计税方法	计税依据	税　率	税　额　计　算　公　式
从价计征	房产计税余值	1.2%	全年应纳税额＝应税房产原值×（1−扣除比例）×1.2%
从租计征	房屋租金	12%（个人为4%）	全年应纳税额＝租金收入×12%（个人为4%）

【例 5-4-2】　某企业 2008 年 1 月 1 日的房产原值为 3000 万元，4 月 1 日将其中原值为 1000 万元的临街房出租给某连锁商店，月租金 5 万元。当地政府规定允许按房产原值减除 20% 后的余值计税。试确定该企业当年应缴纳的房产税额。

解：自身经营用房的房产税按房产余值从价计征，临街房 4 月 1 日才出租，1—3 月仍从价计征。

自身经营用房应缴房产税＝（3000−1000）×（1−20%）×1.2%＋1000×（1−20%）
$$×1.2\%÷12×3=19.2+2.4=21.6（万元）$$

出租的房产按本年租金从租计征＝5×9×12%＝5.4（万元）

企业当年应缴房产税＝21.6＋5.4＝27（万元）

【例 5-4-3】　某企业有一处房产原值 1000 万元，2008 年 7 月 1 日用于联营投资（收取固定收入，不承担联营风险），投资期为 5 年。已知该企业当年取得固定收入 50 万元，当地政府规定的扣除比例为 20%。试确定该企业 2008 年应缴纳的房产税额。

解：以房产联营投资，不承担风险，只收取固定收入，应由出租方按租金收入计缴房产税。

应纳房产税＝[1000×（1−20%）×1.2%÷2＋50×12%]＝4.8＋6＝10.8（万元）

（五）城镇土地使用税

1．纳税人

城镇土地使用税的纳税义务人，是指在城市、县城、建制镇、工矿区范围内使用土地的单位和个人。单位包括国有企业、集体企业、私营企业、股份制企业、外商投资企业、外国企业以及其他企业和事业单位、社会团体、国家机关、军队以及其他单位；个人包括个体工商户以及其他个人。

2．纳税对象

城镇土地使用税的纳税对象包括在城市、县城、建制镇和工矿区内的国有和集体所有土地，但不包括农村土地。

3．计税依据和税率

城镇土地使用税以纳税人实际占用的土地面积（m²）为计税依据。

纳税人实际占用的土地面积按下列办法确定：

（1）凡由省、自治区、直辖市人民政府确定的单位组织测定土地面积的，以测定的面积为准。

（2）尚未组织测量，但纳税人持有政府部门核发的土地使用证书的，以证书确认的土地面积为准。

（3）尚未核发出土地使用证书的，应由纳税人申报土地面积，据以纳税，待核发土地使用证后再作调整。

城镇土地使用税采用定额税率。按大、中、小城市和县城、建制镇和工矿区分别规定每平方米土地使用税年应纳税额。具体标准为：①大城市 1.5～30 元；②中等城市 1.2～24 元；③小城市 0.9～18 元；④县城、建制镇和工矿区 0.6～12 元。

各省、自治区、直辖市人民政府可根据市政建设情况和经济繁荣程度在规定税额幅度内，确定所辖地区适用税额幅度。

4. 应纳税额

城镇土地使用税应纳税额可通过纳税人实际占用的土地面积乘以该土地所在地段的适用税额求得。计算公式为

$$全年应纳税额＝实际占用应税土地面积（m^2）×适用税额 \qquad (5-4-11)$$

【例 5-4-4】 某城市的一家公司，实际占地 $23000 m^2$。由于经营规模扩大，年初该公司又受让了一块尚未办理土地使用证的土地 $3000 m^2$，公司按其当年开发使用的 $2000 m^2$ 土地面积申报纳税，以上土地均适用 $2 元/m^2$ 的城镇土地使用税税率。试确定该公司当年应缴纳的城镇土地使用税额。

解： 应纳税额＝（23000＋2000）×2＝50000（元）

（六）土地增值税

1. 纳税人

土地增值税的纳税人是转让国有土地使用权、地上建筑物及其附着物并取得收入的单位和个人。包括内外资企业、行政事业单位、中外籍个人等。

2. 纳税对象

土地增值税的纳税对象为：转让国有土地使用权、地上建筑物及其附属物连同国有土地使用权一并转让所取得的增值额。土地增值税的征税范围常以三个标准来判定：

（1）转让的土地使用权是否国家所有。

（2）土地使用权、地上建筑物及其附着物是否发生产权转让。

（3）转让房地产是否取得收入。

3. 计税依据和税率

（1）计税依据。土地增值税以纳税人转让房地产所取得的收入减除税法规定的扣除项目金额后的余额为计税依据。

所谓转让房地产所取得的收入，是指纳税人转让房地产从受让方收取的，没有任何扣除的全部收入，包括货币收入、实物收入和其他收入。

税法准予纳税人从转让收入中扣除的项目包括下列几项：

1）取得土地使用权支付的金额：

a）纳税人为取得土地使用权所支付的地价款。以转让方式取得土地使用权的，是实际支付的地价款；其他方式取得的，为支付的土地出让金。

b) 按国家统一规定交纳的有关登记、过户手续费。

2) 房地产开发成本。包括土地的征用及拆迁补偿费、前期工程费、建筑安装费、基础设施费、公共配套设施费、开发间接费用。

3) 房地产开发费用。包括与房地产开发项目有关的管理费用、销售费用、财务费用。这三项费用不能据实扣除，应按下列标准扣除：

a) 纳税人能够按转让房地产项目计算分摊利息支出，并能提供金融机构的贷款证明的：

$$房地产开发费用扣除总额＝利息＋(取得土地使用权所支付的金额$$
$$＋房地产开发成本)×5\%以内 \qquad (5-4-12)$$

b) 纳税人不能按转让房地产项目计算分摊利息支出，或不能提供金融机构贷款证明的：

$$房地产开发费用扣除总额＝(取得土地使用权所支付的金额$$
$$＋房地产开发成本)×10\%以内 \qquad (5-4-13)$$

4) 与转让房地产有关的税金。非房地产开发企业扣除：城市维护建设税、教育费附加和印花税；房地产开发企业因印花税已列入管理费用中，故不允许在此扣除。

5) 其他扣除项目。对于从事房地产开发的纳税人可加计 20% 的扣除：

$$加计扣除费用＝(取得土地使用权支付的金额＋房地产开发成本)×20\% \qquad (5-4-14)$$

6) 旧房及建筑物的评估价格。指转让已使用的房屋及建筑物时，由政府批准设立的房地产评估机构评定的重置成本价乘以成新度后的价格。

$$转让旧房的扣除额＝评估价＋取得土地使用权所支付的地价款$$
$$＋按国家规定交纳的费用＋转让环节缴纳的税金$$
$$(5-4-15)$$

(2) 税率。土地增值税实行四级超率累进税率。具体税率见表 5-4-2。

表 5-4-2   土 地 增 值 税 税 率 表

增值额占扣除项目金额比例	税率	速算扣除系数
50%以下（含50%）	30%	0
超过 50%～100%（含100%）	40%	5%
超过 100%～200%（含200%）	50%	15%
200%以上	60%	35%

4. 应纳税额

土地增值税应纳税额的计算公式为

$$应纳税额＝\sum(每级距的土地增值额×适用税率) \qquad (5-4-16)$$
或 $$应纳税额＝增值额×适用税率－扣除项目金额×速算扣除系数 \qquad (5-4-17)$$
$$土地增值额＝转让收入－扣除项目金额 \qquad (5-4-18)$$

【例 5-4-5】 某企业 2008 年转让一幢新建办公楼取得收入 5000 万元，该办公楼建造成本和相关费用 3700 万元，缴纳与转让办公楼相关的税金 277.5 万元（其中印花税金 2.5 万元）。试确定该企业应缴纳的土地增值税。

解：扣除项目金额：　　　3700＋277.5＝3977.5（万元）

土地增值额：　　　　　5000－3977.5＝1022.5（万元）

增值额与扣除项目比例：　1022.5/3977.5≈26％

适用税率为30％，扣除率为0。

应纳土地增值税：　　　1022.5×30％＝306.75（万元）

【例5－4－6】　某企业转让房地产，收入总额为1000万元，扣除项目金额为250万元，试计算此次转让房地产应缴纳的土地增值税。

解：应纳土地增值税可按以下步骤进行：

（1）计算增值额：1000－250＝750（万元）

（2）计算增值额与扣除项目金额的比值：750/250＝3（倍）

（3）计算每级距的土地增值额：

税率为30％部分的土地增值额：250×50％＝125（万元）

税率为40％部分的土地增值额：250×100％－250×50％＝125（万元）

税率为50％部分的土地增值额：250×200％－250×100％＝250（万元）

税率为60％部分的土地增值额：750－250×200％＝250（万元）

（4）计算应纳土地增值税税额：125×30％＋125×40％＋250×50％＋250×60％＝362.5（万元）

本例中增值额占扣除项目比例为200％以上，税率为60％，速算扣除系数为0.35。

采用速算扣除法可计算如下：

应纳税额＝750×60％－250×0.35＝450－87.5＝362.5（万元）

5. 税收优惠

（1）纳税人建造普通住宅出售时，增值额未超过扣除项目金额20％的，免征土地增值税；增值额超过扣除项目金额20％的，就其全部增值额计税。

（2）对个人转让房地产的，凡居住满5年或以上的，免征土地增值税；满3年未满5年的，减半征收；未满3年的，不实行优惠。

（3）因国家建设需要依法征用、收回的房地产，免征土地增值税。

（4）1994年1月1日前签订的房地产转让合同，无论房地产在何时转让，均免征土地增值税。

（七）契税

1. 纳税人

契税的纳税义务人是境内转移土地、房屋权属承受的单位和个人。单位包括内外资企业、事业单位、国家机关、军事单位和社会团体。个人包括中国公民和外籍人员。

2. 纳税对象

契税的纳税对象是在境内转移土地、房屋权属的行为。具体包括以下5种情况：

（1）国有土地使用权出让（转让方不交土地增值税）。

（2）国有土地使用权转让（转让方还应交土地增值税）。

（3）房屋买卖（转让方符合条件的还需交土地增值税）。以下几种特殊情况也视同买卖房屋：①以房产抵债或实物交换房屋；②以房产做投资或做股权转让；③买房拆料或翻建新房。

（4）房屋赠与，包括以获奖方式承受土地房屋权属。

（5）房屋交换（单位之间进行房地产交换还应交土地增值税）。

3. 计税依据和税率

契税的计税依据是不动产的价格。依不动产的转移方式、定价方法不同，契税计税依据有以下几种情况：

（1）国有土地使用权出让、土地使用权出售、房屋买卖，以成交价格为计税依据。

（2）土地使用权赠与、房屋赠与，由征收机关参照土地使用权出售、房屋买卖的市场价格核定。

（3）土地使用权交换、房屋交换，以所交换的土地使用权、房屋的价格差额为计税依据。

（4）以划拨方式取得土地使用权，经批准转让房地产时，由房地产转让者补交契税，计税依据为补交的土地使用权出让费用或者土地收益。

（5）房屋附属设施征收契税的依据：

1）采取分期付款方式购买房屋附属设施土地使用权、房屋所有权的，应按合同规定的总价款计征契税。

2）承受的房屋附属设施权属如为单独计价的，按照当地确定的适用税率征收契税；如与房屋统一计价的，适用与房屋相同的契税税率。

契税实行 3%～5% 的幅度税率。

4. 应纳税额

契税应纳税额的计算公式为

$$契税应纳税额＝计税依据×税率 \qquad (5-4-19)$$

【例5-4-7】 某公司 2008 年发生两笔互换房产业务，并已办理了相关手续。第一笔业务换出的房产价值 500 万元，换进的房产价值 800 万元；第二笔业务换出的房产价值 700 万元，换进的房产价值 300 万元。已知当地政府规定的契税税率为 3%。试确定该公司应缴纳的契税额。

解： 房屋或土地使用权相交换，交换价格相等，免征契税；交换价格不等，由多交付货币、实物、无形资产或其他利益的一方按价差交纳契税。第一笔交换业务应由该公司交契税，第二笔交换业务由对方承受方缴纳契税。该公司应缴契税：

$$(800-500)×3\%＝9(万元)$$

（八）进出口关税

1. 纳税人

进出口关税的纳税人是进口货物的收货人、出口货物的发货人及进境物品的所有人。

2. 计税依据和税率

进出口关税的计税依据以进出口货物的完税价格为计税依据。进（出）口货物的完税价格由海关以该货物的成交价格以及该货物运抵中华人民共和国境内输入（输出）地点起卸前的运输及其相关费用、保险费为基础审查确定。

进出口关税设置最惠国税率、协定税率、特惠税率、普通税率、关税配额税率等税率。对进出口货物在一定期限内可以实行暂定税率。

（1）原产于共同适用最惠国待遇条款的世界贸易组织成员的进口货物，原产于与中华人民共和国签订含有相互给予最惠国待遇条款的双边贸易协定的国家或者地区的进口货物，以及原产于中华人民共和国境内的进口货物，适用最惠国税率。

（2）原产于与中华人民共和国签订含有关税优惠条款的区域性贸易协定的国家或者地区的进口货物，适用协定税率。

（3）原产于与中华人民共和国签订含有特殊关税优惠条款的贸易协定的国家或者地区的进口货物，适用特惠税率。

（4）原产于上述（1）、（2）、（3）项所列以外国家或者地区的进口货物，以及原产地不明的进口货物，适用普通税率。

3. 应纳税额

进出口关税应纳税额的计算公式为：

$$关税应纳税额＝货物完税价格×适用税率 \qquad (5-4-20)$$

4. 免税范围

国家鼓励发展的国内投资项目和外商投资项目进口设备，在规定的范围内，免征关税和进口环节增值税。

（1）对符合《外商投资产业指导目录》鼓励类和限制乙类，并转让技术的外商投资项目，在投资总额内进口的自用设备，除《外商投资项目不予免税的进口商品目录》所列商品外，免征关税和进口环节增值税。

外国政府贷款和国际金融组织贷款项目进口的自用设备、加工贸易外商提供的作价进口设备，比照上款执行，即除《外商投资项目不予免税的进口商品目录》所列商品外，免征关税和进口环节增值税。

（2）对符合《当前国家重点鼓励发展的产业、产品和技术目录》的国内投资项目，在投资总额内进口的自用设备，除《国内投资项目不予免税的进口商品目录》所列商品外，免征关税和进口环节增值税。

（3）对符合上述规定的项目，按照合同随设备进口的技术及配套件、备件，也免征关税和进口环节增值税。

（4）在上述规定范围之外的进口设备减免征，由国务院决定。

二、与工程相关的保险规定

目前，我国已开办的与工程项目有关的保险包括建筑工程一切险、安装工程一切险、工伤保险和建筑意外伤害保险；正在逐步推行勘察设计、工程监理及其他工程咨询机构的职业责任险、工程质量保修保险等。这里主要介绍建筑工程一切险、安装工程一切险、工伤保险和建筑意外伤害保险的相关规定。

（一）建筑工程一切险

建筑工程一切险是承保以土木建筑为主体的工程项目在整个建筑期间因自然灾害或意外事故造成的物质损失，以及依法应承担的第三者责任的保险。

1. 被保险人与投保人

（1）被保险人。在工程建设期间，业主和承包商对所建工程都承担有一定风险，即具有可保利益，可向保险公司投保建筑工程一切险。保险公司则可以在一张保险单上对所有涉及该项工程的有关各方都予以合理的保险保障。建筑工程保险一张保单下可以有多个被保险人，这是工程保险区别于其他财产保险的特点之一。建筑工程一切险的被保险人一般可包括以下各方：

1）业主：建设单位或工程所有人。

2）承包商：总承包商及分包商。

3）技术顾问：业主聘请的建筑师、设计师、工程师和其他专业顾问。

4）其他关系方，如贷款银行或其他债权人。

（2）投保人。

1）全部承包方式，由承包方负责投保。

2）部分承包方式，在合同中规定由某一方投保。

3）分段承包方式，一般由业主投保。

4）施工单位只提供劳务的承包方式，一般也由业主投保。

2. 保险项目与保险金额

建筑工程一切险的保险项目包括物质损失部分、第三者责任及附加险三部分。

（1）物质损失。

1）建筑工程，包括永久和临时性工程及物料。这是建筑工程保险的主要保险项目。该部分保险金额为承包工程合同的总金额，也即建成该项工程的实际价格，包括设计费、材料设备费、施工费（人工及施工设备费）、运杂费、税款及其他有关费用。

2）业主提供的物料及项目，是指未包括在工程合同价格之内的，由业主提供的物料及负责建筑的项目。该项保险金额应按这一部分标的的重置价值确定。

3）安装工程项目，是指承包工程合同中未包含的机器设备安装工程项目。该项目的保险金额为其重置价值。所占保额不应超过总保险金额的 20%。超过 20% 的，按安装工程一切险费率计收保费；超过 50%，则另外投保安装工程一切险。

4）施工用机器、装置及设备，是指施工用的推土机、钻机、脚手架、吊车等机器设备。此类物品一般为承包商所有，其价值不包括在工程合同价之内，因而作专项承保。该项保险金额应按机器、装置及设备的重置价值（重新购置同一厂牌、型号、规格、性能或类似型号、规格、性能的机器、设备及装置的价格，包括出厂价、运费、关税、安装费及其他必要的费用在内）确定。

5）场地清理费，是指发生承保风险所致损失后，为清理工地现场所必须支付的一项费用，不包括在工程合同价格之内。该项保险金额一般按大工程不超过其工程合同价格的 5%，小工程不超过工程合同价格的 10% 计算。

6）工地内现成的建筑物，是指不在承保的工程范围内的，业主或承包单位所有的或由其保管的工地内已有的建筑物或财产。该项保险金额由双方共同商定，但最高不得超过该建筑物的实际价值。

7）业主或承包商在工地上的其他财产，是指上述 6 项范围之外的其他可保财产。该项保险金额由双方共同商定。

以上各部分之和为建筑工程一切险物质损失部分的总保险金额。货币、票证、有价证券、文件、账簿、图表、技术资料，领有公共运输执照的车辆、船舶以及其他无法鉴定价值的财产，不能作为建筑工程一切险的保险项目。

（2）第三者责任，是指被保险人在工程保险期内因意外事故造成工地及工地附近的第三者人身伤亡或财产损失依法应负的赔偿责任。保险金额一般通过一个赔偿限额来确定，该限额根据工地责任风险的大小确定。通常有两种方式：

1）只规定每次事故的赔偿限额，不具体限定为人身伤亡或财产损失的分项限额，也不规定在保险期限内的累计赔偿限额，这种方式适用于责任风险较低的第三者责任。

2）先规定每次事故人身伤亡及财产损失的分项赔偿限额，进而规定对每人的限额，然后将分项的人身伤亡限额与财产损失限额组成每次事故的总赔偿限额，最后再规定保险期限内的累计赔偿限额，这种方式适用于责任风险较大的第三者责任。

（3）附加险。根据投保人的特别要求或某项工程的特性需要可以增加一些附加保险，保险金额由双方商定。

3. 保险责任与除外责任

（1）物质损失的保险责任与除外责任。

1）责任范围。

（a）在保险期限内，若保险单列明的被保险财产在列明的工地范围内，因发生除外责任之外的任何自然灾害或意外事故造成的物质损失，保险人应负责赔偿。自然灾害包括地震、海啸、雷电、飓风、台风、龙卷风、风暴、暴雨、洪水、水灾、冻灾、冰雹、地崩、雪崩、火山爆发、地面下陷下沉及其他人力不可抗拒的破坏力强大的自然现象。意外事故是指不可预料的以及被保险人无法控制并造成物质损失或人身伤亡的突发性事件，包括火灾和爆炸等。

（b）上述有关费用包括必要的场地清理费用和专业费用等，也包括被保险人采取施救措施而支出的合理费用。但这些费用并非自动承保，保险人在承保时须在明细表中列明有关费用，并加上相应的附加条款。如果被保险人没有向保险公司投保清理费用，保险公司将不负责该项费用的赔偿。

2）除外责任。保险人对以下情况不承担赔偿责任：

（a）设计错误引起的损失和费用。

（b）自然磨损、内在或潜在缺陷、物质本身变化、自燃、自热、氧化、锈蚀、渗漏、鼠咬、虫蛀、大气（气候或气温）变化、正常水位变化或其他渐变原因造成的被保险财产自身的损失和费用。

（c）因原材料缺陷或工艺不善引起的被保险财产本身的损失以及为换置、修理或矫正这些缺点错误所支付的费用。

（d）非外力引起的机械或电气装置的本身损失，或施工用机具、设备、机械装置失灵造成的本身损失。

（e）维修保养或正常检修的费用。

（f）档案、文件、账簿、票据、现金、各种有价证券、图表资料及包装物料的损失。

（g）盘点时发现的短缺。

（h）领有公共运输行驶执照的，或已由其他保险予以保障的车辆、船舶和飞机的损失。

（i）除已将工地内现成的建筑物或其他财产列入保险范围，在被保险工程开始以前已经存在或形成的位于工地范围内或其周围的属于被保险人的财产的损失。

（j）除非另有约定，在保险期限终止以前，被保险财产中已由工程所有人签发完工验收证书或验收合格或实际占有或使用或接收的部分。

（2）第三者责任的保险责任与除外责任。

1）责任范围。

（a）在保险期限内，因发生与承保工程直接相关的意外事故引起工地内及邻近区域的第三者人身伤亡、疾病或财产损失，依法应由被保险人承担的经济赔偿责任，保险公司负责赔偿。

（b）对被保险人因上述原因而支付的诉讼费用以及事先经保险公司书面同意而支付的其他费用，保险公司亦负责赔偿。

2）除外责任。

（a）物质损失项下或本应在该项下予以负责的损失及各种费用。

（b）由于震动、移动或减弱支撑而造成的任何财产、土地、建筑物的损失及由此造成的任何人身伤害和物质损失。

（c）下列原因引起的赔偿责任：

a）工程所有人、承包商或其他关系方或他们所雇佣的在工地现场从事与工程有关工作的职员、工人以及他们的家庭成员的人身伤亡或疾病。

b）工程所有人、承包商或其他关系方或他们所雇佣的职员、工人所有的或由其照管、控制的财产发生的损失。

c）领有公共运输行驶执照的车辆、船舶、飞机造成的事故。

d）被保险人根据与他人的协议应支付的赔偿或其他款项。但即使没有这种协议，被保险人仍应承担的责任不在此限。

（3）总除外责任。保险人对以下各项不承担赔偿责任：

a）战争、类似战争行为、敌对行为、武装冲突、恐怖活动、谋反、政变引起的任何损失、费用和责任；政府命令或任何公共当局的没收、征用、销毁或毁坏；罢工、暴动、民众骚乱引起的任何损失、费用和责任。

b）被保险人及其代表的故意行为或重大过失引起的任何损失、费用和责任。

c）核裂变、核聚变、核武器、核材料、核辐射及放射性污染引起的任何损失、费用和责任。

d）大气、土地、水污染及其他各种污染引起的任何损失、费用和责任。

e）工程部分停工或全部停工引起的任何损失、费用和责任。

f）罚金、延误、丧失合同及其他后果损失。

g）保险单明细表或有关条款中规定的应由被保险人自行负担的免赔额。

4. 保险期限

保险期限是在保险单列明的建筑期限内，自投保工程动工日或自被保险项目被卸至建筑工地时起生效，直至建筑工程完毕经验收合格时终止。

（1）建筑期。

1）保险责任的开始有两种情况：①工程破土动工之日；②保险工程材料、设备运抵至工地时。以先发生者为准，但不得超过保单规定的生效日期。

2）保险责任的终止也有两种情况：①工程所有人对部分或全部工程签发验收证书或验收合格时；②工程所有人实际占有或使用或接受该部分或全部工程时。以先发生者为准且最迟不得超过保单规定的终止日期。

在实际承保中，在保险期限终止日前，如其中一部分保险项目先完工验收移交或实际投入使用时，该完工部分自验收移交或交付使用时，保险责任即告终止。

（2）试车期。若被保险设备本身是在本次安装前已被使用过的设备或转手设备，则自其试车之日起，保险责任即告终止。如安装的是新机器，保险人按保单列明的试车期，对试车和考核期限内引起的损失、费用和责任负责赔偿。

（3）保证期。保证期的保险期限一般与工程合同中规定的质量保修期一致。从工程所有人对部分或全部工程签发完工验收证书或验收合格，或工程所有人实际占有或使用或接收该部分或全部工程时起算，以先发生者为准。保证期投保与否，由投保人自己决定，需要投保时，必须加批单，增收相应的保费。

（4）保险期限的延长。如工程不能在保险单规定的保险期内完工，经投保人申请并加缴规定的保费后，可签发批单延长保险期限。

5. 保险费率

建筑工程一切险的费率依各个工程的具体情况分别确定。一般来讲，确定建筑工程一切险的费率应考虑以下因素：

（1）工程的性质、建筑材料、建筑物的高度。

（2）工地及邻近地区的自然条件有无特别危险存在。

（3）工程所处的地理位置。

（4）工期长短及施工季节。

（5）巨灾的可能性，最大可能损失程度。

（6）施工现场安全防护条件。

（7）承包商及工程其他有关方的资信情况，施工人员的素质及承包商的管理水平。

（8）免赔额的高低及特种危险的赔偿限额。

（9）保险公司以往对类似工程的赔付情况。

建筑工程一切险的费率应分项确定，一般可分为以下几项：

（1）建筑工程、安装工程、场地清理费、业主提供的物质及项目、工地内现成的建筑物、业主或承包商在工地上的其他财产，各项为一个总的费率，整个工期实行一次性费率。

（2）施工用机器、装置及设备为单独的年费率。保期不足一年的，按短期费率计收保费。

（3）保证期费率，是整个保证期一次性费率。

（4）各种附加保障增收费率，也是整个工期一次性费率。

（5）第三者责任险费率，按整个工期一次性费率计取。

6. 赔偿处理

（1）保险财产发生损失，保险人以将被保险财产修复至或基本恢复至其受损前状态的费用扣除残值后的金额为准进行赔偿；但若修复费用等于或超过被保险财产损失前的价值时，则以被保险财产损失前的实际价值扣除残值后的金额为准。被保险人为减少损失而采取必要措施所产生的合理费用，保险人可予赔偿，但本项费用与物质损失赔偿金额之和以受损的被保险财产的保险金额为限。

（2）保险人可有三种赔偿方式：以现金支付赔款，修复或重置，赔付修理费用。具体采用哪种方式，应视具体情况与被保险人商定。但保险人的赔偿责任就每一项或每一件保险财产而言，不得超过其单独列明的保额；就总体而言，不得超过保单列明的总保险金额。

（3）损失赔付后，保险金额应相应减少，并且不退还保险金额减少部分的保险费。如被保险人要求恢复至原保险金额，应按约定的保险费率加缴恢复部分从损失发生之日起至保险期限终止之日止按日比例计算的保险费。

（4）在发生第三者责任项下的索赔时，保险人有权以被保险人的名义接办或自行处理任何诉讼或解决任何索赔案件。被保险人有义务向保险人提供一切所需的资料和协助。

（5）在发生物质损失时，若受损保险财产的分项或总保险金额低于对应的应保险金额，其差额部分视为被保险人所自保，保险人按保险列明的保险金额与应保险金额的比例负责赔偿：

$$赔款金额＝损失金额×某项目现行保额/某项目按规定应投保金额 \qquad (5-4-21)$$

（6）如同一保险财产损失存在着一种以上的保险保障，不论该保险赔偿与否，保险公司按该种保险的保险单保额与所有保单保额之和的比例承担保险责任。

（7）被保险人的索赔期限，从损失发生之日起，不得超过两年。

（二）安装工程一切险

安装工程一切险是以设备的购货合同价和安装合同价加各种费用或以安装工程的最后建成价格为保额的，以重置基础进行赔偿的，专门承保机器、设备或钢结构建筑物在安装、调试期间，由于保险责任范围内的风险造成的保险财产的物质损失和列明的费用的保险。与建筑工程一切险相比，安装工程一切险具有下列特点：

（1）建筑工程保险的标的从开工以后逐步增加，保险额也逐步提高，而安装工程一切险的保险标的一开始就存放于工地，保险公司一开始就承担着全部货价的风险。在机器安装之后，试车、考核和保证阶段风险最大。由于风险集中，试车期的安装工程一切险的保险费通常占整个工期的保费的1/3左右。

（2）在一般情况下，建筑工程一切险承担的风险主要为自然灾害，而安装工程一切险承担的风险主要为人为事故损失。

（3）安装工程一切险的风险较大，保险费率也要高于建筑工程一切险。

建筑工程一切险和安装工程一切险在保单结构、条款内容、保险项目上基本一致，是承保工程项目相辅相成的两个险种。以下主要介绍安装工程一切险与建筑工程一切险的不同部分。

1. 被保险人与投保人

安装工程责任方主要有：业主（应对自然灾害及人力不可抗拒的事故负责）；承包商（应对不属于卖方责任的安装、试车中的疏忽、过失负责）；卖方（应对机器设备本身问题及技术指标导致安装试车过程中的损失负责）。由于安装期间发生损失的原因很复杂，往往各种原因交错，难以截然区分，因此，将有关利益方，即具有可保利益的都视为安装工程险项下的共同被保险人。

安装工程一切险的被保险人包括：①业主；②承包商（含分包商）；③供货商，即负责提供被安装机器设备的一方；④制造商，即被安装机器设备的制造商，但因制造商的过失引起的直接损失，即本身部分，不包括在安装工程险责任范围内；⑤技术顾问；⑥其他关系方。

一般来说，在全部承包方式下，由承包商作为投保人投保整个工程的安装工程保险。同时把有关利益方列为共同被保险人。如非全部承包方式，最好由业主投保。

2. 保险项目与保险金额

（1）安装项目。这是安装工程险承保的主要保险项目，包括被安装的机器设备、装置、物料、基础工程以及工程所需的各种临时设施，如水、电、照明、通信等设施。适用安装工程险保单承保的标的，大致有三种类型：

1）新建工厂、矿山或某一车间生产线安装的成套设备。

2）单独的大型机械装置如发电机组、锅炉、巨型吊车、传送装置的组装工程。

3）各种钢结构建筑物如储油罐、桥梁、电视发射塔之类的安装和管道、电缆的铺设工程等。这部分的保险金额的确定与承包方式有关，在采用完全承包方式时，为该项目的承包合同价；由业主投保引进设备时，保险金额应包括设备的购货合同价加上国外运费和保险费、国内运费和保险费、关税和安装费（人工、材料）。

（2）土木建筑工程项目。指新建、扩建厂矿必须有的工程项目。保险金额应为该工程项目建成的价格，包括设计费、材料设备费、施工费、运杂费、税款及其他有关费用。该项保险金额不能超过安装工程一切险金额的 20％，超过 20％时，应按建筑工程保险费率计收保险费。超过 50％时，则需单独投保建筑工程一切险。

（3）安装施工用机器设备。保险金额按重置价值计算。

（4）业主或承包商在工地上的其他财产。保险金额可由保险人与被保险人商定，但最高不能超过其实际价值。

（5）清理费用。此项费用的保险金额由被保险人自定并单独投保，不包括在工程合同价内。保险金额对大工程一般不超过其工程总价值的 5％，对小工程一般不超过工程总价值的 10％。

以上各项之和即可构成安装工程保险物质损失部分总的保险金额。被保险人可以以工程合同规定的工程造价确定投保金额。第三者责任保险金额的确定同建筑工程一切险。

3. 保险责任与除外责任

安装工程一切险的保险责任与建筑工程一切险基本相同，主要承保保单列明的除外责任以外的任何自然灾害或意外事故造成的损失及有关费用。

安装工程一切险与建筑工程一切险的除外责任除以下两条外基本相同：

（1）因设计错误、铸造或原材料缺陷或工艺不善引起的保险财产本身的损失以及为置换、修理或矫正这些缺点错误所支付的费用，都属于除外责任范围。值得注意的是，安装工程一切险只对设计错误等原因引起保险财产的直接损失及其有关费用不予赔偿，而对由于设计错误等原因造成其他保险财产的损失仍予以负责。因为设计错误等原因造成保险财产的直接损失，被保险人可根据购货合同向设计者或供货方或制造商要求赔偿。

建筑工程一切险不承保设计错误引起的保险财产本身的损失及费用，同时也不负责因此造成其他保险财产的损失和费用。

（2）由于超负荷、超电压、碰线等电气原因造成电气设备或电气用具本身的损失，安装工程一切险不予负责，只对由于电气原因造成的其他保险财产的损失予以赔偿。而建筑工程一切险对于此种原因造成的任何损失都不予赔偿。

4. 保险期限

（1）安装期。

1）保险责任的开始。在保险单列明的起始日期前提下，实际保险责任的开始有两种情况：①投保工程动工之日；②保险财产运到施工地点。以先发生者为准，但不得超过保单列明的生效日。

2）保险责任的终止，也有两种情况：①安装完毕签发验收证书或验收合格时终止；②工程所有人实际占有或使用或接受该部分或全部工程之时，最晚终止日不超过保险单中列明的终止日期。

在实践中，工程的安装一般分期或分项进行，尤其是大型项目。因此，对于在保险期限内提前验收移交或实际投入使用的部分项目，则在验收完毕或实际投入使用时对该部分的责任即告终止。

（2）试车考核期。是指工程安装完毕后的冷试、热试和试生产。其长短由保险人与被保险人商定或根据工程合同上的规定来决定，并在保单上列明。试车考核期的保险责任一般不超过3个月，若超过3个月，应另行加费。对于试车考核期内，因试车引起的损失、费用和责任，保险人负责赔偿；若保险设备是使用过的，则自试车之时起，保险人的责任终止。

（3）保证期。保证期的保险期限一般与工程合同中规定的质量保修期一致。保证期自工程验收合格或工程所有人使用时开始，以先发生者为准。工程提前完工，则从该日起算加上规定的月份数至该期限的最后一天终止；如按时完工，则按保单上规定的日期终止。要注意的是，对旧的机器设备，一律不负责试车，也不承保保证期责任。试车一开始，保险责任即告终止。

（4）保险期限的延长。与建筑工程一切险的有关规定相同。

5. 保险费率

安装工程一切险的费率，应按不同类型的工程项目确定，主要考虑以下因素：

（1）工程本身的危险程度、工程的性质及安装技术难度。

（2）工地及邻近地区的自然地理条件，有无特别危险存在。

（3）最大可能损失程度及工地现场管理和施工及安全条件。

（4）被安装机器设备的质量、型号。

（5）工期长短及安装季节，试车期和保证期的长短。

（6）承包商及其他工程关方的资信，施工人员的技术水平和管理人员的素质。

（7）同类工程以往的损失记录。

（8）免赔额的高低及特种危险的赔偿限额。同时还应注意，安装工程险的费率与建筑工程一切险基本相同，只是对试车期设定单独费率，是一次性费率。

（三）工伤保险

工伤保险是国家和社会为在工作、生产过程中遭受事故伤害和患职业性疾病的劳动者及其亲属提供医疗救治、生活保障、经济补偿、医疗和职业康复等物质帮助的一种社会保障制度。《中华人民共和国建筑法》第四十八条规定："建筑施工企业应当依法为职工参加工伤保险缴纳工伤保险费。"这一举措，是保护建筑业从业人员合法权益，转移企业事故风险，增强企业预防和控制事故的能力，促进企业安全生产的重要手段。

1. 被保险人与投保人

《工伤保险条例》第二条规定：中华人民共和国境内的企业、事业单位、社会团体、民办非企业单位、基金会、律师事务所、会计师事务所等组织和有雇工的个体工商户（以下称用人单位）应当依照本条例规定参加工伤保险，为本单位全部职工或者雇工（以下称职工）缴纳工伤保险费。中华人民共和国境内的企业、事业单位、社会团体、民办非企业单位、基金会、律师事务所、会计师事务所等组织的职工和个体工商户的雇工，均有依照本条例的规定享受工伤保险待遇的权利。

由此可看出，工伤保险的投保人是中华人民共和国境内的用人单位，而被保险人则是其用人单位的全部职工或者雇工。在这里应特别注意的是，无论劳动者与用人单位订立了书面劳动合同还是未签订劳动合同，劳动者的用工形式无论是长期工、季节工、临时工，只要形成了劳动关系或事实上形成了劳动关系的职工，均享有工伤保险待遇的权利。

2. 责任范围

我国现行《工伤保险条例》（以下简称《条例》）对工伤责任范围做出了详细的规定，使工伤责任认定有章可循，有法可依。

（1）工伤责任范围。《条例》明确规定了认定工伤的七种情形，具体包括：

1）在工作时间和工作场所内，因工作原因受到事故伤害的。

2）工作时间前后在工作场所内，从事与工作有关的预备性或者收尾性工作受到事故伤害的。

3）在工作时间和工作场所内，因履行工作职责受到暴力等意外伤害的。

4）患职业病的。

5）因工外出期间，由于工作原因受到伤害或者发生事故下落不明的。

6）在上下班途中，受到非本人主要责任的交通事故或者城市轨道交通、客运轮渡、火车事故伤害的。

7）法律、行政法规规定应当认定为工伤的其他情形。

（2）视同工伤范围：

1）在工作时间和工作岗位，突发疾病死亡或者在 48 小时之内经抢救无效死亡的。

2）在抢险救灾等维护国家利益、公共利益活动中受到伤害的。

3）职工原在军队服役，因战、因公负伤致残，已取得革命伤残军人证，到用人单位后旧伤复发的。

职工有 1）、2）情形的，按照《条例》中有关规定享受工伤保险待遇；职工有 3）情形的，按照《条例》中有关规定享受除一次性伤残补助金以外的工伤保险待遇。

（3）工伤除外责任。为了防止工伤认定的扩大化，保证确保保险基金合理支出，维护广大职工的利益，《条例》同时还规定了不得认定为工伤和不得视同工伤的三种情形：

1）故意犯罪的。

2）醉酒或者吸毒的。

3）自残或者自杀的。

3．工伤保险基金与费率

（1）工伤保险基金。工伤保险基金由以下三部分构成：企业缴纳的工伤保险费、工伤保险基金的利息和其他资金。

1）工伤保险费。由企业按照职工工资总额的一定比例缴纳，职工个人不缴纳工伤保险费。企业缴纳的工伤保险费按照国家规定的渠道列支，企业的开户银行按规定代为扣缴。

2）保险基金的利息。是指在对工伤保险基金的管理过程中，工伤保险基金所产生的利息。

3）其他资金。是指在其他法律、法规中规定应纳入工伤保险基金的各种资金。

工伤保险基金存入社会保障基金财政专户，用于《条例》规定的工伤保险待遇，劳动能力鉴定，工伤预防的宣传、培训等费用，以及法律、法规规定的用于工伤保险的其他费用的支付。

（2）费率。我国工伤保险收缴保费按照"以支定收、收支平衡"的原则，根据不同行业的工伤风险程度，确定行业的差别费率，并根据工伤保险费使用、工伤发生率等情况，在每个行业内确定若干费率档次。

按照党的十八届三中全会提出的"适时适当降低社会保险费率"的精神，为更好地贯彻《中华人民共和国社会保险法》《工伤保险条例》，使工伤保险费率政策更加科学、合理，适应经济社会发展的需要，经国务院批准，人力资源和社会保障部、财政部 2015 年发布了《关于调整工伤保险费率政策的通知》（人社部发〔2015〕71 号），按照《国民经济行业分类》（GB/T 4754—2011）对行业的划分，根据不同行业的工伤风险程度，由低到高，依次将行业工伤风险类别划分为一类至八类，不同工伤风险类别的行业执行不同的工伤保险行业基准费率。各行业工伤风险类别对应的全国工伤保险行业基准费率为，一类至八类分别控制在该行业用人单位职工工资总额的 0.2％、0.4％、0.7％、0.9％、1.1％、1.3％、1.6％、1.9％左右，见表 5 - 4 - 3。

表 5 – 4 – 3　　　　　　　　　　　　　　　工伤保险行业风险分类表

行业类别	行 业 名 称	基准费率
一	软件和信息技术服务业，货币金融服务，资本市场服务，保险业，其他金融业，科技推广和应用服务业，社会工作，广播、电视、电影和影视录音制作业，中国共产党机关，国家机构，人民政协、民主党派，社会保障，群众团体、社会团体和其他成员组织，基层群众自治组织，国际组织	0.2%
二	批发业，零售业，仓储业，邮政业，住宿业，餐饮业，电信、广播电视和卫星传输服务，互联网和相关服务，房地产业，租赁业，商务服务业，研究和试验发展，专业技术服务业，居民服务业，其他服务业，教育，卫生，新闻和出版业，文化艺术业	0.4%
三	农副食品加工业，食品制造业，酒、饮料和精制茶制造业，烟草制品业，纺织业，木材加工和木、竹、藤、棕、草制品业，文教、工美、体育和娱乐用品制造业，计算机、通信和其他电子设备制造业，仪器仪表制造业，其他制造业，水的生产和供应业，机动车、电子产品和日用产品修理业，水利管理业，生态保护和环境治理业，公共设施管理业，娱乐业	0.7%
四	农业，畜牧业，农、林、牧、渔服务业，纺织服装、服饰业，皮革、毛皮、羽毛及其制品和制鞋业，印刷和记录媒介复制业，医药制造业，化学纤维制造业，橡胶和塑料制品业，金属制品业，通用设备制造业，专用设备制造业，汽车制造业，铁路、船舶、航空航天和其他运输设备制造业，电气机械和器材制造业，废弃资源综合利用业，金属制品、机械和设备修理业，电力、热力生产和供应业，燃气生产和供应业，铁路运输业，航空运输业，管道运输业，体育	0.9%
五	林业，开采辅助活动，家具制造业，造纸和纸制品业，建筑安装业，建筑装饰和其他建筑业，道路运输业，水上运输业，装卸搬运和运输代理业	1.1%
六	渔业，化学原料和化学制品制造业，非金属矿物制品业，黑色金属冶炼和压延加工业，有色金属冶炼和压延加工业，房屋建筑业，土木工程建筑业	1.3%
七	石油和天然气开采业，其他采矿业，石油加工、炼焦和核燃料加工业	1.6%
八	煤炭开采和洗选业，黑色金属矿采选业，有色金属矿采选业，非金属矿采选业	1.9%

通过费率浮动的办法确定每个行业内的费率档次。一类行业分为三个档次，即在基准费率的基础上，可向上浮动至 120%、150%，二类至八类行业分为五个档次，即在基准费率的基础上，可分别向上浮动至 120%、150%或向下浮动至 80%、50%。

各统筹地区人力资源和社会保障部门要会同财政部门，按照"以支定收、收支平衡"的原则，合理确定本地区工伤保险行业基准费率具体标准，并征求工会组织、用人单位代表的意见，报统筹地区人民政府批准后实施。基准费率的具体标准可根据统筹地区经济产业结构变动、工伤保险费使用等情况适时调整。

（四）建筑意外伤害保险

建筑意外伤害保险是指建筑企业为施工现场从事施工作业和管理的人员，向保险公司办理建筑意外伤害保险、支付保险费，保险公司对于在施工活动过程中发生的人身意外伤亡事故、对遭受意外伤害的施工人员实施赔付的保险。

1. 被保险人与投保人

建筑意外伤害保险是以工程项目作为投保单位的，凡从事土木、水利、道路、桥梁等建筑工程施工，线路管道设备安装，构筑物、建筑物拆除和建筑装饰装修的企业，均可作为投保人为其在工程项目施工现场人员投保。具体包括房屋建筑工程及市政基础设施工程新建、扩建、改建和拆除等工程。

对于参保人员的界定，不能认为建筑意外保险只是局限于在施工工地从事危险作业人员才能作为建筑意外险投保的对象。实际上，由于施工现场的管理人员也经常到施工现场，他们也同样面临着施工带来的人身伤害的危险，所以被保险人也应该包括施工现场的管理人员。因此，不论是固定工还是合同工，是正式工还是农民工，是操作工还是管理者，都应该属于建筑意外伤害保险的投保对象，凡在建筑工程施工现场从事作业和管理并与施工企业建立劳动关系的人员均可作为被保险人，还应包括在施工现场从事监理工作和需要到施工现场履行视察、监督检查职责或参与施工现场救援抢险等有关人员。有关文件规定，建筑意外伤害保险实行不记名的投保方式。

2. 保险范围

施工人员意外伤害保险的范围应当覆盖工程项目，是指施工单位为施工现场从事施工作业和管理的人员受到的意外伤害，以及由于施工现场施工直接给其他人员造成的意外伤害。已在企业所在地参加工伤保险的人员，从事现场施工时仍可参加施工人员意外伤害保险。

3. 保险金额

各地建设主管部门结合本地区实际情况确定合理的最低保险金额。施工人员意外伤害保险投保的保险金额不得低于最低保险金额。最低保险金额要能够保障施工伤亡人员得到有效的经济补偿。

4. 保险期限

建筑意外伤害保险期限应从施工工程项目被批准正式开工，并且投保人已缴付保险费的次日（或约定起保日）零时起，至施工合同规定的工程竣工之日 24 时止。提前竣工的，保险责任自行终止。工程因故延长工期或停工的，需书面通知保险人并办理保险期间顺延手续，但保险期间自开工之日起最长不超过 5 年。工程停工期间，保险人不承担保险责任。

5. 保险费率

施工单位和保险公司双方根据各类风险因素商定施工人员意外伤害保险费率，实行差别费率和浮动费率。差别费率可与工程规模、类型、工程项目风险程度和施工现场环境等因素挂钩。浮动费率可与施工单位安全生产业绩、安全生产管理状况等因素挂钩。

第五节

世行、亚行融资程序

一、世行融资程序

（一）世行概述

世行是世界银行集团的简称，国际复兴开发银行的通称，是联合国经营国际金融业务的专门机构，同时也是联合国的一个下属机构。它由国际复兴开发银行、国际开发协会、国际金融公司、多边投资担保机构和国际投资争端解决中心五个成员机构组成，有包含中国在内的 189 个成员国，是国际三大金融机构之一。

（二）世行贷款

世行贷款是指世界银行组织对其成员国和私人企业提供的贷款。贷款要求专款专用，使用范围必须限于它所批准的项目。贷款的领域涉及工业、农业、交通运输、电力、通讯、供水、排水、教育、旅游、人口计划和城市发展等。其贷款程序是：贷款国提出申请，经世界银行派专家对项目进行评价，然后确定贷款的意向及数目。贷款利率随金融市场的利率水平定期调整。

（三）世行贷款程序

（1）项目的选定。作为项目周期的第一阶段，项目的选定至关重要，能否从借款国众多的项目中选出可行的项目，直接关系到世行贷款业务的成败，因此，世行对项目的选定工作历来非常重视。世行对项目的选定主要采取几种方式：①与借款国开展各个方面的经济调研工作；②制定贷款原则，明确贷款方向；③与借款国商讨贷款计划；④派出项目鉴定团。

（2）项目的准备。在世行与借款国进行项目鉴定，并共同选定贷款项目之后，项目进入准备阶段。在项目准备阶段，世行会派出由各方面专家组成的代表团，与借款国一起正式开展对项目利用贷款的准备工作，为下一阶段的可行性分析和评估打下基础。项目准备工作一般由借款国承担直接和主要责任。

（3）项目的评估。项目准备完成之后，即进入评估阶段。项目评估基本上是由世行自己来完成的。世行评估的内容主要有五个方面：技术、经济、财务、机构、社会和环境。

（4）项目的谈判。项目谈判一般先由世行和借款国双方商定谈判时间，然后由世行邀请借款国派出代表团到华盛顿进行谈判。双方一般就贷款协议和项目协定两个法律文件的条款进行确认，并就有关技术问题展开讨论。

（5）项目的执行。谈判结束后，借款国和项目受益人要对谈判达成的贷款协定和项目协定进行正式确认。在此基础上，世行管理部门根据贷款计划，将所谈项目提交世行执行董事会批准。项目获批准后，世行和借款国在协议上正式签字。协议经正式签字后，借款国方面就可根据贷款生效所需条件，办理有关的法律证明手续并将生效所需的法律文件送世行进行审查。如手续齐备，世行宣布贷款协议正式生效，项目进入执行阶段。

（6）项目的后评价。在一个项目贷款的账户关闭后的一定时间内，世行要对该项目进行总结，即项目的后评价。通过对完工项目执行情况进行回顾，总结项目几个周期过程中得出的经验和教训，评价项目预期受益的实现程度。

二、亚行融资程序

（一）亚行概述

亚行是亚洲开发银行的简称，成立于 20 世纪 60 年代初，是一个亚洲性质的金融机构，由包含中国在内的 68 个成员体组成，其中有 49 个成员体来自亚洲和太平洋地区。亚洲开发银行协助其成员和合作伙伴，提供贷款、技术援助、赠款和股权投资，以促进社会和经济发展。

（二）亚行贷款

亚行所在地发放的贷款按条件划分，有硬贷款、软贷款和赠款三类。硬贷款的贷款利率为浮动利率,每半年调整一次,贷款期限为 10～30 年(2～7 年宽限期)。软贷款也就是优惠贷款,只提供给人均国民收入低于 670 美元(1983 年的美元)且还款能力有限的会员国或地区成员,贷款期限为 40 年(10 年宽限期),没有利息,仅有 1% 的手续费。赠款用于技术援助,资金由技术援助特别基金提供,赠款额没有限制。

亚行贷款按方式划分有项目贷款、规划贷款、部门贷款、开发金融机构贷款、特别项目执行援助贷款和私营部门贷款等。

(三)支持领域

亚行在中国开发的项目十分多元化,支持的领域包括交通、能源、水务、其他城市基础设施和服务,以及农业、自然资源和农村发展。近年来,亚行从支持基础设施发展以促进增长转向了支持环境和社会部门以改善增长质量。这种转变有利于支持政府工作重点,从而实现更均衡的地区发展和城乡一体化,管理气候变化和环境,以及促进区域合作与一体化。亚行和中国将通过中亚区域经济合作(CAREC)、大湄公河次区域经济合作(GMS)等计划以及与"一带一路"倡议的联系来推动区域合作。主权和私营部门业务将采取跨部门方式,支持诸如京津冀地区空气污染防治、长江经济带发展、养老、低碳城市和绿色金融等关键优先发展事项。

(四)亚行贷款项目的审理程序

国内程序包括贷款规划、项目建议书、可行性研究报告、资金申请报告等阶段。国外程序包括项目识别、项目准备、项目评估、贷款谈判等阶段。

1. 申请列入贷款规划的程序

(1)省发展改革委商有关部门后,将利用国际金融组织贷款备选项目报国家发展改革委。

(2)国家发展改革委经过研究和筛选并商有关部门后,与亚行进行贷款规划磋商,并根据项目准备情况调整贷款谈判的年度计划。

(3)在中外方就备选项目基本达成共识后,国家发改委将利用国际金融组织贷款规划报国务院批准。

(4)贷款规划经国务院批准后,由国家发展改革委转发省级发展改革委及有关部门执行。

2. 与贷款机构的衔接程序

(1)在收到国务院批准的国际金融组织贷款备选项目规划后,即可组织项目与亚行正式接触和沟通,开始项目准备。此时亚行也正式进入项目准备阶段,中外双方分别开展工作(也可以双方联合开展项目准备,如在咨询与评估中互派专家等)。

(2)项目准备成熟后,省级发改委即可批复项目建议书、可研报告,以及进行有关规定要求的其他准备工作,如环评、土地使用、配套资金安排等。

(3)着手准备项目的可行性研究报告。在亚行完成项目预评估后,中外双方就项目建设内容、规模、总投资、资金来源及规模等达成一致意见,并经投资咨询机构评估后,可审批可研报告,并抄报国家发展改革委。批准的可研报告的内容,原则上不应再有更改。如对项目的建设内容和资金规模等可研报告的内容一时难以确定,也可待国外贷款机构完成正式评估后再行审批。

（4）可研报告批复后，应立即准备项目的资金申报报告，按权限报批。

（五）亚行贷款项目的项目周期

亚行项目周期，包括立项、项目准备、项目评估、谈判和批准、项目执行、项目后评估六个周期。

第六章

建设项目全过程工程造价管理 ◄ ●

全过程管理概述

一、全过程管理基本概念

所谓全过程管理需要考虑到整个建设项目的周期，从工程建设的策划、设计、施工、运营以及最后的报废回收等全阶段的管理。全过程管理的理念是在工程建设中要做好统筹兼顾，从工程策划阶段开始就要考虑好后期的施工运营，以最优的运营效果作为工程建设实施的整体目标，进行初期的策划决策，并通过施工阶段的严格管理将设计目标转化为现实成果。

建设工程全过程造价管理是指在投资决策阶段、设计阶段、建设项目发承包阶段和建设实施阶段，把建设工程造价控制在批准的限额以内，随时纠正发生的偏差，以保证项目管理投资目标的实现，并在各个建设项目中能合理使用人力、物力、财力，取得较好的投资效益和社会效益。

1. 决策阶段

项目投资决策是选择和决定投资行动方案的过程，是对拟建项目的必要性和可行性进行技术经济论证，对不同建设方案进行技术经济比较、选择及做出判断和决定的过程。项目投资决策是投资行动的依据。项目决策正确与否，直接关系到项目建设的成败，关系到工程造价的高低及投资效果的好坏。正确决策是合理确定与控制工程造价的前提。本阶段全过程造价管理的工作内容为：

（1）根据项目的功能要求，结合本项目的特点编制投资控制分解规划书和相应的投资估算。

（2）进行限额设计，选择经济合理的设计方案。

（3）在建设方案确定后，编制投资使用规划，明确土建、安装等投资控制目标和进度目标。

（4）编制项目建议书。

（5）编制建设项目的可行性研究报告。

2. 工程设计阶段

工程设计不仅是施工前的工作，而且贯穿工程建设的全过程。建设项目在资源综合利用和选定的设计标准是否科学合理、厂（场）区和工程的布置是否紧凑适度、生产组织是否科学严谨、技术、工艺流程是否先进合理、设备选型是否合适与匹配、能否用较少的投资取得产量多、质量好、消耗少、成本低、效益高的综合效果等，在很大程度上取决于工程设计质量的好坏和水平的高低。此外，工程勘察的深度与质量是否符合规定，参数和成果是否准确，与厂（场、坝）地的选定、工程的型式和规模、施工中设计变更、工程建设成本的高低关系都十分密切，应予重视。设计阶段造价管理的主要工作内容为：

（1）尽可能将建设意图和要求反映到设计中。

（2）及时按图估计，了解业主投资执行情况。

（3）对结构方案等进行经济分析，协助改进设计方案的经济性。

（4）参与安排并检查设计进度，确保设计按期完成。

（5）审查设计文件的质量。

（6）协调设计与外部有关部门之间的工作。

3. 施工招投标阶段

工程量清单是所有的投标单位投标报价的基础，使得最后的投标结果具有可比性。确保工程量清单的准确性对确定工程造价、控制投资起着重要的作用。招投标阶段造价管理的主要工作内容为：

（1）根据建筑工程量清单计价规范的工程量计算规则及公式进行计算。

（2）工程量清单的编制必须严格按照现行的清单计价规范编制。

（3）应执行各种与造价有关的相关政策。

（4）审核工程量清单是否考虑全面、是否有漏项情况。

（5）招标控制价的审查重点关注控制价与概算之间的差异，无特殊原因，招标控制价不得突破相应批复概算。

4. 项目实施阶段

项目实施阶段造价管理的主要工作内容为：

（1）完成施工图预算编制工作。

（2）工程月进度款审核。

（3）审核工程设计变更和经济签证的审查。

1）审核变更、经济签证的真实性、合理性及签认的及时性。

2）审核工程变更是否按照规定的变更程序进行审批，工程变更处理办法是否符合施工合同规定，所有变更是否在实施前经有关各方审定。

3）审核工程变更、经济签证费用计算是否正确，费用价款的确定是否依法合规。

4）审核工程变更有无擅自扩大规模和提高标准等问题，设计变更应符合施工图总体要求。

5. 项目竣工阶段

项目竣工阶段造价管理的主要工作内容为：

（1）汇总分期结算成果，办理服务类合同结算，编制全部费用结算报告。

（2）研究合同、合同附件以及各类文件协议的解释程序。尤其是该工程项目所涉及工程承包范围、合同类型、工程计价方法等。

（3）关注项目开工、竣工时间，核实实际工期和计划工期的差异，为工程索赔和材料价款的调整做好基础工作。

（4）结算书中的附件材料应签章完备，能够作为结算中调整费的充分依据，经得起检查和审计。

（5）研究合同中有关费用条款的内容及含义。尤其是涉及争议条款、内容、含义、解决的方式以及优惠条款，用以指导整个结算审核工作的全过程。

二、水利工程基本建设程序

根据《水利工程建设项目管理规定（试行）》（水利部水建〔1995〕128号，2014年8月19日水利部令第46号《水利部关于废止和修改部分规章的决定》修改，2016年8月1日水利部令第48号修改）的规定，水利工程建设程序一般分为项目建议书、可行性研究阶段、初步设计、施工准备（包括招标设计）、建设实施、生产准备、竣工验收、后评价等八个阶段。如图6-1-1所示。

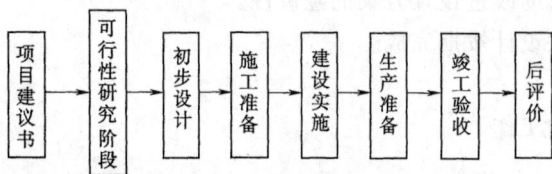

图 6-1-1　建设项目建设程序

1. 项目建议书

项目建议书应根据国民经济和社会发展长远规划、流域综合规划、区域综合规划、专业规划，按照国家产业政策和国家有关投资建设方针进行编制，是对拟进行建设项目的初步说明。

项目建议书是由主管部门（或投资者）对准备建设的项目做出的大体轮廓性设想和建议，为确定拟建项目是否有必要建设、是否具备建设的基本条件、是否值得投入资金和人力、是否需要再做进一步的研究论证工作提供依据。

项目建议书编制一般由政府委托有相应资质的设计单位承担，并按国家规定权限向上级主管部门申报审批。项目建议书经批准后，由政府向社会公布，若有投资建设意向，应及时组建项目法人筹备机构，开展下一阶段建设工作。

2. 可行性研究阶段

可行性研究应对项目进行方案比较，对项目在技术上是否可行和经济上是否合理进行科学的分析和论证。经过批准的可行性研究报告，是项目决策、办理资金筹措、签订合作协议和进行初步设计的依据。可行性研究报告由项目法人（或筹备机构）组织编制。

可行性研究报告，按国家现行规定的审批权限报批。申报项目可行性研究报告，必须同时提出项目法人组建方案及运行机制、资金筹措方案、资金结构及回收资金办法，并依照有关规定附上具有管辖权的水行政主管部门或流域机构签署的规划同意书、对取水许可预申请的书面审查意见，审批部门要委托有相应资质的工程咨询机构对可行性研究报告进行评估，并综合行业主管部门、投资机构（公司）、项目法人（或项目法人筹备机构）方面的意见进行审批。项目可行性研究报告批准后，应正式成立项目法人，并按项目法人责任制进行管理。

3. 初步设计阶段

初步设计是根据批准的可行性研究报告和必要而准确的设计资料，对设计对象进行通盘研究，阐明拟建工程在技术上的可行性和经济上的合理性，规定项目的各项基本技术参数，编制项目的总概算。初步设计任务应择优选择相应资质的设计单位承担，依照有关初步设计编制规定进行编制。

承担设计任务的单位在进行设计以前，要认真研究可行性研究报告，并进行勘测、调查和试验研究工作。对水利水电工程来说，要全面收集建设地区的工农业生产、社会经济、自然条件，包括水文、地质、气象等资料；要对坝址、库区的地形、地质进行勘测、勘探；对岩土地基进行分析试验；对于建设区的建筑材料的分布、储量、运输方式、单价等要调查、勘测。总之，设计是复杂的、综合性很强的技术经济工作，它建立在全面正确的勘测、调查工作之上。设计前不仅要有大量的勘测、调查、试验工作，而且在设计中以及工程施工中都要有相当细致的勘测、调查、试验工作。

初步设计文件报批前，一般由项目法人委托有相应资质的工程咨询机构或组织专家，对初步设计中的重大问题进行咨询论证。设计单位根据咨询论证意见，对初步设计文件进行补充、修改和细化。初步设计由项目法人组织审查后，按国家现行规定权限向主管部门申报审批。初步设计文件经批准后，主要内容不得随意修改、变更，并作为项目建设实施的技术文件基础，如有重大修改、变更，由项目法人按原报审程序报原初步设计审批部门审批。

4. 施工准备阶段

项目在主体工程开工之前，必须完成各项施工准备工作，其主要内容包括：施工现场的征地、拆迁；完成施工用水、电、通信、路和场地平整等工程；完成必需的生产、生活临时建筑工程；组织招标设计、咨询、设备和物资采购等服务；组织建设监理和主体工程招标投标，并择优选定建设监理单位和施工承包队伍。这一阶段的工作对保证项目开工后能否顺利进行具有决定性作用。

施工准备工作开始前，项目法人或其代理机构，必须按照规定向水行政主管部门办理报建手续，项目报建须交验工程建设项目的有关批准文件。工程项目进行项目报建登记后，方可组织施工准备工作。工程建设项目施工，除某些不适应招标的特殊工程项目外（须经水行政主管部门批准），均须实行招标投标。依据《水利部关于调整水利工程建设项目施工准备开工条件的通知》（水建管〔2017〕177 号），水利工程项目进行施工准备必须满足如下条件：项目法人已经建立；项目已列入国家或地方水利建设投资计划，筹资方案已经确定；有关土地使用权已经批准；项目可行性研究报告已经批准，环境影响评价文件等已经批准，年度投资计划已下达或建设资金已落实。

5. 建设实施阶段

建设实施阶段是指主体工程的建设实施，项目法人按照批准的建设文件，组织工程建设，保证项目建设目标的实现。项目法人或者建设单位应当自工程开工之日起 15 个工作日，将开工情况的书面报告报项目主管单位和上一级主管单位备案。主体工程开工须具备如下条件：项目法人或者建设单位已经设立；初步设计已经批准，施工详图满足主体工程施工需要；建设资金已经落实；主体工程施工单位和监理单位已经确定，并分别订立合同；质量安全监督单位已经确定，并办理了质量安全监督手续；主要设备和材料已经落实来源；施工准备和征地移民等工作满足主体工程开工需要。

要按照"政府监督、项目法人负责、社会监理、企业保证"的要求，建立健全质量管理体系，重要建设项目，须设立质量监督项目站，行使政府对项目建设的监督职能。

6. 生产准备阶段

生产准备是项目投产前所要进行的一项重要工作，是建设阶段转入生产经营的必要条件。项目法人应按建管结合和项目法人责任制的要求，适时做好有关生产准备工作。生产准备应根据不同类型的工程要求确定，一般应包括如下主要内容：

（1）生产组织准备建立生产经营的管理机构及相应管理制度。

（2）招收和培训人员。

（3）生产技术准备。主要包括技术资料的汇总、运行技术方案的制定、岗位操作规程制定和新技术准备。

（4）生产物资准备。主要是落实投产运营所需要的原材料、协作产品、工器具、备品备件和其他协作配合条件的准备。

（5）正常的生活福利设施准备。

7. 竣工验收

竣工验收是工程完成建设目标的标志，是全面考核基本建设成果、检验设计和工程质量的重要步骤。当建设项目的建设内容全部完成，经过单位工程验收符合设计要求，按《水利工程建设项目档案管理规定》（水办〔2005〕480 号）的要求完成档案资料的整理工作，完成竣工报告、竣工决算等必需文件的编制，完成竣工审计后，项目法人按《水利水电建设工程验收规程》（SL 223—2008）的规定，向竣工验收主管部门提出申请，按规范规定进行竣工验收。

竣工验收应在工程建设项目全部完成并满足一定运行条件后 1 年内进行。不能按期进行竣工验收的，经竣工验收主持单位同意，可适当延长期限，但最长不得超过 6 个月。工程未能按期进行竣工验收的，项目法人应向竣工验收主持单位提出延期竣工验收专题申请报告。申请报告应包括延期竣工验收的主要原因及计划延长的时间等内容。

8. 后评价阶段

后评价是工程交付生产运行后一段时间内，一般经过 1～2 年生产运行后，对项目的立项、决策设计、施工、竣工验收生产运行等全过程进行系统评估的一种技术经济活动，是基本建设程序的最后一环。通过后评价达到肯定成绩、总结经验、研究问题、提高项目决策水平和投资效果的目的。通常包括影响评价、经济效益评价、过程评价、目标及可持续性评价。项目后评价一般按三个层次组织实施，即项目法人的自我评价、项目行业的评价、计划部门（或主要投资方）的评价。

基本建设过程大致上可以分为三个时期，即前期工作时期、工程实施时期和竣工投入运行时期。从国内外的基本建设经验来看，前期工作最重要，一般占整个过程 50%～60% 的时间。前期工作做好了，其后各阶段的工作就容易顺利完成。

第二节

建设项目决策阶段工程造价管理

一、项目建议书及可行性研究

（一）项目建议书阶段

编制项目建议书应以批准的江河流域（河段）、区域综合规划或专业、专项规划为依据，应贯彻国家的方针政策，遵照有关技术标准，根据国家和地区经济社会发展规划的要求，论证建设该工程项目的必要性，提出开发任务，对工程的建设方案和规模进行分析论证，评价项目建设的合理性。重点论证项目建设的必要性、建设规模、投资和资金筹措方案。对涉及国民经济发展和规划布局的重大问题应进行专题论证。

项目建议书的主要内容和深度应符合《水利水电工程项目建议书编制规程》（SL 617—2013）的规定，并满足下列要求：

（1）论证项目建设的必要性，基本确定工程任务及综合利用工程各项任务的主次顺序，明确本项目开发建设对河流上下游及周边地区其他水工程的影响。

（2）基本确定工程场址的主要水文参数和成果。

（3）基本查明影响工程场址（坝址、闸址、泵站）及输水线路比选的主要工程地质条件，初步查明主要建筑物的工程地质条件，对天然建筑材料进行初查。

（4）基本选定工程规模、工程等级及设计标准和工程总体布局。

（5）基本选定工程场址（坝址、闸址、厂址、站址等）和线路，基本选定基本坝型，初步选定工程总体布置方案及其他主要建筑物型式。

（6）初步选定机电及金属结构的主要设备型式与布置。

（7）基本选定对外交通运输方案，初步选定施工导流方式和料场，拟定主体工程主要施工方法和施工总布置及总工期。

（8）基本确定工程建设征地的范围，基本查明主要淹没实物，拟定移民安置规划。

（9）分析工程建设对主要环境保护目标的影响，提出环境影响分析结论、环境保护对策措施。

（10）分析工程建设对水土流失的影响，初步确定水土流失防治责任范围、水土流失防治标准和水土保持措施体系及总体布局。

（11）分析工程能源消耗种类、数量和节能设计的要求，拟定节能措施，对节能措施进行节能效果综合评价。

（12）基本确定管理单位的类别，拟定工程管理方案，初步确定管理区范围。

（13）编制投资估算。

（14）分析工程效益、费用和贷款能力，提出资金筹措方案，评价项目的经济合理性和财务可行性。

项目建议书主要论证项目建设的必要性，建设方案和投资估算也比较粗，投资误差为±30％左右，由建设单位或委托工程造价咨询企业进行投资估算编制。

建设项目决策的正确与否，直接关系到项目建设的成败，关系到工程造价的高低及投资效果的好坏。建设项目决策与工程造价的关系主要体现在以下几个方面。

1. 建设项目决策的正确性是工程造价合理性的前提

建设项目决策正确，可在此基础上合理地估算工程造价，通过最优方案比较，有效地控制工程造价。建设项目决策失误，会带来不必要的资金投入，甚至造成不可弥补的损失。

2. 建设项目决策的内容是决定工程造价的基础

决策阶段对建设项目全过程的造价起着宏观控制的作用。决策阶段各项技术经济决策，对该项目的工程造价有重大影响，特别是建设标准的确定、建设地点的选择、工艺的评选、设备的选用等，直接关系到工程造价的高低。据资料统计，投资决策阶段影响工程造价的程度高达 70%～90%。

3. 建设项目决策的深度影响投资估算的精确度

投资决策是一个由浅入深、不断深化的过程，不同阶段决策的深度不同，投资估算的精度也不同。例如，在市场研究与投资机会分析和项目建议书阶段，投资估算的误差率约在±30%；而在详细可行性研究阶段，误差率在±10%以内。只有加强建设项目决策的深度，采用科学的估算方法和可靠的数据资料，合理地计算投资估算，才能保证其他阶段的造价被控制在合理范围。

4. 工程造价的数额影响建设项目决策的结果

建设项目决策影响着工程造价的高低及拟投入资金的多少，反之亦然。建设项目决策阶段形成的投资估算是进行投资方案选择的重要依据之一，同时也是决定建设项目是否可行及主管部门进行建设项目审批的参考依据。因此，建设项目投资估算的数额，从某种程度上也影响着建设项目决策。

（二）可行性研究阶段

编制可行性研究报告应以批准的项目建议书为依据。直接开展可行性研究的项目，其可行性研究报告应以批准的江河流域（河段）规划、区域综合规划或专业规划、专项规划为依据。

编制可行性研究报告时应贯彻国家的方针政策，遵照有关技术标准，对工程项目的建设条件进行调查和勘测，在可靠资料的基础上，进行方案比较，从技术、经济、社会、环境和节水节能等方面进行全面论证，评价项目建设的可行性。重点论证工程规模、技术方案、征地移民、环境、投资和经济评价，对重大关键技术问题应进行专题论证，为项目决策提供可靠的依据和建议。因此，项目可行性研究是保证建设项目以最少的投资耗费取得最佳经济效果的科学手段，也是实现建设项目在技术上先进、经济上合理和建设上可行的科学方法。

1. 可行性研究的目的

建设项目可行性研究是指根据国民经济长期发展规划、地区发展规划和行业发展规划的要求，对拟建工程项目在技术、经济上是否合理，进行全面分析、系统论证、多方案比较和综合评价，以确定某一项目是否需要建设、是否可能建设、是否值得建设，并为编制和审批设计任务书提供可靠依据的工作。其研究目的主要是：

（1）避免错误的投资决策。

（2）减少项目的风险。

（3）避免项目方案多变。

（4）保证项目不超支、不延误。

（5）对项目的因素变化心中有数。

2. 可行性研究的作用

可行性研究是建设项目决策阶段的纲领性文件，是进行投资估算和项目建设决策的主要依据，其作用体现在以下几个方面：

（1）作为建设项目投资决策的依据。

（2）作为投资项目设计的依据。

（3）作为筹集资金向银行申请贷款的依据。

（4）作为该项目的科研实验、机构设置、职工培训、生产组织的依据。

（5）作为向当地政府、规划部门、环保部门申请建设执照的依据。

（6）作为该项目工程建设的基础资料。

（7）作为该项目考核的依据。

3. 可行性研究报告的编制内容

不同国家和地区对可行性研究报告的编制内容有不同的规定，不同种类的可行性研究报告因研究对象、内容、方法的差异而各有特色，但结构要素基本相同。水利水电工程可行性研究报告章节安排应根据《水利水电工程可行性研究报告编制规程》（SL 618—2013）将"综合说明"列为第一章，以下章节应按本编制规程的编制要求依次编排，并增加"结论与建议"一章。报告文字应规范准确，内容应简明扼要，图纸应完整清晰。

可行性研究报告的主要内容和深度应符合下列要求：

（1）论证工程建设的必要性，确定工程的任务及综合利用工程各项任务的主次顺序。

（2）确定主要水文参数和成果。

（3）查明影响方案比选的主要工程地质条件，基本查明主要建筑物的工程地质条件，评价存在的主要工程地质问题。对天然建筑材料进行详查。

（4）确定主要工程规模和工程总体布局。

（5）选定工程建设场址（坝址、闸址、厂址、站址和线路）等。

（6）确定工程等级及设计标准，选定基本坝型，基本选定工程总体布置及其他主要建筑物的型式。

（7）基本选定机电和金属结构及其他主要机电设备的型式和布置。

（8）初步确定消防设计方案和主要设施。

（9）选定对外交通运输方案、料场、施工导流方式及导流建筑物的布置，基本选定主体工程主要施工方法和施工总布置，提出控制性工期和分期实施意见，基本确定施工总工期。

（10）确定工程建设征地的范围，查明淹没实物，基本确定移民安置规划，估算移民征地补偿投资。

（11）对主要环境要素进行环境影响预测评价，确定环境保护对策措施，估算环境保护投资。

（12）对主体工程设计进行水土保持评价，确定水土流失防治责任范围、水土保持措施、水土保持监测方案，估算水土保持投资。

（13）初步确定劳动安全与工业卫生的设计方案，基本确定主要措施。

（14）明确工程的能源消耗种类和数量、能源消耗指标、设计原则，基本确定节能措施。

（15）确定管理单位类别及性质、机构设置方案、管理范围和保护范围等。

（16）编制投资估算。

（17）分析工程效益、费用和贷款能力，提出资金筹措方案，分析主要经济评价指标，评价工程的经济合理性和财务可行性。

为了结论的需要，往往还需要加上一些附件，主要包括不能写在正文内的各种论证材料、试验数据、调查数据、计算图表、附图等，以增强可行性研究报告的说服力。水利水电工程可行性研究报告可包括以下附件：①项目建议书批复文件及与工程有关的其他重要文件；②相关专题论证、审查会议纪要和意见；③水文分析报告；④工程地质勘察报告；⑤工程规模论证专题报告；⑥工程建设征地补偿与移民安置规划报告；⑦环境影响报告书（表）；⑧水土保持方案报告书；⑨贷款能力测算专题报告；⑩其他重大关键技术专题报告。

二、投资估算的编制

投资估算是项目决策的重要依据之一，也是工程造价管理人员在项目决策阶段的主要工作内容。投资估算准确与否，不仅影响可行性研究工作的质量和经济评价结果，还直接关系到下个阶段设计概算的编制。故应全面地对建设项目进行投资估算。

（一）投资估算概念

投资估算是指建设项目在整个投资决策过程中，依据已有的资料，运用一定的方法和手段，对拟建项目全部投资费用进行的预测和估算，是在建设项目的建设规模、建设地区及建设地点（厂址）、技术方案、设备方案、工程方案、环境保护措施等的基础上，估算建设项目从筹建、施工直至建成投入运行所需全部建设资金总额并测算建设期各年资金使用计划的过程。

投资估算书是编制投资估算的成果，简称投资估算，投资估算书是项目建议书或可行性研究报告的重要组成部分，是项目决策的重要依据之一。

（二）投资估算的阶段及作用

1. 投资估算的阶段

投资估算贯穿于整个建设项目投资决策过程之中，水利工程投资决策过程可划分为项目建议书阶段和可行性研究阶段，因此投资估算工作也分为相应两个阶段。不同阶段所具备的条件和掌握的资料不同，对投资估算的要求也各不相同，因而投资估算的准确程度在不同阶段也不同，进而每个阶段投资估算所起的作用也不同。

2. 投资估算的作用

（1）项目建议书阶段的投资估算，是项目主管部门审批项目建议书的依据之一，并对项目的规划和规模起参考作用。

（2）项目可行性研究阶段的投资估算是项目投资决策的重要依据，也是研究、分析和计算项目投资经济效果的重要条件。

（3）项目投资估算对工程设计概算起控制作用。

（4）项目投资估算可作为项目资金筹措及制定建设贷款计划的依据，建设单位可根据批准的项目投资估算额，进行资金筹措和向银行申请贷款。

（5）项目投资估算是核算建设项目固定资产投资需要额和编制固定资产投资计划的重要依据。

（6）项目投资估算是进行工程设计招标、优选设计方案的依据之一，也是工程限额设计的依据。

(三) 投资估算内容

1. 工程部分投资估算编制应包括的主要内容

(1) 说明工程部分投资估算采用的定额、编制规定及其他有关规定、编制投资估算的价格水平年、主要材料和设备价格确定的依据等。

(2) 根据《水利工程设计概 (估) 算编制规定》(水利部水总〔2014〕429号) 和工程类别划分投资估算项目。

(3) 分析计算确定主要基础单价,根据施工组织设计计算主体建筑工程和施工导流工程的工程单价,调查分析确定交通、房屋、供电线路工程等造价指标。

(4) 调查分析确定机电及金属结构主要设备价格。

(5) 估算建筑工程投资、机电设备及安装工程投资、金属结构设备及安装工程投资、施工临时工程投资、独立费用、预备费。

(6) 利用外资工程的估算,应说明利用外资形式和采用的依据,在全内资估算的基础上结合利用外资形式进行编制。

2. 建设征地移民补偿投资估算编制应包括的主要内容

(1) 说明建设征地移民补偿投资估算编制的原则和依据。

(2) 分析确定各类土地补偿、补助标准,确定房屋、附属物等补偿单价。

(3) 确定农村居民点、城 (集) 镇、专业项目、工矿企业、防护工程和库底清理等主要项目的单价和投资。

(4) 确定其他费用、预备费,按相关规定计列相关税费。

3. 环境保护工程投资估算编制应包括的主要内容

(1) 说明环境保护工程投资估算编制原则、依据和方法。

(2) 估算环境保护措施投资、环境监测措施投资、仪器设备及安装投资、环境保护临时措施投资、独立费用、预备费。

4. 水土保持投资估算编制应包括的主要内容

(1) 说明水土保持工程投资估算编制原则、依据和方法。

(2) 分析计算主要基础单价和工程单价。

(3) 估算工程措施投资、植物措施投资、临时工程投资、独立费用、预备费,按相关规定计列相关税费。

(四) 投资估算成果

投资估算成果应包括投资估算报告 (正件) 和附件。投资估算报告 (正件) 一般由封面、签署页、编制说明、投资估算汇总表、工程部分投资估算、建设征地移民补偿投资估算、环境保护工程投资估算、水土保持工程投资估算。其包含的内容见表6-2-1所示。

工程部分投资估算报告附件应包括以下主要内容:①人工预算单价计算表;②主要材料运输费用计算表;③主要材料预算价格计算表;④施工用电、水、风价格计算书;⑤砂石料单价计算书;⑥混凝土材料单价计算表;⑦建筑工程单价表;⑧安装工程单价表;⑨独立费用计算书;⑩资金流量计算表;⑪价差预备费计算表;⑫建设期融资利息计算书。

表 6-2-1　　　　　　　　　　　投资估算成果（正件）

序号	目录	详　细　内　容
1	编制说明	（1）工程概况：说明工程规模、目标、主要工程量、主要材料用量、施工总工期、工程占地和淹没土地数量、移民数量等指标； （2）投资主要指标：工程总投资和静态总投资，年度价格指数，基本预备费等； （3）编制原则及内容：说明估算采用的编制规定、定额及其他有关规定、编制投资估算的价格水平年、主要材料、次要材料、砂石料、机电和金属结构设备等价格的依据，根据《水利工程设计概（估）算编制规定》划分工程类别，明确估算项目划分，说明各类费用取费标准； （4）资金筹措：说明资金来源构成和比例，投资人名称及投入资本金比例，建设期融资额度、利率、利息，利用外资的要说明外资来源及利用外资总额度
2	投资估算对比分析	可行性研究阶段分别说明工程部分、建设征地移民补偿部分、环境保护部分、水土保持部分与项目建议书阶段投资变化情况，并从价格变动、项目及工程量调整、国家政策性变化等方面进行原因分析，说明分析结论。投资变化分析应包括总投资对比表（本阶段与项目建议书阶段）、主要工程量对比表、主要材料和设备价格（补偿单价）对比表
3	投资估算汇总表	汇总工程部分、建设征地移民补偿、环境保护工程、水土保持工程总估算表，汇总分年度投资表
4	工程部分投资估算表和估算附表	（1）投资估算表包括总估算表、建筑工程估算表、机电设备及安装工程估算表、金属结构设备及安装工程估算表、施工临时工程估算表、独立费用估算表、分年度投资表、资金流量表； （2）投资估算附表包括建筑工程单价汇总表、安装工程单价汇总表、主要材料预算价格汇总表、次要材料预算价格汇总表、施工机械台时费汇总表、工程量汇总表、主要材料数量汇总表、工时数量汇总表
5	建设征地移民补偿投资估算表	包括总估算表、补偿主要单价分析表、补偿投资分项表、分年度投资表
6	环境保护工程投资估算表	包括总估算表、环境保护措施估算表、环境监测措施估算表、环境保护仪器设备及安装估算表、临时工程估算表、独立费用估算表、分年度投资表
7	水土保持工程投资估算表	包括总估算表、工程措施估算表、植物措施估算表、临时工程估算表、独立费用估算表、分年度投资表、主要工程单价汇总表、主要材料单价汇总表、机械台时费汇总表

（五）投资估算的编制方法

根据投资估算的费用构成分类，工程部分投资包括建筑工程投资、机电设备及安装工程投资、金属结构设备及安装工程投资、施工临时工程投资、独立费用、基本预备费、价差预备费、建设期融资利息。其费用组成如图 6-2-1 所示。

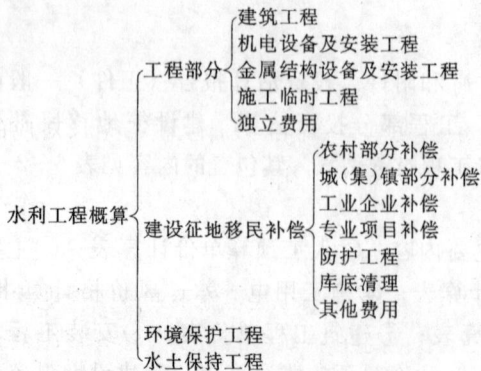

建筑工程投资、机电设备及安装工程投资、金属结构设备及安装工程投资、施工临时工程投资、独立费用、基本预备费构成工程静态投资，静态投资、价差预备费、建设期融资利息构成工程动态投资。

1. 静态投资估算

水利工程建设项目投资估算要根据主体

图 6-2-1　投资估算的费用构成

专业设计的阶段和深度，结合各自的特点，所采用施工工艺流程的成熟性，以及编制者所掌握的国家及地区、行业或部门相关投资估算基础资料和数据的合理、可靠、完整程度（包括造价咨询机构自身统计和积累的可靠的相关造价基础资料），一般采用定额单价法、实物量法、指标估算法、比例估算法，进行建设项目建筑安装工程投资估算；同时应充分考虑拟建项目设计的技术参数和投资估算所采用的估算系数、估算指标，在质和量方面所综合的内容，应遵循口径一致的原则；应将所采用的估算系数和估算指标价格、费用水平调整到项目建设所在地及投资估算编制年的实际水平；对于建设项目的边界条件，如建设用地和外部交通、水、电、通信条件或市政基础设施配套条件等，应结合建设项目的实际情况修正。

（1）定额法。定额法又称工料单价法，是根据建筑安装工程设计文件和定额，按施工组织设计的施工方法选取对应分部分项工程定额，根据定额人工、材料、机械台时消耗量及编制期价格水平计算出基本直接费，再计入其他直接费、间接费、利润、税金，估算单价扩大系数，求出分项工程建筑安装工程估算单价，设计工程量乘以对应的建筑安装工程估算单价得出分项工程估算造价。具体计算方法如下：

1）准备工作。准备工作阶段应主要完成以下工作内容：

a）收集编制依据。其中主要包括现行建筑安装定额、取费标准、工程量计算规则、地区材料预算价格以及市场材料价格等各种资料。

b）熟悉施工图等基础资料。

c）了解施工组织设计和施工现场情况。

2）项目划分。根据水利工程性质，确定工程类别，划分一级、二级、三级项目。

a）根据工程性质按枢纽工程、引水工程、河道工程确定工程类别，按设计分部分项工程划分一级、二级、三级项目。

b）根据工程类别确定分部分项工程人工预算单价、各类费用取费标准。

3）套用定额单价。根据施工组织设计的施工方法选取对应分部分项工程定额，根据定额人工、材料、机械台时消耗量及编制期价格水平计算出基本直接费。计算基本直接工程费时需要注意以下几个问题：

a）分项工程的名称、规格、计量单位与定额中所列内容完全一致时，可以直接套用定额。

b）分项工程的主要材料品种规格与定额表中规定材料不一致时，不可以直接套用，需要按实际使用材料品种规格换算。

4）按计价程序计取相关费用，得出分部分项工程估算单价，设计工程量乘以对应的建筑安装工程估算单价得出分部分项工程估算造价，并汇总造价。

5）复核。

6）填写封面、编制说明。

（2）实物量法。实物量法与工程和市场实际情况以及适合本工程施工的施工企业水平直接挂钩，根据工程施工条件、工程进度、施工方法等编制更切合每个工程具体情况的合理造价。这种方法是"逐个量体裁衣"，因而切合实际、合理、准确。实物量法的工作步骤：

1）直接费用分析：

a）把多个建筑物划分为若干个合理的工程项目（如石方、险等）。

b）把每个工程项目再划分为若干个基本施工工序（如石方开挖划分为钻孔、爆破、出碴……）。

c）根据单项的工程量和施工进度确定每个工序的生产强度，选择合适的施工设备，并确定施工设备的生产率，据此进行劳务、材料和施工机械的资源配备，计算出人、材、机的消耗量。

d）根据工程类别确定分部分项工程人工预算单价、各类费用取费标准，确定投资估算价格水平，计算基础单价。

e）人、材、机消耗量分别乘以相应的基础价格，计算出该分部分项工程项目的总直接费用，亦称总直接成本。

2）按计价程序计取相关费用，得出分部分项工程估算单价，设计工程量乘以对应的建筑安装工程估算单价得出分部分项工程估算造价，并汇总造价。

（3）指标估算法。因设计深度不足，对于无具体设计资料的单项建筑工程投资估算一般采用单位建筑工程投资估算法［见式（6-2-1）～式（6-2-3）］、单位实物工程量投资估算法［见式（6-2-5）］、概算指标投资估算法［见式（6-2-6）］等方法。投资估算指标的表示形式较多，可以用元/m、元/m²、元/m³、元/t、元/（kVA）等单位表示，利用这些投资估算指标，乘以所需的长度、面积、体积、重量、容量等，就可以求出相应的建筑工程各单位工程的投资。在此基础上，可汇总成某一单项工程的投资，再估算工程建设其他费用，即求得投资总额。

$$建筑工程费＝单位长度建筑工程费指标×建筑工程长度 \qquad (6-2-1)$$
$$建筑工程费＝单位面积建筑工程费指标×建筑工程面积 \qquad (6-2-2)$$
$$建筑工程费＝单位容积建筑工程费指标×建筑工程容积 \qquad (6-2-3)$$
$$建筑工程费＝单位功能建筑工程费指标×建筑工程功能容量 \qquad (6-2-4)$$
$$建筑工程费＝单位实物工程量建筑工程费指标×实物工程总量 \qquad (6-2-5)$$
$$建筑工程费＝分部分项实物工程量×概算指标 \qquad (6-2-6)$$

（4）比例估算法。

1）其他建筑工程。其他建筑工程可视工程具体情况和规模按主体建筑工程投资的3%～5%计算。

2）其他机电设备及工器具购置费。其他机电设备及工器具购置费原则上根据工程项目计算投资，若设计深度不满足要求，可根据装机规模按占主要机电设备费的百分率计算。

3）安装工程费。一般以设备费为基础，区分不同类型组成。

$$估算安装工程费＝设备原价×安装费率 \qquad (6-2-7)$$
$$安装工程费＝设备吨位×每吨安装费 \qquad (6-2-8)$$
$$安装工程费＝安装工程实物量×安装费用指标 \qquad (6-2-9)$$

4）工程建设其他费用估算。一般应结合拟建项目的具体情况，有合同或协议明确的费用按合同或协议计算；无合同或协议明确的费用，根据国家和行业部门、建设项目所在地方政府的有关工程建设其他费用规定和计算办法估算。

5）基本预备费估算。一般以建设项目的工程费用和工程建设其他费用之和为基础，乘以基本预备费费率进行计算，基本预备费费率的大小，应根据建设项目的设计阶段和具体的设计深度，以及在估算中所采用的各项估算指标与设计内容的贴近度、项目所属行业主管部门的具体规定确定。项目建议书阶段投资估算基本预备费率取 15%～18%，可行性研究阶段基本预备费率取 10%～12%。

基本预备费＝（工程费用＋工程建设其他费用）×基本预备费费率 （6-2-10）

2. 动态投资估算

动态投资一般包括价差预备费和建设期利息。动态部分投资估算应以基准年静态投资的资金使用计划为基础进行计算，不是以编制年的静态投资为基础进行计算。

（1）价差预备费。价差预备费是指在建设期内利率、汇率或价格等因素的变化而预留的可能增加的费用。一般根据国家规定的投资综合价格指数，按照估算年份价格水平的投资额，采用复利方法对人工、设备、材料、施工机械的价差费，建筑安装工程费及工程建设其他费用调整，利率、汇率调整等增加的费用进行计算。

价差预备费公式为

$$E = \sum_{n=1}^{N} F_n \left[(1+P)^n - 1 \right] \qquad (6-2-11)$$

式中 E——价差预备费；

n——施工年度；

N——合理建设工期；

F_n——建设期间资金流量表内第 n 年的投资；

P——年物价指数。

（2）建设期融资利息。建设期融资利息主要是指工程项目在建设期间内发生并计入固定资产的利息，主要是建设期发生的支付银行贷款、出口信贷、债券等的借款利息和融资费用。为了简化计算，在编制投资估算时通常假定借款均在每年的年中支用，借款第一年按半年计息，其余各年份按全年计息。其计算公式为

$$S = \sum_{n=1}^{N} \left[\left(\sum_{m=1}^{n} F_m b_m - \frac{1}{2} F_n b_n \right) + \sum_{m=0}^{n-1} S_m \right] i \qquad (6-2-12)$$

式中 S——建设期融资利息；

N——合理建设工期；

n——施工年度；

m——还息年度；

F_n、F_m——在建设期资金流量表内第 n、m 年的投资；

b_n、b_m——各施工年份融资额占当年投资的比例；

i——建设期融资利率；

S_m——第 m 年的付息额度。

三、投资估算的审查

为了保证项目投资估算的准确性和估算质量，以确保估算应有的作用，必须加强对项

目投资估算的审查与审计工作，在进行建设项目投资估算审查时，应充分考虑下列问题。

1. 审核和分析投资估算编制依据的时效性、准确性和实用性

估算项目投资所需的数据资料很多，如已建同类型项目的投资、设备和材料价格、运杂费率，有关的指标、标准以及各种规定等。这些资料可能随时间、地区、价格及定额水平的差异，使投资估算有较大的出入，因此要注意投资估算编制依据的时效性、准确性和实用性。针对这些差异必须做好定额指标水平、价差的调整系数及费用项目的调查。同时对工艺水平、规模大小、自然条件、环境因素等对已建项目与拟建项目在投资方面形成的差异进行调整，使投资估算的价格和费用水平符合项目建设所在地估算投资年度的实际。针对调整的过程及结果要进行深入细致的分析和审查。

2. 审核选用的投资估算方法的科学性与适用性

投资估算的方法有许多种，每种估算方法都有各自的适用条件和范围，并具有不同的准确度。如果使用的投资估算方法与项目的客观条件和情况不相适应，或者超出了该方法的适用范围，那就不能保证投资估算的质量。而且还要结合设计的阶段或深度等条件，采用适用、合理的估算办法进行估算。

如采用"单位工程指标"估算法时，应该审核套用的指标与拟建工程的标准和条件是否存在差异，及其对计算结果影响的程度，是否已采用局部换算或调整等方法对结果进行修正，修正系数的确定和采用是否具有一定的科学依据。处理方法不同，技术标准不同，费用相差可能达十倍甚至数十倍。当工程量较大时，对估算总价影响甚大，如果在估算中不按科学进行调整，将会因估算准确程度差造成工程造价失控。

3. 审核投资估算的编制内容与拟建项目设计要求的一致性

审核投资估算的工程内容，包括工程量、规模、地质条件、技术标准、环境要求，与设计要求是否一致，有没有出现内容方面的重复或漏项和费用方面的高估或低算。

如建设项目的主体工程与附加工程或辅助工程、公用工程、生产与生活服务设施、交通工程等是否与设计一致，是否漏掉了某些辅助工程、室外工程等的建设费用。

4. 审核投资估算的费用项目、费用数额的真实性

（1）审核各个费用项目与规定要求、实际情况是否相符，有否漏项或重复，估算的费用项目是否符合项目的具体情况和国家、行业规定及建设地区的实际要求，是否针对具体情况作了适当的增减。

（2）审核项目所在地区的交通、地方材料供应、国内外设备的订货与大型设备的运输等方面，是否针对实际情况考虑了材料价格的差异问题；对偏僻地区或有大型设备时是否已考虑了增加设备的运杂费。

（3）审核是否考虑了物价上涨和对于引进国外设备或技术项目是否考虑了每年的通货膨胀率对投资额的影响，考虑的波动变化幅度是否合适。

（4）审核对于"三废"处理所需相应的投资是否进行了估算，其估算数额是否符合实际。

（5）审核是否考虑了采用新技术、新材料以及现行标准和规范比已建项目的要求提高所需增加的投资额，考虑的额度是否合适。

值得注意的是：投资估算要留有余地，既要防止漏项少算，又要防止高估冒算。要在优化和可行的建设方案的基础上，根据有关规定认真、准确、合理地确定经济指标，以保证投资估算的质量，使其真正地起到决策和控制的作用。

第三节

建设项目招标投标阶段工程造价管理

招标投标是由交易活动的发起方在一定范围内公布标的特征和部分交易条件，按照依法确定的规则和程序，对多个响应方提交的报价及方案进行评审，择优选择交易主体并确定全部交易条件的一种交易方式。根据《招标投标法》，对于规定范围和规模标准内的工程项目，建设单位须通过招标方式选择施工单位。

一、施工招标方式和程序

根据《招标投标法》，按照竞争开放程度分为公开招标和邀请招标两种方式。招标投标活动应当遵循公开、公平、公正和诚实信用的原则。

1. 公开招标

公开招标，是指招标人以招标公告的方式邀请不特定的法人或者其他组织投标。

招标人采用公开招标方式的，应当发布招标公告。依法必须进行招标的项目的招标公告，应当通过国家指定的报刊、信息网络或者其他媒介发布。

招标公告应当载明招标人的名称和地址，招标项目的性质、数量、实施地点和时间以及获取招标文件的办法等事项。

2. 邀请招标

邀请招标，是指招标人以投标邀请书的方式邀请特定的法人或者其他组织投标。

招标人采用邀请招标方式的，应当向三个以上具备承担招标项目的能力、资信良好的特定的法人或者其他组织发出投标邀请书。

投标邀请书应当载明招标人的名称和地址，招标项目的性质、数量、实施地点和时间以及获取招标文件的办法等事项。

二、施工招标策划

施工招标策划是指项目法人及其委托的招标代理机构在编制招标文件前，根据工程项目特点、规模及潜在投标人情况等因素确定招标方案。施工招标策划包括施工标段划分、合同计价方式、合同类型选择等内容。

（一）施工标段的划分

建设项目分标是指招标人将准备招标的项目分成几个部分单独招标，即对几个部分编写独立的招标文件进行招标。这几个部分既可以同时招标，也可以分批招标，可以由数家承包商（或供应商）分别承包，也可由一家承包商（或供应商）全部中标。

在大型水利工程项目招标中经常分标，这样有利于发挥各承包商的专长，降低造价，加快工程进度。

1. 建设项目分标的目的

标段划分是招标策划的首要工作。工程实施前，建设单位综合考虑工程技术、规模特点、管理承包模式、施工组织设计、进度计划要求等因素；制定项目管理实施计划，综合分析研究划分标段。标段划分内容和原因要连同招标方式、招标组织形式等内容，统一编入招标方案，经招标管理部门审批同意后，作为招标操作实施的指导性文件。其目的主要是：

（1）对投资比较大、施工技术复杂的工程项目进行分标，可保证具有专业资质的施工单位进行承建。

（2）为了加快工程进度，保证工程质量。

（3）便于进行工程管理。

2. 建设项目分标方法

分标时应充分考虑合同规模、技术标准规格分类要求、潜在投标人状况及合同履行期限等因素合理进行分标。具体方法为：

（1）有利于施工总进度的实施。

（2）按专业性质分标。

（3）对控制进度的关键工程单独分标，提前施工。

（4）同一施工部位的不同施工作业尽量合并在一个标中。

（5）在工程项目的划分上尽量减少相互穿插和干扰。

（6）由业主负责"四通一平"等公用设施项目的建设，提前施工。

（7）各标公用的辅助企业单独设标。

（8）分标不宜太大，亦不宜过多。

（9）考虑了设备制造、设计周期、招标程序及各标先后实施的顺序等。

（二）合同计价方式

合同价可以采用三种方式：固定价、可调价和成本加酬金（费用）合同价。

1. 固定价合同

所谓固定价合同是指合同中确定的工程合同价在实施期间不因价格变化而调整。固定价合同可分为固定总价合同和固定单价合同两种。

（1）固定总价合同。它是指承包整个工程的合同价款总额已经确定，在工程实施中不再因物价上涨而变化。所以，固定总价合同在确定合同价时应考虑价格风险因素，固定总价合同在签订时也须在合同中明确规定合同总价包括的范围。这种合同价款确定方式通常适用于规模较小且施工图齐全、风险不大、技术简单、工期较短（一般不超过一年）的工程，这类合同价可以使发包人对工程总开支做到大体心中有数，在施工过程中可以更有效地控制资金的使用。但对承包人来说，要承担较大的风险，如物价波动、气候条件恶劣、地质地基条件及其他意外困难等。

（2）固定单价合同。它是指合同中确定的各项单价在工程实施期间不因价格变化而调整，而在每月（或每阶段）工程结算时，根据实际完成的工程量结算，在工程全部完成时以竣工的工程量最终结算工程总价款。

2. 可调价合同

（1）可调总价合同。合同中确定的工程合同总价在实施期间可随价格变化而调整。发包人和承包人在商定合同时，以招标文件的要求及当时的物价计算出合同总价。如果在执行合同期间，由于通货膨胀引起成本增加达到某一限度时，合同总价则做相应调整。可调价合同使发包人承担了通货膨胀的风险，承包人则承担其他风险。一般适合于工期较长（如1年以上）的项目。

（2）可调单价合同。一般是在工程招标文件中规定。在合同中签订的单价，根据合同约定的条款，如在工程实施过程中物价发生变化等，可做调整。有的工程在招标或签约时，因某些不确定性因素而在合同中暂定某些分部分项工程的单价，在工程结算时，再根据实际情况和合同约定对合同单价进行调整，确定实际结算单价。

3. 成本加酬金（费用）合同

成本加酬金（费用）合同又称成本补偿合同，它是指按工程实际发生的成本结算外，发包人另加上商定好的一笔酬金（总管理费和利润）支付给承包人的一种承发包方式。工程实际发生的成本，主要包括人工费、材料费、施工机械使用费、其他直接费和现场经费以及各项独立费等。其主要的做法有：成本加固定酬金；成本加固定百分数酬金；成本加浮动酬金；目标成本加奖罚。

（1）成本加固定酬金。这种承包方式工程成本实报实销，但酬金是事先商量好的一个固定数目。这种承包方式，酬金不会因成本的变化而改变，它不能鼓励承包商降低成本，但可鼓励承包商为尽快取得酬金而缩短工期。

（2）成本加固定百分数酬金。这种承包方式工程成本实报实销，但酬金是事先商量好的以工程成本为计算基础的一个百分数。这种承包方式，对发包人不利，因为花费的成本越大承包商获得的酬金就越多，不能有效地鼓励承包商降低成本、缩短工期。现在这种承包方式已很少被采用。

（3）成本加浮动酬金。这种承包方式的做法，通常是由双方事先商定工程成本和酬金的预期水平，然后将实际发生的工程成本与预期水平相比较，如果实际成本恰好等于预期成本，工程造价就是成本加固定酬金；如果实际成本低于预期成本，则增加酬金；如果实际成本高于预期成本，则减少酬金。采用这种承包方式，优点是对发包人、承包人双方都没有太大风险，同时也能促使承包商降低成本和缩短工期；缺点是在实践中估算预期成本比较困难，要求承发包双方具有丰富的经验。

（4）目标成本加奖罚。这种承包方式是在初步设计结束后，工程迫切开工的情况下，根据粗略估算的工程量和适当的概算单价表编制概算，作为目标成本，随着设计逐步具体化，目标成本可以调整。另外，以目标成本为基础规定一个百分数作为酬金，最后结算时，如果实际成本高于目标成本并超过事先商定的界限（例如5%），则减少酬金，如果实际成本低于目标成本（也有一个幅度界限），则增加酬金。此外，还可另加工期奖罚。这种承发包方式的优点是可促使承包商关心降低成本和缩短工期，而且，由于目标成本是随设计的进展而加以调整才确定下来的，所以，发包人、承包人双方都不会承担多大风险。缺点是目标成本的确定，也要求发包人、承包人都须具有比较丰富的经验。

（三）合同类型选择

施工合同可以有多种形式，但根据计价方式的不同，可划分为总价合同、单价合同和成本加酬金合同。

1. 总价合同

总价合同是指支付给承包方的工程款项在承包合同中是一个规定的金额，即总价，可分为固定总价合同和可调总价合同。

(1) 固定总价合同。合同双方以承包人投标时承诺的、发包人接受的合同价格承包实施。合同履行过程中，如果发包人没有要求变更原定的承包内容，承包人完成承包工作内容后，不论承包人的实际施工成本是多少，均应按合同价获得支付工程款。

对于这种合同，承包人要考虑承包合同履行过程中的各种风险，因此投标报价较高。固定总价合同的适用条件一般为：招标时的设计深度已达到施工图阶段、合同履行过程中不会出现较大的设计变更；工程规模较小，技术不太复杂的中小型工程或承包工作内容较为简单的工程部分；合同期较短，双方可以不考虑市场价格浮动可能对承包价格的影响。

(2) 可调总价合同。这种合同与固定总价合同基本相同，但合同期较长 (1 年以内)，只能在固定总价合同的基础上，增加合同履行过程中因市场价格浮动对承包价格调整的条款。同时应在合同内明确约定合同价款的调整原则、方法和依据。

2. 单价合同

单价合同是指承包方按发包方提供的工程量清单内的分部分项工程内容填报单价，并据此签订承包合同，而实际总价则是按实际完成的工程量与合同单价计算确定，合同履行过程中无特殊情况，一般不得变更单价。

单价合同又可分为固定单价合同和可调单价合同。固定单价合同和可调单价合同的区别主要在于风险的分配不同，固定单价合同，承包人承担的风险较大，不仅包括市场价格的风险，而且包括工程量偏差情况下对施工成本影响的风险；可调单价合同，承包人仅承担一定范围内的市场价格风险和工程量偏差对施工成本影响的风险，超出上述范围的，按照合同约定进行调整。单价合同中，工程单价不可改变，该单价对应的工程量在一定范围内可以变化。

单价合同大多用于工期长、技术复杂、实施过程中发生各种不可预见因素较多的大型复杂的土建工程，以及业主为了缩短项目建设周期，初步设计完成后就进行施工招标的工程。单价合同的工程量清单内所开列的工程量为估计工程量，而非准确工程量。

3. 成本加酬金合同

成本加酬金合同是由业主向承包单位支付工程项目的实际成本，并按事先约定的某一种方式支付酬金的合同类型。这类合同中，业主承担项目实际发生的一切费用，因此也就承担了项目的全部风险。但是承包单位由于无风险，其报酬也就较低了。这类合同的缺点是业主对工程造价不易控制，承包上也就往往不注意降低项目的成本。此类合同主要适用于需要立即开展的项目、新型的工程项目、风险很大的项目。

建设项目合同方式和类型的选择，直接影响到建设项目合同管理方式，并在很大程度上决定建设项目的管理方式，还将直接影响管理成本，建设项目业主必须给予足够的重视。

无论采用哪一种形式的合同，是由业主根据项目特点、技术经济指标研究的深度以及确保工程成本、工期和质量要求等因素综合考虑后决定的。选择合同形式时所要考虑的因素包括建设项目的性质和特点、项目规模和工期长短、环境和风险因素、项目的竞争情况、项目的复杂程度、项目施工技术的难度、项目进度要求的紧迫程度等。

究竟采用哪种合同形式不是固定不变的。有时候，一个项目各个不同的工程部分或不同阶段，可采用不同形式的合同。制定合同的分标或分包规划时，必须依据实际情况权衡各种利弊，进而做出最佳决策。

三、标底与招标控制价编制

（一）标底编制的原则和方法

标底是由招标单位组织专门人员为准备招标的工程或设备计算出的一个合理的基本价格，标底应客观、公正地反映建设工程的预期价格，是招标工程的预期价格，能反映出拟建工程的资金额度，以明确招标单位在财务上应承担的义务，是工程招标中重要的环节之一，是评标、定标的重要依据。

1. 标底编制原则

（1）根据设计图纸及有关资料、招标文件、招标工程量清单，参照国家、行业规定的技术、经济标准定额及规范，确定工程量和编制标底。

（2）标底价格应由成本、利润、税金组成。一般应控制在批准的总概算（或修正概算）及投资包干的限额内。

（3）标底价格作为建设单位的期望计划价，应力求与市场的实际变化吻合，要有利于竞争和保证工程质量。

（4）标底价格应考虑人工、材料、机械台班等价格变动因素，还应包括施工不可预见费、包干费和措施费等。工程要求优良的，还应增加相应费用。

（5）一个招标项目只能编制一个标底。

2. 标底编制方法

（1）以施工图预算为基础的标底。编制方法除同施工图预算的编制外，还应提供准确的主要材料用量、施工措施费、包干费、议价材料差价等因素，以保证投资控制。

（2）以概算为基础的标底。编制方法基本同上，所不同的只是采用了概算定额。有的在概算基础上进行了"并费"，即将施工管理费、其他间接费等费用摊入每项单价内，而不是单独计算。

（3）以平方米造价包干为基础的标底。主要适用于标准或通用住宅工程。另外，有些工程是以单方造价为基础编制标底。

（4）外资、中外合资工程标底的编制方法与施工图预算和概算的编制相同。所不同者，其工资标准、施工管理费等取费标准、利润率有专门的规定，材料、设备均为市场或进口价格，不能使用统一工程单价而须按实编制。

（二）招标控制价编制

1. 招标控制价概念

招标控制价是指招标人根据国家、行业或省级建设主管部门颁发的有关计价依据和办法，以及拟定的招标文件和招标工程量清单，结合工程具体情况编制的招标工程的最高投标限价。招标控制价原则上不突破批准的初步设计概算。

2. 招标控制价编制依据

(1)《水利工程工程量清单计价规范》。

(2) 国家、行业或省级建设主管部门颁发的计价定额和计价办法。

(3) 建设工程设计文件及相关资料。

(4) 招标文件中的工程量清单、合同条款、图纸、技术标准及招标人对已发出的招标文件进行澄清、修改或补充的书面资料等。

(5) 与建设项目相关的标准、规范、技术资料。

(6) 工程造价管理机构发布的工程造价信息，工程造价信息没有发布的参照市场价。

(7) 其他相关资料。主要指的是施工现场情况、工程特点及常规施工方案等。

3. 招标控制价编制方法

(1) 分类分项工程应根据招标文件中的分部分项工程量清单项目的特征描述及有关要求，按规定确定综合单价进行计算。综合单价中应包括招标文件中要求投标人承担的风险费用。招标文件提供了暂估单价的材料，按暂估的单价计入综合单价。

(2) 措施项目应按招标文件中提供的措施项目清单确定，措施项目采用分部分项工程综合单价形式进行计价的工程量，应按措施项目清单中的工程量，并按规定确定综合单价；以"项"为单位的方式计价的，按规定确定完成该项工作所需的全部费用。措施项目费中的安全文明施工费应当按照国家、行业或省级建设主管部门的规定标准计价。

(3) 其他项目费应按下列规定计价。

1) 暂列金额。暂列金额由招标人根据工程特点，按有关计价规定进行估算确定。为保证工程施工建设的顺利实施，在编制招标控制价时应对施工过程中可能出现的各种不确定因素对工程造价的影响进行估算，列出一笔暂列金额。暂列金额可根据工程的复杂程度、设计深度、工程环境条件（包括地质、水文、气候条件等）进行估算。

2) 暂估价。暂估价包括材料暂估价和专业工程暂估价。暂估价中的材料单价应按照工程造价管理机构发布的工程造价信息或参考市场价格确定；暂估价中的专业工程暂估价应分不同专业，按有关计价规定估算。

3) 计日工。计日工包括计日工人工、材料和施工机械。在编制招标控制价时，对计日工中的人工单价和施工机械台班单价应按行业或省级建设主管部门或其授权的工程造价管理机构公布的单价计算；材料应按工程造价管理机构发布的工程造价信息中的材料单价计算，工程造价信息未发布材料单价的材料，其价格应按市场调查确定的单价计算，原则上应与招标控制价价格水平相当。

4) 总承包服务费。招标人应根据招标文件中列出的内容和向总承包人提出的要求，参照下列标准计算：招标人要求对分包的专业工程进行总承包管理和协调时，按分包的专业工程估算造价的 1.5% 计算；招标人要求对分包的专业工程进行总承包管理和协调，并同时要求提供配合服务时，根据招标文件中列出的配合服务内容和提出的要求，按分包的专业工程估算造价的 3%～5% 计算；招标人自行供应材料的，按招标人供应材料价值的 1% 计算。

4. 招标控制价作用

（1）招标人有效控制项目投资，防止恶性投标带来的投资风险。

（2）增强招标过程的透明度，有利于正常评标。

（3）利于引导投标方投标报价，避免投标方无标底情况下的无序竞争。

（4）招标控制价反映的是社会平均先进水平，为招标人判断最低投标价是否低于成本提供参考依据。

（5）可为工程变更新增项目确定单价提供计算依据。

（6）作为评标的参考依据，避免出现较大偏离。

（7）投标人根据自己的企业实力、施工方案等报价，不必揣测招标人的标底，提高了市场交易效率。

（8）招标人把工程投资控制在招标控制价范围内，提高了交易成功的可能性。

5. 标底与招标控制价的区别

（1）招标控制价是工程招标的最高价，就是说投标人投标价最高不能超出这个价格，这个价就是招标控制价。

（2）标底是招标人在招标前，根据工程实际情况及市场物价情况由自己设定的价格，也就是标底。

（3）招标控制价是公开的，并且在招标文件中必须标明。投标时，报价高于它的，就按废标处理。

（4）标底是保密的，只有在开标时才能当场公布，它是确定投标人报价得分的基数价。

四、工程量清单编制

工程量清单是招投标计价活动中，对招标人和投标人都具有约束力的重要文件，是编制招标标底（招标控制价）、投标报价、合同价款的调整和确定、计算工程量、支付工程款、办理结算与工程变更和索赔的重要依据。能否编制出完整、严谨的工程量清单，将直接影响到招投标的质量，也是招投标成败的关键。

工程量清单内容即体现了招标人要求投标人完成的工程项目、工作内容及相应的工程数量，为后续工程计量支付及结算提供重要依据。

工程量清单编制是否准确，其风险应由发包人承担，清单内容完全构成合同内容，清单内容纠纷上升为经济合同纠纷。

水利部于2007年7月1日颁发《水利工程工程量清单计价规范》（GB 50501—2007），并于2007年7月1日正式实施。

（一）工程量清单编制依据

（1）《水利工程工程量清单计价规范》（GB 50501—2007）。

（2）国家或省级、行业建设主管部门颁发的计价依据和办法。

（3）建设工程设计文件。

（4）与建设工程项目有关的标准、规范、技术资料。

（5）招标文件及其补充通知、答疑纪要。

（6）施工现场情况、工程特点及常规施工方案。

(7) 其他相关资料。

（二）工程量清单内容

一个拟建项目的全部工程量清单包括分类分项工程量清单、措施项目清单、其他项目清单和零星工作项目清单。

分部分项工程量清单是表明拟建工程的全部分项实体工程名称和相应数量的清单；措施项目清单是为完成工程项目施工，发生于该工程施工前和施工过程中招标人不要求列示工程量的施工措施项目；其他项目清单是为完成工程项目施工，发生于该工程施工过程中招标人要求计列的费用项目；零星工作项目清单是完成招标人提出的零星工作项目所需的人工、材料、机械单价。

措施项目清单和其他项目清单根据设计要求列项。对《水利工程工程量清单计价规范》（GB 50501—2007）中的列项，根据拟建工程的实际情况可以增减。在四部分清单项目中，主要是分类分项工程量清单。

（三）分类分项工程量清单项目设置

分类分项工程量清单应包括序号、项目编码、项目名称、计量单位、工程数量、主要技术条款编码和备注六部分。

1. 项目编码

分类分项工程量清单的项目编码，一至九位应按《水利工程工程量清单计价规范》（GB 50501—2007）附录 A 和附录 B 的规定设置；十至十二位应根据招标工程的工程量清单项目名称由编制人设置，水利建筑工程工程量清单项目自 001 起顺序编码，水利安装工程工程量清单项目自 000 起顺序编码。

2. 项目名称

项目名称应按《水利工程工程量清单计价规范》（GB 50501—2007）附录 A 和附录 B 的项目名称及项目主要特征并结合招标工程的实际确定；编制工程量清单，出现附录 A 和附录 B 中未包括的项目时，编制人可作补充。

3. 计量单位

计量单位应按《水利工程工程量清单计价规范》（GB 50501—2007）附录 A 和附录 B 中规定的计量单位确定。

4. 工程数量

(1) 工程数量应按《水利工程工程量清单计价规范》（GB 50501—2007）附录 A 和附录 B 中规定的工程量计算规则和相关条款说明计算。

(2) 工程数量的有效位数应遵守下列规定：以"立方米""平方米""米""公斤""个""项""根""块""台""组""面""只""相""站""孔""束"为单位的，应取整数；以"吨""公里"为单位的，应保留小数点后 2 位数字，第 3 位数字四舍五入。

5. 主要技术条款编码

按招标文件中相应的技术条款编码填写。

（四）工程量清单报价表内容

(1) 封面。

(2) 投标总价。

（3）工程项目总价表。

（4）分类分项工程量清单计价表。

（5）措施项目清单计价表。

（6）其他项目清单计价表。

（7）零星工作项目计价表。

（8）工程单价汇总表。

（9）工程单价费（税）率汇总表。

（10）投标人生产电、风、水、砂石基础单价汇总表。

（11）投标人生产混凝土配合比材料费表。

（12）招标人供应材料价格汇总表。

（13）投标人自行采购主要材料预算价格汇总表。

（14）招标人提供施工机械台时（班）费汇总表。

（15）投标人自备施工机械台时（班）费汇总表。

（16）总价项目分类分项工程分解表（表式同分类分项工程量清单计价表）。

（17）工程单价计算表。

（五）工程量清单标准格式

工程量清单应采用统一格式（正式文件），其包含下列主要内容：

（1）封面。

（2）总说明。

（3）分类分项工程量清单。

（4）措施项目清单。

（5）其他项目清单。

（6）零星工作项目清单。

（7）其他辅助表格。

1）招标人供应材料价格表。

2）招标人提供施工设备表。

3）招标人提供施工设施表。

（六）工程量清单计价审查

分类分项工程量清单编制要求数量准确，避免错项、漏项。投标人根据招标人提供的清单进行报价，若清单数量不准确，承包人的投标报价也不准确。故清单编制完成后，除编制人要反复校核外，还必须要由其他人进行审查校核。

（1）清单子目审查：①编码易错项；②项目特征易错项；③计量单位；④其他遗漏项。

（2）措施项目审查：①明确费用项；②如何描述更合理；③如何划分费用。

（3）其他项目清单审查：①暂列金额要求；②如何处理争议费用项；③如何划分费用。

（4）零星项目清单审查：①明确费用项；②如何描述更合理。

（5）设备材料表审查：①甲供物资审查；②乙供物资审查。

（6）工程总说明审查：①如何正确填写；②哪些为必填项。

（7）单价项目的计价内容：①计量范围；②计价内容。

五、投标策略与投标报价的编制

（一）投标策略

投标策略是投标人经营决策的组成部分，报价策略的影响因素自然是多方面的。在制定报价策略时，不但应当正视自身的实力，更应当关注竞争对手的实力。对同一招标项目，投标单位可以有不同投标报价策略的选择。

（1）高盈利型。企业在行业或对应具体项目上优势十分明显，则以高盈利为主。这种企业可能是行业龙头，或拥有特定资源优势，只能是少数企业有如此优越的发展状况。如投标人在该地区已经打开局面，施工能力饱和、信誉度高、竞争对手少，具有技术优势并对招标人有较强的名牌效应。

（2）一般竞争型。在市场中大量存在的公平参与竞争的一般企业，决策时首先保证最大限度地降低风险损失，力争盈利目标的实现。投标报价是以竞争为手段，以平均盈利为目标。

（3）市场开发型。急于将资金、技术投入市场，确立自身地位和树立企业形象，以利于开拓市场。

（4）补偿型。某些大企业为补偿生产能力剩余，力争中小型工程投标所采取的策略。常常对盈利不太计较。投标报价是以补偿业务不足、以追求实际效益为目标，即保本或微利为原则。

（5）生存型。企业为渡过难关，以克服企业生存危机为目标争取中标。面临生存危机的企业只能以不考虑各种利益、中标第一为原则。

（二）投标报价技巧

进行成本分析是确定报价的前提，也是计算预测利润的基础。投标报价过高不能中标，低得离谱也未必能中标。通过成本分析，找出盈亏平衡点，确定报价底限。在投标工作实践中，常常采用以下几种报价技巧。

1. 突然降价法

突然降价法是一种迷惑对手的投标手段，即先按一般情况报价或表现出自己对该工程兴趣不大，到临近投标截止时，再突然降价。采用此方法时，一定要在准备投标报价过程中考虑好降价的幅度，在临近投标截止到日前，根据情报信息与分析判断，在最后一刻决策，出奇制胜。

2. 先亏后盈法

承包商为了打进某一地区，依靠自身的雄厚资本实力，采取一种不惜代价、只求中标的低价投标方案，以期在本地开拓市场。应用这种手法的承包商必须有较好的资信条件，并且提出的施工方案也先进可行。

3. 低价投标夺标法

低价投标夺标法有时被形象的称为"拼命法"。采用这种方法必须有十分雄厚的实力或有国家或大财团作后盾，即为了想占领某一市场或为了争取未来的优势，宁可目前少盈利或不盈利，或采用先亏后赢法，先报低价，然后利用索赔扭亏为盈。采用这种方法应首先确认业主是按照最低价确定中标单位，同时要求承包商拥有很强的索赔管理能力。

4. 扩大标价法

这种方法也比较常用，即除了按正常的已知条件编制价格外，对工程中变化较大或没有把握的工作，采用扩大单价，增加"不可预见费"的方法来减少风险。但是这种报价方法往往因为总价过高而不易中标。

5. 联合体法（捆绑法）

联合体法近年来比较常用，即两三家公司，其主营业务类似或相近，单独投标会出现资质、经验、业绩不足或工作量过大而造成高报价，失去竞争优势。因而组成联合体形式进行联合投标，可以做到优势互补、规避劣势、利益共享、风险共担，相对提高了竞争力和中标概率。

6. 采用不平衡报价法

不平衡报价法，是相对通常的平衡报价（正常报价）而言的，指在总价基本确定以后，通过调整内部子项目的报价，以期既不提高总价影响中标，又能在结算时得到理想的经济效益。此法是投标人最常用的获利手法之一，其要点如下：

(1) 能够早日收回资金的项目，如前期措施费、基础工程、土石方工程等可以报得较高，以利资金周转，后期工程项目如设备安装、装饰工程等的报价可适当降低。

(2) 在工程量核算时，估计今后工程量会增加的项目，单价适当提高一些，在工程施工时增加收入；对施工过程中会减少的项目其单价可以低一些，即使降低报价，在工程实施时减少的收入也不会太多。这样做既对报价总体影响不大，又能在最终结算时多获利。

(3) 设计图纸不明确、估计修改后工程量要增加的，可以提高单价；而工程内容说不清楚的，则可以降低一些单价，这样做有利于以后的索赔。对中标后一定要施工的部分其单价可以高一些，估计不会施工的部分（或业主有意向分包出去的）可低一些。

(4) 对于常见项目能把握成本的单价可定低一些；对于不常见没有把握的项目要报高一些，避免造成亏损。对于只填单价而无具体数量的项目（如土方工程中的挖淤泥、岩石等备用单价），单价宜高一些，因为它不会影响总价，一旦项目实施就可以多得利润。

(5) 对于暂定数额（或工程）分析它做的可能性大的，价格可定高些，估计不一定发生的，价格可定低些。

(6) 零星用工（计日工作）一般可高于工程单价中的工资单价，发生时实报实销，也可多获利。

(7) 对于允许价格调整的工程，后期材料用量较大，且上涨幅度不大，又能保障供应的工程部分，单价宜报多些，以利于未来的调价。

7. 多方案报价法

对于一些报价文件，当工程说明书或合同条款中有些不够明确之处、条款不很清楚或很不公正或技术规范要求过于苛刻时，承包商将会承担较大风险，为了减少风险就必须扩大工程单价，增加"不可预见费"，但这样做又会因为报价高增加了被淘汰的可能性。多方案报价法就是为应付这种两难局面的。其具体做法是先按照原招标文件报一个价，然后再提出："如果技术说明书或招标文件某条款做某些改动时，则本报价人的报价可降低多少"，从而给出一个较低价，吸引业主。多方案报价法应研究招标文件对报价的限制条件，若招标文件不允许多方案报价，投标人不应采用该方法。

8. 推荐方案报价法

有的工程因施工方不同等因素，会给工期、工程造价等带来重要影响。招标文件中，业主通常要求承包商按照指定工艺方案报价。承包商在报价时，经过对各种因素的综合分析，特别是为战胜业绩相似的竞争对手，在按要求做出报价后，可以根据本公司的工程经验，提出推荐方案，重点突出新方案在改善质量、缩短工期和节约建设投资等方面的优势。

9. 利用"换位式"思考方法，在业主感兴趣的问题上做文章

所谓"换位式"思考，即施工单位从业主的角度看待问题，想业主之所想，在认真研究设计施工图、详细考虑现场施工条件的情况下，根据招标文件规定，结合自身实际，经过分析论证，提出切实可行的技术措施及降低工程造价的方案，合理安排施工进度，争取缩短建设工期，以为业主节约投资、缩短工期、使工程尽早投入使用为卖点，来吸引业主而争取中标。

10. 许诺优惠条件

中标候选人及时提出除价格以外的其他优惠条件，是行之有效的手段。招标单位评标时，除了主要考虑报价和技术方案外，还要分析别的条件，如工期、支付条件等。除价格以外的投标条件都可以作为竞标时调整的对象考虑。所以在投标时主动提出提前竣工、低息贷款、赠给施工设备、免费转让新技术或某种技术专利、免费技术协作、代为培训人员等吸引业主、利于中标的辅助手段。

11. 与发达国家公司联合投标

我国公司在国外承包工程有较好的信誉，劳动力也比较便宜。但是西方和日本公司的机电等技术装备比较先进，所以对一些技术密集型大型工程，我国与西方或日本公司联合投标更容易赢得业主信任而中标。

◦┤ 第四节 ├─────────────────────────────────

建设项目设计阶段工程造价管理

设计阶段是分析处理建设项目技术和经济的关键环节，也是有效控制工程造价的重要阶段，其对工程造价的影响程度如图 6-4-1 所示。

国内外大量实践经验表明：在初步设计阶段，影响工程造价的可能性为 75%～95%；而至施工图设计结束阶段，影响工程造价的可能性为 35%～75%；当施工开始后，通过技术措施及施工组织节约工程造价的可能性为 5%～10%。由此可见，控制工程造价的关键在于施工以前的决策及设计阶段，项目作出决策后，控制造价的关键就在设计阶段。在建设项目设计阶段，工程造价管理人员需要密切配合设计人员，协助其处理好项目技术先进性与经济合理性之间的关系。在初步设计阶段，要按照可行性研究报告及投资估算进行多方案的技术经济比较，确定初步设计方案；在施工图设计阶段，要按照审批的初步设计内容、范围和概算进行技术经济评价与分析，在招标设计的基础上确定施工图设计方案。

（1）通过设计阶段工程造价分析可以使造价构成更合理。

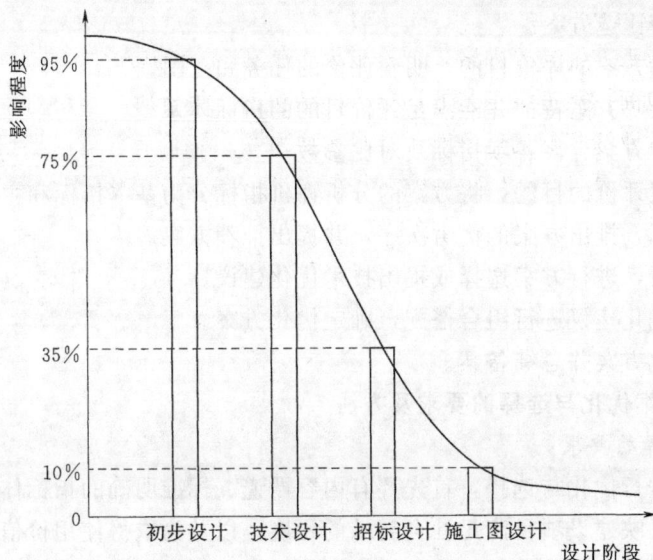

图 6 - 4 - 1 设计阶段对工程造价的影响程度

（2）可以了解工程各组成部分的投资比例，对于投资比例较大的部分选作为投资控制的重点，这样就可以提高投资控制的效率。

（3）在设计阶段进行工程造价控制，可以使控制工作更加主动。

（4）在设计阶段进行工程造价控制，可以使控制工作更能实现技术与经济的结合。

一、设计方案的优化与选择

优化设计是从多种方案中选择最佳方案的设计方法。它是以数学中的最优化理论为基础，以计算机为手段，根据设计所追求的性能目标，建立目标函数，在满足给定的各种约束条件下，寻求最优的设计方案。它是设计过程的重要环节。

设计方案的优化与选择是相互依存又相互转化的。一方面要在众多优化了的方案中选择最佳设计方案；另一方面，设计方案选择后还需结合项目实际进一步优化。如果选择之后不进一步优化设计方案，则在项目后续实施阶段会面临更大的问题，还需更耗时耗力地优化。因此，必须将优化与选择结合起来，以最小的投入获得最大的产出。

（一）设计方案优化与选择的过程

一般情况下，建设项目设计方案优化与选择的过程如图 6 - 4 - 2 所示。

（1）按照使用功能、技术标准、投资限额的要求，结合建设项目所在地实际情况，探讨和提出可能的设计方案。

（2）从所有可能的设计方案中初步筛选出各方面都较

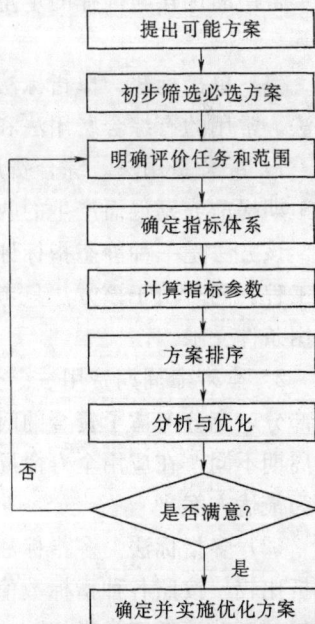

图 6 - 4 - 2 设计方案优化
与选择的过程

为满意的方案作为比选方案。

（3）根据设计方案的评价目的，明确评价的任务和范围。

（4）确定能反映方案特征并能满足评价目的的指标体系。

（5）根据设计方案计算各项指标及对比参数。

（6）根据方案评价的目的，将方案的分析评价指标分为基本指标和主要指标，通过评价指标的分析计算，排出方案的优劣次序，并提出推荐方案。

（7）综合分析，进行方案选择或提出技术优化建议。

（8）对技术优化建议进行组合搭配，确定优化方案。

（9）实施优化方案并总结备案。

（二）设计方案优化与选择的要求及方法

1. 优化与选择的要求

对设计方案进行优化与选择，首先要有内容严谨、标准明确的指标体系；其次，该指标体系应能充分反映建设项目满足社会需求的程度，以及为取得使用价值所需投入的社会必要劳动和社会必要消耗量。对于建立的指标体系，可按指标的重要程度设置主要指标和辅助指标，选择主要指标进行分析比较，这样才能反映该工程的准确性和科学性。

一般的，指标体系应包含如下几方面内容：

（1）使用价值指标，即建设项目满足需要程度的指标。

（2）反映创造使用价值所消耗的社会劳动消耗量的指标。

（3）其他指标。

2. 优化与选择的定量方法

常用的优化与选择的定量方法主要有单指标法、多指标法、多因素评分法及价值工程法等。

（1）单指标法。单指标法指以单一指标为基础对建设项目设计方案进行选择与优化的方法。常用的有综合费用法和全寿命周期费用法。

1）综合费用法。综合费用包括方案投产后的年度综合使用费、方案的建设投资及由于工期提前或延误而产生的收益或亏损等。该方法以综合费用最小为最佳方案。

该方法是一种静态指标评价方法，没有考虑资金的时间价值，只适用于建设周期较短的工程。同时由于该方法只考虑费用，未能反映质量、安全、环保和功能等方面的差异，使用条件受限。

2）全寿命周期费用法。全寿命周期费用包括建设项目总投资和后期运营的使用成本两部分，充分考虑了资金的时间价值，是一种动态指标评价方法。由于不同设计方案的寿命周期不同，在应用全寿命周期费用法时，不用净现值而用年度等值法，以年度费用最小者为最优方案。

（2）多指标法。多指标法就是采用多个指标，将各个对比方案的相应指标值逐一进行分析比较，按照各种指标数值的高低对其做出评价。主要包括工程造价、工期、主要材料消耗和劳动消耗四类指标。

1）工程造价指标。它是指反映建设项目一次性投资的综合货币指标，根据分析和评价建设项目所处的时间段，可依据设计概算和施工图预算予以确定。

2) 工期指标。它是指建设工程从开工到竣工所耗费的时间。可用来评价不同方案对工期的影响。

3) 主要材料消耗指标。该指标从实物形态的角度反映主要材料的消耗数量。

4) 劳动消耗指标。该指标所反映的劳动消耗量，包括现场施工和预制加工厂的劳动消耗。

以上四类指标，可以根据建设项目的具体特点来选择。从建设项目全面工程造价管理的角度考虑，仅利用这四类指标还不能完全满足设计方案的评价，还需要考虑建设项目全寿命周期成本，并考虑质量成本、安全成本以及环保成本等诸多因素。

在采用多指标法对不同设计方案进行优化与选择时，如果某一方案的所有指标都优于其他方案，则为最佳方案；如果各个方案的其他指标都相同，只有一个指标相互之间有差异，则该指标最优的方案就是最佳方案。但实际中很少有这种情况，在大多数情况下，不同方案之间往往是各有所长，而且各种指标对方案经济效果的影响也不相同，这时可考虑采用单指标法或多因素评分法。

（3）多因素评分法。多因素评分法是指多指标法与单指标法相结合的一种方法，对需要进行分析评价的设计方案设定若干个评价指标，按其重要程度分配权重，然后按照评价标准给各指标打分，将各项指标所得分数与其权重采用综合方法整合，得出各设计方案的评价总分，以总分最高者为最佳方案。多因素评分法综合了定量分析评价与定性分析评价的优点，可靠性高，应用较广泛。

（4）价值工程法。项目建设管理的目的就是要以最低的项目总成本，来实现项目所必要的功能，从而获得较高的经济效益。应用价值工程法进行功能与成本分析、功能与投资之间的关系分析，探索实现在保证工程功能不变的情况下降低投资，在项目投资略有上升的情况下提高功能的策略。

3. 优化与选择的定性方法

（1）设计招标和设计方案竞选。建设单位首先就拟建工程的设计任务通过报刊、信息、网络或其他媒介发布公告，吸引设计单位参加设计招标或设计方案竞选，以获得众多的设计方案；然后组织技术专家，由专家评定小组用科学的方法，按照经济、适用、美观的原则，以及技术先进、功能全面、结构合理、安全适用、满足建设节能及环境等要求，综合评定各设计方案的优劣，从中选择最优的设计方案，或将各方案的可取之处重新组合，提出最佳方案。

（2）限额设计。限额设计是严格按照已批准的设计任务书和投资估算，在保证功能要求的前提下，控制初步设计及概算，按照批准的初步设计及概算控制施工图设计及预算。同时各专业在保证达到使用功能的前提下，按分配的投资额控制设计，严格控制设计中不合理的设计变更，保证估算、概算起到层层控制作用，使工程竣工决算不突破总投资限额。实行限额设计，能够树立设计人员的经济观念，使设计人员不仅从技术可行、结构安全可靠方面进行设计，而且能从经济的角度对工程设计中的经济指标、工程成本以及影响工程造价的因素进行分析比较、优化设计，以保证工程设计既先进合理、新颖美观，又不突破投资限额目标。从根本上改变过去设计人员只管画图，不管算账，在工程设计中任意提高结构安全系数标准，只考虑技术方案的可行性，不重视经济合理性的现象，保证工程造价得到有效控制。

（3）标准化设计。标准化设计是指在一定时期内，采用共性条件，制定统一的标准和模式，开展的适用范围比较广泛的设计，适用于技术上成熟、经济上合理、市场容量充裕的项目设计。

采用标准化设计，可以改进设计质量，加快实现建筑工业化；可以提高劳动生产率，加快项目建设进度；可以节约建筑材料，降低工程造价。标准化设计是经过多次反复实践检验和补充完善的，较好地结合了技术和经济两个方面，合理利用了资源，充分考虑了施工及运营的要求，因而可以作为设计方案优化与选择的方法。

（4）德尔菲法。德尔菲法是指采用背对背的通信方式征询专家小组成员的预测意见，经过几轮征询，使专家小组的预测意见趋于集中，最后做出符合市场未来发展趋势的预测结论的方法。

该方法通过几轮不同的专家意见征询，可以充分识别设计方案的优缺点，通过结合不同专家的意见以实现设计方案的优化与选择，但花费时间较长。

二、设计概算的编制

（一）设计概算的定义及作用

1. 设计概算的定义

设计概算是在初步设计和扩大初步设计阶段，由设计单位根据初步投资估算、设计要求及初步设计图纸或扩大初步设计图纸，依据概算定额或概算指标，各项费用定额或取费标准，建设地区自然、技术经济条件和设备，材料预算价格等资料，或参照类似工程预（决）算文件，编制和确定的建设项目由筹建至竣工交付使用的全部建设费用的经济文件。

根据初步设计或技术设计编制的工程设计概算，是初步设计文件的重要组成部分。经过批准的设计概算是控制工程建设投资的最高限额。建设单位据以编制投资计划，进行设备订货和委托施工；设计单位作为评价设计方案的经济合理性和控制施工图预算的依据。

2. 设计概算的作用

（1）设计概算是编制建设项目投资计划，确定和控制建设项目投资的依据。

（2）设计概算是签订建设工程合同和贷款合同的依据。

（3）设计概算是控制施工图设计和施工图预算的依据。

（4）设计概算是衡量设计方案技术经济合理性和选择最佳设计方案的依据。

（5）设计概算是考核建设项目投资效果的依据。

（二）设计概算的内容及编制依据

1. 设计概算分类

水利工程概算项目划分为工程部分、建设征地移民补偿、环境保护工程、水土保持工程四部分。

2. 设计概算编制依据

（1）国家及省、自治区、直辖市颁发的有关法律法规、制度、规程。

（2）水利工程设计概（估）算编制规定。

（3）水利行业主管部门颁发的概算定额和有关行业主管部门颁发的定额。

（4）水利水电工程设计工程量计算规则。

（5）初步设计文件及图纸。

（6）有关合同协议及资金筹措方案。

（7）其他。

3. 概算文件组成

概算文件包括设计概算报告（正件）、附件、投资对比分析报告等三大部分。

（1）设计概算报告（正件）。设计概算报告（正件）一般包括编制说明、工程概算总表、工程部分概算表和概算附表三大部分内容。

1）编制说明。

a）工程概况。包括：流域、水系，兴建地点，工程规模，工程效益，工程布置型式，主体建筑工程量，主要材料用量，施工总工期等。

b）投资主要指标。包括：工程总投资和静态总投资，年度价格指数，基本预备费率，建设期融资额度、利率和利息等。

c）编制原则和依据。包括：①概算编制原则和依据；②人工预算单价，主要材料，施工用电、水、风以及砂石料等基础单价的计算依据；③主要设备价格的编制依据；④建筑安装工程定额、施工机械台时费定额和有关指标的采用依据；⑤费用计算标准及依据；⑥工程资金筹措方案。

d）概算编制中其他应说明的问题。

e）主要技术经济指标表。主要技术经济指标表根据工程特性表编制，反映工程主要技术经济指标。

2）工程概算总表。工程概算总表汇总工程部分、建设征地移民补偿、环境保护工程、水土保持工程总概算表。

3）工程部分概算表和概算附表。

a）概算表。包括：①工程部分总概算表；②建筑工程概算表；③机电设备及安装工程概算表；④金属结构设备及安装工程概算表；⑤施工临时工程概算表；⑥独立费用概算表；⑦分年度投资表；⑧资金流量表（枢纽工程）。

b）概算附表。包括：①建筑工程单价汇总表；②安装工程单价汇总表；③主要材料预算价格汇总表；④次要材料预算价格汇总表；⑤施工机械台时费汇总表；⑥主要工程量汇总表；⑦主要材料量汇总表；⑧工时数量汇总表。

4）建设征地移民补偿概算。

5）环境保护工程概算。

6）水土保持工程概算。

（2）概算附件。概算附件一般包括下列内容：①人工预算单价计算表；②主要材料运输费用计算表；③主要材料预算价格计算表；④施工用电价格计算书（附计算说明）；⑤施工用水价格计算书（附计算说明）；⑥施工用风价格计算书（附计算说明）；⑦补充定额计算书（附计算说明）；⑧补充施工机械台时费计算书（附计算说明）；⑨砂石料单价计算书（附计算说明）；⑩混凝土材料单价计算表；⑪建筑工程单价表；⑫安装工程单价表；⑬主要设备运杂费率计算书（附计算说明）；⑭施工房屋建筑工程投资计算书（附计算说明）；⑮独立费用计算书（勘测设计费可另附计算书）；⑯分年度投资计算表；⑰资金流量计算表；⑱价差预备费计算表；⑲建设期融资利息计算书（附计算说明）；⑳计算人工、材料、设备预算价格和费用依据的有关文件、询价报价资料及其他。

（3）投资对比分析报告。应从价格变动、项目及工程量调整、国家政策性变化等方面进行详细分析，说明初步设计阶段与可行性研究阶段（或可行性研究阶段与项目建设书阶段）相比较的投资变化原因和结论，编写投资对比分析报告。工程部分报告应包括以下附表：①总投资对比表；②主要工程量对比表；③主要材料和设备价格对比表；④其他相关表格。

投资对比分析报告应汇总工程部分、建设征地移民补偿、环境保护工程、水土保持工程各部分对比分析内容。

三、设计概算审查

1. 设计概算审查的意义

（1）有利于合理分配投资资金，加强投资计划管理。

（2）有助于促进概算编制人员严格执行国家有关概算的编制规定和费用标准，提高概算的编制质量。

（3）有助于促进设计的技术先进性与经济合理性的统一。

（4）合理、准确的设计概算可使下阶段投资控制目标更加科学合理，堵塞了投资缺口或突破投资的漏洞，缩小了概算与预算之间的差距，可提高项目投资的经济效益。

2. 设计概算审查的方法

（1）对比分析法。对比分析法主要是建设规模、标准与立项批文对比，工程数量与设计图纸对比，综合范围、内容与编制方法、规定对比，各项取费与规定标准对比，材料、人工单价与统一信息对比，引进设备、技术经济指标与同类工程对比等。

（2）查询核实法。查询核实法是对一些关键设备和设施、重要装置、引进工程图纸不全、难以核算的较大投资进行多方查询核对、逐项落实的方法。

（3）联合会审法。组成由业主、审批单位、专家等参加的联合审查组，组织召开联合审查会。审前可先采取多种形式分头审查，包括业主预审、工程造价咨询公司评审、邀请同行专家预审等。在会审大会上，各有关单位、专家汇报初审、预审意见，然后进行认真分析、讨论，结合对各专业技术方案的审查意见所产生的投资增减，逐一核实原概算投资增减额。对审查中发现的问题和偏差，按照单位工程概算、综合概算、总概算的顺序，按设备费、安装费、建筑费和工程建设其他费用分类整理，汇总核增或核减的项目及其投资额。最后将具体审核数据按照"原编概算""审核结果""增减投资""增减幅度""调整原因"五栏列表，并按照原总概算表汇总顺序，将增减项目逐一列出，相应调整所属项目投资合计，再依次汇总审核后的总投资及增减投资额。

3. 设计概算的审查重点

（1）审查设计概算的编制依据。包括：①审查编制依据的合法性；②审查编制依据的时效性；③审查编制依据的适用范围。

（2）审查概算编制深度。审查设计概算编制深度是否符合初步设计阶段要求。

（3）审查设计概算的内容。

1）审查是否符合国家方针、政策，是否根据工程所在地的自然条件编制。

2）审查建设规模、标准等是否符合原批准的可行性研究报告或立项的标准。

3）审查编制方法、计价依据和程序是否符合现行规定。

4）审查工程量是否正确，审查材料用量和价格。

5）审查设备规格、数量和配置是否符合设计要求，设备预算价格是否真实，计算是否正确。

6）审查建筑安装工程各项费用的计取是否符合国家或地方有关部门的现行规定，计算程序和取费标准是否正确。

7）审查分部分项工程概算、总概算的编制内容、方法是否符合现行规定和设计文件的要求。

8）审查总概算文件的组成内容是否完整地包括了建设项目从筹建到竣工投产为止的全部费用组成。

9）审查工程建设其他费用项目。

10）审查技术经济指标和投资经济效果。

4. 设计概算的审查步骤

（1）概算审查的准备。包括了解设计概算的内容组成、编制依据和方法；了解建设规模、设计能力和工艺流程；熟悉设计图纸和说明书，掌握概算费用的构成和有关技术经济指标；明确概算各种表格的内涵；收集概算定额、概算指标、取费标准等有关规定的文件资料等。

（2）进行概算审查。根据审查的主要内容，分别对设计概算的编制依据、分部分项工程设计概算、建设项目总概算进行逐级审查。

（3）进行技术经济对比分析。利用规定的概算定额或指标以及有关的技术经济指标与设计概算进行分析对比，根据设计和概算列明的工程性质、结构类型、建设条件、费用构成、投资比例、占地面积、生产规模、建筑面积、设备数量、造价指标、劳动定员等与国内外同类型工程规模进行对比分析，找出与同类型工程的主要差距。

（4）调查研究。对概算审查中出现的问题要在对比分析、找出差距的基础上深入现场进行实际调查研究。了解设计是否经济合理、概算编制依据是否符合现行规定和施工现场实际，有无扩大规模、多估投资或预留缺口等情况，并及时核实概算投资。对于当地没有同类型的项目而不能进行对比分析时，可向国内同类型企业进行调查，收集资料，作为审查的参考。经过会审决定的定案问题应及时调整概算，并经原批准单位下发文件。

（5）积累资料。对审查过程中发现的问题要逐一理清，对建成项目的实际成本和有关数据资料等进行收集并整理成册，为今后审查同类工程概算和国家修订概算定额提供依据。

⌐【 **第五节** 】¬

施工阶段工程造价管理

建设项目施工阶段是实现工程项目价值的主要阶段，是承包单位按照设计文件、施工图等要求,具体组织施工建造的阶段。由于在施工中存在较多的不确定性,会对工程造价产生一定的影响。因此,这一阶段的造价管理较为复杂,是工程造价确定与控制其理论和方法的重点及难点所在。

一、施工方案与优化

合理确定工程造价归根结底是工程造价管理的范畴,是经济与技术统一的管理过程。搞好施工组织设计是合理确定工程造价的前提,周密组织施工,优化施工方案,安排工期总进度计划,提高机械设备效率、提高施工管理水平从而有效降低工程建设成本,所有这些都可以通过施工组织设计优化得以实现。

(一)施工方案与工程造价

1. 施工方案的内容

施工方案要综合考虑工程实际特点、施工条件和施工技术水平进行编写,一般包括工程概况、施工部署及施工方案(包括合理安排施工顺序)、施工进度计划(包括相应的人力和时间安排计划、资源需求计划和施工准备计划)、施工平面图(施工平面图是施工方案及施工进度计划在空间上的全面安排,使整个现场有组织地文明施工)、主要技术经济指标(它是对施工组织设计文件的技术经济效益进行全面评价)等基本内容。

2. 施工方案的编制原则

(1)认真贯彻国家工程建设的法律、法规、规程、方针和政策。

(2)严格执行工程建设程序,坚持合理的施工程序、施工顺序和施工工艺。

(3)采用现代化管理原则、流水施工方法和网络计划技术,组织有节奏、均衡和连续的施工。

(4)优先选用先进的施工技术,科学确定施工方案;认真编制各项实施计划,严格控制工程质量、工程进度、工程成本、安全施工。

(5)充分利用机械和设备,提高施工机械化、自动化程度,改善劳动条件,提高生产率。

(6)扩大预制装配范围,提高建筑工业化程度;科学安排冬期和雨期施工,保证全年施工均衡性和连续性。

(7)坚持"安全第一,预防为主"的原则,确保安全生产和文明施工;认真做好生态环境和历史文物保护,严防建筑振动、噪声、粉尘和垃圾污染。

(8)尽可能利用永久性设施和组装式施工设施,努力减少施工设施建造量;科学地规划施工平面,减少施工用地。

(9)优化现场物资储存量,合理确定物资储存方式,尽量减少库存量和物资损耗。

3. 施工方案对工程造价的影响

施工方案和建设工程造价是相互依存、相互影响的。施工方案的施工计划决定着工程造价的高低;反过来,工程造价在一定程度上又制约了施工方案。两者相辅相成,缺一不可。

从工程造价的组成来分析,工程造价主要由建筑安装工程费,设备、工具、器具及家具购置费,工程建设其他费,预备费等组成。与施工方案关系最大的就是建筑安装工程费,而建筑安装工程费则是由直接费(包括基本直接费、其他直接费)、间接费、利润和税金组成。从费用的计算过程来分析，直接费的高低基本上决定了建筑安装工程费的高低；从设计过程来分析，只要降低了建筑安装工程的直接费，就达到了降低整个工程造价的目的。

施工方案对工程造价的影响是多方面的，但主要是对建筑安装工程直接费的影响，其影响主要体现在以下几个方面：

（1）施工方案的选择。施工方案的选择必须通过工程条件、工程经济和技术经济等方面进行比较，制定经济、适用又合理的施工方案，施工方案的选择，不仅决定整个施工工期，而且对工程造价有很大的影响。

（2）施工工期。由最优的施工方案来计算的工程项目的工期以及各单位工程施工所持续的时间就是工程项目的合理工期。工期的长短不但能直接影响工程项目的成本消耗，而且能加速资金周转，降低建设期工程投资的贷款利息。但是不考虑工程质量，一味盲目地赶工期，往往带来不良的后果。所以，施工组织设计时，应按合理的工时、工期进行劳动力的安排、材料的供应和机械设备的合理配置。

（3）施工组织平面布置。施工组织平面布置是设计单位根据施工特点和施工条件，来研究解决施工场地上所有设施在平面位置上的合理布置问题。施工组织平面的布置决定着预算中的直接费，合理的施工组织平面布置，可以避免施工设施反复搬迁、地下工程反复开挖、土方往返运输等浪费现象，可以降低运输费用，从而降低整个工程造价。

（4）运输组织计划对工程造价的影响。施工方案中另一个重要项目是运输组织计划，它在施工过程中占有很大的工作量，直接影响施工进度，进而影响工程造价。合理的运输组织计划可保证施工进度计划的执行，最大限度地降低工程成本。

（二）施工方案优化

施工方案优化实际是一个决策的过程，造价工程师应根据所建工程的实际情况及其所处地质条件、气候条件、经济环境和承建单位的能力，深入分析承建单位提交的施工组织设计，努力寻求多个改进方案，选择最佳方案，并力促承建单位能够接受最佳方案，使其造价控制在所确定的目标之内。

1. 充分做好施工准备工作

工程开工前，根据工程实际情况和工程特点，通常有许多可行方案供施工单位选择。工程造价管理人员应根据工程的特点和实际，对施工组织设计、施工方案、施工进度计划进行优化，提出改进意见，使方案更加合理。

2. 遵循均衡原则安排施工进度

在编制施工进度计划时，应按照工程项目合理的施工程序排列施工的先后顺序，根据施工情况划分施工段，安排流水作业，避免工作过分集中，有目的地削减高峰期工作量，减少临时搭设的设施，避免劳动力、材料机械耗用量大进大出，保证施工过程按计划、有节奏地进行。

$$主要分项工程施工不均衡系数＝高峰月工程量/平均月工程量 \quad (6-5-1)$$

$$主要材料、资源消耗不均衡系数＝高峰月工程量/平均月工程量 \quad (6-5-2)$$

$$劳动力消耗量不均衡系数＝高峰月工程量/平均月工程量 \quad (6-5-3)$$

以上公式中的系数越大，说明均衡性越差。

3. 力求提高施工机械利用率

施工机械利用率的高低，直接影响工程成本和施工进度。因此，必须充分利用现有的机械装备，在不影响工程总进度的前提下，对进度计划进行合理调整，以便提高主要施工机械的利用率，从而达到降低工程成本的目的。

4. 采用以简化工序、提高经济效益为原则的施工方法、施工技术

在保证工程质量的前提下，尽量采用成熟的施工方法，采用简化工序和提高经济效益的施工技术。简化工序和提高经济效益的施工技术既节约了时间，又达到了提高劳动生产率的目的。

5. 施工方案的优化

施工方案的优化应灵活运用定性和定量的方法，对各种施工方案从技术上和经济上进行对比评价，最后选定能合理利用人力、物力、财力及各种资源的项目投资最低的方案。

（1）定性分析方法。根据以往经验对施工方案的优劣进行分析。例如：工期是否适当，可按常规做法或工期定额进行分析；选择的施工机械是否适当；施工平面图设计是否合理等。

用定性分析的方法优化施工方案比较方便，但不精确，要求有关人员必须具有丰富的施工经验和管理经验。

（2）定量分析方法。一般通过价值工程分析法进行定量分析。价值工程分析法以价值工程的基本理论来优选施工方案，通过对多种方案发生的费用进行计算，以价值最低的方案为最优方案。

二、施工进度计划与费用控制

1. 项目进度计划

项目进度计划是按照合同和实际要求，以拟建项目的交付使用时间或者竣工投产时间为目标，根据合理的顺序来安排施工日程。其实质是将各个活动时间估算值反映到逻辑关系图上面，进行优化调整，让整个项目能够在预算允许范用和工期内得到最好的安排。项目进度计划制定的目的是为了能够合理地对项目的结束时间和开始时间进行控制，有严格的时间期限要求。

制定有效的项目进度管理一般来说有七个必要步骤，具体如下：项目信息的收集、WBS分解、定义活动、编制网络图、活动时间估算与资源估算、制定项目初步进度计划、进度计划的优化与计划的最终确定，如图6-5-1所示。

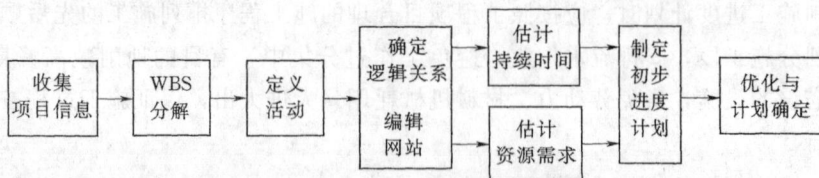

收集项目信息 → WBS分解 → 定义活动 → 确定逻辑关系 编辑网站 → 估计持续时间 / 估计资源需求 → 制定初步进度计划 → 优化与计划确定

图 6-5-1 项目进度计划的一般过程

作业分解结构（Work Breakdown Structure，WBS），是以项目可交付成果作为导向，

采用层级式的方式对项目任务进行分组，从而在计划阶段帮助人们界定项目范围、支持工序定义、揭示项目细节的有效工具，同时也为人们提供进度计划和计划框架，进行项目沟通和预算。

定义项目活动是最重要的步骤之一，是在工作分解结构的基础上，利用活动分解技术将工作分解结构中最底层的工作分解为更小、更容易控制的具体活动，并形成文档的过程。

确定逻辑关系，并且形成相关的文档；在活动清单、任务描述的基础上，发现各个项目活动间的关系以及特殊领域之间的工作关系、依赖关系。利用箭线活动法、节点活动法等方法，形成项目网络图。

对每项活动所需要的资源以及时间进行估算。估算项目的活动时间也被称作估算项目活动工期，指的是利用可用资源状况、项目范围列出工程活动所需的工期或者时间。

在分析资源需求、活动持续时间、活动逻辑关系的基础之上，制定出项目的进度计划。

制定初步计划后应该与项目的总体目标进行比较，在综合考虑各种风险因素的基础上，对初步计划进行优化，并确定最终的基准计划。

2. 项目进度控制原理

（1）动态控制原理。项目施工进度的控制是一个动态控制的过程，同时也是一个循环进行的过程。对项目的进度控制开始于项目施工，在实际的施工过程中进度形成了运动轨迹，计划执行进入到一个动态的过程。而实际进度在按照计划进度执行的过程中两者相吻合；当计划进度与实际进度不相吻合的时候，便出现了落后或者超前的偏差。对偏差的原因进行分析，进而采取相应的解决措施。对原来的计划进行调整，让两者在新的起点重合，进行施工活动，发挥出组织管理作用，让实际工作按照计划来进行。但是在后续的施工过程中往往还会出现新的干扰因素，在这些因素的干扰下会产生新的偏差。施工进度的计划控制就采取这样的动态循环方式加以控制。

（2）系统原理。为了确保项目施工过程中能够控制实际的进度，就必须要编制项目施工的进度计划。这包括月（旬）作业计划、季度作业计划、分项分部工程进度计划、单位工程的进度计划、项目的总进度计划，这些构成了项目进度的计划系统。计划编制的对象从大到小，计划内容由粗到细。在编制时由总体到局部进行计划，逐层将控制目标加以分解，从而确保计划控制的目标能够得到落实。计划在执行的时候，从月计划开始实施，然后逐级按照目标进行控制，达到对整个项目进度进行控制的目的。

（3）信息反馈原理。项目进度控制最主要的一个环节就是信息反馈，在实际的施工过程中，将信息反馈到基层的项目进度控制人员手中，在其职责范围内进行加工，再将信息逐层反馈到主控制室，由主控制室统计和整理各方面的信息，通过分析和比较做出决策，对计划进行调整，让其符合预期的工期目标。假若没有进行信息反馈，那么将没有办法进行计划的控制，所以说项目施工进度控制其实就是信息反馈的过程。

（4）弹性原理。影响项目施工进度的因素有很多，其中有一些已经被人们所掌握，根据统计经验来估算出现的可能性以及影响的程度，并且在进度目标确定的时候，分析实现进度目标的风险。当进度控制计划的编制者具有了这些实践经验以及知识以后，在对项目进度计划进行编制时便留有余地，也就是让施工进度计划具有了弹性。在控制项目施工进度时，就可以对这些弹性加以利用，缩减相关的工作时间，从而对检查前拖延工期，通过缩短剩余计划工期，这样还可以达到预期的计划目标。这些都是在项目施工实际控制过程中对弹性原理的利用。

（5）封闭循环原理。项目施工进度控制的全过程包括计划、实施、检查、分析比较、调整措施、再计划。项目的施工进度计划从编制到开始，在实施过程中进行跟踪检查，搜集实际过程中的进度信息，分析和比较实际进度和施工计划进度间的偏差，发现存在的问题和解决方法，提出调整措施，再对原来的进度计划加以修改，从而形成一个循环的封闭系统。

（6）网络计划原理。在项目施工的实际进度控制中，利用网络计划技术的原理来对进度计划进行编制，按照搜集的实际进度信息，分析和比较进度计划，随后利用网络计划中的工期优化，按照成本优化、资源优化的理论调整计划。网络计划技术的原理是施工进度控制分析计算和计划管理的基础。网络计划技术是随着现代工业生产和科学技术的发展而产生的，于20世纪50年代在美国出现，现在已经广泛地被发达国家所使用，成为了新的应用于现代生产管理的方法。它可以利用计算机进行计算优化、绘图、控制和分析，因此，它不仅能编制计划，同时还是一种工程管理办法。在工程管理中提高应用网络计划技术的水平，必能进一步提高工程管理的水平。

3. 进度计划与费用控制

施工管理必须要有一种合理科学的管理手段，对工程的进度、费用进行实时监控，确保工程的顺利竣工。

（1）进度控制。在每一个项目的初始阶段，项目管理必须要制定科学合理的工程进度。工程进度不仅关系到工程能否准时竣工，还对工程的质量和成本有着直接的影响。因此，科学合理的进度计划十分重要。制定工程进度计划必须具有前瞻性和预见性，防止施工过程出现不确定因素对工程施工带来影响，或因赶工而致使工程成本增加和工程质量降低。在工程实施策划时，合理安排进度计划，在满足施工的条件下对投入的人力、物力、财力做到充分利用，在工程开工之后，根据施工现场的具体情况制定施工过程的总体计划，该计划包括开工日期、阶段性工程完成时间和竣工时间。在分阶段完成工程时间不影响总体进度的前提下，对进度计划作出适当调整，将该阶段的计划适当细化和分解。

在工程施工中决定进度的就是设备的数量、人员的充分程度以及资金情况，在施工过程中有充足的资金对进度有推动作用。

（2）费用控制。工程的费用控制就是在工程实施过程中对人力、物力和资金的使用进行监督调节和控制，把各项流程的费用控制在计划之内，实现对成本的有效控制。费用控制过程比较复杂和繁琐，可以借助计算机等辅助工具帮助我们完成这项工作，对于资金、材料的使用情况做好相关的记录，每天根据消耗情况做好记录和结算，对于消耗过大的部分要及时寻找原因，避免因为材料的短缺造成进度减慢。在施工一个阶段结束之后，必须分析成本的消耗情况，发现偏差要及时纠正和采取措施，实现对成本的实时控制。

在项目的施工过程采用先进的工艺技术和材料以及经济合理的施工方案也是降低成本

的方法。

（3）进度及费用的综合控制。进度及费用的综合控制是工程项目管理的主要目的，进度及费用之间有着密切的联系，如果不能够将两者综合考虑，必然会出现很多问题。他们既单个独立存在，又相辅相成。成本的支出和工程进度的快慢一般成正比关系，必须对工程进度所花费的成本大小做出准确有效的估计，进度的快慢和资金花费多少都直接影响成本的大小。要想控制成本，必须要对工程项目的进度和资金使用情况做实时监督。成本进度控制方预先制定管理计划和控制标准，定期对进度和成本使用情况进行对比，随时调整工程进度和成本使用状况，出现问题要及时纠正和修改，对工程分阶段预测成本和工期。这个过程必须贯穿工程全过程，必须随时对工程成本情况和工程进度进行监督，使两者符合工程计划，确保工程按计划完成。

（4）进度及费用控制分析方法。目前国际上对于进度及费用的控制多采用净值法，国内还处于起步阶段。净值法分析法是能够较全面衡量工程进度和工程成本的使用状况的整体分析方法，具体操作是以货币量代替工程量来检测工程的进展情况，主要是根据资金转化已完成工程的情况来衡量，不以资金的多少来判断工程进度，是目前最有效的监测工程进展情况的运算方法。净值法用累计计划成本、净值和实际成本额三个基本参数来表示工程进展情况，同时可以预测工程项目完工所需要的时间和投资费用。工程项目的预算成本、净值和实际成本都会随着时间变化成 S 形曲线，净值法就是利用这三个参数确定工程的进展情况。净值法的工作原理是根据预先制定的控制基准和实施后定期做比较分析，然后调整相应的工程计划反馈到实施计划中去。净值法的关键是监控实际成本及进度的状况，及时、定期地与控制基准比较分析，及时采取必要的纠正措施，修正或更新项目计划，预测项目完成时成本使用情况、进度状况。

三、工程计量与支付

（一）预付款支付

工程预付款，用于承包人为合同工程施工购置材料、工程设备，购置或租赁施工设备，修建临时设施以及组织施工队伍进场等所需的款项。

1. 预付款额度与支付

工程实行预付款的，合同双方应根据合同通用条款及价款结算办法的有关规定，在合同专用条款中约定并履行。

承包人应在签订合同或向发包人提供与预付款等额的预付款保函后向监理人提交预付款支付申请，监理人应在收到支付申请的 7 天内进行核实后向承包人发出预付款支付证书，并在签发支付证书后的 7 天内向承包人支付预付款。

水利工程预付款额度一般约定为工程中标价的 10%～20%，分两次支付，两次支付比例分别是 40% 和 60%。第一次预付款在签订合同，承包人向发包人提供经发包人认可的与预付款等额的预付款保函后，经监理人出具付款证书报发包人批准后 14 天内予以支付；第二次预付款待承包人主要设备进入工地后，或其完成的工程量估算值已达到本次预付款金额时，由承包人提出申请，经监理人核实后出具付款证书报发包人批准后 14 天内予以支付。

2. 预付款的扣回

预付的工程款必须在合同中约定扣回方式，常用的扣回方式为在承包人完成累计金额达到合同总价一定比例（双方合同约定）后，采用等比率或等额扣款的方式分期抵扣。也可针对工程实际情况具体处理，如有些工程工期较短、造价较低，就无需分期扣还；有些工期较长，如跨年度工程，其预付款的占用时间很长，根据需要可以少扣或不扣。

水利工程预付款扣回与还清一般约定在合同累计完成金额达到签约合同价的 20% 时开始扣款，直至合同累计完成金额达到签约合同价的 90% 时全部扣清。

（二）进度款支付

工程进度款支付是指承包人在工程实施过程中，依据承包合同中关于付款条款的规定和已完成的工程量，并按照规定程序向建设单位（业主）收取工程价款的一项经济活动。以承包人提出的进度支付报表，报监理工程师确认，经业主认可，作为工程进度款支付的依据。

1. 工程价款结算方式

采用的工程结算方式主要有以下几种：

（1）按月结算。实行月度中期结算、竣工后清算的方法。跨年度竣工的工程，在年终进行工程盘点，办理年度结算。

（2）完工后一次结算。建设项目或单项工程全部建筑安装工程建设期在 12 个月以内，或者工程承包价值在 100 万元以下的，可以实行工程价款竣工后一次结算。

（3）分段结算。即当年开工，当年不能竣工的单项工程或单位工程按照工程形象进度，划分不同阶段进行结算。

（4）目标结算方式。即在工程合同中，将承包工程的内容分解成不同的控制界面，以业主验收控制界面作为支付工程款的前提条件。也就是说，将合同中的工程内容分解成不同的验收单元，当施工单位完成单元工程内容并经业主验收后，业主支付构成合同工程内容的工程价款。

在目标结算方式下，施工单位要想获得工程价款，必须按照合同约定的质量标准完成界面内的工程内容。要想尽早获得工程价款，承包人必须充分发挥自己的组织实施能力，在保证质量的前提下，加快施工进度。

（5）结算双方约定的其他结算方式。

2. 工程进度款中间支付

承包人在施工过程中，根据工程施工的进度和合同规定，按阶段完成的数量计算各项费用，向发包人收取工程进度款，主要支付程序为：

（1）对单价合同工程量清单中所列的工程量仅是对工程的估算量，不能作为承包人完成合同规定施工义务的结算依据。每次支付工程月进度款前，均需通过测量来核实实际完成的工程量，以计量值作为支付依据。

（2）承包人提供的支付报表。每个月的月末，承包人应按工程师规定的格式提交本月支付报表，内容包括提出本月已完成合格工程的应付款要求和对应扣款的确认，一般包括以下几个方面：

1）本月完成的工程量清单中工程项目及其他项目的应付金额（包括变更）。

2）法规变化引起的调整应增加和减扣的任何款额。

3）作为保留金扣减的任何款额。

4）预付款的支付（分期支付的预付款）和扣还应增加和减扣的任何款额。

5）承包人采购用于永久工程的设备和材料应预付和扣减款额。

6）根据合同或其他规定（包括索赔、争端裁决和仲裁），应付的任何其他应增加和扣减的款额。

7）对所有以前的支付证书中证明的款额的扣除或减少（对已付款支付证书的修正）。

（3）监理签证。工程师接到报表后，对承包人完成的工程形象、项目、质量、数量以及各项价款的计算进行核查。若有疑问，可要求承包人共同复核工程量。在收到承包人的支付报表后 28 天内，按核查结果以及总价承包分解表中核实的实际完成情况签发支付证书。工程师可以不签发证书或扣减承包人报表中部分金额的情况包括：

1）合同内约定有工程师签证的最小金额时，本月应签发的金额小于签证的最小金额，工程师不出具月进度款的支付证书。本月应付款接转下月，超过最小签证金额后一并支付。

2）承包人提供的货物或施工的工程不符合合同要求，可扣发修正或重置相应的费用，直至修整或重置工作完成后再支付。

3）承包人未能按合同规定进行工作或履行义务，并且工程师已经通知了承包人，则可以扣留该工作或义务的价值，直到工作或义务履行为止。工程进度款支付证书属于临时支付证书，工程师有权对以前签发过的证书中发现的错、漏或重复提出更改或修正，承包人也有权提出更改或修正，经双方复核同意后，将增加或扣减的金额纳入本次签证中。

（4）发包人支付。承包人的报表经过工程师认可并签发工程进度款的支付证书后，发包人应在接到证书后及时给承包人付款。

3. 质量保证金

（1）质量保证金的概念。质量保证金是指发包人与承包人在建设工程承包合同中约定，从应付的工程款中预留，用以保证承包人在缺陷责任期内对建设工程出现的缺陷进行维修的资金。

缺陷是指建设工程质量不符合工程建设强制性标准、设计文件以及承包合同的约定。缺陷责任期一般为 1 年，由发、承包双方在合同中约定。

（2）质量保证金预留管理。发包人应按照合同约定方式预留保证金，保证金总预留比例不得高于工程价款结算总额的 3%，合同约定由承包人以银行保函替代预留保证金的，保函额不得高于工程价款结算总额的 3%。

缺陷责任期内实行国库集中支付的政府投资项目，保证金的管理应按国库集中支付的有关规定执行。其他政府投资项目，保证金可以预留在财政部门或发包人。缺陷责任期内如发包人被撤销，保证金随交付使用资产一并移交使用单位管理，由使用单位代行发包人职责，社会投资项目采用预留保证金方式的，发、承包双方可以约定将保证金交由第三方金融机构托管。

推行银行保函制度，承包人可以用银行保函替代预留保证金。

（3）保证金的返还。缺陷责任期从工程通过竣工验收之日起计；由于承包人原因导致工程无法按规定期限进行竣工验收的，缺陷责任期从实际通过竣工验收之日起计；由于发包人原因导致工程无法按规定期限进行竣工验收的，在承包人提交竣工验收报告90天后，自动进入缺陷责任期。

缺陷责任期内，承包人认真履行合同约定的责任，到期后，承包人向发包人申请返还保证金。发包人在接到承包人返还保证金申请后，应于14天内会同承包人按照合同约定的内容进行核实，如无异议，发包人应当按照合同约定将保证金返还给承包人。对返还期限没有约定或约定不明确的，发包人应当在核实后14天内将保证金返还给承包人，逾期未返还的依法承担违约责任。发包人在收到承包人返还保证金申请后14天内不予答复，经催告后14天内仍不予答复的，视同认可承包人的返还保证金申请。

（三）价差

定额发布时或承包合同约定某一时点的人、材、机价格和工程实施时人、材、机价格之间的差值为价差。

若合同文件规定进行价差调整，在竣工结算时应依据规范规程、合同文件及有关国家价格调整政策，对构成造价的人工费、材料费、施工机械费及其他费率进行调整。常用的价格调整方法如下。

（1）工程造价指数调整法。这种方法是甲乙方采用当时的预算（或概算）定额单价计算出承包合同价，待竣工时，根据合理的工期及当地工程造价管理部门所公布的该月度（或季度）的工程造价指数，对原承包合同价予以调整，重点调整那些由于实际人工费、材料费、施工机械费等费用上涨及工程变更因素造成的价差，并对承包人给以调价补偿。

（2）实际价格调整法。在我国，由于建筑材料需要市场采购的范围越来越大，有些地区规定对钢材、木材、水泥等三大材的价格采取按实际价格结算的方法，工程承包人可凭发票按实报销。这种方法方便、简单。但由于是实报实销，因而承包人对降低成本不感兴趣，为了避免副作用，地方主管部门要定期发布最高限价，同时合同文件中应规定建设单位或工程师有权要求承包人选择更廉价的供应来源。

（3）调价文件计算法。这种方法是甲乙方采取按当时的预算价格承包，在合同工期内，按照造价管理部门调价文件的规定进行材料补差，在同一价格期内按所完成的材料用量乘以价差。也有的地方定期发布主要材料供应价格和管理价格，对这一时期的工程进行材料补差。

（4）调值公式法。建筑安装工程费用价格调值公式一般包括固定部分、材料部分和人工部分。但当建筑安装工程的规模和复杂性增大时，公式也变得更为复杂。调值公式一般为

$$P = P_0(a_0 + a_1 \cdot A/A_0 + a_2 \cdot B/B_0 + a_3 \cdot C/C_0 + a_4 \cdot D/D_0 + \cdots) \qquad (6-5-4)$$

式中　　　　　　P——调值后合同价款或工程实际结算款；

　　　　　　　　P_0——合同价款中工程预算进度款；

a_0——固定要素，代表合同支付中不能调整的部分占合同总价中的比重；

a_1、a_2、a_3、a_4、…——有关各项费用（如人工费用、钢材费用、水泥费用、运输费等）在合同总价中所占比重，$a_0+a_1+a_2+a_3+a_4+\cdots=1$；

A_0、B_0、C_0、D_0、…——基准日期与 a_1、a_2、a_3、a_4、…对应的各项费用的基期价格指数或价格；

A、B、C、D、…——与 a_1、a_2、a_3、a_4、…对应的各项费用的现行价格指数或价格。

（四）完工结算

1. 合同完工结算的概念

合同完工结算指的是施工企业按照合同规定的内容全部完成所承包的工程，经验收质量合格并符合合同要求之后，对照原设计施工图，根据增减变化内容，编制调整预算，作为向发包单位进行的最终工程款结算。在合同工程完工验收后，承包人应及时编制合同工程完工结算（也叫竣工结算）。

合同完工结算书是按照工程实际发生的量与额来计算的。经审查的合同完工结算是核定建设工程造价的依据，也是建设项目竣工验收后编制竣工决算和核定新增固定资产价值的依据。

2. 工程结算的依据

工程结算的依据包括：①《水利工程工程量清单计价规范》（GB 50501—2007）；②施工合同（工程合同）；③工程竣工图纸及资料；④双方确认的工程量；⑤双方确认追加（减）的工程价款；⑥双方确认的索赔、现场签证事项及价款；⑦投标文件；⑧招标文件；⑨其他依据。

3. 工程结算的要求

（1）分类分项工程费的计算。分类分项工程费应依据发、承包双方确认的工程量、合同约定的综合单价计算。如发生调整的，以发、承包双方确认的综合单价计算。

（2）措施项目费的计算。措施项目费应依据合同中约定的项目和金额计算。如合同中规定采用综合单价计价的措施项目，应依据发、承包双方确认的工程量和综合单价计算，规定采用"项"计价的措施项目，应依据合同约定的措施项目和金额计算。如发生调整的，以发、承包双方确认调整的金额计算。措施项目费中的安全文明施工费应按照国家或省级、行业建设主管部门的规定计算。施工过程中，国家或省级、行业建设主管部门对安全文明施工费进行了调整的，措施项目费中的安全文明施工费应作相应调整。

（3）其他项目费的计算。办理竣工结算时，其他项目费的计算应按以下要求进行：

1）计日工的费用应按发包人实际签证确认的数量和合同约定的相应单价计算。

2）当暂估价中的材料是招标采购的，其单价按中标价在综合单价中调整；当暂估价中的材料为非招标采购的，其单价按发、承包双方最终确认的单价在综合单价中调整。

当暂估价中的专业工程是招标采购的，其金额按中标价计算；当暂估价中的专业工程为非招标采购的，其金额按发、承包双方与分包人最终确认的金额计算。

3）总承包服务费应依据合同约定的金额计算，发、承包双方依据合同约定对总承包服务进行了调整，应按调整后的金额计算。

4）索赔事件产生的费用在办理竣工结算时应在其他项目费中反映。索赔费用的金额应依据发、承包双方确认的索赔事项和金额计算。

5）现场签证发生的费用在办理竣工结算时应在其他项目费中反映。现场签证费用金额依据发、承包双方签证资料确认的金额计算。

6）合同价款中的暂列金额在用于各项价款调整、索赔与现场签证后，若有余额，则余额归发包人，若出现差额，则由发包人补足并反映在相应的工程价款中。

4. 合同竣工结算的程序

合同竣工结算是指施工企业按照合同规定，在一个单位工程或单项建筑安装工程完工、验收、点交后，向建设单位（业主）办理最后工程价款清算的经济技术文件。办理工程价款完工结算的一般公式为

$$结算工程款＝合同价款＋施工过程中合同价款调整数额$$

$$－预付及已结算工程价款－质量保证金 \qquad (6-5-5)$$

《建设工程施工合同（示范文本）》中对竣工结算作了详细规定：

（1）工程完工验收报告经发包人认可后 28 天内，承包人向发包人递交竣工结算报告及完整的结算资料，双方按照协议书约定的合同价款及专用条款约定的合同价调整内容，进行工程竣工结算。

（2）发包人在收到承包人递交的竣工结算报告及结算资料后 28 天内进行核实，给予确认或者提出修改意见。发包人确认竣工结算报告后通知经办银行向承包人支付工程竣工结算价款。承包人收到竣工结算价款后 14 天内将完工工程交付发包人。

（3）发包人在收到竣工结算报告及结算资料后 28 天内无正当理由不支付工程竣工结算价款，从第 29 天起按承包人同期向银行贷款利率支付拖欠工程价款的利息，并承担违约责任。

（4）发包人在收到竣工结算报告及结算资料后 28 天内不支付工程竣工结算价款，承包人可以催告发包人支付结算价款。发包人在收到竣工结算报告及结算资料后 56 天内仍不支付的，承包人可以与发包人协议将该工程折价，也可以由承包人申请人民法院将该工程依法拍卖，承包人就该工程折价或者拍卖的价款优先受偿。

（5）工程竣工验收报告经发包人认可后 28 天内，承包人未能向发包人递交竣工结算报告及完整的结算资料，造成工程竣工结算不能正常进行或工程结算价款不能及时支付，发包人要求交付工程的，承包人应当交付；发包人不要求交付工程的，承包人承担保管责任。

（6）发包人和承包人对工程竣工结算价款发生争议时，按争议的约定处理。在实际工作中，当年开工、当年竣工的工程，只需办理一次性结算。跨年度的工程，在年终办理一次年终结算，将未完工程结转到下一年度，此时竣工结算等于各年度结算的总和。

5. 完工结算的审核

（1）核对合同条款。首先，完工工程内容是否符合合同条件要求，工程是否完工验收

合格，只有按合同要求完成全部工程并验收合格才能列入竣工结算。其次，应按合同约定的结算方法，对工程竣工结算进行审核，若发现合同有漏洞，应请发包人与承包人认真研究，明确结算要求。

（2）落实设计变更签证。设计修改变更应由原设计单位出具设计变更通知单和修改图纸，设计、校审人员签字并加盖公章，经发包人和监理工程师审查同意、签证才能列入结算。

（3）按图核实工程数量，竣工结算的工程量应依据设计变更单和现场签证等进行核算，并按国家统一规定的计算规则计算工程量。

（4）严格按合同约定计价。结算单价应按合同约定、招标文件规定的计价原则或投标报价执行。

（5）注意各项费用计取。工程的取费标准应按合同要求或项目建设期间有关费用计取规定执行，先审核各项费率、价格指数或换算系数是否正确，价格调整计算是否符合要求，再核实特殊费用和计算程序。要注意各项费用的计取基础是以人工费为基础还是以定额基价为基础。

（6）防止各种计算误差。工程竣工结算子目多、篇幅大，往往有计算误差，应认真核算，防止因计算误差多计或少算。

四、工程变更及价款的确定

（一）工程变更概述

1. 工程变更的概念

工程变更是指在合同工程的实施过程中，由发包人提出或由承包人提出经发包人批准的合同工程中任何一项工作的增减、取消或施工工艺、顺序、时间的改变，设计图纸的修改，施工条件的改变，招标工程量清单的错、漏，从而引起合同条件的改变或工程量的增减变化。

由于工程项目具有规模大、结构复杂、建设周期长的特点，建设参与各方在功能描述、勘察设计、工程量估算等方面难免有不完善之处，在现场施工时不得不做出局部修正；又由于项目建设具有建筑物的固定性、施工作业的流动性和对材料、设备、施工技术的依赖性，承包人在施工过程中受现场施工条件、自然条件、社会环境、材料设备的供应以及施工技术水平等因素的制约，做出局部修改在所难免。

2. 工程变更的范围

（1）工程设计图纸的变更。

（2）因建设单位原因造成施工方案的变更。

（3）重要材料与设备的改变。

（4）施工现场条件等实际情况与勘察报告等技术资料不符引起的现场签证及变更。

（5）工程量清单与费用的调整。

（6）因法律、法规、规章调整引起的变更。

（7）其他导致工程造价发生较大变动的变更。

（二）工程变更的处理

工程建设项目变更应当遵循科学、合理、经济，先批准、后变更，先设计、后施工的原则。

1. 工程变更的处理原则

（1）质量优先原则。工程的各种变更，质量第一的原则是不可改变的。

（2）工程优先原则。工程建设项目的核心是工程，所有参与各方必须以工程为基本出发点，变更是否对工程有利，是否有利于保证工程质量、工期和降低成本是唯一考虑因素。

（3）发包人优先原则。工程的所有者是发包人，工程建设的资金提供方是发包人，工程完工后的使用者是发包人（或发包人的代理人），因此，发包人对工程的需求是要被优先考虑的，各阶段工作都要以发包人的要求优先为原则。

（4）合同约定原则。依据合同约定是合同双方在工程建设过程中应遵循的基本原则。对于变更的处理方法若已在合同中加以阐明，应按照合同事先约定的程序进行变更处理。

（5）适当补偿原则。工程变更通常会导致承包人的成本支出增加、工期延长、利润减少等不利的后果。因此，对非承包人原因引起的工程变更，发包人应根据实际情况，酌情考虑补偿承包人的损失。

（6）工程常规背景原则。在实际工程中，常规的工程背景是工程技术人员对工程所选择的一般管理和常规做法。

2. 工程变更的处理流程

（1）变更的提出。

1）在合同履行过程中，对可能发生的合同约定的变更情形的，监理人可向承包人发出变更意向书。变更意向书应说明变更的具体内容和发包人对变更的时间要求，并附必要的图纸和相关资料。变更意向书应要求承包人提交包括拟实施变更工作的计划、措施和完成时间等内容的实施方案。发包人同意承包人根据变更意向书要求提交的变更实施方案的，由监理人按相关合同条款约定发出变更指示。

2）在合同履行过程中，对已经发生了合同约定的变更情形的，监理人应按照合同约定向承包人发出变更指示。

3）承包人收到监理人按合同约定发出的图纸和文件，经检查认为其中存在变更约定情形的，可向监理人提出书面变更建议。变更建议应阐明要求变更的依据，并附必要的图纸和说明。监理人收到承包人书面建议后，应与发包人共同研究，确认存在变更的，应在收到承包人书面建议后，在合同约定的期限内（一般约定 14 天内）作出变更指示。经研究后不同意变更的，应由监理人书面答复承包人。

4）若承包人收到监理人的变更意向书后认为难以实施此项变更，应立即通知监理人，说明原因并附详细依据。监理人与承包人和发包人协商后确定撤销、改变或不改变原变更意向书。

（2）变更估价。

1）变更的估价原则。

a）已标价工程量清单中有适用于变更工作内容的子目时，采用该子目的单价。

b）已标价工程量清单中无适用于变更工作内容的子目，但有类似子目的，可采用合理范围内参照类似子目单价编制的单价。

c）若施工合同工程量清单中无适用或类似子目的单价，可采用按照成本加利润原则编制的单价。

2）承包人应在收到变更指示或变更意向书后，在合同约定的变更期限内（一般约定14天内），向监理人提交变更报价书，报价内容应根据合同约定的估价原则，详细开列变更工作的价格组成及其依据，并附必要的施工方法说明和有关图纸。

3）变更工作影响工期的，承包人应提出调整工期的具体细节。监理人认为有必要时，可要求承包人提交要求提前或延长工期的施工进度计划及相应施工措施等详细资料。

4）监理人收到承包人变更报价书后，在合同约定的变更期限内（一般约定14天内），根据合同约定的估价原则，按照合同约定与承包人商定或确定变更价格。

3. 工程变更合同价款调整原则

（1）已标价工程量清单中有相同项目的，按照相同项目的单价认定。

（2）已标价工程量清单中无相同项目，但有类似项目的，参照类似项目的单价认定。

（3）变更导致实际完成的变更工程量与已标价工程量清单无相同项目及类似项目单价的，或已标价工程量清单列明的该项目工程的变化幅度超过15%的，按照合理的成本与利润构成的原则，由合同当事人按照合同确定或商定的方式确定变更工程的单价。

承包人应在收到变更指示后14天内，向监理人提交变更价款调整申请。监理人应在收到承包人提交的变更价款调整申请后7天内审查完毕并报送发包人，监理人对变更价款调整申请有异议的，通知承包人修改后重新提交。发包人应在承包人提交变更价款调整申请后14天内审批完毕。发包人逾期未完成审批或未提出异议的，视为认可承包人提交的变更价款调整申请。因变更引起的价格调整应计入最近一期的进度款中予以支付。

4. 工程变更合同价款的确定

当合同价款调整因素出现后，承发包双方应根据合同约定，对合同价款的变动进行提出、计算和确认。合同价款的调整方法如下。

（1）法律法规变化。对于招标项目工程在投标截止日28天前，对非招标工程在合同签订前28天为基准日，当国家的法律、法规、政策和规章发生变化引起工程造价的增减时，应依法进行合同价款调整。若因承包人原因导致的工期延误，合同价款调增的不予调整，合同价款调减的予以调整。

（2）工程变更。由于工程变更导致价款的调整。

（3）项目特征描述不详。若在合同履行过程中出现设计图纸（含设计变更）与招标工程量清单任意一个项目的特征描述不符，且该变化引起该项目的工程造价增减变化的，应按项目实际特征重新确定该项目单价，调整合同价款。

（4）工程量清单缺项。合同履行期间，由于招标工程量清单中缺项，应按合同和规范规定确定合同单价；若缺项引起措施项目发生变化的，应按合同和规范规定，在承包人提交的实施方案和新增措施项目实施方案被发包人批准后，调整合同价款。

（5）工程量偏差。合同履行期间，应允许计算的实际工程量与招标工程量清单出现偏差，发、承包双方应调整合同价款。

（6）计日工。计日工是以完成零星工作所消耗的人工工时、材料数量、机械台班进行计量，并按照计日工表中填报的适用项目的单价进行计价支付。计日工适用的所谓零星工作一般是指合同约定之外的或者因变更而产生的、工程量清单中没有相应项目的额外工作，尤其是那些时间不允许事先商定价格的额外工作。

（7）现场签证。现场签证是在施工过程中遇到问题时，由于报批需要时间，所以在施工现场由现场负责人当场审批的一个过程，是指发包人现场代表（或其授权的监理人、工程造价咨询人）与承包人现场代表就施工过程中涉及的责任事件所作的签认证明，由此发生的价格不仅成为工程造价的组成部分，而且成为合同的补充部分。

（8）物价变化。根据签订合同确定是否进行物价变化调整。如果合同明确规定不调整价差的，合同价格不予调整；如果合同规定调整价差的，应采用价格指数或造价信息调整价格差额。但若由承包人原因发生工期延误导致物价变化的，物价调增的不予调整，物价调减的予以调整。

（9）暂估价。暂估价是指发包人在工程量清单或预算书中提供的用于支付必然发生但暂时不能确定价格的材料、工程设备的单价、专业工程以及服务工作的金额。暂估价的主动权和决定权在发包人，发包人可以利用有关暂估价的规定，在合同中将必然发生但暂时不能确定价格的材料、工程设备和专业工程以暂估价的形式确定下来，并在实际履行合同过程中及时根据合同中所约定的程序和方式确定适用暂估价的实际价格，如此可以避免出现一些不必要的争议和纠纷。

（10）不可抗力。不可抗力是指合同订立时不能预见、不能避免并不能克服的客观情况。因不可抗力导致永久工程、已运至施工现场的材料和工程设备的损坏，以及因工程损坏造成的第三方人员伤亡和财产损失由发包人承担；承包人施工设备的损坏由承包人承担；发包人和承包人承担各自人员伤亡和财产的损失；因不可抗力影响承包人履行合同约定的义务，已经引起或将引起工期延误的，应当顺延工期，由此导致承包人停工的费用损失由发包人和承包人合理分担，停工期间必须支付的工人工资由发包人承担；因不可抗力引起或将引起工期延误，发包人要求赶工的，由此增加的赶工费用由发包人承担；承包人在停工期间按照发包人要求照管、清理和修复工程的费用由发包人承担。

不可抗力发生后，合同当事人均应采取措施尽量避免和减少损失的扩大，任何一方当事人没有采取有效措施导致损失扩大的，应对扩大的损失承担责任。

因合同一方迟延履行合同义务，在迟延履行期间遭遇不可抗力的，不免除其违约责任。

（11）工期赔偿。当发生工期提前或延误时，应根据合同约定划清责任，按合同条款约定的奖励或惩罚标准进行合同价款调整。

（12）施工索赔。施工索赔是在施工过程中，承包人根据合同和法律的规定，对于并非由于自己的过错所造成的损失，或承担了合同规定之外的工作所付的额外支出，向发包人提出在经济或时间上要求补偿的权利。从广义上讲，施工索赔还包括发包人对承包人的索赔，通常称为反索赔。索赔的依据是签订的合同和有关法律、法规和规章。

五、工程索赔及其费用的计算

(一) 工程索赔概述

1. 工程索赔概念

建设工程索赔通常是指在工程合同履行过程中，合同当事人一方因对方不履行或未能正确履行合同或者由于其他非自身因素而受到经济损失或权利损害，通过合同规定的程序向对方提出经济或时间补偿要求的行为。

在工程建设阶段，都可能发生索赔。但发生索赔最集中、处理难度最复杂的情况发生在施工阶段，因此，通常说的工程建设索赔主要是指工程施工的索赔。索赔是双向的，既可以是承包人向发包人索赔，也可以是发包人向承包人索赔。

索赔是合同执行阶段一种避免风险的方法，同时也是避免风险的最后手段，是一种正当的权利要求，它是发包人、监理工程师和承包人之间一项正常的、大量发生而普遍存在的合同管理业务，是一种以法律和合同为依据、合情合理的行为。

2. 工程索赔产生的原因

(1) 合同对方违约，不履行或未正确履行合同义务与责任。

(2) 合同错误，如合同条文不全、错误、矛盾等，设计图纸、技术规范错误等。

(3) 合同变化。

(4) 工程环境变化，包括法律、物价和自然条件变化等。

(5) 不可抗力因素，如恶劣天气、地震、洪水、战争状态等。

3. 工程索赔的分类

工程索赔有按索赔有关当事人分类、按索赔的目的和要求分类、按索赔事件的性质分类、按索赔对象分类和按索赔处理方式分类等五种形式。

(1) 按索赔有关当事人分类，可分为：

1) 承包人与发包人之间的索赔。

2) 承包人与分包人之间的索赔。

3) 承包人或发包人与供货商之间的索赔。

4) 承包人或发包人与保险人之间的索赔。

(2) 按索赔的目的和要求分类，可分为：

1) 工期索赔，一般指承包人向发包人或者分包人向承包人要求延长工期。

2) 费用索赔，即要求经济补偿损失，调整合同价格。

(3) 按索赔事件的性质分类，可分为：

1) 工期延期索赔。因为发包人未按合同要求提供施工条件，或者发包人指令工程暂停或不可抗力事件等原因造成的工期拖延，承包人向发包人提出索赔；如果由于承包人原因导致工期拖延，发包人可以向承包人提出索赔；由于非分包人的原因导致工期拖延，分包人可以向承包人提出索赔。

2) 工期加速索赔。通常由于发包人或工程师指令承包人加快施工进度，缩短工期引起承包人的人力、物力、财力的额外开支，承包人提出索赔；承包人指令分包人加快进度，分包人可以向承包人提出索赔。

3) 工程变更索赔。由于发包人或工程师指令增加或减少工程量或附加工程、修改设计、变更施工顺序等，造成工期延误和费用增加，承包人由此向发包人提出索赔，分包人也可以向承包人提出索赔。

4）不可预见的外部故障或条件索赔。即施工期间在现场遇到了一个有经验的承包人通常不能预见的外界障碍或条件，例如地质条件与预计的发包人提供的资料不同，出现未预见的岩石淤泥或地下水等，导致承包人损失，这类风险通常由发包人承担，即承包人可以据此提出索赔。

5）不可抗力引起的索赔。

6）工程终止索赔。由于发包人违约或者发生了不可抗力事件等造成工程非正常终止，承包人和分包人蒙受经济损失而提出的索赔；由于承包人或分包人原因导致工程非正常终止，或者合同无法履行的，发包人可以提出索赔。

7）其他索赔。如汇率贬值、汇率变化、物价变化、政策法令变化等原因引起的索赔。

（4）按索赔对象分类，可分为：

1）索赔是指承包人向发包人提出的索赔。

2）反索赔是被要求索赔方对索赔方提出的索赔要求所做出的反击行为，一般指发包人向承包人提出的索赔。

（5）按索赔处理分类，可分为：

1）单项索赔。单项索赔就是采取一事一索赔的方式，即在每一件索赔事项发生后，报送索赔通知书，编报索赔报告书，要求单项解决支付，不与其他的索赔事项混在一起。

2）综合索赔。综合索赔又称总索赔，俗称一揽子索赔。即对整个工程（或某项工程）中所发生的数起索赔事项，综合在一起进行索赔。综合索赔也是总成本索赔，它是依据整个工程（或某项目工程）的实际总成本与原预算成本之差额提出索赔。

4. 反索赔

反索赔就是指一方提出索赔时，反驳、反击或者防止对方提出索赔，不让对方索赔成功或者全部成功。一般认为，索赔是双向的，发包人和承包人都可以向对方提出索赔要求，任何一方也都可以对对方提出的索赔要求进行反驳和反击，这种反击和反驳就是反索赔。

针对一方的索赔要求，反索赔的一方应以事实为依据，以合同为准绳，反驳和拒绝对方的不合理要求或索赔要求中的不合理部分。

常见的反索赔一般包含下列几种情况：工期延误反索赔；施工缺陷索赔；承包人未履行的保险费用索赔；对超额利润的索赔；对指定分包人的付款索赔；发包人终止合同或承包人不正当地放弃工程的索赔等。

（二）工程索赔原则与方法

1. 工程索赔原则

（1）必须以合同为依据。

（2）及时、合理地处理索赔，以完整、真实的索赔证据为基础。

（3）加强主动控制，减少索赔。

2. 索赔费用的计算方法

常用的索赔费用的计算方法有实际费用法、总费用法和修正的总费用法三种。

（1）实际费用法。实际费用法是计算工程索赔时最常用的一种方法，这种方法的计算原则是以承包人为某项索赔工作所支付的实际开支为根据，向发包人要求费用补偿。

用实际费用法计算时，在直接费的额外费用部分的基础上，再加上应得的间接费和利润，即是承包人应得的索赔金额。由于实际费用法所依据的是实际发生的成本记录或单据，所以在施工过程中，系统而准确地积累记录资料是非常重要的。

（2）总费用法。总费用法就是当发生多次索赔事件以后，重新计算该工程的实际总费用，实际总费用减去投标报价时的估算总费用，即为索赔金额，即

$$索赔金额＝实际总费用－投标报价估算总费用$$

不少人对采用该方法计算索赔费用持批评态度，因为实际发生的总费用中可能包括了承包人的原因，如施工组织不善而增加的费用；同时投标报价估算的总费用也可能为了中标而过低。所以这种方法只有在难以采用实际费用法时才应用。

（3）修正的总费用法。修正的总费用法是对总费用法的改进，即在总费用计算的原则上，去掉一些不合理的因素，使其更合理。修正的内容如下：

1）将计算索赔款的时段局限于受到外界影响的时间，而不是整个施工期。

2）只计算受影响时段内的某项工作所受影响的损失，而不是计算该时段内所有施工工作所受的损失。

3）与该项工作无关的费用不列入总费用中。

4）对投标报价费用重新进行核算。按受影响时段内该项工作的实际单价进行核算，乘以实际完成的该项工作的工程量，得出调整后的报价费用。

按修正后的总费用计算索赔金额的公式如下：

$$索赔金额＝某项工作调整后的实际总费用－该项工作调整后的报价费用$$

修正的总费用法与总费用法相比有了实质性的改进，它的准确程度已接近于实际费用法。

3. 工期索赔

（1）工期索赔的概念。工期索赔是指承包人依据合同对由于非自身原因导致的工期延误向发包人提出的工期顺延要求。

（2）共同延误。在实际施工过程中，工期延误往往是多种原因同时发生（或相互作用）而造成的，故称为共同延误，在这种情况下，要具体分析哪一种情况对延误是有效的，主要依据以下几个原则：

1）首先判断造成延误的哪一种原因是最先发生的，即确定"初始延误者"，其应对工程延误负责。

2）如果"初始延误者"是发包人的原因，则在发包人原因造成的延误期内，承包人既可以得到工期延长，又可以得到经济补偿。

3）如果"初始延误者"是客观原因，则在客观因素影响的延误期内，承包人可以得到工期延长，但很难得到经济补偿。

4）如果"初始延误者"是承包人的原因，则在承包人原因造成的延误期内，承包人员不能得到工期延长，也不能得到经济补偿。

（3）工期索赔的计算。工期索赔的计算需要判断受影响的事件是单个事件还是多个事件。工期索赔的计算主要有直接法、网络图分析法和比例计算法三种。

1）直接法。如果某干扰事件直接发生在关键线路上，造成总工期的延误，可以直接将该干扰事件的实际干扰时间作为工期索赔值。

2）网络图分析法。利用进度计划的网络图，分析其关键线路。如果延误的工作为关键工作，则总延误的时间为批准顺延的工期；如果延误的工作为非关键工作，当该工作由于延误成为关键工作时，可以批准延误时间与时差的差值；若该项工作延误后仍为非关键工作，则不存在工期索赔问题。

3）比例计算法。如果某干扰事件仅仅影响某单项工程、单位工程或分部分项工程的工期，要分析其对总工期的影响，可以采用比例计算法分析。

a）已知额外增加工程量时工期索赔的价格：

$$工期索赔值＝额外增加的工程量的价格/原合同总价×原合同总工期 \qquad (6-5-6)$$

b）已知受干扰部分工程的顺延时间：

$$工期索赔值＝受干扰部分工期拖延时间×受干扰部分工程的合同价格/原合同总价$$

$$(6-5-7)$$

（三）工程索赔费用的组成及索赔程序

1. 工程索赔费用的组成

索赔费用的组成与建筑安装工程造价的组成类似，一般包括以下几个方面：

（1）人工费。包括增加工作内容的人工费、停工损失费和工作效率降低等损失费的累计，其中增加工作内容的人工费应按照合同约定或协商确定计算，而停工损失费和工作效率降低的损失费按窝工费计算，窝工费的标准双方应在合同中设定或协商确定。

（2）设备费。可采用机械台班费、机械折旧费、设备租赁费等几种形式。当工作内容增加引起设备费索赔时，设备费的标准按照机械台班费计算。因窝工引起的设备费索赔，当施工机械属于施工企业自有时，按照机械折旧费计算索赔费用；当施工机械是企业从外部租赁时，索赔费用的标准按照设备租赁费计算。

（3）材料费。材料费的索赔包括：由于索赔事项材料实际用量超过计划用量而增加的材料费；由于客观原因材料价格大幅度上涨；由于非承包人责任工程延期导致的材料价格上涨和超期储存的费用。材料费中应包括运输费、仓储费以及合理的损耗费用。如果由于承包人管理不善，造成材料损坏失效，则不能列入索赔计价。承包人应该建立健全物资管理制度，记录建筑材料的进货日期和价格，以便索赔时能准确地分离出索赔事项所引起的材料额外耗用量。为了证明材料单价的上涨，承包人应提供可靠的订货单、采购单，或官方公布的材料价格调整指数。

（4）管理费。此项可分为现场管理费和企业管理费两部分。索赔款项中的现场管理费是指承包人完成额外工程、索赔事项工作以及工期延长期间的现场管理费，包括管理人员工资、办公、通信、交通费等。索赔款中的企业管理费主要指的是工程延期所增加的管理费。包括总部职工工资、办公大楼、办公用品、财务管理、通信设施以及企业领导人员赴工地检查指导工作等开支。

（5）利润。一般来说，由于工程范围的变更、文件有缺陷或技术性错误、业主未能提供现场等引起的索赔，承包人可列入利润。但对于工程暂停的索赔，由于利润通常是包括在每项实施的工程内容的价格之内，而延长工期并未影响某些项目的实施，也未导致利润减少。所以，一般监理工程师很难同意在工程暂停的费用索赔中加进利润损失。索赔利润的款额计算通常是与原报价单中的利润百分率保持一致的。

（6）延迟付款利息。发包人未按约定时间进行付款的，应按银行同期贷款利率支付延迟付款的利息。

2. 工程索赔程序

根据合同约定，承包人认为非承包人原因发生的事件造成了承包人的损失，应按以下程序向发包人提出索赔：

（1）承包人应在知道或应当知道索赔事件发生后 28 天内，向发包人提交索赔意向通知书，说明发生索赔事件的事由。承包人逾期未发出索赔意向通知书的，丧失索赔的权利。

（2）承包人应在发出索赔意向通知书后 28 天内，向发包人正式提交索赔通知书。索赔通知书应详细说明索赔理由和要求，并附必要的记录和证明材料。

（3）索赔事件具有连续影响的，承包人应继续提交延续索赔通知，说明连续影响的实际情况和记录。

（4）在索赔事件影响结束后的 28 天内，承包人应向发包人提交最终索赔通知书，说明最终索赔要求，并附必要的记录和证明材料。

（5）发包人收到承包人的索赔通知书后，应及时查验承包人的记录和证明材料。

（6）发包人应在收到索赔通知书或有关索赔的进一步证明材料后的 28 天内，将索赔处理结果答复承包人，如果发包人逾期未答复，视为承包人索赔要求已被发包人认可。

（7）承包人接受索赔处理结果的，索赔款项作为增加合同价款，在当期进度款中进行支付；承包人不接受索赔处理结果的，按合同约定的争议解决方式办理。

3.《中华人民共和国标准施工招标文件》（简称《标准施工招标文件》）中规定可索赔的条款

根据《标准施工招标文件》中通用合同条款规定，可以合理补偿承包人的条款见表6-5-1。

表 6-5-1　　　　　　《标准施工招标文件》可以合理补偿承包人的条款

序号	条款号	条款主要内容	可补偿内容		
			工期	费用	利润
1	1.10.1	施工过程中发现文物、古迹以及其他遗迹、化石、钱币或物品	√	√	
2	4.11.2	承包人遇到不利物质条件	√	√	
3	5.2.4	发包人要求向承包人提前交付材料和工程设备		√	

续表

序号	条款号	条款主要内容	可补偿内容		
			工期	费用	利润
4	5.2.6	发包人提供的材料和工程设备不符合合同要求	√	√	√
5	8.3	发包人提供资料错误导致承包人返工或造成工程损失	√	√	√
6	11.3	发包人的原因造成工期延误	√	√	√
7	11.4	异常恶劣的气候条件	√		
8	11.6	发包人要求承包人提前竣工		√	
9	12.2	发包人原因引起的暂停施工	√	√	√
10	12.4.2	发包人原因造成暂停施工后无法按时复工	√	√	√
11	13.1.3	发包人原因造成工程质量达不到合同约定验收标准的	√	√	√
12	13.5.3	监理人对隐蔽工程重新检查，经检验证明工程质量符合合同要求的	√	√	√
13	16.2	法律变化引起的价格调整		√	
14	18.4.2	发包人在全部工程竣工前，使用已接受的单位工程导致承包人费用增加的	√	√	√
15	18.6.2	发包人的原因导致试运行失败的		√	√
16	19.2	发包人原因导致的工程缺陷和损失		√	√
17	21.3.1	不可抗力	√		

◦【 第六节 】

建设项目竣工验收阶段工程造价管理

一、竣工财务决算

（一）竣工决算概述

1. 竣工决算的概念

工程竣工决算是指在工程竣工验收交付使用阶段，由建设单位编制的建设项目从筹建到竣工验收、交付使用全过程中实际支付的全部建设费用。竣工决算是整个建设工程的最终价格，是建设单位财务部门汇总固定资产的主要依据。

2. 竣工决算的作用

（1）全面反映竣工项目的实际建设情况和财务情况。

（2）有利于节约基建投资。

（3）有利于经济核算。

（4）考核设计概算的执行情况，提高管理水平。

（5）正确编制竣工决算，有利于进行"三算"对比，即设计概算、施工图预算和竣工决算的对比。

3. 竣工结算与竣工决算的区别

建设项目竣工决算是以工程竣工结算为基础进行编制的，竣工结算是竣工决算的一个组成部分，两者的区别主要体现在以下几个方面：

（1）包含的范围不同。竣工结算是确定施工单位完成的工程项目的最终结算价格，竣工决算包括从筹集到竣工投产全过程的全部实际费用。

（2）编制单位不同。竣工结算是由施工单位编制的，竣工决算是由建设单位编制的。

（3）目标不同。结算是在合同工程施工完成已经完工验收后编制的，反映的是合同工程的实际造价；决算是竣工验收报告的重要组成部分，是正确核算新增固定资产价值，考核分析投资效果，建立健全经济责任的依据，是反应建设项目实际造价和投资效果的文件。竣工决算要正确核定新增固定资产价值，考核投资效果。

（二）竣工决算的组成内容

竣工决算的内容包括竣工财务决算说明书、竣工财务决算报表、工程竣工图和工程造价对比分析等四个部分。其中竣工财务决算说明书和竣工财务决算报表又合称为竣工财务决算，它是竣工决算的核心内容。

1. 竣工财务决算说明书

竣工财务决算说明书主要反映竣工工程建设成果和经验，是对竣工决算报表进行分析和补充说明的文件，是全面考核分析工程投资与造价的书面总结。其主要内容包括：①项目基本情况；②财务管理情况；③年度投资计划、预算（资金）下达及资金到位情况；④概（预）算执行情况；⑤招（投）标、政府采购及合同（协议）执行情况；⑥征地补偿和移民安置情况；⑦重大设计变更及预备费动用情况；⑧未完工程投资及预留费用情况；⑨审计、稽察、财务检查等发现问题及整改落实情况；⑩其他需说明的事项；⑪报表编制说明。

2. 竣工财务决算报表

竣工财务决算报表是反映建设项目情况、财务状况和资产形成及交付使用情况的综合性报表。主要由水利基本建设项目概况表、水利基本建设项目财务决算表、水利基本建设项目投资分析表、水利基本建设竣工项目未完工程投资及预留费用表、水利基本建设项目成本表、水利基本建设项目交付使用资产表、水利基本建设项目待核销基建支出表、水利基本建设项目转出投资表等 8 张表组成。其表式见表 6-6-1～表 6-6-8。

3. 工程竣工图

工程竣工图是真实地记录各种地上、地下建筑物、构筑物等情况的技术文件，是工程进行交工验收、维护改建和扩建的依据，是国家的重要技术档案。

4. 工程造价对比分析

对控制工程造价所采取的措施、效果及其动态变化进行认真的对比分析，总结经验教训。在实际工作中，应主要分析下列内容：

（1）主要实物工程量。对于主要实物工程量出入比较大的情况，必须查明原因。

表 6 - 6 - 1　　　　　　　　　　水利基本建设项目概况表

项目名称		项目法人		建设地址及所在河流		
建设性质		主要设计单位		主要施工企业		
主管部门		主要监理单位		质量监督单位		
概算批准文件						

项目主要特征			投资来源			实际投资	
		项目投资（元）	项目	概算数	实际数	1. 建筑安装工程投资	
			1.			2. 设备投资	
			2.			3. 待摊投资	
			3.			4. 其他投资	
						5. 待核销基建支出	
			合计			6. 转出投资	
		建设成本（元）	项目	总成本		单位成本	
			1.				
			2.				
			3.				
			合计			—	

项目效益			工程主要建设情况				
			开工日期				
			竣工日期				
		实际完成工程量	1. 土方/万 m³		征地补偿和移民安置	1. 总补偿费/元	
			2. 石方/万 m³			2. 永久征地/亩	
			3. 混凝土/m³			其中：耕地/亩	
			4. 金属结构制作安装/t			林地/亩	
						3. 临时占地/亩	
财务管理评价：		主要材料消耗量	1. 钢材/t			4. 迁移人口/人	
			2. 木材/m³			5. 土地补偿标准/（元/亩）	
			3. 水泥/t			6. 安置补助标准/（元/人）	
			4. 油料/t				

表 6-6-2 水利基本建设项目财务决算表 单位：万元

资金来源	金额	资金占用	金额
		一、基本建设支出	
一、基建拨款		1. 交付使用资产	
		2. 在建工程	
		3. 待核销基建支出	
		4. 转出投资	
二、项目资本		二、应收生产单位投资借款	
		三、拨付所属投资借款	
		四、器材	
三、项目资本公积		其中：待处理器材损失	
四、基本建设借款		五、货币资金	
五、上级拨入投资借款		六、财政应返还额度	
六、企业债券资金		七、预付及应收款	
七、待冲基建支出		八、有价证券	
八、其他借款		九、固定资产	
九、应付款		固定资产原价	
十、未交款		减：累计折旧	
		固定资产净值	
		固定资产清理	
十一、上级拨入资金		待处理固定资产损失	
十二、留成收入			
合计		合计	

补充资料：

基建投资借款期末余额：

应收生产单位投资借款期末数：

基建结余资金：

表 6-6-3 水利基本建设项目投资分析表

项 目	概（预）算价值					实际价值					实际较概算增减	
	建筑工程	安装工程	设备价值	其他费用	合计	建筑工程	安装工程	设备价值	其他费用	合计	增减额	增减率/%
投资合计												
减：待核销基建支出												
减：转出投资												
建设成本												

表 6－6－4   水利基本建设竣工项目未完工程投资及预留费用表

项 目	工程量				价 值						
	计量单位	设计	已完	未完	概算	已完	未 完				
							建筑	安装	设备	其他	合计
（一）未完工程投资											
（二）预留费用											
合 计											

表 6－6－5   水利基本建设项目成本表

项目	直接建设成本						待摊投资			建设成本
	建筑安装工程投资			设备投资	其他投资	小计	直接计入	间接计入	小计	
	建筑工程投资	安装工程投资	小计							
合计										

表 6－6－6 水利基本建设项目交付使用资产表

资产项目名称	结构、规格、型号、特征	坐落位置	计量单位	单位价值	数量	资产金额	备注
一、固定资产							
（一）房屋及构筑物							
（二）专用设备							
（三）通用设备							
（四）家具、用具、装具							
（五）其他							
二、流动资产							
三、无形资产							
四、递延资产							
合计							

表 6－6－7 水利基本建设项目待核销基建支出表

费用项目	金　额	核销原因与依据
合计		

表 6 - 6 - 8　　　　　　　　　　　　水利基本建设项目转出投资表

项目	项目地点与特征	产权单位	计量单位	数量	金额	转出愿意与依据
合计						

（2）主要材料消耗量。考核主要材料消耗量，查明在哪个环节超出量最大，再进一步查明超耗的原因。

（3）主要材料、机械台班、人工单价。主要材料及人工单价对工程造价影响较大。

（三）竣工财务决算的编制

1. 竣工财务决算的编制依据

（1）国家有关法律法规等有关规定。

（2）经批准的设计文件。

（3）年度投资和资金安排文件。

（4）合同（协议）。

（5）会计核算及财务管理资料。

（6）其他资料。

2. 竣工财务决算宜具备的条件

（1）经批准的初步设计、项目任务书所确定的内容。

（2）建设资金全部到位。

（3）竣工（完工）结算已完成。

（4）未完工程投资和预留费用不超过规定的比例。

（5）涉及法律诉讼、工程质量、征地及移民安置的事项已处理完毕。

（6）其他影响竣工财务决算编制的重大问题已解决。

3. 竣工财务决算的编制程序

（1）制定竣工财务决算编制方案。

（2）收集整理与竣工财务决算相关的项目资料。

（3）确定竣工财务决算基准日期。

（4）竣工财务清理。

（5）编制竣工财务决算报表。

（6）编写竣工财务决算说明书。

二、竣工决算审查与审计

(一) 竣工决算审查

审查竣工项目决算是上级管理部门和建设银行财务管理工作的一项重要内容。审查时应以国家有关方针、政策、设计文件、建设概算和建设计划为依据，着重审查以下内容：

(1) 审查竣工决算报表规定的内容是否填列完整，数字的计算是否正确，各种报表的有关指标是否相符和衔接。

(2) 审查竣工决算报表的内容是否真实，各项建设支出是否合理、合法。

(3) 审查文字说明书的内容和所述事实是否符合实际情况，有无虚报不实等问题。

在审查竣工决算中发现的问题，应及时研究解决，并调整原决算中的有关数字。在审查竣工决算中发现的问题，如建设单位有不同意见，可签署意见随同竣工决算上报主管部门和财政部门研究处理。建设单位接到上级主管部门和财政部门批复的竣工决算通知后，应及时办理竣工决算的调整和结束工作。

(二) 竣工决算审计

竣工决算审计是指水利基本建设项目（以下简称建设项目）竣工验收前，水利审计部门对其竣工决算的真实性、合法性和效益性进行的审计监督和评价，是建设项目竣工结算调整、竣工验收、竣工财务决算审批及项目法人任期经济责任评价的重要依据。

1. 建设项目竣工决算审计的依据

(1) 国家、上级水利主管部门及单位内部有关审计管理等法律、法规和制度，中国内部审计协会发布的审计准则、标准等。

(2) 国家、上级水利主管部门及单位内部有关建设管理、资金使用等法律、法规和制度。

2. 审计内容

审计内容包括：①建设项目批准及建设管理体制审计；②项目投资计划、资金来源及概算执行审计；③基本建设支出审计；④土地征用及移民安置资金管理使用审计；⑤未完工程投资及预留费用审计；⑥交付使用资产审计；⑦基建收入审计；⑧建设项目竣工决算时资金构成审计；⑨竣工财务决算编制审计；⑩招标、投标及政府采购审计；⑪合同管理审计；⑫建设监理审计；⑬财务管理审计；⑭历次审计。

3. 竣工决算审计方法

审计方法主要包括详查法、抽查法、核对法、调查法、分析法等。

(1) 详查法。详查法是在竣工决算审计时，对建设项目建设管理的所有环节和建设资金使用的全部事项进行全面、详细审查的审计方法。该方法适用于建设规模较小、内部管理不规范、会计核算不清晰或已经发现重大违法违纪现象的建设项目竣工决算审计。

审计人员运用详查法进行竣工决算审计时，审计结论应全部以审计证据为依据。应对建设项目建设管理和财务管理所有的资料进行全面、详细的审查、分析，据此作出审计判断。

(2) 抽查法。抽查法是在竣工决算审计时，从建设管理和财务管理事项中抽取其中一部分进行审查，根据审查结果，对竣工决算情况进行评价的审计方法。抽查法适用于建设规模较大，内部控制制度和会计基础较好，机构比较健全的建设项目竣工决算审计。

审计人员运用抽查法进行竣工决算审计时，应根据建设管理关键环节和财务管理中的主要资金流向选择抽样方法。

（3）核对法。核对法是在竣工决算审计时，将建设管理和财务管理事项中的相关记录中两处以上的同一数值或相关数据相互对照，用以验明内容是否一致、计算是否正确、事项是否真实正确的审计方法。核对法适用于竣工决算账、表、证之间的相互核对，交付使用资产和账务的核对，工程价款结算量和实际完成量等之间的核对等。

审计人员运用核对法进行竣工决算审计时，应查明核对中发现的错误或疑点，及时查明原因。采用核对法作为证据的资料应真实正确。当缺乏依据时，相互核对的数据应至少有两个不同来源，并使其核对相符。

（4）调查法。调查法是在竣工决算审计时，对建设管理和财务管理事项进行内查外调，以判断真相，取得审计证据的方法。调查法适用于工程价款结算的价格、银行存款、往来款项等的调查核实。

审计人员运用调查法进行竣工决算审计时，应制定调查方案，明确目的，确定被调查单位、内容、程序、方法及时间安排等，并严格执行。

（5）分析法。分析法是在竣工决算审计时，对建设管理和财务管理事项进行分析，以反映竣工决算审计事项真实合法的审计方法。分析法适用于竣工决算审计中的有关概算执行、合同履行、投资效益等的审计。

审计人员运用分析法进行竣工决算审计时，应根据不同的需要选择进行比率分析、因素分析等方法，达到审计目的。

（6）其他方法。

1）按照审查书面资料的技术，可分为审阅法、复算法、比较法等。

2）按照审查资料的顺序，可分为逆查法和顺查法等。

3）实物核对的方法，可分为盘点法、调节法和鉴定法等。

第七节

建设项目后评价

一、项目后评价的概念及类型

（一）项目后评价的概念

水利建设项目后评价是在水利建设项目竣工验收并投入使用后，运用科学、系统、规范的方法，对项目决策、建设实施和运行管理等各阶段及工程建成后的效益、作用和影响进行综合评价，以达到总结经验、汲取教训、不断提高项目决策和建设管理水平的目的。

（二）项目后评价的类型

1. 按评价时间分类

根据评价时间不同，项目后评价又可以分为跟踪评价、实施效果评价和影响评价。

（1）项目跟踪评价是指项目开工以后到项目竣工验收之前任何一个时点所进行的评价，它又称为项目中间评价。

（2）项目实施效果评价是指项目竣工一段时间之后所进行的评价，就是通常所称的项目后评价。

(3) 项目影响评价是指项目后评价报告完成一定时间之后所进行的评价，又称为项目效益评价。

2. 按决策要求分类

根据决策的需求，后评价也可分为宏观决策型后评价和微观决策型后评价。

(1) 宏观决策型后评价指涉及国家、地区、行业发展战略的评价。

(2) 微观决策型后评价指仅为某个项目组织、管理机构积累经验而进行的评价。

(三) 项目后评价原则

项目后评价原则包括：①独立客观性原则；②可信性原则；③可操作性原则；④全面性原则；⑤现实性原则；⑥反馈性原则；⑦合作性原则。

(四) 项目后评价方法

(1) 项目后评价方法的基础理论是现代系统工程与反馈控制的管理理论，项目后评价亦应遵循工程咨询的方法与原则。

(2) 项目后评价的综合评价方法是逻辑框架法。逻辑框架法是通过投入、产出、直接目的、宏观影响四个层面对项目进行分析和总结的综合评价方法。

(3) 项目后评价的主要分析评价方法是对比法，即根据后评价调查得到的项目实际情况，对照项目立项时所确定的直接目标和宏观目标，以及其他指标，找出偏差和变化，分析原因，得出结论和经验教训。项目后评价的对比法包括前后对比、有无对比和横向对比。

1) 前后对比法是将项目实施前后的相关指标进行对比，用以直接估量项目实施的相对成效。

2) 有无对比法是指将项目周期内"有项目"（实施项目）相关指标的实际值与"无项目"（不实施项目）相关指标的预测值进行对比，用以度量项目真实的效益、作用及影响。

3) 横向对比是将同一行业内类似项目的相关指标进行对比，用以评价企业（项目）的绩效。

(4) 项目后评价调查是采集对比信息资料的主要方法，包括现场调查和问卷调查。后评价调查重在事前策划。

(5) 项目后评价指标框架。

1) 构建项目后评价的指标体系，应按照项目逻辑框架构架，从项目的投入、产出、直接目的三个层面出发，将各层次的目标进行分解，落实到各项具体指标中。

2) 评价指标包括工程咨询评价常用的各类指标，主要有工程技术指标、财务和经济指标、环境和社会影响指标、管理效能指标等。不同类型项目后评价应选用不同的重点评价指标。

3) 项目后评价应根据不同情况，对项目立项、项目评估、初步设计、合同签订、开工报告、概算调整、完工投产、竣工验收等项目周期中几个时点的指标值进行比较，特别应分析比较项目立项与完工投产（或竣工验收）两个时点指标值的变化，并分析变化原因。

（五）项目后评价的作用

（1）确定项目预期目标是否达到，主要效益指标是否实现；查找项目成败的原因，总结经验教训，及时有效反馈信息，提高未来新项目的管理水平。

（2）为项目投入运营中出现的问题提出改进意见和建议，达到提高投资效益的目的。

（3）后评价具有透明性和公开性，能客观、公正地评价项目活动成绩和失误的主客观原因，比较公正、客观地确定项目决策者、管理者和建设者的工作业绩和存在的问题，从而进一步提高他们的责任心和工作水平。

二、项目过程后评价

（一）项目过程后评价的概念

项目过程后评价是建设项目程序控制评价的主要内容，是依据国家现有的法律、法规、制度及规定，在项目投入运营后，对项目的投资前期、建设时期、生产运营时期全过程的实际结果与决策阶段的预期目标进行全面对比分析和评价，找出偏差并分析原因，总结经验教训。

（二）项目过程后评价的内容

项目过程后评价应简单说明项目实施的基本特点，对照决策预期目标找出主要变化，分析变化的原因及其对项目效益的影响。项目过程后评价的内容主要包括项目前期工作评价、项目实施评价、项目运营管理评价等。

1. 项目前期工作评价

项目前期工作包括从项目建议书到项目正式开工这一过程的各项工作内容。一般来说，项目前期工作费用支出不大，但所需时间较长，前期工作对项目投资效益影响有重大作用，有时可以从根本上决定项目的成败。故前期工作后评价是整个后评价工作的重要内容之一，要能全面分析评价前期工作的基本情况，分析评价项目建设的必要性，同时结合审批文件，分析前期工作阶段主要指标的变化情况。具体分析内容为：

（1）根据项目所在流域或区域的国民经济发展现状和近、远期规划，以及项目在相关专项规划中的地位、作用，对照项目建成后的功能和效益，分析评价项目建设的必要性和合理性，评价项目立项决策的正确性。

（2）根据工程任务与规模、工程总体布置方案、主要建筑物结构型式、建设征地范围、投资等技术经济指标，分析其各阶段的重大变化，结合工程运行情况，评价前期工作质量。

（3）评价前期工作程序是否符合国家有关法律法规和技术标准。

2. 项目实施评价

项目实施阶段包括从项目开工到竣工验收、交付使用的全过程，包括项目开工、施工、生产准备、竣工验收等重要环节。项目实施阶段是项目财力、物力集中投放和使用的过程，对项目能否达到预期效益有着十分重要的意义。项目实施评价的主要内容如下。

（1）施工准备评价。具体包括：

1）评价项目建设管理体制的建立及运行情况。

2）评价工程建设征地、"四通一平"、设备设施准备等情况。

3）评价施工准备阶段其他工作。

（2）建设实施评价。具体包括：

1）根据实施情况，评价项目采购招标和合同管理工作。

2）对比施工进度计划，评价工期控制情况。

3）根据工程验收、工程质量缺陷备案、工程质量事故处理以及工程遗留问题等，分析评价质量控制情况。

4）分析重大设计变更等情况。

5）分析工程建设资金筹措方式、到位和使用情况，与经批准的概算进行对比分析，评价项目的投资控制情况。

6）分析项目建设中的新技术、新工艺、新材料、新设备的应用情况，评价其对技术进步的影响。

（3）生产准备评价。根据项目运行管理机构的筹建和生产准备工作情况，以及工程运行状况，分析评价生产准备工作。

（4）验收工作评价。分析阶段验收、专项验收、竣工验收情况及主要结论，评价验收工作及有关遗留问题的处理情况。

3. 项目运营管理评价

项目运营管理评价是根据项目的实际运营，对照预期的目标，找出差距并分析原因，评价项目外部和内部条件如市场变化、政策变化、管理制度、管理者水平、技术水平等的变化，预测未来项目的发展。项目运营管理评价的具体内容如下：

（1）评价工程运行管理体制的建立及运行情况。

（2）分析评价工程管理范围和保护范围、生产生活设施等能否满足有关技术规定和工程安全运行的需要。

（3）应根据工程运行、维修养护情况和安全监测资料，评价工程运行情况。

三、经济效益评价

项目经济效益评价是指对项目竣工后的实际经济效果所进行的财务评价和国民经济评价。其评价指标主要包括内部收益率、净现值及贷款偿还期等反映项目盈利和清偿能力的指标；评价方式是以项目建成运营后的实际数据为依据，重新计算项目的各项经济指标，并与项目评估时预测的经济指标进行对比，分析两者间的偏差及产生偏差的原因，总结经验教训；评价内容主要包括项目总投资和负债状况，重新预算项目的财务评价指标、经济评价指标和偿还能力等。

（一）财务评价

项目财务评价包括项目的盈利能力分析、清偿能力分析、外汇平衡能力分析和不确定性分析等内容。

1. 项目的盈利能力分析

项目的盈利能力分析主要是考察项目投资的盈利水平，要分别考察项目全部投资的盈利能力、自有资金的盈利能力以及总投资的盈利能力。全部投资的盈利能力分析是不考虑资金来源的不同，假定全部投资均为自有资金，以项目自身为系统进行评价，考察其全部投资的经济性，为项目的各个投资方案（不论其资金来源及利息多少）进行比较，建立共同基础；自有资金的盈利能力分析是站在项目投资主体角度，考察项目的现金流入和流出情况，分析项目自有资金的经济性，为项目投资主体进行投资决策提供依据；总投资盈利能力是反映全部投资与建设期借款利息总和的盈利能力。

项目财务盈利能力分析要计算财务内部收益率、财务净现值、投资回收期、投资利润率、投资利税率等指标。

2. 项目的清偿能力分析

项目的清偿能力分析主要是考察项目计算期内各年的财务状况及偿债能力，需要计算借款偿还期、资产负债率、流动比率、速动比率等评价指标。

3. 项目的外汇平衡能力分析

项目的外汇平衡能力分析主要是考察涉及外汇收支的项目在计算期内各年的外汇平衡及余缺情况。

4. 项目的不确定性分析

不确定性分析主要是估计项目可能承担的风险及抗风险的能力，以考核项目在不确定情况下的财务可靠性，包括盈亏平衡分析、敏感性分析和概率分析。

（二）国民经济评价

项目国民经济评价是从整个国民经济或者全社会角度出发，在财务评价的基础上，根据项目的实际数据和国家颁布的影子价格及有关参数，通过编制投资、国内投资经济效益和费用流量表等计算出项目实际的国民经济成本与盈利指标，分析项目前评估和项目决策质量以及项目实际的国民经济成本效益情况，比较和分析国民经济实际指标与前期评价时的国民经济预测指标的偏离程度及其原因，分析和评价项目实际上对当地经济发展、相关行业和社会发展的影响，考察投资行为的国民经济可行性，为提高今后的宏观项目决策科学化水平提供依据。从宏观经济角度考察项目投产后的经济效益情况，既要考虑项目的直接成本，又要考虑项目的间接成本。

国民经济评价是在项目财务评价基础上进行的，通过费用效益识别、利用影子价格、调整转移支付等手段，测算项目的经济净现值、内部收益率等指标。

四、环境影响评价

1. 环境影响评价的概念

环境影响评价是指编制环境影响报告书的建设项目在通过环境保护设施竣工验收且稳定运行一定时期后，对其实际产生的环境影响以及污染防治、生态保护和风险防范措施的有效性进行跟踪监测和验证评价，并提出补救方案或者改进措施，提高环境影响评价有效性的方法与制度。

2. 环境影响评价的内容

环境影响评价的内容包括：

（1）工程环境影响评价工作的开展、审查及批复情况，环评过程中有无引起争论的重大环境问题。

（2）环评及其批复中提出的环境保护措施，已实施的环境保护措施。

（3）环评及其批复中提出的环境监测、管理等措施及执行情况。

（4）针对工程环境影响及环境保护措施进行公众意见调查。

建设项目环境影响后评价文件应当包括以下内容：

（1）建设项目过程回顾。包括环境影响评价、环境保护措施落实、环境保护设施竣工验收、环境监测情况，以及公众意见收集调查情况等。

（2）建设项目工程评价。包括项目地点、规模、生产工艺或者运行调度方式，环境污染或者生态影响的来源、影响方式、程度和范围等。

（3）区域环境变化评价。包括建设项目周围区域环境敏感目标变化、污染源或者其他影响源变化、环境质量现状和变化趋势分析等。

（4）环境保护措施有效性评估。包括环境影响报告书规定的污染防治、生态保护和风险防范措施是否适用、有效，能否达到国家或者地方相关法律、法规、标准的要求等。

（5）环境影响预测验证。包括主要环境要素的预测影响与实际影响差异，原环境影响报告书内容和结论有无重大漏项或者明显错误，持久性、累积性和不确定性环境影响的表现等。

（6）环境保护补救方案和改进措施。

（7）环境影响后评价结论。

3. 环境影响评价结论的内容

环境影响评价结论的内容包括：①工程主要环境影响因素及影响源；②工程影响区域环境本底状况及存在的主要环境问题；③工程环境保护工作执行情况评价结论；④工程环境保护措施实施情况及其实施效果；⑤工程环境影响评价结论；⑥工程环境保护措施、环境管理和环境监测措施评价结论。

五、水土保持评价

1. 评价内容

水土保持调查及评价的重点为项目建设征占地范围和建设活动扰动范围，着重调查具体扰动区域的地形、地貌、地面坡度、土地利用情况、土壤结构、植被类型及覆盖度、水系分布状况等。

调查评价内容包含水土保持方案编制情况、水土保持措施执行情况、水土保持监测措施执行情况。

对后评价中发现的新的水土流失问题，要分析其产生的原因并提出水土保持措施。水土保持措施应具有针对性。

2. 评价结论

评价结论包括：工程区自然条件及水土流失特征，水土保持执行情况评价结论，新增水土流失的重点部位和重点时段，水土保持措施实施情况及实施效果，水土保持监测方案评价结论，水土保持管理评价结论，水土保持效益分析结论。

六、移民安置评价

移民安置评价主要包括水利工程移民安置规划评价、移民安置组织机构评价、移民安置政策评价、移民安置实施结果评价等内容。

1. 水利工程移民安置规划评价

水利工程移民安置规划是水利工程项目设计的重要组成部分，移民安置规划评价主要内容包括：评价工程影响实物指标的特点，对实物指标调查成果同实施时的实物指标进行对比分析，找出差距的原因；评价移民安置规划目标和安置标准的合理性，评价生产安置标准和搬迁安置标准的合理性；评价移民工程建设规模和标准的合理性；评价农村移民安置规划原则和移民居民点选址的合理性；评价农村移民安置人口计算的合理性；评价农村移民环境容量分析的合理性；评价农村移民安置规划中对少数民族的生产、生活方式和风俗习惯的处理方式；评价农村移民生产安置规划的合理性；评价城市集镇迁建选址、迁建规模和标准的合理性；评价铁路、公路、水运、电力、电信、广播电视等处理方式及其规模标准的合理性；评价建设征地移民安置补偿费用的合理性。

2. 移民安置组织机构评价

移民安置组织机构评价的主要内容包括：评价各级移民机构的设置及职责；评价各级移民实施机构之间的协调性；评价移民实施机构人员配置及素质情况与所承担工作的适应性；评价移民安置的管理体制。

3. 移民安置政策评价

国家提倡和支持采取开发性移民方针，对移民实施前期补偿、补助和后期生产扶持的办法为移民创造新的就业机会和生产生活条件，恢复并提高移民的社会经济生活，使移民和安置区居民逐步达到并超过原有的生产生活水平。评价地方政府制定的建设征地移民安置政策是否符合当地的实际情况；评价建设征地移民安置政策的效果。

4. 移民安置实施结果评价

（1）农村移民安置评价。评价农村移民生产安置人口、搬迁安置人口的合理性；评价生产安置情况；评价土地开发整理的效果；评价第二产业安置、第三产业安置和其他途径安置的效果与经验教训；评价农村移民搬迁安置的新址选择及居民点建设的适宜性；评价农村移民土地调整的方式及其适宜性；评价农村移民安置实施的参与性。

（2）城市集镇的迁建评价。评价城市集镇迁建规模和标准，评价城市集镇的用地规模、道路标准、给排水标准、电力标准、电信标准、广播电视标准、环境保护标准及其他标准的适宜性；评价城市集镇选址的适宜性；评价城市集镇规划实施效果；调查城市集镇规模及设施、对外交通、防洪等功能恢复情况，评价城市集镇各项功能在区域经济中所发挥的作用；总结城市集镇迁建的经验教训。

（3）工业企业处理评价。评价采矿业，制造业，电力、燃气及水的生产供应等三个行业的企业处理方式、规模和标准变化及处理后的效果。评价非工业企业中具有大量设施、设备的交通运输、石油中转等企业的规模和标准变化及处理后的效果。总结工业企业处理的经验教训。

（4）专业项目评价。评价水利工程建设征地影响和移民安置涉及的交通工程设施、输变电工程设施、电信工程设施、广播电视工程设施、水利水电工程设施、管道工程设施、国有农林牧渔场、矿产资源、水文站等专业项目的规模和标准变化、处理方式以及处理后的效果；评价文物古迹的发掘和保护；评价防护工程的标准、规模以及实施防护后的效益；评价专业项目工程功能的发挥对库区社会经济的恢复与发展所发挥的作用；总结专业项目工程恢复重建的经验教训。

（5）移民安置验收评价。评价移民项目的验收依据、验收程序和组织形式，验收项目及内容，验收评定标准。

七、社会影响评价

分析项目对所在流域或区域社会经济发展所带来的影响。针对项目社会影响的特点，对行业发展、投资环境、旅游、主要社会经济指标、当地人民生活质量、人口素质、直接和间接就业机会、专业人才培养、贫困人口扶持、少数民族发展、社会公平建设等方面进行评价。在分析项目对社会的各种正负影响的基础上，得出社会评价结论。运用或设计社会政策，提出增加项目正面社会效益政策的建议，提出减轻（或避免）项目对社会产生负面影响的措施。

八、目标和可持续性评价

1. 目标评价

项目目标主要指初步设计时所拟定的近期和远期建设目标。分析项目目标的确定、实现过程，评价项目目标实现程度和项目目标确定的正确程度。

2. 可持续性评价

项目可持续性评价是对项目能否持续运转和实现持续运转的方式提出评价，是指项目建成投入运行后，项目的既定目标是否还能继续，项目法人是否愿意和可能依靠自身的力量去继续实现项目的目标，项目是否有可复制性，即可以推广到其他地区和项目等。

项目可持续性评价一般从外部条件和内部条件两方面进行分析评价。

外部条件一般包括自然环境因素、社会经济发展、政策法规及宏观调控、资源调配情况、生态环境保护要求、水土流失控制、当地管理体制及部门协作情况等。

内部条件是指当项目持续运转时，在项目本身的功能和运营管理方面所需具备的条件和程度。内部条件一般包括组织机构、技术水平及人员素质、内部管理制度及运行状况、财务运营能力、服务情况等。

根据分析，提出实施简单再生产或扩大再生产等不同运转水平的措施和建议。

参 考 文 献

[1] 郭婧娟. 工程造价管理 [M]. 北京：清华大学出版社，2005.

[2] 徐蓉. 工程造价管理 [M]. 上海：同济大学出版社，2005.

[3] 全国造价工程师考试教材编审委员会. 建设工程造价管理 [M]. 北京：中国计划出版社，2017.

[4] （美）项目管理协会. 项目管理知识体系指南（PMBOK 指南）[M]. 5 版. 许江林，等译. 北京：电子工业出版社，2013.

[5] 吴现立，冯占红. 工程造价控制与管理 [M]. 武汉：武汉理工大学出版社，2012.

[6] 马楠，等. 建设工程造价管理 [M]. 北京：清华大学出版社，2006.

[7] 廖天平，何永萍. 建设工程造价管理 [M]. 重庆：重庆大学出版社，2007.

[8] 刘允延. 建设工程造价管理 [M]. 北京：机械工业出版社，2007.

[9] 杨耀红. 工程项目管理 [M]. 郑州：黄河水利出版社，2009.

[10] 中国水利工程协会. 水利工程建设进度管理 [M]. 北京：中国水利水电出版社，2007.

[11] 中国水利工程协会. 水利工程建设合同管理 [M]. 北京：中国水利水电出版社，2007.

[12] 中国水利工程协会. 水利工程建设投资管理 [M]. 北京：中国水利水电出版社，2007.

[13] 全国一级建造师执业资格考试用书编写委员会. 建设工程项目管理 [M]. 北京：中国建筑工业出版社，2007.

[14] 全国一级建造师执业资格考试用书编写委员会. 建设工程经济 [M]. 北京：中国建筑工业出版社，2007.

[15] 全国造价工程师执业资格考试培训教材编审委员会. 工程造价管理基础理论与相关法规 [M]. 北京：中国计划出版社，2006.

[16] 蒋先玲. 项目融资 [M]. 北京：中国金融出版社，2001.

[17] 刘亚臣，闫长俊. 工程项目融资 [M]. 大连：大连理工大学出版社，2004.

[18] 赵华，苏卫国. 工程项目融资 [M]. 北京：人民交通出版社，2004.

[19] 王卓甫. 工程项目风险管理：理论、方法与应用 [M]. 北京：中国水利水电出版社，2003.

[20] 刘占省，赵雪峰. BIM 技术与施工项目管理 [M]. 北京：中国电力出版社，2015.